电器设计基础

武建文　吴　静　佟子昂　编著

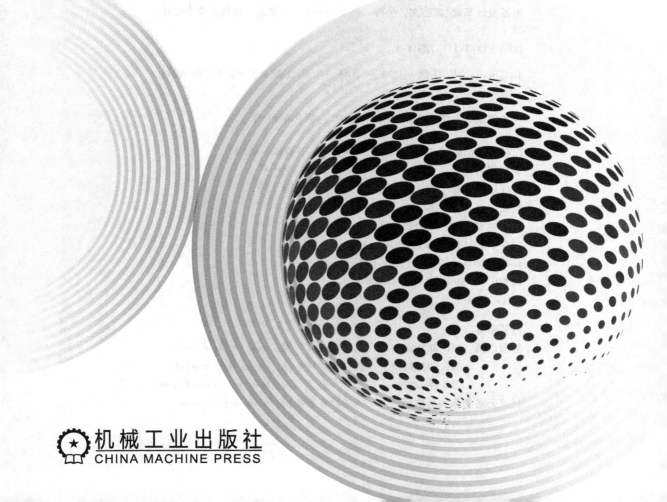

机械工业出版社
CHINA MACHINE PRESS

本书详细讲述了电器设计基本原理，针对电器的分析、设计和计算提供了必要的理论基础和计算方法。

本书包括电磁系统的磁路计算、电磁系统静态特性、电磁系统动态特性、电器发热理论及热计算、直流磁系统设计、永磁磁路和极化永磁机构、交流磁系统、电接触与电动力理论和电器电弧理论。同时，还介绍了电磁系统有限元温度场计算、动态特性仿真分析等计算机分析方法，以及应用于全电和多电飞机的航空电器设计技术。

本书可作为高等学校电气工程及其自动化、自动化等专业的本科生教材或教学参考书，也可作为电器相关专业研究生的教材和教学参考书；对于从事电器设计、制造、运行方面工作的电气工程技术人员，本书也具有一定的参考价值，可作为培训教材使用。

图书在版编目（CIP）数据

电器设计基础/武建文，吴静，佟子昂编著. —北京：机械工业出版社，2023.6

ISBN 978-7-111-72918-1

Ⅰ.①电…　Ⅱ.①武…②吴…③佟…　Ⅲ.①航天器–电气设备–设计

Ⅳ.①V442

中国国家版本馆 CIP 数据核字（2023）第 056897 号

机械工业出版社（北京市百万庄大街 22 号　邮政编码 100037）

策划编辑：李小平　　　　　　责任编辑：李小平
责任校对：郑　婕　李　婷　　封面设计：鞠　杨
责任印制：张　博

北京建宏印刷有限公司印刷

2023 年 8 月第 1 版第 1 次印刷

184mm×260mm · 21 印张 · 521 千字

标准书号：ISBN 978-7-111-72918-1

定价：88.00 元

电话服务　　　　　　　　　　　网络服务

客服电话：010-88361066　　　机　工　官　网：www.cmpbook.com
　　　　　010-88379833　　　机　工　官　博：weibo.com/cmp1952
　　　　　010-68326294　　　金　书　网：www.golden-book.com
封底无防伪标均为盗版　　　机工教育服务网：www.cmpedu.com

为适应现代电器及航空电器发展的要求，本书主要任务是为电器的理论分析、特性计算和设计提供必要的理论基础和计算方法，建立电器基本知识体系，打好牢固的理论基础。本书主要内容包括电器磁系统动静态特性、热特性、电接触与电动力、电弧理论，在论述理论的基本规律和物理本质的基础上讲解计算和设计方法。

本书是在总结多年教学经验和科研成果基础上，借鉴王宝龄主编的《电磁电器设计基础》和《航空电器》编撰的。在体系上，将种类繁多的各类磁系统从原理上分为三大类（直流磁系统、永磁磁系统和交流磁系统），将电器各部分的结构、材料、工作原理及设计计算有机地综合成一个完整的体系。结合多电/全电飞机的发展，介绍了航空高压直流和变频交流下电接触与电动力、开关电弧理论和故障电弧诊断方法。在内容上，力求成熟、实用，并反映新的发展。在叙述方式上，力求深入浅出，并突出物理实质和各参数间的内在联系，以利于自学。本书把起点放在已学过大学物理课的电磁部分和电路课的电路部分，但对所用到的重要基本概念和定律仍做了扼要的复习。本书增加了电磁系统有限元温度场计算、动态特性仿真分析等计算机分析方法。

书中编排了相当数量的例题、习题和思考题，其中有些习题是将正文中的某些概念、原理或公式推导移植改编而成，以加深读者的理解。请读者注意，标有 * 的内容为选学内容。

本书第 1 章、第 2 章和第 7 章由武建文教授编写，第 3 章、第 4 章和第 8 章由吴静副教授编写，第 5 章、第 6 章、第 9 章和第 10 章由佟子昂博士编写。全书由武建文教授统稿。

本书可作为高等工科院校电器及其控制专业以及其他相关专业的本科生和研究生教材或教学参考书，也可供电器工程技术人员参考。

在此，对王宝龄老师表示由衷的感谢！对参考文献作者及因疏忽未列入参考文献的作者在此表示感谢。感谢张缙涛等研究生参与磁路特性分析和文字编辑工作。

天津航空机电有限公司的王民强总师、贵州天义技术有限公司（电器公司）的刘俊堂副总师为本书提供了技术资料，在此表示由衷的感谢！

对本书主审王建华教授表示最诚挚的感谢！

由于水平所限，不当和错误之处敬请读者批评指正。

武建文

2023 年 2 月

目录
Contents

第1章 概 论

1.1 电器定义

在电力系统及航空供电系统中，可根据外界指定信号和要求，自动或手动接通和断开电路，断续或连续地改变电路参数，实现对电路或非电对象切换、控制、保护、检测、变换和调节作用的器件称为电器。满足航空电力系统应用环境特征严苛要求的电器称作航空电器，也称飞机电器。随着现代飞机自动化程度的提高和飞机供电容量的增加，出现了多电和全电飞机，飞机电力系统中开关器件的数量、种类也越来越多。现代民航客机如空客 A380、波音 787 等，直接装机或安装于机载设备的开关电器达千只以上。而这些开关电器的性能直接影响了飞机的工作状态，即使只有某个元件的某一对触头失效或者无法断开，也会严重危及飞行安全。因此，航空开关电器在现代飞机系统中起着重要作用。

1.1.1 电器应用

在电力网中，电器可实现电路的通、断和转换操作；对电动机一类的转动设备，电器可控制其起动、停止、正转、反转；对发输变电设备、用电设备及电磁测量仪器仪表，电器是实现过载、过电压、短路、断相等保护功能的重要载体；在信号电路中，电器还可以传递、变换、放大电的或非电的信号，达到自动检测和调节的目的。

根据职能、结构、应用场合不同，电器有不同的应用情况。

1. 按工作职能分类

（1）手动操作电器——例如刀开关、隔离开关、按钮以及手动变阻器等。

（2）自动切换电器——例如航空断路器、高压断路器和低压断路器等。

（3）自动控制电器——例如交流接触器、直流接触器和各种控制继电器等。

（4）起动调速电器——例如电磁起动器、星-三角起动器、自耦补偿起动器、变阻器以及某些调速装置等。

（5）自动保护电器——例如保护继电器、熔断器和避雷器等。

（6）稳压与调压电器——例如自动调压器、自动稳压器及其装置。

（7）测量、放大与变换元件——例如传感器、磁放大器、高低压电流互感器和电压互感器等。

（8）牵引与传动元件——例如各种操作和牵引电磁铁以及机械负载传动用电磁离合器等。

2. 按结构工艺和生产部门分类

（1）高压开关电器——高压断路器、隔离开关、避雷器、电抗器、电压互感器和电流

1

互感器等。

（2）低压开关电器——接触器、起动器、低压断路器、熔断器、继电器、变阻器和主令电器等。

（3）自动电磁元件——阀用电磁铁、电磁离合器、磁放大器、磁性逻辑元件、微型继电器、传感器和自动电压调节器等。

（4）成套电器和自动化装置——高压成套开关柜、电力用自动化继电保护屏、低压开关柜、低压传动屏、半导体逻辑控制装置、顺序控制器和无触点自动化成套装置等。

3. 按元件与使用系统的关系分类

（1）电力网系统用电器——例如高压断路器、高压熔断器、低压断路器、低压熔断器以及电抗器和避雷器等。除电抗器和避雷器外，对这类电器的主要技术要求是通断能力强、限流效应好、动稳定性和热稳定性高、操作过电压低以及保护性能完善等。

（2）电力拖动自动控制系统用电器——例如接触器、起动器和继电器等。对这类电器的技术要求是转换能力强、动作时间快、操作效率高、电气和机械寿命长等。

（3）自动化通信用弱电电器——微型继电器、舌簧管、磁性或晶体管逻辑元件等。对自动化元件的主要要求是动作时间短、灵敏度高、抗干扰能力强、特性误差小和寿命工作绝对可靠。

4. 按使用场合和工作条件分类

（1）一般工业企业用电器——适用于工业企业环境。

（2）航空、牵引、船舶等电器——航空电器、船用电器，电气铁道用的牵引电器，以及汽车、拖拉机用电器等。本文将侧重航空电器的介绍。

（3）特殊工矿企业用电器——适用于矿山、冶金、化工等特殊环境，例如矿用防爆电器。

（4）农用电器——适合农村环境而专门生产的电器。

（5）热带用电器和高原用电器——适合于热带、亚热带地区以及高原山区而派生的电器。

1.1.2 电器的分类

1. 按电器工作原理分类

（1）电磁电器，如航空接触器、电磁继电器、电磁阀门等。

（2）电子电器，如晶体管继电器、接近电门等。

（3）混合电器，如电子电磁继电器等。

（4）热敏电器，如温度电门、热敏继电器等。

（5）机电式电器，如电动驱动器等。

（6）点火电器，如点火装置、点火嘴、点火电缆等。

（7）电气传输连接电器及传输线路，如各类电气接插件、导线、电缆等。

2. 按用途分类

（1）手动或自动控制电路电流、电压的通断等装置，如机械式开关、按钮电门、压力电门、电磁继电器、接触器等。

（2）控制飞机系统的液体、气体管路的通断，控制机械轴的连接和分离的装置，如电磁阀门、电磁驱动器、电磁离合器、压力电门等。

（3）用于调节和放大某些电气物理量的装置，如电压调节器、磁放大器等。

（4）用于保护用电设备及电气网络的装置，如熔断器、温度电门、自动保险电门、按钮电门等。

（5）将电能转化为热能的装置，如点火器、加温电阻丝等。

（6）传输电能或信号的装置，如电气连接器、导线、电缆等。

3. 按执行功能和转换深度分类

（1）有触点电器——电器通断的执行功能由触点来实现。

（2）无触点电器——电器通断的执行功能不是由触点结构来实现，而是根据开关元件输出信号的高低电平来实现。

在执行通断任务的转换过程中，引入转换深度的概念

$$h = \frac{R_{DK}}{R_{JT}} \tag{1-1}$$

式中，R_{DK} 为断开或截止时执行电路的电阻值；R_{JT} 为接通或导通时执行电路的电阻值。

对有触点电器，$h = 10^{10} \sim 10^{14}$；而对无触点电器，$h = 10^4 \sim 10^7$。

（3）混合式电器——有触点和无触点结合的电器，它的转换深度介于两者之间。

1.1.3　电器应用环境及特征

电器所处的应用环境和运行条件密切相关，如经常越洋飞行的飞机和工作于海岛的设备，其电气器件或金属构件较易产生电化学腐蚀；又如经常在沙漠上空飞行的飞机和工作于沙漠地带的设备，其电气器件较易被沙尘污染。从电器工作环境条件分析对电器的影响，可以为准确、快速地分析电器产生故障的原因提供帮助。

1.1.3.1　环境条件

环境条件主要是指大气成分、大气压力、大气温度、大气湿度四个方面。

1. 大气成分对电器的影响

对于不同地域，其大气成分是不同的，如高空、低空、海平面上空、湿热地区上空和沙漠地区上空等，它们的大气成分各异：海平面上空有大量盐雾；高空氧气、水分含量降低，臭氧成分增加；沙漠地区的大气中有细沙尘。所有这些都会加速电器的金属部分氧化，容易产生电化学腐蚀，降低绝缘材料的绝缘性能，造成电器分断接触部分接触电阻增大，影响电气设备的性能及正常工作。

2. 大气压力对电器的影响

大气压力随高度的增加而降低，空气的密度也随着降低，因此对电器的散热不利。温升提高容易使绝缘层老化，使接触器或大功率继电器触点间的断弧能力下降，使绝缘材料或触点间隙的击穿电压下降。

3. 大气温度对电器的影响

不同地区、不同季节、不同高度的大气温度是不同的，如民航客机要经常飞行于世界各地，飞机电器要在不同的环境温度下工作。飞机电器受温度影响的程度与其安装位置也有关系，如接近发动机的飞机电器要承受较高的环境温度。高温会加速电器金属的氧化和有机绝缘材料的老化；还会使弹性材料的弹性变差，使导电材料的电阻率增加。而低温会使绝缘材料龟裂、弯曲、硬化；还会使导电材料电阻率下降、磁性材料的磁性能变差等。因此，要求

飞机电器能在较大温度范围内正常工作。

4. 大气湿度对电器的影响

不同地区和不同季节,空气湿度变化也很大。特别是我国南部处于湿热地区,其湿度更大。湿热地区的大气中含有霉菌,使电器的绝缘材料发霉变质而降低绝缘性能;对于金属部分,特别是触点易产生电化学腐蚀而造成接触不良故障。对于航空电器,在高温、高湿地区长期飞行的飞机,在着陆时,电器受高温、高湿的侵蚀;当飞到高空后,处于低温环境下,原来吸收大量水蒸气的电气器件就会产生凝露、结霜、冰冻等现象,使飞机电器出现短路和材料发生龟裂而引发故障。

通过对上述四个环境条件的分析可知,工作环境如较为恶劣和不断变化,会加速飞机电器故障的产生。

1.1.3.2 工作条件

电器在特定工作条件下要经受机械过载的冲击,机械过载包括振动、冲击和恒加速度三个方面。如航空电器大部分是运动器件,受机械过载的影响更为明显,所以在设计中要特别注意。

1. 振动的影响

如航空电器在飞机运行过程中会产生强烈的振动,其振动频率可达 2~4000Hz,振动加速度可达 4~50g(g 为重力加速度 $g=9.8\mathrm{m/s}^2$,余同)。振动会导致接触器和继电器的触点接触压力不稳定、软磁材料磁导率降低、永磁材料去磁。特别是安装于发动机上的电气器件,其抗振稳定性要求更高,维护时要特别注意其紧固性及抗振能力。

2. 冲击的影响

冲击主要发生于着陆、刹车、突然变速等情况,航空电器所受冲击情形同振动相类似,但有时比振动更严重。一般冲击次数可达 40~100 次/min,冲击加速度为 4~50g。

3. 恒加速度的影响

恒加速度的影响主要在飞机爬高、转弯、俯冲等机动飞行中较为严重,最高可达 15g,但持续时间不长。恒加速度相当于给电器增加了一个力矩,易引起触点间隙改变、电器连接器或接头松动等。特别是军用飞机经常做特技飞行,受到恒加速度的影响更为严重。

1.1.4 对航空电器等特殊应用的要求

由于航空电器的工作条件比地面电器复杂得多,所控制、保护、调节的系统有其特殊性,因此对其结构、性能及技术参数等方面有很多特殊要求。

1. 对航空电器的重量和体积的要求

对于航空电器,要求在一定功率和技术指标下力求做到体积小、重量轻,以提高飞机的有效载荷密度,节约燃料,提高飞行速度。一般通过选用优质材料来保证,如选用高导磁材料作为电器的磁路;选用铝镁合金作为结构材料;主汇流条选用铝材;合理选用绝缘材料,提高耐温升能力。也有选用特殊结构或特殊装置的,如接触器选用双绕组,采用磁锁机构等来实现保持接触器闭合。

2. 对航空电器可靠性的要求

可靠性是衡量飞机电器质量的首要指标。飞机电器广泛采用优质材料和新技术、新结构,以保证过载能力较强、性能好、可靠性高。例如,航空接触器的触点可承载很大电流,即承载的最大电流高于额定电流几千安培,这样即使在故障状态下(如短路、过载等故障），也不致损坏触点。

3. 对航空环境条件影响的能力的要求

飞机电器要能在温度、湿度、压力、大气成分等变化的较大范围内正常工作，就需要采用加强可靠性的措施，以提高其适应能力。例如，航空接触器采用的密封充气方式就是为了提高接触器在高湿、高温及在高空条件下的灭弧能力。

1.2　典型电器的结构原理

从系统的观点（例如电网系统、飞机供电系统或自动化拖动系统）来看，电器是线路中的一个元件。从控制角度来看，电器必须具有输入和输出两大部分，在结构上具有感测部分和执行部分。感测部分接收输入信号，经过检测比较做出判断，然后命令执行部分动作，输出指令信号，实现控制的目的。在有触点的自动电器中，感测部分大都是电磁机构系统，由动静铁心、线圈和弹簧组成。执行部分是触头灭弧系统，由动静触头、灭弧装置和导电部件组成。在非电磁式自动电器中，如热继电器的感测部分是由双金属片、发热元件和弹簧跳跃机构部件组成，感测部分接收外界输入的过电流信号，经过测量判断以后，执行部分的触头完成接通或断开电路的动作，输出相应的控制信号，达到过载保护的目的。即使是结构最简单的熔断器，也可以认为具有感测部分和执行部分两大基本组成部分，不过感测和执行部分统一于熔体而已。熔体串联于电路，根据熔体的结构参数量测动作电流，当线路电流达到或超过动作电流时，熔体熔断，输出执行指令，开断故障电路，达到保护目的。

电器结构中除感测和执行部分外，尚有联系两者的传动部件和操作机构部分，还有支承部件和躯壳外罩等，这些部件对具体电器都是必要的和不可缺少的。强调感测部分和执行部分是电器的最基本组成部分是为了突出重点，便于概括地掌握电器的结构原理。后面还可以看到，电器内部两大基本组成部分——感测和执行之间存在彼此矛盾、互相制约而又相辅相成的关系。某些电器感测部分特别发达，它的特性指标主要表征感测机能，例如继电器、变换器。某些电器执行部分特别发达，而完整的感测机能要依靠其他元件来辅助，例如高压断路器。也有感测机能和执行机能都比较发达的电器，例如低压断路器和接触器。前者发达的感测机能表现为完备的保护特性，而发达的执行机能则表现为通断能力强，能切换大的短路电流。

下面介绍几种典型电器的基本结构和性能参数以及工作原理，以便了解之后章节涉及的电器基础理论。

1.2.1　电磁式继电器

继电器是一种具有跳跃输出特性的电器，广泛应用于控制和通信领域，它的品种之多、数量之大，堪称电器之"王"。以下介绍典型电磁式继电器的结构、工作原理和主要技术指标。

1. 结构和工作原理

电磁式继电器的结构原理如图 1-1 所示，其感测部分包括电磁铁和弹簧，执行部分为触头。图中铁心柱 1、轭铁 2、衔铁 3 和线圈 6 组成了电磁铁。弹簧 5 既可用于释放衔铁，又可用于测量继电器动作值，它和电磁铁一起完成信号感测机能。在继电器的触头（在电器中概括称呼时一般称作触点，具体称呼时一般称作触头，图 1-1 中，c_2、c_0 为常闭触头（或称为动断触头），当继电器未动作时，它们处于闭合状态；c_1、c_0 为常开触头（或称为动合触头），当继电器未动作时，它们处于打开或分离状态。另外，图 1-1 中 δ 为沿铁心柱中心线方向铁心柱端面与衔铁 3 之间的空气间隙，其大小可由止钉 4 限制。

　　电磁式继电器的工作原理很简单。在线圈两端 ab 上输入电流或电压信号，线圈的励磁电流产生了磁场，磁感应强度在铁磁介质中具有较大数值，它的磁通大部分沿铁心柱、轭铁、衔铁和工作气隙 δ 闭合，在衔铁端面产生使 δ 缩小的电磁吸力。如果信号强度达到动作值，衔铁的电磁吸力（矩）克服弹簧的阻力（矩），衔铁开始转动，带动触头完成执行任务，图 1-1 中 $c_0 c_1$ 电路闭合，$c_2 c_0$ 断开，接在该回路内的信号灯 8 发亮。衔铁闭合后，同样电流下产生的电磁力会增加很多，如果此时减小输入信号使之略小于吸合时的动作值，衔铁不会马上释放。只有当输入信号小到相应的数值，衔铁才开始释放，带动动触头向上运动，已经闭合的常开触头 $c_1 c_0$ 重新打开，信号灯 8 熄灭。在实际控制线路中，继电器的触头常用来控制接触器的线圈或其他电器的线圈。

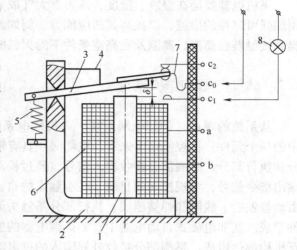

图 1-1　电磁式继电器

1—铁心柱　2—轭铁　3—衔铁　4—止钉
5—弹簧　6—线圈　7—触头　8—信号灯

　　尽管线圈的输入信号可以连续地变化（它的稳定工作点可以很多），但是触头输出的稳定状态只有两个，即"通"与"断"，不可能既是"断开"又是"闭合"，即既是"断"，又是"通"。所有继电器的输出都是按照"通-断"或者"是-否"的状态循环工作。图 1-2 示出了继电器的输入-输出特性。显然，这是一种跳跃式的输出特性。

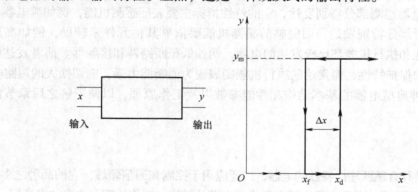

图 1-2　继电器输入-输出特性

2. 主要技术参数

　　当电磁式继电器的输入信号 x 从零连续增加达到衔铁开始吸合时的动作值 x_d（例如励磁电流产生的磁通使衔铁上的吸力正好足够使之吸合），继电器的输出信号立刻从 $y=0$ 跳跃到 $y=y_m$，即常开触头从"断"到"通"，或者说从"低电平"输出到"高电平"输出。一旦触头闭合，如输入量 x 继续增大，输出信号量也将不再起变化。当输入量 x 从某一大于 x_d

值下降到 x_f 时，继电器开始释放，常开触头断开（或常闭触头闭合）。作动值 x_d 和 x_f 的比例叫作返回系数（或称恢复系数），即

$$K_f = \frac{x_f}{x_d} \qquad (1\text{-}2)$$

也可表示为

$$K_f = \frac{x_d - \Delta x}{x_d} = 1 - \frac{\Delta x}{x_d} \qquad (1\text{-}3)$$

由此可见，电磁式继电器的返回系数一般小于1，它的值决定于 Δx 和 x 的比例。

继电器触头输出的控制功率 P_c（即触头工作电压乘以允许的最大通断电流）和线圈吸取的最小动作功率 P_0 之比叫作继电器的控制系数：

$$K_c = \frac{P_c}{P_0} \qquad (1\text{-}4)$$

继电器在规定负载条件下的最小动作功率叫作继电器的灵敏度。

继电器从获得输入信号起到触头完成动作止的时间，叫作吸合时间，从断开输入信号起到触头完成动作止的时间，叫作释放时间。

上述动作值、返回系数、控制系数、灵敏度和动作时间都是继电器的主要技术参数。此外，对继电器还要求必须保证动作值的可调性和重复使用的精度，保证执行机能工作的可靠性。现代控制和通信用继电器还要求有较高的电气和机械寿命。

3. 继电器种类

如前所述，设计不同的线圈结构，可以做成反映电流输入信号的电磁式电流继电器，反映电压输入信号的电磁式电压继电器，也可以做成放大控制系数和以增加输出信号数量为目的的电磁式中间继电器等。利用电磁阻尼原理，电磁式电压继电器可以获得动作延时，使得输出信号落后于输入信号一定的时间间隔，构成时间继电器。

可以说，继电器两大基本组成部分中以感测部分最为关键，其可以认为是继电器的主导部分。感测部分的工作原理多种多样，根据感测部分的工作原理继电器分为：热继电器、温度继电器、光继电器、压力继电器、速度继电器等。感测部分对继电器的特性参数，如灵敏度、动作值的准确度、动作时间、返回系数等影响较大。当然，继电器的执行部分即触头也很重要，触头的材料、压力、开距、超程等参数的选取，一方面直接决定了触头工作的可靠程度和电气寿命；另一方面也影响到感测部分的灵敏度和结构的小型化。

随着电子器件的迅猛发展，无触点半导体继电器的应用日趋广泛。这种继电器无运动部件、无触头，因而具有无电弧火花、耐冲击振动、动作时间快、灵敏度高和机电寿命长等特点。但是它抗干扰、抗热、抗过电流和抗过电压能力弱。半导体继电器不完全都是无触点式，有些采取混合式，即感测部分采用晶体管，而输出借助于有触点的高灵敏继电器或舌簧管，以便获得多组转换回路的输出以及提高通断能力和转换深度。

1.2.2　接触器

电磁接触器是一种适用于远距离频繁地接通和断开交直流主电路及大容量（大于25A）控制电路的自动控制电器，在航空领域应用广泛，现代的民航客机如波音787飞机上直接装机和安装于各种机载设备中的继电器和接触器超过千个。它的结构原理和电磁继电器相似，

但具体结构型式却有较大差异。这是由接触器的功能决定的，转换主电路时，触头上的电弧不仅延缓转换时间而且产生烧损，使接触不可靠。为此，接触器一般都装有专门的灭弧装置和较强的触头弹簧。因此，相比继电器，接触器的执行机能大大加强了。

1. 直流接触器

图 1-3 所示为直流接触器的结构示意图，这是一种主触头采用直动式的双触头结构。当电磁铁的线圈 1 接通操作电源后，衔铁 2 便受到电磁吸力的作用。在吸力克服释放弹簧 9 的反力作用下，衔铁便开始吸合运动，与此同时动触头 6 向静触头 5 靠近直到接触。动静触头接触后，触头弹簧 8 被压缩，产生与释放弹簧 9 相似的反力。随后，衔铁继续运动，当其完全吸合时，静铁心 3 与衔铁 2 之间的气隙接近于零，释放弹簧 9 被压缩到最终位置，主触头 6 与 5 紧密接触，完成主电路的接通任务。反之，当线圈 1 失去励磁或励磁电流过小时，当衔铁 2 受到的电磁吸力小于释放弹簧 9 的反力作用时，闭合的衔铁 2 开始释放，触头 6 与 5 逐渐分开，完成主电路的开断任务。衔铁 2 受到的反力由释放弹簧 9 和触头弹簧 8 提供。

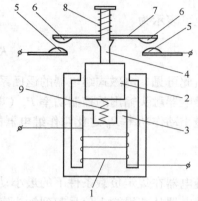

图 1-3　直流接触器的结构示意图
1—线圈　2—衔铁　3—静铁心　4—触头连接杆
5—静触头　6—动触头　7—动触头架
8—触头弹簧　9—释放弹簧

不同应用场合的直流接触器的额定电压不同，之前航空供电采用 28V，随着用供功率增加，新型战斗机开始采用 270V、540V，民用飞机如波音 787 也采用 270V、540V；额定电流有 20A、40A、100A、160A、250A、400A 和 600A；接触器的主要特性指标有转换能力、操作频率、电气寿命和机械寿命等。

这里要强调的是，当电压高于 28V 时，仅靠双触头已经无法直接将负荷电流及短路电流开断，需要采取栅片灭弧、磁吹灭弧、高气压、新型灭弧介质等措施进行灭弧。

2. 交流接触器

交流接触器是通断交流主电路的接触器，如图 1-4 所示。由于交流主电路大都是三相式，所以交流接触器的触头结构以三极为主。接触器的磁系统结构，航空上以直流 28V 为主，民用采用交流磁系统较为普遍。从交流接触器整体结构看，它分为直动式和转动式两大类型。由于体积重量较大，在航空领域很少采用转动式结构的交流接触器。典型的航空三相交流接触器如图 1-4 所示，由 A、B、C 三相触头系统及导电结构、动铁心、静铁心、线圈、辅助触头及外壳构成。

交流接触器的额定电压不同，频率也不同，航空早期 115V/200V，400Hz 恒频，目前空客 A380、波音 787等，采用 230V/400V，360～800Hz 变频；额定电流有100A、160A、250A、400A 和 600A；励磁线圈电压一般为直流 28V，民用工业接触器线圈采用交流电压为 220V或 110V 居多。

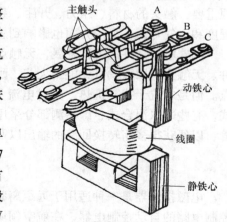

主触头　A
B
C
动铁心
线圈
静铁心

图 1-4　交流接触器的主要结构图

3. 真空接触器

所谓真空接触器，是一种动静触头密闭于真空泡中利用真空介质灭弧的电磁接触器。图 1-5 示出了真空接触器触头与灭弧室的一相结构，它的电磁操作机构还是放在大气中。真空灭弧室外形好像一只大型电子管，动静触头都密闭于一个绝缘外壳 10 中。所有装入外壳内的零件在装配前都经过除气处理，在封接后气压为低于 10^{-4}Pa 的真空度。外壳一般用致密材料，例如钼玻璃或高纯度氧化铝瓷制作。为了保证封接质量，封接圈 11 一般用"可伐"合金如铁、镍、钴合金或无氧铜，它们与陶瓷及玻璃的热膨胀系数十分接近。动导电杆与动触头 7 固定于可以伸缩的波纹管 9 内。波纹管是一种起密闭作用的弹性元件，它在允许的弹性变形范围内伸缩时有足够的机械寿命。静触头 6 则直接固定于外壳。在动静触头与外壳之间装有金属屏蔽罩 8，它的作用是：一方面捕捉和冷凝开断时触头间隙中的少量金属蒸气，确保高的分断能力；另一方面防止金属蒸气凝结于玻璃或陶瓷外壳的内壁，确保绝缘强度。真空灭弧室中触头开断时没有气体电弧，只有少量的金属蒸气电弧，在交流电流过零后，介质恢复速度极快，因而触头开距可做得很小（例如 1.2kV 真空接触器的开距仅 1~2mm），从而明

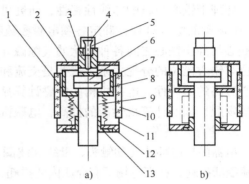

图 1-5　真空接触器灭弧室
1—动导电杆　2—上法兰　3—静导电杆　4—排气管
5—保护帽　6—静触头　7—动触头　8—屏蔽罩
9—波纹管　10—外壳　11—封接圈
12—下法兰　13—导向套

显地减轻了感测部分的负担和接通时动静触头的碰撞程度。真空接触器由于触头电磨损少，和空气式相比，它的超程也较小，一般取 1~1.5mm。它的触头压力为真空负压力和弹簧压力之和，真空负压力的大小与波纹管直径成比例，一般为 50~100N；触头弹簧的压力比空气式小。由于真空负压力有利于吸合，不利于开断，所以为使触头获得一定的分断速度，必须有相当大的开断弹簧，它比空气式要大。

真空接触器的主要优点是：分断能力高、电气和机械寿命长、允许的操作频率高、体积小、重量轻。由于密封，无喷弧，使组装的开关柜体积缩小；此外它还具有防爆、防腐蚀、防火等优良性能。目前我国生产的低压真空接触器额定电压为 220V 和 660V，高压真空接触器额定电压为 6 kV 和 10kV，额定电流为 300A 和 600A，额定电压下最大分断电流分别是 2500A 和 5000A，最大分断电流下开断次数为 30 次以上，电气寿命为 10 万次，机械寿命为 100 万次。

真空接触器的性能优势使其在航空领域具有广阔的应用前景和发展空间，特别是真空开关的极限开断能力较强这一优势，使其与航空电器的大容量发展需求十分契合。目前，我国正积极研发适用于 230V 航空变频供电系统的交流真空接触器，并已取得重要进展。

为了发展真空接触器（包括真空断路器），必须研究真空电弧的理论，研究它的灭弧装置和触头材料，这些理论基础问题将在后续章节中阐述。

1.3　电器学的主要理论范畴

电器的工作原理多种多样，要掌握电器的结构原理及设计计算需要广泛的知识和相应的

理论基础。电器学作为一个学科，主要内容即它的理论范畴有下列 4 个方面：

1. 电磁机构理论

电磁机构是电磁电器的感测部分，在电器中占有十分重要的位置。它的理论基础不仅包括磁路和电磁场，还涉及电磁-力-运动的综合理论。电器中电磁机构既不同于变压器的静止铁心，又不同于旋转电机中的均匀不变气隙，它是一种具有可动铁心和可变气隙的结构，在理论计算方面有自己的特殊规律。电磁机构的理论计算主要涉及正确的描述机构的电磁场分布；处理带铁心磁路的非线性特性；研究可动铁心的静态吸力特性和动态吸力特性；分析电磁-力-运动的综合过程，确定各项电磁参数和电磁机构的动作时间。为此，必须深入研究可动铁心与静止铁心之间各种形状的气隙磁导，研究气隙磁通与漏磁通的分布规律，研究气隙磁位与铁心磁位的分配关系，这些是交流和直流电磁机构的共同问题。由于磁场的分布性和铁心磁路的非线性，电磁机构的电磁计算显得十分复杂。随着电磁场解析理论与数值计算方法的发展，以及计算机性能的提高，电磁机构的理论分析与计算不断完善和成熟。

2. 电器发热理论

电器的导电部件（如触头、母线和线圈）都有电阻，因而都有损耗。此外，交流铁心有涡流磁滞损耗，在高电场下有介质内的损耗，所有这些损耗都是热源，由它们形成的温度场有时是很复杂的。航空变频 360~800Hz 是民用工业 50Hz 的 7.2~16 倍，大电流情况不仅产生巨大热效应，而且还产生巨大的磁效应，使交流导电部件内部电流线分布不均匀，使相邻的交流母线在各自导体上的电流线分布不均匀，这就是趋肤效应和邻近效应。一般来讲，由于趋肤效应和邻近效应，载流体产生附加损耗，影响发热温升，从而降低了它的允许载流量。

为了提高电器的工作可靠性和确定过载能力，有必要研究电器在长期、短时和反复短时工作制下的发热冷却过程和过载能力计算。还要研究导电部件在大电流但作用时间极短，如导线上存在短路电流情况下，电器的发热温升计算；校验导体在短时温升下的可靠程度，即所谓热稳定性。

3. 电接触理论和电动力理论

触头是电器的执行部分，是有触点电器的重要组成部分。触头工作的好坏直接影响开关电器的质量和特性指标。与触头工作密切相关的理论是电接触理论，也是电器的基础理论之一。电接触理论的主要研究内容有：电接触的物理-化学过程，该过程中的热、电、磁以及金属变形等效应；接触电阻的物理化学本质及其计算，例如研究接触电阻中收缩电阻和膜电阻的理论与计算，有助于减小接触电阻，有助于恰当选择触头材料和结构参数，如触头的压力、超程等，有助于触头的使用和维护；触头接触与断开过程中的腐蚀、磨损和金属迁移，触头闭合过程中的振动、磨损和熔焊等。

研究处于不同空间且具有不同几何形状的载流体的电动力的分析和计算，校验其在通过大的短路电流下自身及其支持件是否会变形甚至破损，即所谓电动稳定性。

4. 电弧理论

电弧是有触点开关电器在分断过程中必然产生的物理现象。开关电器触头间电弧的存在不仅延缓了电路开断的时间，而且还会灼伤触头表面，使之工作不可靠，并缩短使用寿命。另外，触头上的电弧也是电路中电磁能量泄放的地方，其可减小电路开断时的过电压。总的来讲，电弧在开关电器中弊多利少，灭弧方法是研究的重要内容之一。

电器中电弧理论的内容很广泛。触头分离时如何引弧，气体放电和击穿的物理过程，火花放电、辉光放电和弧光放电的界限和过程，电离和激励的概念，这些是生弧的物理基础。电离的同时还存在消电离的物理过程，弧柱中离子平衡的物理化学状态，电弧的直径、温度分布，电弧的弧根和斑点，电弧的等离子流，电弧电位梯度，这些都是弧柱方面的理论。近极区则有阴极正空间电荷、阳极负空间电荷、阴极压降和阳极压降方面的理论。为了研究熄弧的条件，必须把电路的参数和电弧的特性联系起来。电弧的特性有静态伏安特性和动态伏安特性。交流电弧过零时的物理过程反映为介质恢复和电压恢复。在航空等特殊应用环境，更要考虑气压对灭弧性能的影响，这里既有理论分析又有实际计算和测量问题。

上面介绍的电磁机构理论、电器发热理论、电接触和电动力理论、电弧理论是电器设计的主要理论范畴。此外，电器的理论范畴中还包括机构运动学、电器运动部件的阻尼消振理论等。

作为无触点电器的理论基础，包括半导体晶体管、晶闸管、磁性元件和其他光敏、压敏自动化元件的工作原理、线路设计和参数选择等方面。它依赖于电子学、半导体器件等普遍的基础理论，同时也有组成无触点电器元件后的特殊问题及特殊理论。

总之，电器的理论还有不完善之处和空白之处。不少电器的结构设计实际上是近似估算性质，缺乏成套的规格化的设计步骤和方法，也缺乏比较准确的数据和曲线。随着电器应用领域的扩展以及新技术的出现，电器的理论范畴也在不断地充实、更新和发展中。

1.4　电器技术的发展简史及其展望

电器的产生和发展是与电的发现和广泛使用分不开的。电器的发展经历了从手动操作进到自动操作的过程，经历了从开关、调节和保护的作用发展到更多功能（例如控制、检测和变换等）的过程，经历了有触点电器发展到无触点电器的过程，经历了从单个元件发展到组合电器和成套装置的过程。

在航空电器方面，自第一台继电器问世以来，航空电器的发展史已有一百多年了。在这期间它经历了许多的演变。低速飞机配套使用的是拍合式磁系统；为了适应高空高速飞机和飞行器的强烈振动，国外在 1957 年以后发展了平衡衔铁式磁系统。这种继电器的原理结构如图 1-6 所示，其中衔铁的质量相对于转轴是对称的，所以称为"平衡质量"，此结构也称"平衡衔铁"。当线圈通电时，在电磁吸力的作用下，衔铁以转轴为中心，沿逆时针方向旋转直至与极靴接触，同时推杆带动活动触头弹簧片运动，此时常闭触头打开，常开触头闭合；当线圈断电后，在返回弹簧片的作用下，衔铁以转轴为中心，沿顺时针方向旋转，与极靴分离，同时推杆带动活动触头弹簧片运动，此时常闭触头闭合，常开触头打开。平衡衔铁这种设计方式可以提高继电器的耐振和耐冲击的能力。

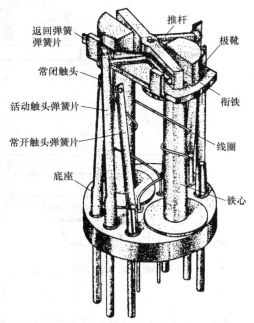

图 1-6　平衡衔铁式电磁电器原理结构图

此外，为了适应恶劣的气候条件，又发展了密封式航空电器，即将整个电器用金属外壳密封起来，壳内充以惰性气体。这样可以防止触点氧化和被污染，并使触头的断弧能力不受大气压力的影响。这些改进大大地提高了继电器工作的可靠性，也减小了它的重量和体积。

无论是拍合式电器还是平衡衔铁式电器，其常闭触头的触头压力都是由返回弹簧提供的，一般要小于常开触头的压力，因为常开触头闭合后的触头压力是由电磁力提供的。所以在衔铁打开、常闭触头闭合时会产生较大的弹跳，其耐振和耐冲击性能也较差。为此，国外在 1966 年以后发展了抗振性能更好、消耗功率更小、体积和重量都更小的平衡力式电磁电器，其结构原理如图 1-7a 所示，由图可见，在电器的磁路中加设了一块永久磁铁。当线圈断电、衔铁打开至接近磁极 A 时，永久磁铁所产生的磁通使衔铁牢牢吸合于磁极 A，如图 1-7b 所示。当线圈通电时，铁心中由线圈励磁磁动势所产生的磁通与永磁磁通方向相反，使磁极 A 的吸力减小而使磁极 B 中的吸力增大，使衔铁吸向磁极 B，如图 1-7c 所示。在上述的两种情况下，由永久磁铁产生的吸力，通过衔铁作用于常闭触头上，与由电磁铁通电时产生的电磁吸力，通过衔铁作用于常开触头上，这两者力大小相近。也就是所说的"平衡力"。具有平衡力特点的电磁电器的常开和常闭触头的工作能力相同——通过电流的能力和断电能力，抗振动、抗冲击能力都较强。平衡力式电磁电器在电气性能和机械性能上都比早期的拍合式继电器有很大的改进。

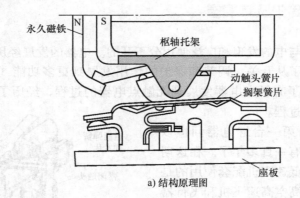

a) 结构原理图

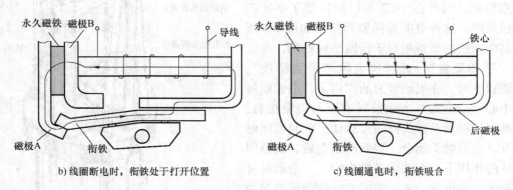

b) 线圈断电时，衔铁处于打开位置　　　　　　c) 线圈通电时，衔铁吸合

图 1-7　平衡力式航空电器

综上，不同型式的继电器有不同的用途，所面向的技术条件和要求体现在：

1）继电器的使用环境条件，包括极限环境温度、相对湿度、高度（或气压）、耐振动及耐冲击强度、恒加速度等。对于在汽车、坦克、飞机、导弹和人造卫星等上使用的继电器要经受强烈的振动、冲击和离心加速度。例如，飞机在着陆、制动、射击和突然变速等情况下对继电器产生 40~100 次/min 的振动，冲击加速度为 4~50g，在机动飞行和特技飞行时，所产生的离心加速度可达 15g。

2）寿命。继电器的寿命指在规定的使用环境条件下和规定的负载情况下所规定的动作次数。在这个规定的动作次数内，其失误次数应不超过规定的要求，其性能参数（如吸合电压、释放电压及触头的接触电阻等）的变化应不超过标准规定的最大值（或最小值）。

常见的拍合式、平衡衔铁式和平衡力式电磁继电器的主要性能参数见表 1-1。

表 1-1　拍合式、平衡衔铁式和平衡力式电磁继电器性能参数表

型式	参数及性能							
	体积/ cm^3	重量/ kg	线圈功率 （28V 直流）/ W	振动	冲击/ g	寿命/ 次	触头 压力/ N	设 计 特 点
拍合式	164	0.258	9.4	10g 500Hz	25	5×10^4	0.35	1）衔铁质量不平衡； 2）常闭触头压力由弹簧提供； 3）通电时衔铁的电磁吸力大于 10N； 4）断电时衔铁作用力约 1.4N
平衡衔铁式	65.5	0.204	7.8	10g 500Hz	50	5×10^4	0.50	1）衔铁质量平衡； 2）常闭触头压力由弹簧提供； 3）通电时衔铁的电磁吸力大于 10N； 4）断电时衔铁作用力约 2N
平衡力式	16.4	0.064	2.9	10g 500Hz	100	10^5	1.00	1）衔铁质量平衡，吸合时稳定； 2）常闭触头压力由永久磁铁提供； 3）通电时衔铁的电磁吸力大于 10N； 4）断电时衔铁作用力大于 10N

近年来电磁继电器的发展和达到的水平主要体现在以下几个方面：

1）能适应极其恶劣的使用环境。例如，某些型号继电器的耐振频率达 5~3000Hz（甚至达 5000Hz），加速度达 30g~50g；耐冲击一般为 100g~150g，特殊的可达 500g；离心加速度能达 400g。

2）进一步小型化和微型化。从晶体罩式继电器（其外形尺寸为 24.6mm×20.5mm×10.5mm）缩小到 1/2，乃至 1/7 晶体罩。

在航空电器所面向的供电体制方面，现代大型飞机和先进战斗机的供电系统逐步均向"高电压、大容量"方向迈进。

随着飞机用电设备的增加，特别是实现飞机多电或全电技术的应用设计，采用电能驱动技术和控制系统的高度集成，取代传统的"液压能"和"气压能"，大大降低了飞机重量，提高了性能和使用可靠性，降低了维修成本。

其中飞机交流电源经历了"恒速恒频（Constant Speed Constant Frequency，CSCF）"、

"变速恒频（Variable Speed Constant Frequency，VSCF）"和"变速变频（Variable Speed Variable Frequency，VSVF）"三个发展历程。自 20 世纪 60 年代以来，航空供电系统以"恒速恒频"模式为主，在该模式下，恒速传动装置将变化的发动机转速输出为恒定转速，并带动发电机输出频率恒定在 400Hz 的交流电能，但由于发电效率受恒速装置传动比的影响大，该模式适用于发电机转速变化范围小、发电容量需求小的航电系统，且在可靠性、可维修性、重量、费用以及供电特性等方面均存在诸多问题。"变速恒频"模式出现自 20 世纪 90 年代，与传统电源系统相比，电能质量更高，无频率瞬变现象，能量转换效率高，且电源系统结构相对简单。除发电机外，其他部件无须安装在发电机附件机匣外，可维护性较高，但受限于元器件的发展水平，恒速传动装置的工作温度高于电力电子器件的工作结温，且电能变换装置耐受短路、过载能力较弱，这些原因限制了变速恒频电源系统的进一步发展。自 21 世纪以来，各国对变频交流电源系统进行深入研究和大量应用实践，变频恒压交流电源系统应运而生，其发电机直接由发动机附件机匣传动，输出频率变化的电能（宽变频为 360~800Hz，窄变频为 360~650Hz），发电系统结构进一步简化，可维护性进一步增强，单机容量和功率密度更大，发电效率更高，可靠性也更高。目前，变频供电系统已在国外的先进飞机如 787、A380 及 A350 中得到了应用，其中 A380 的主发电机容量达到 4×150kVA，787 更是达到了 4×250kVA。

另一方面，飞机的直流供电系统也经历了从低压直流（6V，12V，28V）到高压直流（270V）的发展过程。其中，额定电压值为 28V 的低压直流供电系统是 20 世纪 40~50 年代的经典电力系统，随着多电技术的发展和用电需求的激增，额定电压值为 270V 的高压直流供电系统已成为现代多电/全电飞机使用的新型电源。270V 直流供电系统起先应用于军事飞机，其发电机的工作转速更高，功率密度更大，发电效率可达 85% 以上。同时，由于对馈线压降的抑制和对趋肤效应的规避，在供电品质和线缆重量方面也体现了巨大优势。目前，典型的多电飞机如美军 F-22 和 F-35 战斗机以及 RAH-66 直升机，都装备了高压直流供电系统，其中 F35 的总发电功率达到了 250kW。

在先进的供电系统下，对航空电器的开断性能、寿命、通态能力及可靠性等方面提出了更高的要求。对于 230V 变频交流航空供电系统，在电弧电流过零前的电流下降率极高，是工频的 7.2~16 倍，弧隙剩余等离子体极难消散，对航空电器的开断能力提出了极高的考验；由于变频交流航空供电系统的电流频率范围是 360~800Hz，增加了航空电器导电部件的涡流损耗，使得航空电器的散热设计显得十分重要。对于 270V 高压直流供电系统，由于电压等级的提升，对航空电器的绝缘设计要求更高，同时由于恢复电压幅值的提高，航空电器也极易击穿而导致开断失败。

综上，现代航空电器的设计研制应逐步向着"高性能、轻量化、长寿命"的目标靠拢。目前国内外的贵州天义、厦门宏发、ECE、Leach、泰科电子及 Gigavac 等公司已经具备可生产适用于先进航空供电系统的，高性能航空电器的能力，图 1-8 和图 1-9 所示为国内外厂家生产的交直流航空电器实物。

以上介绍的电磁式电器由于带有触头，故也称有触点电器，其工作的可靠性和使用寿命主要取决于触头工作的可靠性和触头的寿命。此外，由于它有活动部分，其动作速度、灵敏度以及其抗振性能都受到限制。因此，随着半导体技术，特别是集成电路的发展，在 20 世纪 70 年代开发了一种完全没有活动部分和触头的固态继电器。

图 1-8 国内外公司生产的航空 230V 变频交流接触器实物

图 1-9 国内外公司生产的航空 270V 高压直流接触器实物

固态电器，又称固态功率控制器（Solid-State Power Controller，SSPC），是一种能够像电磁电器那样执行开断和接通电路的功能，而其输入和输出间的绝缘程度也和电磁电器相当的全固态（即无运动部件）的器件。随着晶闸管、双向晶闸管、功率三极管、MOSFET 及碳化硅、氮化镓等新型宽禁带功率器件的出现，近年来发展了控制电路（输入）与功率电路（输出）完全绝缘的固态器件，如光电耦合固态电器。图 1-10 所示为一个典型的光电耦合固态继电器方框图。

目前国内外研制了各种不同耦合隔离输入输出回路的方法，这些方法是：①振荡器-电容耦合隔离法；②振荡器-变压器耦合隔离法；③光电耦合隔离法；④压耦合隔离法；⑤霍尔发生器耦合隔离法。目前认为第三种耦合隔离法是比较先进和值得注意的一种方法。

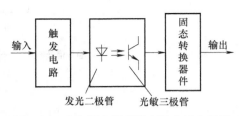

图 1-10 光电耦合隔离固态继电器方框图

对于集成电路这样输出信号较小的场合，采用能直接由低电平信号控制的固态继电器是比较理想的，因为固态继电器具有灵敏度高、功率放大倍数可达 10^6 及小型化潜力大的优点。从当前的现状来看，性能大致相同的固态继电器与电磁继电器可以做到体积也差不多。但从发展情况来看，电磁继电器进一步小型化要碰到零件加工和装配校正的困难。

除了以上两点外，固态电器还有其他优点，如工作可靠、无触头火花和弹跳，耐强烈冲击和振动，寿命长。当然也存在一些尚待解决的问题，如输入输出间的绝缘问题、实现多路转换的问题、要求通断阻抗比较大的问题、降低"触点"压降的问题、提高抗瞬变过电压能力的问题、提高使用温度的问题等。显然，由于通态压降问题，固态航空电器在面向现代飞机的大容量发展需求时，面临了很大困难。

近年来，低压电器和航空电器发展过程中出现了有触点与无触点结合的所谓混合式电器，例如混合式接触器和断路器。通过分析无触点电器和有触点电器的优缺点，会发现无触点电器的固有弱点恰好是有触点电器的固有优点，有触点电器执行机能强而感测机能弱，而无触点则反之。在同一执行机能中，有触点的主要矛盾是通断过程的电弧和磨损，而无触点电器的主要矛盾往往是它的闭合"触头"压降和功耗以及所引起的发热问题。如果通断的极短过程由晶闸管无弧实现，而闭合断开状态由触头来担当，这样就避免了晶闸管长期通电的发热问题，也解决了有触点的电弧问题。于是，混合式电器应运而生，这种混合式接触器采取电磁、固态两种电器的长处，以相互补充的方法构成了新的一类电器，在国外已有产品问世，在国内也已经研制成功。

概括地说混合式电器有两种类型，以它们的应用场景划分，分为直流型混合电器和交流型混合电器。例如图 1-11a 所示为直流型混合式电器，通常由机械开关和全控型器件（如IGBT）并联而成；图 1-11b 所示是交流型混合式电器，通常由机械开关和双向反并联晶闸管而成。

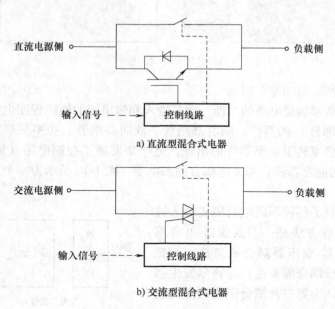

a) 直流型混合式电器

b) 交流型混合式电器

图 1-11　混合式电器的基本类型

总之，随着现代工业和航空业的发展，电器技术理论和航空电器产品结构正处于不断更新和全面提高的阶段。传统的有触点电器在结构原理、最佳结构设计和应用新材料、新工艺方面不断创新和完善，真空电器、半导体电器以及其他新型电器如微电子技术和电器结合的机电一体化电器或智能化电器亦在开拓发展，单件电器向着组合化、成套化发展。这里分析电器演变史，展望今后的方向，对民用及航空电器技术的推进无疑是有益处的。

第 2 章 电磁系统的磁路计算

电器电磁式操作结构和仪表以及电机等元器件都是利用电磁现象来工作的，而磁场是其实现能量转换、传递或贮存的媒介，因此磁场的计算成了分析和计算这些元器件的基础。在大量的工程计算中，往往希望将复杂的磁场计算简化为磁路计算，用类似计算电路那样的形式来进行磁路计算，这也是本章所要讨论的问题。本章主要介绍磁路的基本概念和基本定律，以及它们在典型直流磁系统分析中的应用。

2.1 磁场

首先扼要复习一下磁场的基本概念和基本定律。在通有电流的导线周围或在永久磁铁的附近存在磁现象，它能使磁针发生偏转或者对运动的电荷产生磁力。通常把磁力作用的范围称为磁场存在的范围。描述磁场的物理量有：磁感应强度 B，磁通量 Φ，磁导率 μ 及磁场强度 H，磁场中的两个基本规律为高斯定理和安培环路定律。

2.1.1 磁感应强度

衡量磁场中各点磁力的大小和方向的最基本的一个物理量为磁感应强度 B，它是一个矢量。空间中的磁感应强度可使用特斯拉计测量得到。运动的电荷在垂直于 B 方向运动时所受到的磁力 F 最大。如图 2-1 所示，即从磁力 F 的方向经 $90°$ 角旋转到正电荷运动速度 v 的方向，这时右螺旋前进的方向即拇指所指的方向，就表示 B 的方向。

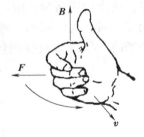

图 2-1 B、F 及 v 间的方向关系

2.1.2 磁力线、磁通量及磁通管

在磁场中，各点的 B 具有不同的量值和方向。整个磁场的分布可以形象地利用假想的磁感应线或叫磁力线来描述。磁力线上每一点的切线方向与该点 B 的方向一致，而磁力线的疏密程度表示 B 的大小，即规定通过磁场中某点处与 B 垂直的单位面积的磁力线数目和该处的 B 的大小成正比。因此，在 B 大的地方，磁力线画得较密；而在 B 小的地方磁力线画得较疏。值得注意的是，磁场中并不真正存在这些实在的磁力线线条，也并没有什么东西沿着它们在流动。磁力线仅仅是为了便于从物理概念上理解磁场而由法拉第首先提出的一种表示方法。

图 2-2 所示为长直电流及螺线管电流附近的磁力线分布情况，由图可见，在任何磁场中，每一条磁力线必然是环绕电流的无头无尾的闭合曲线，而且每条闭合的磁力线必然与闭合电路互相交链。

磁场中穿过某一面积 S 的总磁力线数目称为通过该面积的磁通量，简称"磁通"，用 Φ 表示，磁通单位为 Wb。一般情况下，当面积 S 上各处的 $\boldsymbol{B}$ 的大小和方向并不相同时，如图 2-3a 所示，求穿过该面积的磁通 Φ 要用面积分的方法，即

$$\Phi=\int_S \mathrm{d}\Phi=\int_S B\cos\alpha\mathrm{d}S \text{ 或 } \Phi=\int_S \boldsymbol{B}\cdot\mathrm{d}\boldsymbol{S} \tag{2-1}$$

式中，$\mathrm{d}\Phi$ 为通过面积元 $\mathrm{d}S$ 的磁通（Wb）；$\mathrm{d}\boldsymbol{S}$ 为面积元矢量，方向规定为法线 $\boldsymbol{n}$ 的方向（m^2）；α 为 $\boldsymbol{B}$ 与 $\boldsymbol{n}$ 间的夹角。

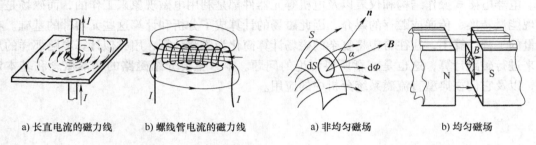

a) 长直电流的磁力线　　b) 螺线管电流的磁力线　　　　　a) 非均匀磁场　　　　b) 均匀磁场

图 2-2　磁力线回旋方向与电流方向的关系　　　　　图 2-3　穿过某一面积的磁通

实际上，磁通量是矢量函数 $\boldsymbol{B}$ 与其所在面积元的标量积。虽然磁通是标量，但也可以给它规定正负方向。如果规定了磁通的正方向，例如在图 2-3a 中规定的正方向为从 S 面的内侧至外侧，即左侧至右侧，则当磁力线的方向与规定方向相同，即也是从左侧至右侧穿过该面时，所得的磁通为正值。反之，如果磁通为负值就意味着磁力线的实际方向与规定的正方向相反。对于均匀磁场，即磁场各点 $\boldsymbol{B}$ 的大小和方向都相同，如图 2-3b 所示两平行板面间的磁场或一段等截面导磁体内的磁场。此时，通过垂直于 $\boldsymbol{B}$ 的某一面积 S 的磁通可简化成

$$\Phi=BS \tag{2-2}$$

故

$$B=\frac{\Phi}{S} \tag{2-3}$$

即 B 表示通过单位面积的磁通量。因此，B 又称为"磁通密度"。但是，应注意在应用式（2-3）求 B 时，要求在面积 S 上各点的 B 必须相等并且处处与该面正交。

为了便于磁路分析和计算，这里引出磁通管的概念。若在磁场存在的空间任取一个小面积 ΔS，并通过其周界上各点做出与 $\boldsymbol{B}$ 相一致的线，从而围成一个假想的管子，管壁处处与 $\boldsymbol{B}$ 平行，该管子就称为"磁通管"，如图 2-4 所示。不难看出，由于磁力线是闭合的连续曲线，因此磁通管也必然是闭合的，并且通过管子任意横截面的磁通都相等。另外，由于电流也是连续的，因此，在磁场中电流回路与磁通管好像链条的两个环节，总是互相交链着的。

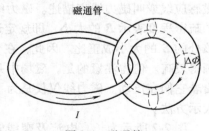

图 2-4　磁通管

2.1.3 高斯定理

高斯定理也称磁通连续性原理，即穿入某一体积的磁力线数恒等于自同一体积穿出的磁力线数，用数学方法表示，即穿过任一封闭曲面的磁通的代数和恒等于零，即

$$\oint_{S} \boldsymbol{B} \cdot \mathrm{d}\boldsymbol{S} = 0 \quad \text{或} \quad \sum \Phi = 0 \tag{2-4}$$

其中，$\mathrm{d}\boldsymbol{S}$ 的正方向规定为向外指向的法线方向，因此从封闭曲面穿出来的磁通为正，而进入封闭曲面的磁通为负。这个规律就叫作"高斯定理"，或称"磁通连续性原理"。

如果用 ΔV 表示封闭曲面所包围的体积，则极限 $\lim\limits_{\Delta V \to 0} \dfrac{\oint_{S} \boldsymbol{B} \cdot \mathrm{d}\boldsymbol{S}}{\Delta V}$ 称为 $\boldsymbol{B}$ 在某一点上的"散度"，记为 $\mathrm{div}\boldsymbol{B}$，则根据式（2-4）显然应有

$$\mathrm{div}\boldsymbol{B} = 0 \quad \text{或} \quad \nabla \cdot \boldsymbol{B} = 0 \tag{2-5}$$

即磁感应强度的散度为零。它的物理含义是：就磁场中的任意一点来说，磁感应强度是连续的，即磁场是无源场。式（2-5）和式（2-4）分别被称为微分形式和积分形式的磁通连续性原理。

2.1.4 磁导率及磁场强度

同样的电流在不同磁介质中所产生的磁感应强度并不相同，例如，在铁磁介质中所产生的 $\boldsymbol{B}$ 就会比真空中大很多，这是因为铁磁介质中各分子电流回路产生磁化的缘故。任何物质都可以看作充满分子电流的空间。这些分子电流同样能产生磁场，只是它们的取向杂乱无章，所以就整体而言，对外并不呈现磁性。但是，如果将磁性物质置于载流导体所产生的外磁场中，则各分子电流回路在外磁场的作用下会转动，使它们所产生的磁场尽可能地与外磁场方向一致以加强其磁场，这种效应即称为"磁化"。也就是说，在磁介质中的磁场可以看成由两个部分组成：①载流回路本身的宏观电流在真空中产生的磁场；②磁化后的分子电流在真空中产生的磁场。为了着重研究宏观电流对磁场的作用，可以把磁介质的影响用一个系数 μ 来综合考虑，μ 称作介质的"磁导率"。在均匀介质中，若介质的 μ 愈大，则所产生的 $\boldsymbol{B}$ 也愈大。

用磁导率来考虑介质的影响后，则在各向同性的均匀介质空间内，磁感应强度与磁导率的比值，即 $\boldsymbol{B}/\mu$，就只与产生磁场的宏观电流有关，而不涉及介质中的分子电流。因此，引出另一个重要的物理量，即在任何介质中，磁场中某点的 $\boldsymbol{B}$ 和该处介质的 μ 值之比定义为该点的磁场强度 $\boldsymbol{H}$，即

$$\boldsymbol{H} = \frac{\boldsymbol{B}}{\mu} \quad (\mathrm{A/m}) \quad \text{或} \quad \boldsymbol{B} = \mu\boldsymbol{H} \quad (\mathrm{T}) \tag{2-6}$$

$\boldsymbol{H}$ 也是矢量，在均匀介质中其方向和 $\boldsymbol{B}$ 相同。

类似磁力线，磁场强度也可以用磁场线（$\boldsymbol{H}$ 线）形象地来描述，即在磁场线上每一点的切线方向与该点的 $\boldsymbol{H}$ 方向一致，而 $\boldsymbol{H}$ 的大小则用磁场线的疏密显示。但应注意，磁场线和磁力线不同，因为它不一定是无头无尾的连续曲线，比如在两种磁介质交界面，两侧磁场

线的条数会有突变。

必须指出，虽然称 H 为磁场强度，但它并不表示真实磁场的强弱，表示磁场强弱的是 B。引出 H 的目的是为了便于对磁场进行分析和计算，因为 H 与电流分布之间有一定的关系，可由下述安培环路定律直接得到反映。

真空中的磁导率一般用 μ_0 来表示，其值为 $4\pi \times 10^{-7} \mathrm{H/m}$。一切物质皆可按其磁性的差异分为三类，即顺磁性物质、反磁性物质和铁磁性物质。其中顺磁性物质的 $\mu > \mu_0$，而反磁性物质的 $\mu < \mu_0$，但它们的 μ 都非常接近于 μ_0；只有铁磁性物质的 $\mu \gg \mu_0$（大数十倍，甚至数千倍）。因此，在工程应用上习惯于只将物质按其磁性分为铁磁性物质和非铁磁性物质两类。铁磁性物质包括铁、钴、镍和它们的氧化物以及其合金等，而非铁磁性物质则包括其他所有的物质，如空气、铜、铝及绝缘材料等。以真空的磁导率 μ_0 为基准而将其他介质的 μ 与它之比称为"相对磁导率" μ_r，即

$$\mu_r = \frac{\mu}{\mu_0} \tag{2-7}$$

非铁磁物质的 μ_r 接近于 1，而铁磁性物质的 $\mu_r \gg 1$。需要注意的是，铁磁性物质的 μ 通常与所处磁场的强弱有关，也就是说 B 和 H 是非线性关系，而非铁磁性物质的 μ 可以认为是常数，B 和 H 的关系为线性关系。

2.1.5 安培环路定律

安培发现在任何磁场中，矢量 H 沿任一封闭回线的线积分等于穿过此回线所界定之曲面的电流的代数和，如图 2-5 所示，用数学形式表示如下：

$$\oint_l \boldsymbol{H} \cdot \mathrm{d}\boldsymbol{l} = \oint_l H\cos\theta \mathrm{d}l = \sum I \tag{2-8}$$

式中，H 为回线上某点（如 A 点）的磁场强度；$\mathrm{d}l$ 为 A 点附近沿回线的微小距离矢量；θ 为 H 和 $\mathrm{d}l$ 之间的夹角。

$\sum I$ 为穿过此回线所界定曲面的电流的代数和，其中电流的正负视其方向与所选回线方向是否符合右手螺旋法则而定，如图 2-5 所示情况，I_1 为正，I_2 为负，I_3 未穿过该曲面，因此不计入，所以 $\sum I = I_1 - I_2$。

这个规律就叫作安培环路定律，后经麦克斯韦发展后成为全电流定律，即 $\sum I$ 中不但包括传导电流也包括位移电流。

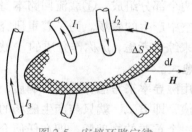

图 2-5　安培环路定律

显然，在各向同性的均匀线性介质空间内，当磁场对称分布时，应用安培环路定律计算磁场要比应用毕奥-萨伐尔定律方便得多。式（2-8）不仅适用于均匀介质，也适用于非均匀介质。由此可见，在讨论介质的磁场时，应用 H 矢量要比应用 B 矢量更为方便，因为 H 的闭合回路线积分只和宏观电流有关，而不涉及介质的分子电流，而在求得 H 后，应用式（2-6）即可求得 B。

安培环路定律也有其微分形式。设封闭回线 l 所界定的面积为 ΔS（见图 2-5），将

式（2-8）的两端各除以 ΔS，并使 ΔS 趋向于零，取极限则有

$$\lim_{\Delta s \to 0} \frac{\oint_l \boldsymbol{H} \cdot \mathrm{d}\boldsymbol{l}}{\Delta S} = \lim_{\Delta s \to 0} \frac{\Delta I}{\Delta S} = \boldsymbol{J}_n$$

式中，左端的 $\lim\limits_{\Delta s \to 0} \dfrac{\oint_l \boldsymbol{H} \cdot \mathrm{d}\boldsymbol{l}}{\Delta S}$ 即定义为矢量 $\boldsymbol{H}$ 的旋度，在 ΔS 法线方向（$\boldsymbol{n}$）上的分量，用符号 $\mathrm{rot}_n \boldsymbol{H}$ 表示；而式中右端的 $\lim\limits_{\Delta s \to 0} \dfrac{\Delta I}{\Delta S}$ 即为通过该处的电流密度 $\boldsymbol{J}$ 在 $\boldsymbol{n}$ 向的分量，用符号 $\boldsymbol{J}_n$ 表示。

ΔS 的方向可以任意选择，若 ΔS 的法线方向 $\boldsymbol{n}$ 与该处电流密度 $\boldsymbol{J}$ 的方向重合时，$\mathrm{rot}_n \boldsymbol{H}$ 得到最大值，记为

$$\mathrm{rot} \boldsymbol{H} = \boldsymbol{J}$$

或用算子符号表示为

$$\nabla \times \boldsymbol{H} = \boldsymbol{J} \tag{2-9}$$

此即安培环路定律的微分形式，其物理含义是：磁场中任意点磁场强度矢量 $\boldsymbol{H}$ 的旋度的大小和方向均等于该点的电流密度矢量 $\boldsymbol{J}$。因此，磁场是有旋场。

2.1.6　标量磁位、等磁位面及磁场的图形

为了便于对磁场进行研究，也可以模仿电场中的电位，引出磁位（指标量磁位）的概念。在某一特定的空间内（见下述），恒定磁场中任意一点的磁场强度 $\boldsymbol{H}$ 与标量磁位 u 之间的关系可由下式表示：

$$\boldsymbol{H} = -\mathrm{grad} u \text{ 或 } \boldsymbol{H} = -\nabla u \quad (\text{A/m}) \tag{2-10}$$

式中，$\mathrm{grad} u$ 或 ∇u 代表磁位的梯度（单位为 A/m）。

式（2-10）在直角坐标系中的展开式为

$$\boldsymbol{H} = -\left(\frac{\partial u}{\partial x}\boldsymbol{i} + \frac{\partial u}{\partial y}\boldsymbol{j} + \frac{\partial u}{\partial z}\boldsymbol{k} \right) \tag{2-11}$$

式中，$\boldsymbol{i}$、$\boldsymbol{j}$、$\boldsymbol{k}$ 为沿 x、y、z 三个坐标轴正向的单位矢量。

场中某点 P 相对于参考点 O 的磁位 u_p，即

$$u_p = \int_P^O \boldsymbol{H} \cdot \mathrm{d}\boldsymbol{l}$$

一般认为参考点的磁位 $u_O = 0$。而场中某两点 a 和 b 之间的磁位差 u_{ab} 为

$$u_{ab} = u_a - u_b = \int_a^O \boldsymbol{H} \cdot \mathrm{d}\boldsymbol{l} - \int_b^O \boldsymbol{H} \cdot \mathrm{d}\boldsymbol{l} = \int_a^b \boldsymbol{H} \cdot \mathrm{d}\boldsymbol{l} \tag{2-12}$$

例如，在均匀磁场中（见图 2-6），沿磁力线方向求以上线积分则得

$$u_{ab} = H l_{ab} \tag{2-13}$$

而在非均匀磁场中，若假设沿磁力线方向的微小段 Δl_i 上的 H_i 为常数，则该小段上的磁位差 Δu_i 为

$$\Delta u_i = H_i \Delta l_i \tag{2-14}$$

但是，在用公式（2-12）求两点间的磁位差时应注意它和求电位差的不同。在求电位差时，线积分只和起点及终点的位置有关，而与积分所取的路径无关，因此只要选定了参考点，场内各点的电位函数也就确定了。但是，恒定磁场则不同，如图 2-7 所示，图中在 P 点和 O 点之间划了 l_1、l_2 及 l_3 三条路径，其中 l_1、l_2 路径未穿过电流回路所界定的曲面 S。沿 l_1、l_2 构成的封闭曲线按公式（2-8）求线积分得：

$$\int_{l_1} \boldsymbol{H} \cdot \mathrm{d}\boldsymbol{l} - \int_{l_2} \boldsymbol{H} \cdot \mathrm{d}\boldsymbol{l} = 0$$

或

$$(u_p)_{l_1} = (u_p)_{l_2}$$

式中，$(u_p)_{l_1}$ 及 $(u_p)_{l_2}$ 分别为沿 l_1 及 l_2 得的 P 点磁位。

若沿 l_1 及 l_3 所构成的封闭曲线求线积分则有

$$\int_{l_1} \boldsymbol{H} \cdot \mathrm{d}\boldsymbol{l} - \int_{l_3} \boldsymbol{H} \cdot \mathrm{d}\boldsymbol{l} = I \quad 或 \quad (u_p)_{l_1} = (u_p)_{l_3} + I \tag{2-15}$$

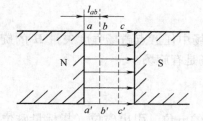
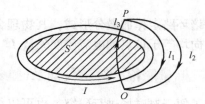

图 2-6　均匀磁场中的磁力线和等磁位面　　　　图 2-7　磁位与积分路径的关系

可见，如果积分回路不穿过电流回路所界定的曲面时，两点之间的磁位差与所取路径无关；而如果积分回路穿过电流回路所界定的曲面，磁位差会出现多值现象，如式（2-15）所示。因此，在用式（2-12）求两点间的磁位时应作如下规定：当积分路径每穿过电流回路所界定的曲面一次，磁位就发生一次跃变，跃变量的绝对值等于回路电流值，而其正、负则由安培环路定律确定。当然，如果把积分的区域限制在特定的空间内（①不包括宏观电流；②不穿越电流回路所界定的曲面），就可保证标量磁位的单值性。最后还须指出，标量磁位与电位不同，它没有任何物理意义，而只是一种纯计算量。

将磁场中磁位相等的点连成的曲面称为等磁位面，而对应于不同磁位就会有不同的等磁位面，如图 2-6 中的 a-a′、b-b′、c-c′面，图中只能表示等磁位面与纸平面相交的等磁位线，用虚线表示，因此在磁场中形成一族等磁位面。可以证明，等磁位面（或线）必然与磁力线正交。

图 2-8a 所示为长直载流导线的磁场图形，磁感应线是一族同心圆，而等磁位线则是与径向重合的放射线。图 2-8b 所示为两平行长导线通以相反方向电流时的磁场图形，它由两个长直载流导线的磁场叠加而得，其磁感应线是一族偏心的圆，而等磁位线是一族相交于两个导线轴心的圆。图 2-8c 及 d 分别为空心螺管线圈及条形永久磁铁的磁场图形。

需要注意，磁场一般都是分布在整个空间，即是三维的。对于平行平面场（见图 2-8a

及 b）和轴对称场（见图 2-8c）当然可以用一个平面上的图形来表示它们的规律；对于三维磁场则只能表示出某一特定面上的磁场图形，然后借以想象出其空间的分布规律。

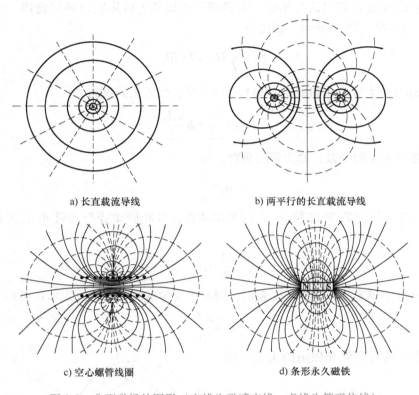

a) 长直载流导线　　　　　　　　b) 两平行的长直载流导线

c) 空心螺管线圈　　　　　　　　d) 条形永久磁铁

图 2-8　典型磁场的图形（实线为磁感应线，虚线为等磁位线）

2.2　磁路

　　根据给定的边界条件直接应用式（2-5）和式（2-9）求解磁场的分布规律一般是困难的，工程上大量的问题还是简化为磁路来加以计算。

　　凡是磁通（或磁力线）所经过的闭合回路就叫作磁路。每个磁通管都可看成是一条磁路，整个磁场就是由这许许多多的磁路并联而成。一般情况下磁力线漫布在整个空间，不容易找到一条磁通比较集中通过的磁路，如图 2-2 所示，因此计算就比较麻烦。但是，电器和电机中，为了获得较大磁通，通常采用铁磁材料制作零件，使磁通主要集中在导磁材料中，这样就形成一个确定的磁路，可简化计算。计算磁路所用到的一些概念和定律，如磁动势、磁通、磁阻、磁位差、磁路的欧姆定律和基尔霍夫二定律等都是直接从磁场的概念和定律转化而得来的，但是在形式上与电路非常相似。

2.2.1　磁动势、磁通、磁阻和磁压降

　　图 2-9a 所示是一个最简单的磁系统，它只有一个圆环状铁心，环上绕有 W 匝的线圈。当线圈通以电流 I 后，绝大部分磁力线都会集中在磁导率很高的铁心之中。若线圈均匀而又

紧密地绕在整个圆周上，则磁通实际上几乎全部局限在环内。

若圆环的内外径之差远比平均直径小，则可以认为磁通在横截面 S 上的分布是均匀的，因此铁心各处的 B 及 H 可以认为相等。沿圆环平均周长 l_p 应用安培环路定律，并注意到各处的 H 和 dl 同方向，即 $\cos\theta=1$，因此得

$$IW = \oint_{l_p} \boldsymbol{H} \cdot \mathrm{d}\boldsymbol{l} = Hl_p$$

考虑到 $H=B/\mu$（μ 为铁心材料的磁导率），$B=\Phi/S$，代入上式则得

$$IW = \Phi \frac{l_p}{\mu S} = \Phi \frac{\rho_c l_p}{S} \tag{2-16}$$

式中，ρ_c 为磁导率 μ 的倒数，称为磁阻系数，即

$$\rho_c = \frac{1}{\mu} \tag{2-17}$$

将线圈电流 I 与匝数 W 的乘积 IW 称为磁动势，并将磁动势与磁通 Φ 之比定义为磁阻 R_c，即

$$\frac{IW}{\Phi} = R_c$$

磁阻单位为 A/Wb，通常用 1/H 表示，则对于均匀磁场，由式（2-16）可得

$$R_c = \frac{\rho_c l_p}{S} \tag{2-18}$$

因此，磁路中磁通与磁势和磁阻的关系可以表示为

$$\Phi = \frac{IW}{R_c} \tag{2-19}$$

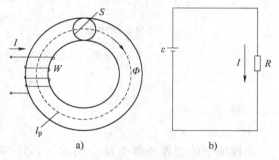

图 2-9 磁路和电路的对比

这个关系就称为磁路的欧姆定律。注意，它和电路中的全电路欧姆定律在形式上很相似，如图 2-9b 所示，即电路中的电流 I 与电动势 ε 成正比而和电路中的电阻 R（含电源内电阻）成反比，即：$I=\varepsilon/R$。

磁动势的单位为安，但习惯上往往称它为安匝以便和电流相区别，因为匝数本身并没有单位，它只是表示线圈电流作用的倍数。在磁路计算中，比较习惯于采用磁导 G_c，也就是磁阻的倒数，即

$$G_c = \frac{1}{R_c} = \frac{\mu S}{l_p} \quad (\text{H}) \tag{2-20}$$

在电路中，电阻两端的电位差 U 叫作电阻压降，简称"电压降"，可表示为

$$U = IR \quad (\text{V})$$

同样，在磁路中，磁阻两端的磁位差 u 叫作"磁压降"，也表示为

$$u = \Phi R_c \quad (\text{A}) \tag{2-21}$$

因为由式（2-13）得

$$u = Hl_p = \frac{B}{\mu}l_p = BS\frac{l_p}{\mu S} = \Phi R_c \quad （A）$$

磁路中，$H = \Phi R_c / l_p$，因此可以将 H 看成为磁路单位长度上的磁压降。

必须指出，磁路和电路计算上的相似，绝不意味二者的物理本质一样。从本质上说，在电动势的作用下，导线内确有电荷在流动。因此，当电流流过电阻时，电能就会转换为热能，使电阻发热。但在磁路中，磁通或磁现象是伴随着磁动势或电流而建立的。也可以说，磁场就是电流的一种表现形式，在导磁体内并没有什么东西真在流动。维持一个恒定不变的磁通并不需要消耗任何能量。尽管维持线圈中的电流仍需要从电源中吸取能量，但这个能量是消耗在线圈电阻中的。

2.2.2　等效磁路图

由于磁路和电路在计算上有其相似之处，所以在分析和计算某一磁系统时常常模仿电路的表示形式将它表示成等效磁路。

图 2-10a 所示为一拍合式电磁铁的磁系统。它的导磁磁路由插入线圈的铁心、L 形的铁轭和能绕轴转动的衔铁组成。线圈通电后，绝大部分磁通将通过铁心、铁轭，衔铁以及衔铁与铁心端面间的空气隙 δ_1，构成闭合磁路。空气隙 δ_1 称为主工作气隙，该磁通对衔铁产生吸力，因而称为主磁通 Φ_δ，主磁通的平均磁力线如图中虚线所示。

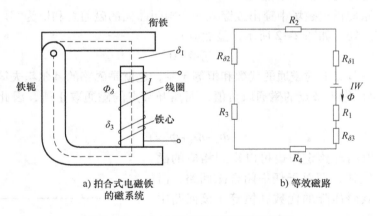

a) 拍合式电磁铁
的磁系统

b) 等效磁路

图 2-10　拍合式磁系统及其等效磁路图

该磁系统的等效磁路图如图 2-10b 所示。IW 为线圈磁动势，长线代表 N 极，短线代表 S 极；$R_{\delta 1}$ 为主工作气隙的磁阻；$R_{\delta 2}$ 为转轴配合处的气隙磁阻；$R_{\delta 3}$ 为铁心与铁轭配合处的气隙磁阻；R_1 为铁心磁阻；R_2 为衔铁磁阻；R_3 及 R_4 为铁轭磁阻。

注：以上等效磁路图只考虑了主磁通所经过的路径，所以是只有一个回路的简单磁路，其中本来是分布在整个铁心长度上的线圈磁动势就可以用一个集中的磁动势 IW 来表示。实际的情况是磁系统内还会有漏磁通存在，因此这样的等效磁路图是近似的，考虑漏磁的等效磁路图将在后续章节中详细讨论。

图 2-11a 所示是具有两个回路的 E 形拍合式磁系统及不考虑漏磁通时的等效磁路图，如图 2-11b 所示。对具有两个以上回路（或网孔）的磁路称为"复杂磁路"。

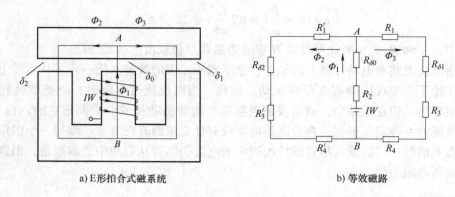

a) E形拍合式磁系统　　　　　　b) 等效磁路

图 2-11　E形拍合式磁系统及其等效磁路图

2.2.3　磁路的基尔霍夫二定律

　　计算具有分支的多回路电路须运用电路的基尔霍夫二定律，同样在计算复杂磁路时也可以运用类似的磁路基尔霍夫二定律，磁路基尔霍夫二定律实质上就是磁通连续性原理和安培环路定律在磁路中的应用。与电路相似，把同一磁通通过的路径称为"支路"，而把三条或三条以上的支路会聚处称为"节点"。

　　磁通连续性原理指出磁场中穿出或穿入一个封闭曲面的磁通总和恒为零。如果把封闭曲面取在磁路的节点处，如图 2-12 所示，显然应有

$$\sum \Phi = 0 \tag{2-22}$$

　　即汇聚在任一节点上的磁通的代数和恒等于零，这就是磁路的基尔霍夫第一定律。高斯定理规定式（2-4）进入节点的磁通取负值，而离开节点的磁通取正值，因此，对于图 2-12 节点应有

$$-\Phi_1 - \Phi_2 + \Phi_3 = 0$$

　　同样，根据安培环路定律也可以得到相应的磁路基尔霍夫第二定律，即对于任一闭合磁回路，沿某一环绕方向，其磁压降的代数和恒等于该回路中磁势的代数和，即

$$\sum IW = \sum u = \sum \Phi R \tag{2-23}$$

　　如果磁路各分段中的 $\boldsymbol{B}$（或 $\boldsymbol{H}$）可假定为常数，并且其方向与环路方向一致，则磁路基尔霍夫第二定律也可以表示为

$$\sum IW = \sum Hl \tag{2-24}$$

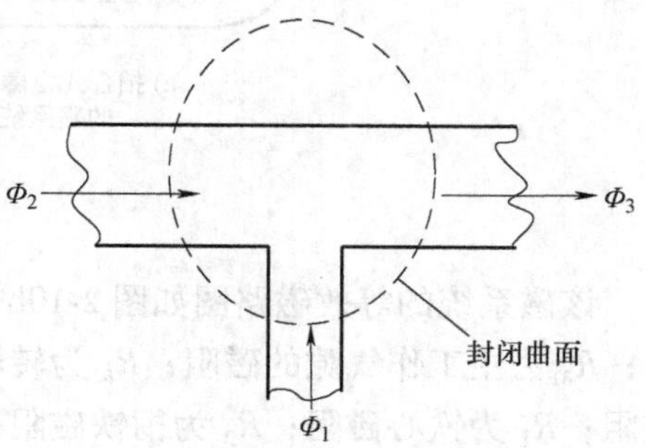

图 2-12　磁路节点

式（2-23）及（2-24）可以视计算中的方便选用，其中磁压降的表示方法也可以混合使用。在使用中应注意决定各项正、负的规则：

　　先规定各支路中磁通的正方向：如果 Φ（或 H）的正方向与环绕方向一致时，则该段的磁压降为正值，反之则为负值；若磁动势的正方向和环绕方向一致时，则该绕组的磁动势为正值，反之为负值（磁动势正方向和绕组中电流正方向符合右手定则）。

2.2.4　算例

磁路和电路在形式上有许多相似之处，为了便于比较和应用，现列表如下。

表 2-1　磁路和电路的比较

电　路	磁　路
电参量及单位	磁参量及单位
电（动）势 ε　V	磁动势 IW　A
电流 I　A	磁通 Φ　Wb
电阻 $R=\rho\dfrac{l}{S}$　Ω	磁阻 $R_c=\dfrac{\rho_c l_p}{S}$　1/H
电导 $G=\dfrac{1}{R}$　S	磁导 $G_c=\dfrac{1}{R}$　H
电压降 $U=IR$　V	磁压降 $u=\int_a^b \boldsymbol{H}\cdot \mathrm{d}\boldsymbol{l}=\Phi R_c$　A
全电路欧姆定律 $I=\dfrac{\varepsilon}{R}$	磁路欧姆定律 $\Phi=\dfrac{IW}{R_c}$
电路基尔霍夫第一定律 $\sum I=0$	磁路基尔霍夫第一定律 $\sum\Phi=0$
电路基尔霍夫第二定律 $\sum\varepsilon=\sum U$	磁路基尔霍夫第二定律 $\sum IW=\sum u$

磁路基尔霍夫二定律对于任何形式的磁路都是普遍适用的，也就是说，不论导磁体的磁阻是线性（即 μ 为常数）还是非线性（即 μ 不是常数），也不论考虑还是不考虑漏磁现象，磁路基尔霍夫二定律都是适用的。但是，如果假定铁磁阻为线性，即磁阻为常数，完全可以应用计算电路的各种方法，如电阻的串、并联计算法、支路电流法、回路电流法、叠加原理和戴维南定理等效电路，来解决磁路的问题了。举例说明如下。

例 2.1　图 2-13a 为某磁系统，图中尺寸单位为 mm。两个绕组 W_1 及 W_2 分别绕在中间和左边的铁心柱上，其绕向和电流 I_1 及 I_2 的方向如图所示。若已知 $I_1=I_2=1\text{A}$，$W_1=100$ 匝，$W_2=50$ 匝，并假定铁心的磁导率 μ 为常数，且 $\mu=5000\mu_0$，试计算三个铁心柱中的磁通和磁通密度。

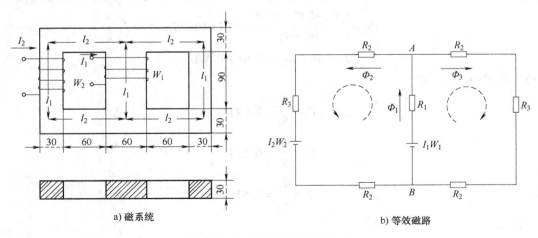

a) 磁系统　　　　　　　　　　b) 等效磁路

图 2-13　磁路计算例题图

解法一：

（1）第一步：作等效磁路图，并求各分段磁阻值。

等效磁路图如图 2-13b 所示。各分段的磁路平均长度均由几何中心线上量得，因此

$$l_1 = (90+2\times15)\text{mm} = 120\text{mm} = 0.12\text{m}$$
$$l_2 = (60+30+15)\text{mm} = 105\text{mm} = 0.105\text{m}$$

各分段的截面积为

中间铁心柱的截面积 $S_1 = 30\text{mm}\times60\text{mm} = 1800\text{mm}^2 = 1.8\times10^{-3}\text{m}^2$

其余部分的截面积 $S_2 = 30\text{mm}\times30\text{mm} = 900\text{mm}^2 = 0.9\times10^{-3}\text{m}^2$

各分段的磁阻可由式（2-19）求得，即

$$R_1 = \frac{l_1}{\mu S_1} = \frac{0.12}{5000\times1.25\times10^{-6}\times1.8\times10^{-3}}\text{H}^{-1} = 1.07\times10^4\text{H}^{-1}$$

$$R_2 = \frac{l_2}{\mu S_2} = \frac{0.105}{5000\times1.25\times10^{-6}\times0.9\times10^{-3}}\text{H}^{-1} = 1.87\times10^4\text{H}^{-1}$$

$$R_3 = \frac{l_1}{\mu S_2} = \frac{0.12}{5000\times1.25\times10^{-6}\times0.9\times10^{-3}}\text{H}^{-1} = 2.13\times10^4\text{H}^{-1}$$

（2）第二步：用基尔霍夫二定律，按支路电流（磁通）法列出方程，并求解。

1）规定各支路磁通 Φ_1、Φ_2 及 Φ_3 的正方向如图 2-13b 所示。

2）对节点 A 按基尔霍夫第一定律列出方程，即：

$$-\Phi_1+\Phi_2+\Phi_3 = 0 \tag{Ⅰ}$$

3）规定环绕方向如图 2-13b 虚线所示，按基尔霍夫第二定律对左右两个回路列出方程如下：

$$I_1W_1-I_2W_2 = \Phi_1R_1+\Phi_2(2R_2+R_3) \tag{Ⅱ}$$
$$I_1W_1 = \Phi_1R_1+\Phi_3(2R_2+R_3) \tag{Ⅲ}$$

联解（Ⅰ）（Ⅱ）及（Ⅲ）即可求得

$$\Phi_1 = \frac{2I_1W_1-I_2W_2}{2R_1+2R_2+R_3} = 18.7\times10^{-4}\text{Wb}$$

$$\Phi_2 = \frac{I_1W_1-I_2W_2-\Phi_1R_1}{3R_2+R_3} = 5.1\times10^{-4}\text{Wb}$$

$$\Phi_3 = \Phi_1-\Phi_2 = 13.6\times10^{-4}\text{Wb}$$

磁通密度 $B=\Phi/S$，即

$$B_1 = \frac{\Phi_1}{S_1} = 1.04\text{T}$$

$$B_2 = \frac{\Phi_2}{S_2} = 0.57\text{T}$$

$$B_3 = \frac{\Phi_3}{S_2} = 1.51\text{T}$$

解法二：

如果用式（2-24）来列回路方程往往可以无需计算磁阻，即

$$I_1W_1 - I_2W_2 = H_1l_1 + H_2(2l_2 + l_3) \qquad (\text{II}')$$

$$I_1W_1 = H_1l_1 + H_3(2l_2 + l_3) \qquad (\text{III}')$$

将方程（Ⅰ）也转换成 H 的方程，即由于 $\varPhi = \mu HS$，而 μ 为常数，所以

$$-H_1S_1 + H_2S_2 + H_3S_2 = 0$$

又因为 $S_1 = 2S_2$，所以

$$-2H_1 + H_2 + H_3 = 0 \qquad (\text{I}')$$

联立求解（Ⅰ′）（Ⅱ′）及（Ⅲ′）即可求得 H_1、H_2 及 H_3，从而得 B_1、B_2 及 B_3 以及 $\varPhi_1$、$\varPhi_2$ 及 $\varPhi_3$。所得结果和解法一是一样的。

尽管磁路计算与电路计算有相似之处，但也有一些不同：

（1）铁磁阻不是常数，即铁的磁导率 μ 不是常数，而与通过它的磁通值或 B 值具有非线性的关系，因此，磁通和磁动势之间的关系不成正比。

（2）空气的磁导率虽然是常数，但气隙磁导却不容易算准，而气隙磁阻计算得是否准确对整个磁路计算的准确性影响极大。

（3）磁路中有分布的漏磁通。如图 2-14 所示，虽然绝大部分的磁通都局限于导磁体内，但是仍有一部分磁通不通过主工作气隙和全部导磁体，而只和部分线圈匝链，通过线圈周围的空间形成回路。此部分磁通称为漏磁通 $\varPhi_\sigma$。这一点和电路不同，电路中的绝缘材料（或空气）的电阻一般比导线电阻大 10^{20} 倍以上，如橡皮和铜的电阻系数之比约为 10^{21}，因此在导线周围的绝缘材料中可以看成是没有漏电流的。但是在自然界却没有什么"绝磁"的材料。空气的磁阻是比导磁材料大，但是也只不过大几千或几万倍，因而漏磁通要比电路中的漏电流显著得多。漏磁的存在将使导磁体内的 $\varPhi$、B 和 H 都不是常数，因此就不能简单地用 Hl 来计算磁压降。

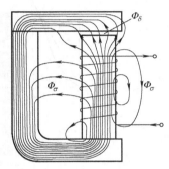

图 2-14　拍合式磁系统的磁通分布情况

基于以上三个特点，磁路计算往往远比电路计算复杂，并且也不容易计算得很准确。

2.3　磁性材料

2.3.1　软磁材料

电磁元件中广泛利用各种磁性材料来增加线圈电流的磁效应，或产生某种特殊的磁性能。磁性材料的种类繁多，按其特性和应用大致可分为软磁和硬磁（或称永磁）两大类。软磁材料的所谓"软"是就其磁性而言，即它很容易被磁化，在较小的外磁场作用下就能产生较高的磁感应强度，而当除去外加磁场后，磁性又基本消失。硬磁材料则与之相反，它较难磁化，但当除去外加磁场后仍能保持相当强和稳定的磁性。不同材料用途也不相同，例如软磁材料通常用于导磁或传递、转换能量和信息的磁性零件，而永磁材料则用于能提供一个恒定磁通的磁路。在这一节里，将分别讨论软磁材料、永磁材料的磁性能和类别。

1. 起始磁化曲线

磁性材料特别是软磁材料的磁导率 μ 远比真空高，但它不是常数，因此，通常用材料的 B 随着 H 变化的关系曲线来表示其磁性能，如图 2-15a 所示。该关系曲线即称为"磁化曲线"，或简称"B-H 曲线"。B-H 曲线一般只能用实验方法求得。通常将被测材料做成内外径相近的圆环试样，环上均匀绕上 W 匝的线圈，如图 2-15c 所示。这样无气隙对称磁系统漏磁很小，可以认为圆环各截面上的磁通相等。又因其内外径相差不大，可以认为各截面上的 B 呈均匀分布。如果分别测得对应不同电流值 I 下的磁通值 Φ，就可确定该材料的 B-H 关系，因为

$$B=\frac{\Phi}{S}, \quad H=\frac{IW}{l}$$

式中，S 为圆环试样的截面积；l 为圆环试样的平均磁路长度。

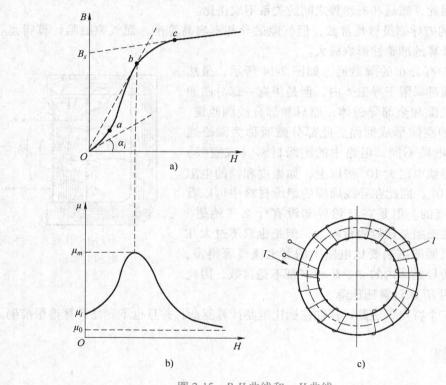

图 2-15　B-H 曲线和 μ-H 曲线

若材料从完全去磁状态（即 $H=0$，$B=0$）开始磁化，逐渐加大 H，即加大 I，则 B 最初增加得较慢（Oa 段），然后增加得较快并近似为线性关系（ab 段）。过 b 点后增长率开始减慢，而在 c 点以上时 B-H 曲线的斜率将很接近于弱磁性材料的磁导率，即很接近于真空的磁导率 μ_0，这种现象就称之为"磁饱和"。实际上，磁性材料中的 B 是由两部分所组成，即

$$B=\mu_0(H+M) \quad \text{(T)} \tag{2-25}$$

式中，μ_0 为真空磁导率（H/m）；H 为磁场强度（A/m）；M 为磁化强度（A/m）。

当 H 增大时，材料的磁化强度 M 也随之增大，因此 B 增加得很快。但是当 H 很大时，材料已完全磁化，M 就不可能再增大了，这就是产生磁饱和的原因。饱和时的磁化强度为 M_s，而

$$B=\mu_0 H+\mu_0 M_s \tag{2-26}$$

将 $\mu_0 M_s$ 定义为材料的饱和磁感应强度 B_s。B_s 通常可以由磁化曲线求得，即将 c 点以后的线性段向左边延长使之与纵坐标轴 $H=0$ 处相交，所得磁感应强度即为 B_s，如图 2-15a 所示。由完全去磁状态磁化所得的 B-H 曲线称为"起始磁化曲线"，b 点称为"膝点"，bc 段称为"膝部"。

另外也用磁导率 μ 与 H 的关系曲线（μ-H 曲线）来表示材料的磁性能，如图 2-15b 所示。曲线上各点的 μ 值可以由 B-H 曲线上相对应的点求得，即 $\mu=B/H$，μ 正比于从原点至该点的连线的斜率。显然，在膝点，即 b 点处斜率为最大值，这一点的 μ 值就称为"最大磁导率" μ_m。尽管在起始点 $H=0$，$B=0$，B/H 无意义，而将 dB/dH 即 B-H 曲线在起始的切线斜率 $tg\alpha_i$ 称为"起始磁导率" μ_i。

在某些情况下，需要知道材料在各点的 dB/dH 值，因此，定义 dB/dH 值为材料的微分磁导率 μ_d。显然，在磁化曲线上不同点的 dB/dH 值也不同，并且除了起始点及膝点（即 b 点）外，其他各点的微分磁导率并不等于图 2-15b 中所定义的磁导率 μ，即 B/H。此外，由于材料磁滞现象的非线性，H 增加时的 dB/dH 值并不等于 H 减少时的 dB/dH 值。如果材料磁化曲线为线性，则 μ 和 μ_d 就完全相同了。

2. 磁滞回线

铁磁材料的另一重要特性就是其 B-H 关系曲线与其磁化的历史情况有关。若材料在 H_1 的磁场强度下磁化到 a_1 点后，如图 2-16a 中 Oa_1 段，减小磁场强度，则 B 并不是沿着原来磁化时的 Oa_1 曲线下降，而是沿着它上面的另一曲线 a_1b_1 下降。B 变化滞后于 H 的现象就叫作"磁滞现象"。

若 H 由 $H_1 \rightarrow 0 \rightarrow -H_1 \rightarrow 0 \rightarrow H_1$ 变化一个循环，并使材料在 H_1 与 $-H_1$ 间如此反复磁化数个循环，则 B-H 曲线将趋向于一个对称于原点的闭合曲线，如图 2-16b 所示，这种回线称为"磁滞回线"。对应不同的 H 值使之反复磁化，将有不同的磁滞回线，如图 2-16c 所示。随着 H 的增大，回线所包围的面积也增大。当磁化到饱和时，即 $H=H_s$，再增大磁场，磁滞回线的面积基本上不变，这时的磁滞回线称为"极限磁滞回线"，如图 2-16c 中的 $abcdefa$ 回线。

由极限磁滞回线可以看出，当 H 由 H_s 降为零时，B 并不回零，而是下降到 b 点，也就是说，材料保留了一部分磁性。对应的磁感应强度称为剩余磁感应强度 B_r，简称"剩磁"。若要将剩磁降为零必须加一反向磁场（对应于图 2-16c 中回线上的 c 点），这个反向磁场强度的绝对值称为"矫顽力" H_c。B_r 和 H_c 是磁性材料的重要特性参数，它们是由极限磁滞回线上求得的。磁滞回线在第二象限内的一段曲线称为"退磁曲线"。

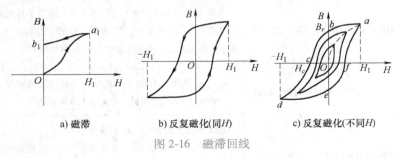

a) 磁滞　　　　　b) 反复磁化(同H)　　　　c) 反复磁化(不同H)

图 2-16　磁滞回线

磁滞回线的面积代表材料在磁化一周内由于磁滞现象所消耗的能量，称为"磁滞损耗"。磁滞回线的形状和面积直接表征磁性材料的主要磁特性，软磁材料的 H_c 小，磁滞回线窄，损耗也低；而永磁材料的 H_c 大，磁滞回线宽。

如果材料不是在 $+H$ 和 $-H$ 间反复磁化，而是在 H_1 和 H_2 或 H_1' 和 H_2' 之间反复磁化，如图 2-17 所示，则其 B-H 关系将沿着一些小的回线变化，这些小回线称为局部磁滞回线或称"次磁滞回线"。

3. 基本磁化曲线

各条磁滞回线的正顶点连成的曲线称为材料的基本磁化曲线，如图 2-16c 中虚线所示，它所表示的 B-H 关系具有平均的意义。基本磁化曲线和起始磁化曲线很接近。它虽然是一条人为的假定的曲线，但是当磁滞回线比较窄时，如软磁材料，在工程计算中一般就用它来代表材料的磁性能。各种手册中所介绍的 B-H 曲线就是这条基本磁化曲线，手册中给出的 μ_i、μ_m 及 B_S 值也都是从基本磁化曲线求得的。

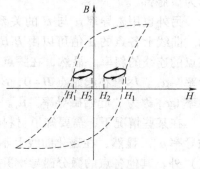

图 2-17 局部磁滞回线

4. 常用软磁材料及其特性

对于作导磁用的软磁材料主要提出下列一些要求：

1）磁导率要高。在一些灵敏度比较高的磁系统中要求在很小的磁动势作用下就能产生较大的磁通，因此希望材料的 μ_m 尽可能大。对于一些在弱磁场下工作的磁系统则要求 μ_i 较大。

2）饱和磁感应强度 B_S 要高。可缩小导磁体的截面积，减轻整个磁系统的尺寸和重量。

3）矫顽力 H_c 要小。可减少剩磁的影响，并减少磁滞损耗。

4）使用于交流的磁系统，为了减少涡流损耗希望材料的电阻率要高。

5）磁性材料的磁性与温度有密切关系。磁性材料的饱和磁化强度 M_S 随温度升高而降低。当温度升高到某一数值时，M_S 降为零，这个温度称为"居里温度"或居里点 T_c。因此，对于使用温度较高的磁系统，希望 T_c 较高。

对于不同用途的磁系统，以上这些要求也不同。航空电器和电机中常用的软磁材料有下列几类，见表 2-2。这些材料的主要性能指标可参阅有关的标准和手册。为了便于比较，表 2-3 中列举了一些材料的性能参数。

表 2-2 软磁材料的品种、牌号、主要特点及应用范围

品种	典型牌号	主要特点	应用范围
电工用纯铁或低碳电工钢	DT_3，DT_4，DT_5，DT_6，10 号钢	含碳量低（＜0.04%）、B_S 高（2.15T）、μ 不算太大、H_c 不算最小、电阻率低、冷加工性能好	一般用于直流磁系统。10 号钢的磁性能和电工用纯铁差不多，但价格便宜
铁镍合金	1J50，1J51，1J65，1J79，1J85	μ_i、μ_m 很高、H_c 很小、B_S 不高、价格贵，磁性对机械应力敏感	高灵敏磁系统，弱磁场下工作的磁系统器
铁铝合金	1J6，1J12，1J13，1J16	电阻率高、比重小、μ 不算太大、H_c 很小、硬度高、耐磨性好、抗振动、冲击性能好，当含铝＞10%时较脆	可以代替某些铁镍合金及硅钢片作微电机及继电器

（续）

品种	典型牌号	主要特点	应用范围
硅钢片	热轧 D21，D22，D23，D32，D42，D43 冷轧无取向：W21，W22，W32，W33 单取向：Q3，Q4，Q5，Q6	B_S 较高、电阻率高、铁损小、导热性差、硬度高、脆性增大	交流磁系统
铁钴合金	1J22	B_S 特别高（达 2.4T）、居里点高（达 980℃）、电阻率不高、价格贵	适合作重量轻，体积小，耐高温的航空及空间元件
软磁铁氧体（镍锌及锰锌）	R20，R60，RK$_1$，RK$_4$，R1K，R10K 等	为复合氧化物烧结体，电阻率很高、B_S 低，温度稳定性差	高频及较高频（几千赫到几百兆赫）用电磁元件

表 2-3　某些软磁材料的主要性能参数

材料	B_S/T	B_r/T	H_c/(A/m)	$\mu_i \times 1000$[①]	$\mu_m \times 1000$[①]	B_m[②]/T	$\rho \times 10^{-6}$/(Ω·cm)	比重/(g/cm³)	T_c/℃
电工纯铁	2.14	1~1.4	<100	0.2	3.5~6	0.9	10~11	7.85	770
10 号钢	2.13	0.9~1.3	88~168		2~3	0.75	11~16	7.85	770
铁镍合金 1J50	1.5	0.8	10~14	2.8	25~45	0.57	45~50	8.2	500
1J79	0.75	0.5~0.6	1.6~2.4	22	100~180	0.42	55~60	8.6	450
铁铝合金 1J6	1.35~1.5[③]		32~48		3~6		70	7.2	730
1J16	0.65~0.75[④]		1.6~2.4	4~8	50~100		140~160	6.5	400
硅钢片热扎 D41	1.94	0.5~0.8	28~36	0.4	7.5~9	0.6~0.8	55~72	7.55	690~740
冷轧 Q4	2.0		12~31	0.7	16~33	0.75	45~75	7.7	690~740
铁钴合金 1J22	2.36	1.3~1.4	120~160	0.7	4.5	1.1	27	8.2	980
软磁铁氧体 R20	0.22		1200	0.02			10^{12}	4.0	350
R10K	0.34		4	10			10^6	4.9	85

① μ_i 及 μ_m 为相对磁导率。
② B_m 为最大磁导率 μ_m 时的磁感应强度。
③ 此值为 $H=2500$A/m 时 B 值。
④ 此值为 $H=2400$A/m 时 B 的值。

　　图 2-18 中列举了一些材料的磁化曲线。必须指出，材料的磁性能与其成分、加工方式（影响磁性零件的机械应力），特别是热处理等有很大关系，所以表中和图中的数据只能作为大致的参数，不能作为设计的依据。

　　另外，磁化曲线与测量时所用的励磁电源的频率以及材料的厚度有关。图 2-18 中的磁化曲线均为直流励磁情况下测得的。随励磁电源频率增加，材料的涡流损耗将增加，导致其磁滞回线加宽，所以交流时的磁化曲线比直流时的低。交流磁化曲线通常用磁感应强度的幅值和磁场强度的幅值之间的关系表示，图 2-19 是材料在不同频率情况下磁化曲线的比较。

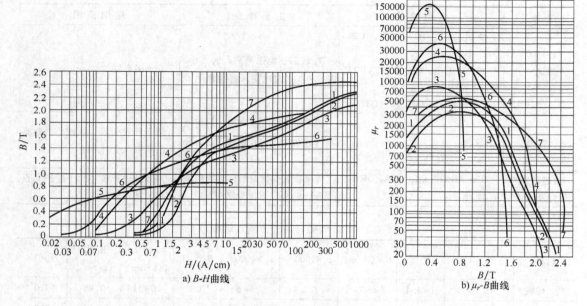

图 2-18　软磁材料的 B-H 及 μ_r-B 曲线

1—电工纯铁，退火　2—10 号钢，退火　3—硅钢片 D41　4—硅钢片 Q4
5—铁镍合金 1J79　6—铁镍合金 1J50　7—铁钴合金 1J22

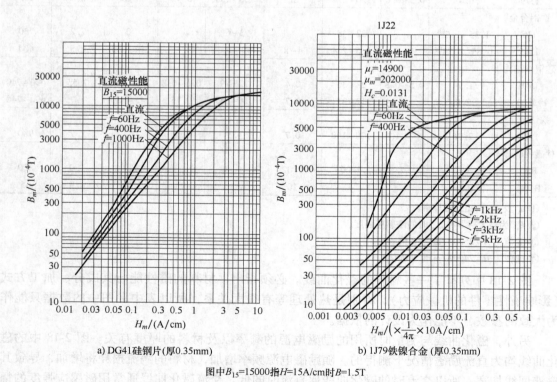

a) DG41硅钢片(厚0.35mm)　　　　　　b) 1J79铁镍合金 (厚0.35mm)

图中B_{15}=15000指H=15A/cm时B=1.5T

图 2-19　不同频率情况下的磁化曲线

2.3.2　永磁材料的主要特性、种类和性能参数

永磁材料也称"硬磁材料"。它和软磁材料一样具有磁滞的现象，所不同的是矫顽力 H_c 远比软磁的高，能达到几百甚至几千 A/cm，而软磁材料 H_c 的一般小于 1A/cm。值得指出的是它的剩余磁感应强度并不一定比软磁高。因而，它具有很宽的磁滞回线。

1. 退磁曲线

永磁材料的工作点一般处于极限磁滞回线的第二象限部分，即 B 为正值，H 为负值，如图 2-20 中曲线 $B_r mm' H_c$ 所示，这部分表示永磁材料的 B 和 H 的关系曲线就称为"退磁曲线"。各种材料的退磁曲线可以用实验方法求得。

退磁曲线是永磁磁路计算的基础，因此希望能用一分析公式来近似表示。对于绝大多数的永磁材料，退磁曲线可以相当准确地用下列公式表示

$$B = \frac{H + H_c}{\dfrac{H_c}{B_r} + \dfrac{H}{B_s}} \tag{2-27}$$

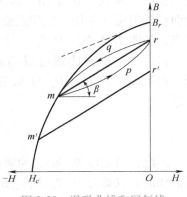

图 2-20　退磁曲线和回复线

式中，B_s、B_r、H_c 分别为材料的饱和磁感应强度、剩余磁感应强度及矫顽力。

而 H_c 取正值，去磁磁场强度 H 为负值。一般材料手册中并不一定给出材料的退磁曲线，但是 B_s、B_r 及 H_c 都是可以查到的，因此就可以用上式算出该曲线。

2. 回复线和回复磁导率

若材料退磁到 m 点（见图 2-20）后，再使退磁磁场减小到零，则磁状态不是沿退磁曲线回升，而是沿 mpr 曲线回升，当 H 为零时回升到 r 点，低于 B_r。如果再度加上退磁磁场则磁状态的改变是沿 rqm 曲线回到接近 m 的工作点。多次反复后形成 $mprqm$ 回线称为"局部磁滞回线"，或称"回复回线"。由于回复回线的两个分支非常接近，一般可近似地用直线 mr 代替该回线，mr 线即称为"回复线"，它的斜率 $\mathrm{tg}\beta$ 即称为"回复磁导率" μ_{rec}，也称"回复系数" γ。对应于不同的工作点如 m' 点，将会有不同的回复线和回复磁导率，但由实验指出，不同点的回复磁导率相差不大，并且近似等于在 B_r 点对退磁曲线所做的切线，见图 2-20 中的虚线的斜率。因此，若退磁曲线可以用式（2-27）表示，则

$$\mu_{rec} = \left(\frac{\mathrm{d}B}{\mathrm{d}H}\right)_{H=0} = \frac{B_r}{H_c}(1-a) \tag{2-28}$$

式中，$a = \dfrac{B_r}{B_s}$。

材料手册中给出的 μ_{rec} 值一般是指在退磁曲线上从最大 BH 乘积点，见下述，开始的回复线的斜率，其值一般在 $10^{-6} \sim 10^{-5}$ H/m 的范围之内。

3. 最大 BH 乘积 $(BH)_{max}$ 及凸度系数 K_{td}

永久磁铁供给工作气隙的磁能是与其 B 和 H 的乘积 BH 成正比，因此，为了使磁铁的尺寸最小，其工作点应在 BH 乘积为最大值处。若已知材料的退磁曲线，则可以求得不同工作

点时的 BH 值, 如图 2-21 右半图所示为 BH 与 B 的关系曲线。很明显, 当工作点为 $(0, B_r)$ 及 $(H_c, 0)$ 时, BH 值为零; 而在某一点 D (H_d, B_d) 时, BH 值为最大, 该最大值即称为最大 BH 乘积 $(BH)_{max}$ (有时也称为 "最大磁能积")。

材料的 $(BH)_{max}$ 点可用等磁能曲线求得, 图 2-21 中的虚线 g_1、g_2 及 g_3 是将 B 与 H 乘积相等的各点连成的曲线, 即 $BH = (BH)_1$、$(BH)_2$ 及 $(BH)_3$ 称为 "等磁能曲线", 一般已绘成标准曲线可供使用。其中有一条等磁能曲线与退磁线相切, 这切点就是最大 BH 乘积点, 如图 2-21 中的 D 点。

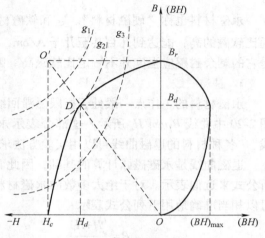

图 2-21 最大 BH 乘积

若材料的退磁曲线可以用式 (2-27) 表示, 则可以证明 B_d、H_d 与 B_r 存在下列比例关系

$$\frac{B_d}{B_r} = -\frac{H_d}{H_c} \tag{2-29}$$

因此, 只需以 B_r 和 H_c 为两相邻边做出长方形 $OB_rO'H_c$, 见图 2-21, 其对角线 OO' 与退磁曲线的交点即为 $D(B_d, H_d)$ 所在点。

若已由手册查得材料的 B_r、H_c 及 $(BH)_{max}$ 值, 则 B_d 和 H_d 也可以由下列公式求得

$$B_d = \sqrt{\frac{(BH)_{max} B_r}{H_c}} \tag{2-30}$$

$$H_d = -\sqrt{\frac{(BH)_{max} H_c}{B_r}} \tag{2-31}$$

$(BH)_{max}$ 是衡量永磁材料性能的最主要指标之一, 目前已有的永磁材料, 其 $(BH)_{max}$ 值可达 $300kJ/m^3$ 以上。

很明显, $(BH)_{max}$ 值与退磁曲线的形状有关。在 B_r、H_c 一定的条件下, 若退磁曲线的形状愈接近矩形, 则它与坐标轴所围成的面积就愈大, 而 $(BH)_{max}$ 值也愈大。通常用凸度系数 K_{td} (也称形状系数或满度系数) 来表示退磁曲线接近矩形的程度, 即

$$K_{td} = \frac{(BH)_{max}}{B_r H_c} \tag{2-32}$$

现有材料 K_{td} 值为 $0.25 \sim 0.75$。

4. 磁感应温度系数 α_B

α_B 是用来衡量经饱和磁化后永磁材料的磁感应强度随温度可逆变化的程度。当温度升高时, B 下降。事实上, 须经多次反复地温度循环才能得到 B 的完全可逆变化。α_B 由下式决定

$$\alpha_B = \frac{B_t - B_t'}{B_t'(t - t')} \times 100\% \tag{2-33}$$

式中, t' 及 t 为温度变化的下限和上限; B_t' 及 B_t 为对应于 t' 及 t 两温度下的磁感应强度。

α_B 值愈小，永磁材料的温度稳定性愈好。

5. 磁稳定性与磁感应衰减率

永久磁铁经充磁后在使用过程中其磁性能会随时间的延长和外界条件，如温度、反磁场、机械振动或冲击、强磁性物体的接触以及高能粒子辐照等的作用而引起磁铁组织结构即晶粒结构和磁结构即磁畴结构的变化，使磁感应强度产生不可逆的变化。这个变化通常用磁感应衰减率 φ，简称衰减率表示，即

$$\varphi = \frac{B'_m - B_m}{B_m} \times 100\% \tag{2-34}$$

式中，B_m 为磁铁受外界因素作用前的磁感应强度（T）；B'_m 为磁铁受外界因素作用后的磁感应强度（T）。

一般 φ 是负值，即这种不可逆的变化常常是使磁性能下降。φ 的绝对值愈小，则磁稳定性愈好。下面分别讨论各种因素对衰减率的影响。

（1）时间过程的衰减率

铁磁材料在淬火和铸造后具有不均匀的结构，这种不均匀性将随时间逐渐变为较稳定的状态，此时内应力将减少，同时使磁性能降低。时间过程的衰减率是指在室温下放置不同时间所产生的衰减率。

各种永磁材料当工作点在 $(BH)_{max}$ 的情况下的衰减率对时间的变化规律是相似的，即最初几天内变化较大，以后变化逐渐减少，衰减率与时间自然对数的关系呈一直线。铝镍钴系、铁氧体和塑性变形的铁铬钴合金等永磁材料，在室温下组织结构很稳定，它们的时间衰减率约为每年百分之几至千分之几。H_c 愈大，φ 愈小。对同一材料，当尺寸比 L/D 愈大，φ 愈小，其中 L 为磁铁有效长度，D 为磁铁有效截面的等效直径。

（2）温度作用的衰减率

温度作用的衰减率是指经高温加热或在低温下冷却一定时间后所引起的衰减率。铝镍钴系中各向同性和各向异性的组织结构分别在 450℃ 和 550℃ 以下时比较稳定，而在高于上述温度 100℃ 以内工作，虽然经过老化处理，工作时间也不能太长；在低于 0℃ 的负温度下的衰减率比高温大，如铝镍钴 32 的品种在 200℃ 时 φ 不大于 1%，而在 -60℃ 时 φ 已超过 2%。铁氧体永磁材料，负温度下的 φ 比高温时大，如铁氧体 15 在 -80℃ 约为 7%。对于负温度下的 φ，锶铁氧体比钡铁氧体小。

（3）磁场作用的衰减率

当外加交变磁场强度增加（其方向与磁铁磁极轴方向相同）时，衰减率增大；而当外磁场强度增大到某一值后，φ 剧增。H_c 愈大，磁铁抗外磁场影响的能力愈大；尺寸比 L/D 愈大，φ 愈小。

（4）机械振动和冲击的衰减率

机械振动和冲击作用的衰减率一般不大，它同振动时间或冲击次数的关系都呈类似规律，即最初一段时间或次数内，衰减率变化很大，以后变化很小。如铝镍钴 32，$L/D=5$ 时，经加速度为 20g 冲击 2500 次，φ 为 0.43%；铝镍钴 52，$L/D=4.3$ 时，经频率为 1400 次/min，振幅为 4mm，振动 24h，φ 小于 0.5%。

（5）与强磁性物体接触的衰减率

随接触次数的增加，最初 φ 增加很大，然后 φ 增加减小。H_c 愈大，φ 愈小。φ 与接触

方式有关。

永久磁铁可通过老化处理或称人工时效，使组织结构和磁结构处于比较稳定的状态，因而使 φ 相对减小。老化处理通常是在磁铁磁化后，模拟工作时可能受到的外界因素作用的条件来进行的。如磁铁是在室温下工作时，老化处理的条件为 $90 \sim 100℃$ 加热 $6 \sim 8h$。如在高温和低温下工作，则需在高于高温约 $50℃$ 和低于低温 $20℃$ 之间循环加热和冷却若干次等。如老化处理的条件过分时，使用中 φ 会变为正的，即磁性能反向回升，这也是不稳定的表现。

6. 对永磁材料的性能要求

不同用途的磁铁材料对性能的要求也不相同，主要有以下五点：

1）要求材料 $(BH)_{max}$ 大，因为 $(BH)_{max}$ 愈大，则磁铁的体积就能愈小。

2）要求 B_r 和 H_c 大，但不同尺寸比 L/D 的磁铁对 B_r 和 H_c 的要求也不相同。L/D 较大时，要求材料的 B_r 要大，H_c 则可以小些；而当 L/D 较小时，则要求 H_c 要大，而 B_r 可以小些。

3）要求回复磁导率 μ_{rec} 大。μ_{rec} 愈大，则回复线愈接近退磁曲线，但一般来说，μ_{rec} 愈大，H_c 就比较小，抗退磁能力就较差，故 μ_{rec} 和 H_c 二者要根据用途来兼顾。

4）要求磁性稳定和持久，受外界因素如温度、机械振动和冲击、外磁场等的影响要小。

5）机械加工性能和成本。

7. 永磁材料的种类和性能参数

目前工业上生产的永磁材料主要分以下五类：铸造铝镍钴系、粉末烧结铝镍钴系、铁氧体、稀土永磁及塑性变形永磁材料。

（1）铸造铝镍钴系

这类材料是以铁、镍、铝及钴为基础的铸造合金，它的特点是：B_r、H_c 及 $(BH)_{max}$ 达到中等以上的水平、组织结构稳定、温度影响小、居里点温度高、制造工艺简单、原材料来源比较容易、价格不太贵，因此获得了广泛的运用和发展。按其发展先后，可分为下列三种系列：

1）各向同性铝镍型和铝镍钴型系列。这一系列材料的制造工艺比较简单，可做成体积大和多对磁极的永久磁铁，但其磁性能是该类永磁材料中最低的。在铝镍型中添加钴可提高 B_r、H_c 及 $(BH)_{max}$。

2）热磁处理各向异性铝镍钴型和铝镍钴钛型系列。所谓"热磁处理"是将材料由居里点冷却时外加一定方向的强磁场，因此使材料沿外加磁场方向的磁性能显著提高，而垂直于该方向的磁性能还比不采用热磁处理时的磁性能差得多。因此使用时，磁通方向不应偏离它的最优磁性方向。

在铝镍钴型中加钛可提高 H_c，但却使 B_r 减小，其制造工艺对性能影响较为敏感，磨削加工比较困难。

3）定向结晶各向异性铝镍钴型和铝镍钴钛型系列。所谓"定向结晶"是将合金由浇铸温度冷却时，使合金的结晶体顺一定方向排列。该种材料的磁性能是铝镍钴系永磁材料中最高的，但其制造工艺较复杂，脆性大，容易折断。使用时应使磁通方向与结晶方向和热磁处理外加磁场方向一致。这个系列的材料目前国内可做成形状简单的柱体及空心柱体，柱体最大高度为 $100 \sim 150mm$。

（2）粉末烧结铝镍钴系

这类材料是用合金粉末（有时加上黏合剂）压成零件后再进行烧结而制成，因此不产生铸造缺陷，也无需再进行机械加工，可使废料降低几乎到零。一些铸造方法难以制造的细小磁铁，例如 1g 或 1g 以下的磁铁，用粉末冶金工艺就容易办到。粉末冶金磁铁比相同成分的铸造合金磁性能略低，但其材料质地较均匀，并且它的机械强度比铸造的还要高，因此适用于快速旋转的装置。这类材料分为各向同性和热磁处理各向异性两种，它们的特点与铸造铝镍钴系材料的相应系列相似。

（3）铁氧体

它是钡、锶和氧化铁的粉末冶金磁铁，H_c 很高、μ_{rec} 较小、密度小、电阻率大、$(BH)_{max}$ 不大、B_r 也不大。这种材料价格较便宜、高频性能较好，但温度对磁性影响较大。

铁氧体永磁材料分为各向同性和各向异性两个系列。各向异性是在模压成型时施加外磁场，沿该方向（一般也是压力方向）磁性最好。

（4）稀土永磁

这是一种新型的永磁材料，是由部分稀土金属，如 Sm、Ce、Pr 及 Nd 等镧系元素与铁、钴、镍等 3d 过渡金属形成的一种金属间化合物。国外在 1950 年开始研究，并于 1969 年初研制成第一代稀土钴永磁 RCo_5，其中 R 代表稀土元素，主要有 $SmCo_5$ 和 $Ce(Co、Cu、Fe)_5$ 两大类。$SmCo_5$ 的 $(BH)_{max}$ 为 160kJ/m^3 左右，H_c 较大（≈700kA/m），居里点温度 ≈725℃。$Ce(Co、Cu、Fe)_5$ 的磁性能比 $SmCo_5$ 低许多，$(BH)_{max}$ 约为 80kJ/m^3，居里点温度 ≈500℃，但价格远比 $SmCo_5$ 低，所以在使用环境不是十分恶劣的情况下用得较多。

第二代的稀土永磁的磁性能比 $SmCo_5$ 高许多，它以 $Sm(Co、Cu、Fe、Zr)_7$ 为代表，其 $(BH)_{max}$ 可达 240kJ/m^3 以上。由于含 Sm 量比 $SmCo_5$ 少，价格略有下降。目前生产的主要有以下 3 种：$Sm(Co_{0.8}Fe_{0.06}Cu_{0.14})_7$、$Sm(Co_{0.69}Fe_{0.20}Cu_{0.1}Zr_{0.01})_7$ 及 $Sm(Co_{0.68}Fe_{0.22}Cu_{0.06}Zr_{0.02})_{7.4}$，后二者中由于加入了 Zr 并选择合适的热处理使 H_c 得以增大。

近几十年来一直在寻找一种不含 Co 的永磁材料。我国大量使用的钕-铁-硼高性能永磁材料称之为第三代稀土永磁。它具有迄今为止最高的 $(BH)_{max}$ 值，实验室水平已达 405kJ/m^3，价格也比除 $Ce(Co、Cu、Fe)_5$ 之外的其他稀土永磁低。因此，在短短的几年时间内已转入商品生产。Nd-Fe-B 的标准成分 $Nd_{15}Fe_{77}B_8$，典型磁性能如下：$B_r = 1.23T$，$H_c ≈ 800kA/m$，$(BH)_{max} = 300kJ/m^3$。它的缺点是居里点温度低，仅 314℃，温度系数也较大。添加 Co、Al、Dy、Ho 等元素可提高矫顽力及居里点温度，并降低温度系数。另外，它比 $SmCo_5$ 易氧化，抗腐蚀性差，但可用表面处理或添加元素 Si 等方法使其抗氧化和抗腐蚀性能得以改善。

目前国内已能生产包括 Nd-Fe-B 在内的全部牌号稀土永磁材料，耐热及其他改进特性的永磁材料也已逐步推向商品生产。

（5）塑性变形永磁材料

这类永磁材料经适当热处理后，有良好塑性和机械加工性能，可制成板（带），棒（线）材或按需要进行机械加工。这类永磁材料主要有碳钢、钨铬钢等、铁钴钼型、铁钴钒型、铂钴、铜镍铁和铁铬钴型等合金，其中铁钴钼型和铁钴钒型具有相当大的剩磁，但矫顽力较低。铂钴合金具有很高 H_c 和 $(BH)_{max}$，磁稳定性好，耐腐蚀性强，但 B_r 不高，价格较贵，可作特殊要求的微型永久磁铁。铁铬钴型是新发展的一种永磁材料，分为各向同性和各向异性，其磁性能接近铸造铝镍钴系永磁材料中某些品种，所以不仅可作特殊形状的永久磁铁，且可代替铝镍钴系的某些品种。

常用永磁材料部分品种的主要性能参数见表 2-4。图 2-22~图 2-24 为部分品种的退磁曲线。

表 2-4 常用永磁材料部分品种的主要性能

种类	系列	品种名称	剩磁 B_r/T	矫顽力 H_c/(kA/m)	$(BH)_{max}$/(kJ/m³)	回复磁导率 μ_{rec}/10^{-6}(H/m)	磁温度系数 α_B/%(℃)$^{-1}$	居里点 T_c/℃	密度/(g/cm³)	电阻率/(μΩ·cm)	线膨胀系数(20~300℃)×10^{-6}(℃)$^{-1}$	硬度 HR_c
铸造铝镍钴系	各向同性	铝镍10	0.60	36	10	7.5~8.5	-0.022	760	7.0	60~65	13.0	45~47
	各向同性	铝镍钴13	0.68	48	13	7.5~8.5		810	7.2	65	12.4	52
	热磁处理	铝镍钴32	1.20	44	32	4.4~6.0	-0.016	890	7.3	47	11.2	50
	各向异性	铝镍钴钛40	0.72	140	40							
	定向结晶	铝镍钴52	1.30	56	52	3.0~4.5	-0.016	890	7.3	50	11.2	50
	各向异性	铝镍钴钛72	1.05	111	72	2.5~4.0	-0.020~-0.025	850	7.4		11.0	58~59
	各向异性	铝镍钴钛85	1.08	120	85	2.5~3.8		850				
粉末烧结铝镍钴系	各向同性	烧结铝镍9	0.5	35	9	7.5~8.5		760	6.7~6.8		13.0	43
	热磁处理 各向异性	烧结铝镍钴25	1.05	46	25	4.0~5.4		890	7.0	50	11.3	45
铁氧体	各向同性	铁氧体10T	0.20	128~160	6.4~9.6	1.3~1.6	-0.18~-0.20	450	4.0~4.8	$10^{10}\sim10^{14}$	9	45~60
	各向异性	铁氧体15	0.28~0.36	128~192	14.3~17.5	1.3~1.6	-0.18~-0.20	450	4.5~5.2	$10^{10}\sim10^{14}$	9	45~60
	各向异性	铁氧体35	0.40~0.44	176~224	30.3~33.4	1.3~1.6	-0.18~-0.20	450	4.5~5.2	$10^{10}\sim10^{14}$	9	45~60
稀土钴	各向异性	钕钴铜60	0.55~0.70	270~400	60.0~80.0	1.1~1.4	-0.09~-0.125	≈500				
	各向异性	混合稀土钴95	0.70~0.80	320~480	95~110	1.3~1.5	-0.04~-0.07	≈475				
	各向异性	混合稀土钴110	0.80~0.95	440~550	110~130	1.3~1.5	-0.045~-0.06	≈525				
	各向异性	钐钴125	0.82~0.95	500~660	125~160	1.3~1.4	-0.03~-0.05	≈725				
塑性变形永磁材料	各向同性	铁铬钴15	0.85	44	13.5~16.0	6.9~8.0	-0.052			60~70	8~10	45~50
	各向异性	铁铬钴30	1.10	48	27.0~35	5.0~6.0	-0.035~-0.045					
钕铁硼		NTP-216	1.02~1.06	740~780	199~215			310	7.3~7.5			

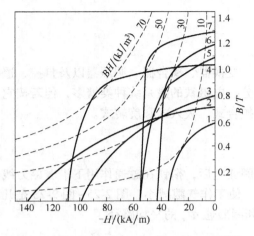

图 2-22　铸造铝镍钴系永磁材料的退磁曲线

1—铝镍 10　2—铝镍钴钛 40　3—铝镍钴钛 32　4—铝镍钴钛 72

5—铝镍钴 32H　6—铝镍钴 32　7—铝镍钴 52

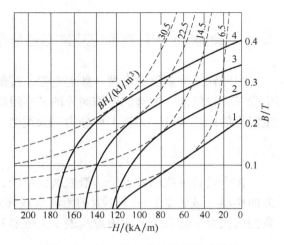

图 2-23　铁氧体永磁材料的退磁曲线

1—铁氧体 10T　2—铁氧体 15

3—铁氧体 25　4—铁氧体 30

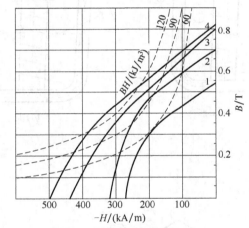

a) 稀土钴永磁材料的退磁曲线

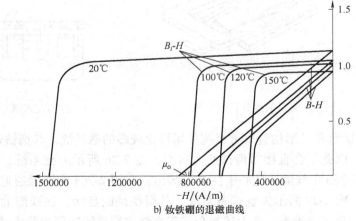

b) 钕铁硼的退磁曲线

图 2-24　稀土钴永磁材料和钕铁硼的退磁曲线

1—铈钴铜 60　2—混合稀土钴 95　3—混合稀土钴 110　4—钐钴 125

2.4　几种典型直流磁系统及其磁通分布

电磁铁是许多航空电器，如继电器、接触器、变换器、离合器、调压器以及自控、遥控中操纵各种气阀、油阀的电磁阀等的基本组成部分。电磁铁的磁系统种类繁多，但若按它产生吸力的原理来分，大体上可分为三大类型，即拍合式、吸入式和旋转式。

2.4.1　拍合式

拍合式磁系统的特点是：衔铁做成片状，线圈通电后，衔铁在磁通作用下沿着磁力线的方向移动（或转动）一个不大的距离（或转角），使工作气隙减小。图 2-25～图 2-28 是几种典型的拍合式磁系统，图中虚线表示主磁通 Φ_δ 和漏磁通 Φ_σ 的平均路径。

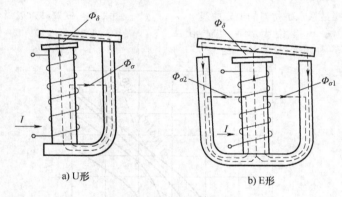

a) U形　　　　　　　　　　b) E形

图 2-25　U 形和 E 形拍合式磁系统

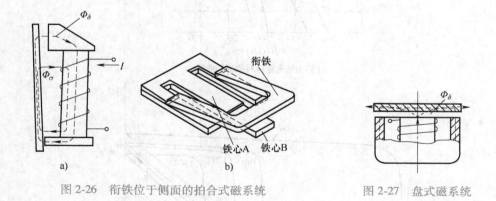

a)　　　　　　　　　　　铁心A　铁心B
　　　　　　　　　　　　　　　b)

图 2-26　衔铁位于侧面的拍合式磁系统　　　　图 2-27　盘式磁系统

图 2-25 所示的 U 形和 E 形拍合式磁系统是用得比较多的磁系统，其衔铁位于线圈端部，漏磁通不通过衔铁，因此不会直接对衔铁产生吸力。图 2-26 所示的磁系统，其衔铁位于线圈的侧面，其中图 2-26b 中线圈在铁心中柱上未画出；在图 2-26a 中漏磁通通过衔铁，因此也对衔铁产生吸力。图 2-27 所示为盘式磁系统，其衔铁是圆盘状，在线圈的端部做直线运动，铁心是圆柱体，壳体呈碗形。在上述拍合式磁系统中衔铁转轴两边的质量并不相等，因此抗振动和加速度的能力较差。为了适应高速飞机及航天飞行器的发展对抗振动和抗加速度

性能提出的苛刻要求，发展了平衡衔铁式磁系统，如图 2-28 所示。平衡衔铁式磁系统的衔铁转轴两边的质量相等，并且大多数磁系统都具有左右对称的两个工作气隙。

拍合式磁系统结构简单，制造和调整都比较方便，广泛应用在各种小型和灵敏继电器中。

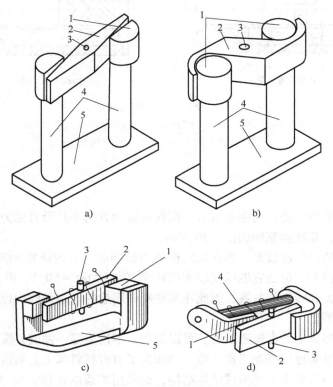

图 2-28　平衡衔铁式磁系统

1—极靴　2—平衡衔铁　3—轴　4—铁心　5—铁轭

2.4.2　吸入式

吸入式磁系统的特点是：被吸动的部分是一个圆柱形的铁心，称为可动铁心，它位于螺管线圈之中，所以也称为螺管式磁系统。线圈通电后，可动铁心被更深地吸进线圈，产生直线运动。它的主要部件如图 2-29a 所示。铁心分成可动部分：可动铁心 1，也称"衔铁"和不动铁心 4 也称为"台座"。其壳体 6 通常呈圆筒形，线圈 3 包在其中，结构比较坚固。壳体 6、上端盖 2 及下端盖 7 均由软磁材料制成。非磁性套筒 5 是用作导引可动铁心的。显然吸入式磁系统的衔铁不易做成平衡式衔铁。

吸入式电磁铁中，除了通过主工作气隙的主磁通 Φ_δ 对可动铁心产生端面间的吸力外，通过可动铁心侧面的漏磁通 $\Phi_{\sigma 1}$ 也产生吸力，使铁心吸入线圈，这部分吸力称螺管吸力。吸入式电磁铁可以在较大气隙下产生较大的吸力，因此特别适用于较大行程和较大吸力的场合，例如在接触器、电磁阀门以及各种牵引电磁铁中用得较多。改变铁心和台座端面的几何形状，例如将端面做成锥顶形，如图 2-29b 所示，可以有效地改变吸力特性使其适应不同行程不同吸力的要求。

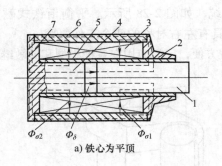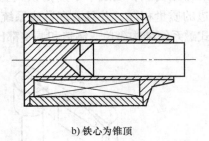

a) 铁心为平顶　　　　　　　　　　　　b) 铁心为锥顶

图 2-29　吸入式磁系统

1—可动铁心　2—上端盖　3—线圈　4—台座（也称"不动铁心"）
5—非磁性套筒　6—壳体　7—下端盖

2.4.3　旋转式

旋转式电磁铁的特点是：线圈通电后，衔铁的运动方向不是沿着磁力线的方向，而是垂直于磁力线的方向，其结构原理如图 2-30 所示。

旋转式电磁铁的经济性较差，即在做同样的机械功时，它的体积和重量要比前两类大，线圈需要的功率也较大。但是它能得到较大的转角（可达 60°～90°），并且可以通过改变极面形状来改变其吸力和转角的关系，因此在某些特殊用途的电磁元件中也有应用，例如力矩马达和线性电磁铁等。

以上讨论了三类典型的直流磁系统。可以看到，不论是哪一种磁系统，一般说来除了工作气隙以外都不可避免地还有非工作气隙。例如为了节省材料和工艺制造上的方便，磁系统中的铁心与铁轭或端盖大多不是做成整体结构，而采用扩铆的连接方法（见图 2-31）。又如在吸入式磁系统中，为了使可动铁心能通过上端盖的孔做直线运动，两者的配合面之间必须要有一定大小的圆环状非工作气隙。这个间隙是借助于非磁性套筒来提供的。但是，为了尽可能减少磁路中的磁阻，在结构设计上应尽可能减少不必要的非工作气隙，而在工艺制造上则应尽可能减小非工作气隙的大小。

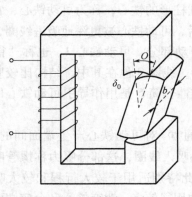

图 2-30　旋转式磁系统

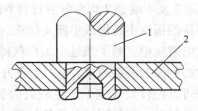

图 2-31　铁心与铁轭的联结方式

1—铁心　2—铁轭

2.5　气隙磁导计算

各种磁系统中都不可避免地存在有气隙：工作气隙和非工作气隙，尽管气隙并不大。但由于空气的磁导率远远地小于铁磁材料的磁导率，气隙的磁阻仍然较大，工作气隙上的磁压降往往占去整个线圈磁动势的绝大部分。因此，气隙磁导或磁阻计算的准确与否，将严重地影响整个磁系统的计算精度，下面将会看到它对吸力计算的准确与否也是至关重要的。

气隙磁导乃是通过该气隙的磁通 Φ_δ 与气隙两端磁极间的磁压降 u_δ 之比，即

$$G_\delta = \frac{\Phi_\delta}{u_\delta} \tag{2-35}$$

它是气隙磁阻的倒数，即

$$G_\delta = \frac{1}{R_\delta}$$

需要强调的是：根据上述磁导的定义，两磁极表面都必须是等磁位面，而 u_δ 是这两个等磁位面之间的磁位差。通常只有当磁极不饱和时，其表面才能看作是等磁位面。

$$\left. \begin{aligned} \Phi_\delta &= \int_S \boldsymbol{B} \cdot \mathrm{d}\boldsymbol{S} \\ u_\delta &= \int_l \boldsymbol{H} \cdot \mathrm{d}\boldsymbol{l} = \int_\delta \boldsymbol{H} \cdot \mathrm{d}\boldsymbol{\delta} \end{aligned} \right\} \tag{2-36}$$

式中，S 为磁极的表面积；δ 为磁极间气隙。

严格来说，计算气隙磁导就是研究磁极之间的磁通与磁位的函数关系。磁极之间气隙中的磁场大都很不规则，并且随磁极形状而异，这就给磁导计算带来了困难。随着计算技术和计算机的发展，借助磁场的数值计算求磁导已成为可能，但下述传统的工程方法，因分析简便仍在工程中使用。

计算气隙磁导的工程方法很多，一般都是通过引入一些假设，从不同角度对比较复杂的磁场分布规律作某些简化，这当然会导致计算误差。常用的磁导计算方法及其主要特点如下。

1. 解析法

当磁力线和等磁位线的分布规律可以用数学表达式表达时，气隙磁导就能用式（2-35）及式（2-36）求出。一般说来解析法只能用于计算形状规则的磁极端面之间的气隙磁导。但是，工程实际中遇到的磁极，往往不能与理论分析时所假设的磁极形状完全一致，这就是造成解析法误差的主要原因。

2. 磁场分割法

磁场分割法又称可能路径法，其实质是用理想化了的磁力线将整个极间气隙磁场分割为若干个具有规则形状的磁通管，求出它们的磁导后，再根据其串并联关系进行处理，就得到整个气隙的磁导。

这种方法适应性较强，它不仅可以用于计算各种不同形状磁极间的气隙磁导，而且还能考虑到整个气隙磁场的空间性。只要根据磁力线规律正确地分割气隙磁场，并选择合适的计算公式，计算结果的准确度一般是可以满足工程计算要求的。磁场分割法与解析法相结合，

是工程上常用的气隙磁导计算方法。

3. 经验公式法

经验公式法是利用由大量实验数据归纳整理所得公式或曲线计算磁导的一种方法，因此有一定局限性。但当计算对象与实验模型相同或相似时，使用经验公式往往也能得到准确度较高的结果。

4. 磁场数值的数值计算方法

用数值计算的方法，在给定磁极形状的边界条件下，求解磁场的拉普拉斯方程：

$$\nabla^2 u = 0$$

得到磁极之间各点磁位值，进而求出各点的磁感应强度，应用式（2-35）及式（2-36）求出磁导 G_δ。常用的磁场数值计算方法有有限差分法、有限元法等。

2.5.1 磁极之间磁力线的分布规律

正确地计算气隙磁导和选用气隙磁导公式，都需要对磁极间气隙磁场的分布规律有比较清晰的了解。磁力线可用来描绘磁场的分布，气隙中磁力线的分布规律根据磁场的特征可归纳如下：①磁力线互不相交并充满整个磁极之间的气隙；②磁力线处处和等磁位面（线）相正交；③磁极的磁导率远大于空气的磁导率，根据磁场分界面条件，空气中的磁力线总是垂直于磁极表面的，磁极表面必定是等磁位面。

图 2-32 为几种典型形状的磁极之间气隙磁场磁力线和等磁位面（线）的分布示意图，由图可见，磁极表面形状和相对位置不同时，即磁场边界条件不同时，磁极间磁力线的分布情况也不相同。磁场的分布与磁极几何形状和相对位置之间有下列一些对应关系：

1）当相对磁极的端面为平行平面，见图 2-32a 及 2-32b，并且气隙 δ 相对于极面尺寸 D 或 a，又很小时，则相对极面间即磁力线 1 和 2 之间的磁力线呈直线形，并且磁场是均匀的。但是在磁极的边缘和相对侧面处磁力线开始弯曲，这是由于磁极边界形状，即等磁位面的形状所决定的。

2）互成夹角的平面之间的磁力线呈圆弧形，如图 2-32c 所示。夹角越小，越接近圆弧。同一平面上的两个磁极平面（如磁极的侧面）可视为夹角为 180° 的两个平面，其间磁力线呈半圆形。

3）磁极的凸出处磁力线较宽，而凹入部分磁力线较稀，甚至没有磁力线。必须指出，在磁极的凸出部分或尖角处磁力线比较集中，呈局部饱和，因此磁极表面已经不再被视为等磁位面了。

也可以这样来看气隙中磁通的分布规律，即磁通由磁极端面进入气隙时将产生扩散现象。有一部分磁通由四周边缘和侧面出来，如图 2-32a、b 中 1 和 2 磁力线以外的磁通，通常称这部分扩散的磁通为"边缘磁通"或"散磁通"以别于相对端面间的磁通。这里需注意区分散磁通和漏磁通：散磁通仍然是气隙磁通的一部分，即相对端面间的磁通与散磁通之和构成通过工作气隙的主磁通，而漏磁通并不通过工作气隙。当气隙不大时，散磁通所占主磁通的比例不大，但是当气隙较大时，散磁通所占的比例就会增大。磁极之间的气隙磁导也可以相应地由并联的两部分组成，即相对极面间的磁导称为"主磁导"，而边缘散磁场的磁导称为"散磁导"。当气隙不大时，主磁导占的比例很大，应该对它进行较准确的计算。

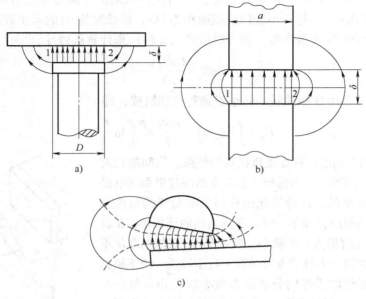

图 2-32　气隙中磁力线的分布

2.5.2　解析法计算气隙磁导

在电器的磁系统中，绝大部分工作气隙的极面不外乎是平面如平行或不平行或弧柱面如同心或不同心，在不考虑其边缘磁通时磁极端面间的主磁导一般都能用解析法较准确地求出。

作为特例，先讨论均匀磁场的情况。严格地说，两个互相平行的磁极端面间的磁场图如图 2-32a，b 中只有当磁极尺寸无穷大，或者气隙 $\delta \rightarrow 0$ 时，磁场才是均匀的。但是工程上通常把 $\delta/a \leqslant 0.2$、$\delta/D \leqslant 0.2$ 的情况，都近似地认为是均匀磁场。

对均匀磁场，等磁位面平行于磁极端面，磁力线则垂直于磁极端面，且 $\boldsymbol{B}$、$\boldsymbol{H}$ 均为常量，其磁导

$$G_{\delta} = \frac{\Phi_{\delta}}{u_{\delta}} = \frac{\int_{S} \boldsymbol{B} \cdot \mathrm{d}\boldsymbol{S}}{\int_{\delta} \boldsymbol{H} \cdot \mathrm{d}\boldsymbol{\delta}} = \frac{BS}{H\delta} = \mu_{0}\,\frac{S}{\delta} \quad (\mathrm{H}) \tag{2-37}$$

式中，μ_{0} 为真空磁导率（H/m）；S 为相对磁极面的面积，$S=ab$（m^2）；δ 为气隙长度，即磁力线长度（m）。

式（2-37）只能用于计算均匀气隙磁场的磁导，但它是解析法计算气隙磁导的基本公式。对于非均匀磁场，总可以沿磁力线和等磁位面在磁场中取出一个微小磁通管，使其中的 B 为常量，从而基于式（2-37）计算总磁导。下面给出应用实例。

图 2-33 是互成角度的两个极面构成的气隙。当间隙相对于极面尺寸不算很大时（或 θ 角不大时），则可以认为磁力线都是以两极面延长后的交线 O-O 为轴心的圆弧，可见由于外圈磁力线的长度比内圈长，因此其 H（或 B）就不相同，就不能用式来计算磁导。但是，沿

b 的方向（平行于 $O\text{-}O$ 轴线）B 还是相等的。因此，如果把极面沿半径分成很多微小段 $\mathrm{d}r$（其中的一段示于图中），每一小段构成截面积为 $b\mathrm{d}r$，而长度为 $r\theta$ 的微小磁通管，则在这个微小磁通管内可以认为 B 是常数，就可以用式（2-37）来计算其磁导

$$\mathrm{d}G_\delta = \frac{\mu_0 b \mathrm{d}r}{r\theta}$$

极面间的总磁导就是由这些并联的微小磁通管相加组成，即

$$G_\delta = \int \mathrm{d}G_\delta = \int_{r_1}^{r_2} \frac{\mu_0 b \mathrm{d}r}{r\theta} = \frac{\mu_0 b}{\theta} \ln \frac{r_2}{r_1} \tag{2-38}$$

图 2-34a 是两个同心圆柱面磁极构成的气隙。当间隙相对于 b 来说比较小，则可以认为沿整个长度 b 两圆柱极面间的磁力线都是径向辐射形的。这种情况虽然每条磁力线的长度都相等，但是通过的截面积却不一样：靠近内圆的面积小，B 就大；而靠近外圆的面积大；B 就小，所以整个气隙内的 B 不是常数。但是，对同一半径沿 b 方向即平行于轴线，B 还是相等的，因此如果把气隙沿径向分成很多微小的段 $\mathrm{d}r$，每一小段构成截面积为 $2\pi rb$ 而厚度为 $\mathrm{d}r$ 的薄壁圆筒，则在这个圆筒壁内的 B 可以认为是常数。与图 2-33 不同，极面间的总磁阻是由这些并联的微小磁通管相加组成，即：

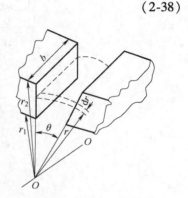

图 2-33　互成角度的极面

$$\mathrm{d}R_\delta = \frac{\mathrm{d}r}{\mu_0 2\pi rb} \tag{2-39}$$

即整个空气隙的磁阻就是由这些串联的微小磁通管所组成，串联磁阻相加，即

$$R_\delta = \int_{r_1}^{r_2} \frac{\mathrm{d}r}{\mu_0 2\pi rb} = \frac{1}{\mu_0 2\pi b} \ln \frac{r_2}{r_1}$$

而其磁导为

$$G_\delta = \frac{1}{R_\delta} = \mu_0 \frac{2\pi b}{\ln \frac{r_2}{r_1}} \tag{2-40}$$

如果极面不是整个圆周而是与圆心呈 θ 角的圆弧面，如图 2-34b 所示，则气隙磁导为

$$G_\delta = \mu_0 \frac{\theta b}{\ln \frac{r_2}{r_1}} \tag{2-41}$$

比较图 2-33 和图 2-34b 的磁场可见两者的磁力线和等磁位线正好成互换关系。它们的磁导式（2-38）和式（2-40）则包含了等磁位线与磁力线互换后磁导之间的关系的规律。根据电磁场的唯一性定理知，对无旋场来说，在边界条件完全给定的条件下，场的解是唯一的，也就是说，磁场中磁力线和等磁位线的分布只有唯一的一种可能性，又由于磁力线与等磁位线总是正交的，所以两者可以互换。也就是说，如果把已知磁场的磁力线看作是另一磁场的等磁位线，则已知磁场的等磁位线必为另一磁场的磁力线。比较磁导公式（2-38）和式（2-41），若令：

$$K = \frac{\ln \dfrac{r_2}{r_1}}{\theta} \tag{2-42}$$

式（2-38）可写为

$$G_\delta = \mu_0 K b \tag{2-43}$$

当磁力线和等磁位线互换后，即图 2-34b 的磁导式（2-41）就可表示为

$$G_\delta = \mu_0 b \frac{1}{K} \tag{2-44}$$

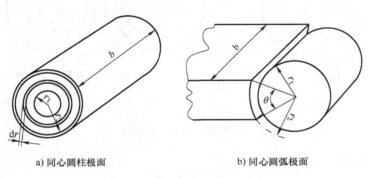

a) 同心圆柱极面　　　　　　　b) 同心圆弧极面

图 2-34　同心圆柱面磁极气隙

为了说明系数 K 的含意，看图 2-35 中磁力线和等磁位线互换后其磁导的关系。对于图 2-35a 其磁导为

$$G' = \mu_0 h \frac{b}{a} = \mu_0 h K \tag{2-45}$$

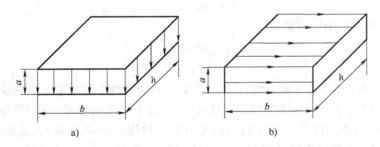

图 2-35　磁导的互换关系

对于图 2-35b 其磁导为

$$G = \mu_0 h \frac{a}{b} = \frac{\mu_0 h}{K} \tag{2-46}$$

可以看出，K 是表征参与互换的磁力线长度和等磁位线长度尺寸关系的特征值，而另一参数 h 则是磁场不参与互换的几何尺寸。利用这种互换关系有时可以较方便地得到待求的磁导公式。

例 2.2　求如图 2-36a 所示两个偏心放置而轴线平行的圆柱 r_1 外表面和圆桶 r_2 内表面之间的气隙磁导。

解：两磁极间的磁场分布与两平行通电长直导线的磁场分布相似，磁力线是一族偏心的圆族，其方程为

$$(x-m)^2+y^2=m^2-d^2 \tag{2-47}$$

式中，m 为磁力线圆心的 x 轴坐标；$2d$ 为导线轴线（电轴）距离，也称为极矩（见图 2-36b）。

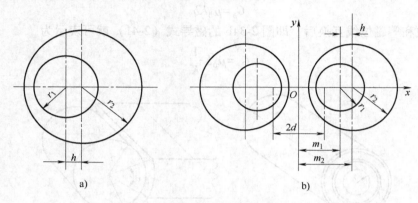

图 2-36　两偏心圆柱面间的磁导

每个圆的半径为

$$r=\sqrt{m^2-d^2} \tag{2-48}$$

如图 2-36b 所示，取任意两条磁力线，其半径分别为

$$\left.\begin{array}{l} r_2^2=m_2^2-d^2 \\ r_1^2=m_1^2-d^2 \end{array}\right\} \tag{2-49}$$

两圆心距离（即偏心距）为

$$h=m_2-m_1 \tag{2-50}$$

由式（2-49）和式（2-50）可求得

$$d^2=\left(\frac{r_2^2-r_1^2-h^2}{2h}\right)^2-r_1^2 \tag{2-51}$$

式（2-51）给出了两个偏心圆（磁力线）、偏心距离和对应的两个平行输电线轴线（电轴）距离 $2d$ 之间的关系。可见，当 r_1、r_2 和 h 给定，就可由式（2-51）求出对应的平行输电线的极矩。

半径为 r_1、r_2 的磁力线组成一个封闭的磁通管，包围的磁动势为 I，或说在该封闭磁通管上的磁压降为 I。而两输电线的磁场中，磁感应强度 B 在 x 轴上的分布为

$$B_x=\frac{\mu_0 I}{2\pi}\left(\frac{1}{d+x}+\frac{1}{d-x}\right) \tag{2-52}$$

所以，磁通管中的磁通为

$$\Phi=\int_{m_2-r_2}^{m_1-r_1}B_x\mathrm{d}S=\int_{m_2-r_2}^{m_1-r_1}\frac{\mu_0 IL}{2\pi}\left(\frac{1}{d+x}+\frac{1}{d-x}\right)\mathrm{d}x$$

式中，L 为平行导线的长度。

因此，该闭合磁通管的磁导为

$$G'=\frac{\Phi}{u}=\frac{\Phi}{I}=\frac{\mu_0 L}{2\pi}\ln\frac{(d+m_1-r_1)(d-m_2+r_2)}{(d-m_1+r_1)(d+m_2-r_2)} \tag{2-53}$$

现在需要求的是半径为 r_1 外表面和 r_2 内表面两偏心圆柱面之间的气隙磁导，这里两个圆不是磁力线而是两个等磁位面，其磁场规律与图 2-36b 的磁场规律正好满足磁力线与等磁位线的互换关系。因此根据式（2-45）和式（2-46）给出的关系便可很方便地由式（2-53）得到两偏心圆柱面间的磁导公式为

$$G=\mu_0 L \frac{2\pi}{\ln \dfrac{(d+m_1-r_1)(d-m_2+r_2)}{(d-m_1+r_1)(d+m_2-r_2)}} \tag{2-54}$$

将式（2-49）及式（2-50）的关系代入上式，化简后即得

$$G=\mu_0 L \frac{2\pi}{\ln(\mu+\sqrt{\mu^2-1})} \tag{2-55}$$

式中

$$\mu=\frac{r_1^2+r_2^2-h^2}{2r_1 r_2} \tag{2-56}$$

磁路计算中还常用到单位长度磁导的概念，亦称"比磁导"，以 g 表示。所谓单位长度乃指垂直于平行平面场的方向，也即沿气隙"厚度"方向上的一个单位长度的磁导，例如对图 2-36a 偏心圆柱与圆桶内壁间单位长度磁导为

$$g=\frac{G}{L}=\mu_0 \frac{2\pi}{\ln(\mu+\sqrt{\mu^2-1})} \tag{2-57}$$

对于图 2-34a 则由式（2-40）得

$$g=\frac{G_\delta}{b}=\mu_0 \frac{2\pi}{\ln \dfrac{r_2}{r_1}} \tag{2-58}$$

需要注意的是单位长度并非指沿气隙磁力线的单位长度。

另外，还可以用电场和磁场的比拟方法求得气隙磁导。对于几何形状和尺寸完全相同的电极和磁极，其空间的电场和磁场也具有完全相同的分布形状，即电场强度 $\boldsymbol{E}$ 和磁场强度 $\boldsymbol{H}$ 的分布情况是完全相同的。因此，如果已经用计算方法或实验方法求得两极间的电力线分布，那么也就等于知道了该两极间的磁力线分布。

设在 A 和 B 两个电极上加上电压 U_{AB}，而两个电极分别带有等量的正负电荷 Q，则其电容 C 为

$$C=\frac{Q}{U_{AB}}=\frac{\oint_S \boldsymbol{D}\cdot \mathrm{d}\boldsymbol{S}}{\int_A^B \boldsymbol{E}\cdot \mathrm{d}\boldsymbol{l}}=\frac{\varepsilon_0 \oint_S \boldsymbol{E}\cdot \mathrm{d}\boldsymbol{S}}{\int_A^B \boldsymbol{E}\cdot \mathrm{d}\boldsymbol{l}} \tag{2-59}$$

式中，$\boldsymbol{D}$ 为电位移矢量；$\boldsymbol{E}$ 为电场强度矢量。

类似地，若 A 和 B 两个磁极间的磁位差为 u_{AB}，而磁极间的磁通量为 Φ，则其磁导 G 为

$$G=\frac{\Phi}{U_{AB}}=\frac{\int_S \boldsymbol{B}\cdot \mathrm{d}\boldsymbol{S}}{\int_A^B \boldsymbol{H}\cdot \mathrm{d}\boldsymbol{l}}=\frac{\mu_0 \int_S \boldsymbol{B}\cdot \mathrm{d}\boldsymbol{S}}{\int_A^B \boldsymbol{H}\cdot \mathrm{d}\boldsymbol{l}} \tag{2-60}$$

比较式（2-59）和式（2-60）可见，对于几何形状和尺寸完全相同的电极与磁极，其极间电容和极间磁导计算公式之间存在下述关系：

$$\frac{C}{G} = \frac{\varepsilon_0}{\mu_0} \tag{2-61}$$

式中，ε_0 为空气的介电常数，其近似等于真空的介电常数 $\varepsilon_0 = 8.855 \times 10^{-12}$（F/m）；$\mu_0$ 为空气的磁导率。

也就是说只要将电容公式中的 ε_0 换成 μ_0 即可得到与电容公式对应的电极具有相同几何尺寸和相对位置的磁极之间的气隙磁导。这一对应关系对描绘磁场或计算磁导很有用，因为电场和电容能比较容易地用实验方法求得，并且也已经有很多计算电容的现成公式，因此，利用这些公式就可以直接求得磁导，举例如下：

如图 2-37 所示，求得两无限长等直径平行圆柱体间单位长度的电容值 C 为

$$C = \frac{\varepsilon_0 \pi}{\ln \dfrac{h + \sqrt{h^2 - d^2}}{d}}$$

式中，d 为圆柱体直径；h 为两圆柱中心距离。

那么，这两圆柱体间的单位长度的磁导 g 为

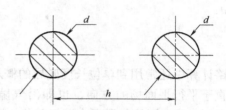

图 2-37　平行圆柱体间的电容和磁导

$$g = \frac{\mu_0}{\varepsilon_0} C = \frac{\mu_0 \pi}{\ln \dfrac{h + \sqrt{h^2 - d^2}}{d}} \tag{2-62}$$

用类似上述各例的计算方法以及其他求解拉普拉斯方程的方法（如镜像法、保角变换法等）可以求得拍合式电磁铁中平板衔铁与圆形（或矩形）极面之间的主磁导，两个平行铁心柱之间或铁心与铁轭之间的单位长度漏磁导，不同心的弧柱极面间或弧柱极面与平面间的磁导，以及其他一些情况的磁导。电器中常用的一些磁导公式见表 2-5。

表 2-5　常用磁导公式

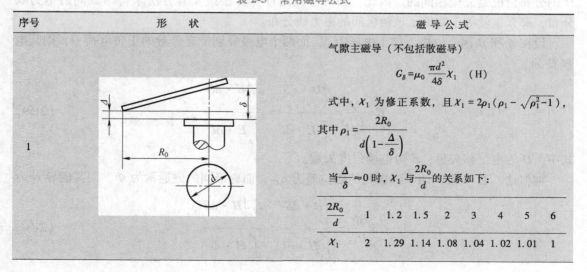

序号	形　状	磁　导　公　式
1		气隙主磁导（不包括散磁导） $G_\delta = \mu_0 \dfrac{\pi d^2}{4\delta} \chi_1$（H） 式中，$\chi_1$ 为修正系数，且 $\chi_1 = 2\rho_1(\rho_1 - \sqrt{\rho_1^2 - 1})$， 其中 $\rho_1 = \dfrac{2R_0}{d\left(1 - \dfrac{\Delta}{\delta}\right)}$ 当 $\dfrac{\Delta}{\delta} \approx 0$ 时，χ_1 与 $\dfrac{2R_0}{d}$ 的关系如下：

$\dfrac{2R_0}{d}$	1	1.2	1.5	2	3	4	5	6
χ_1	2	1.29	1.14	1.08	1.04	1.02	1.01	1

（续）

序号	形 状	磁导公式
2	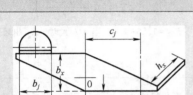	气隙主磁导（不包括散磁导） $$G_\delta = \mu_0 \frac{ab}{\delta} \chi_2 \quad (\text{H})$$ 式中，χ_2 为修正系数，且 $\chi_2 = \dfrac{\rho_2}{2}\ln\dfrac{\rho_2+1}{\rho_2-1}$，其中 $$\rho_2 = \frac{2R_0}{a\left(1-\dfrac{\Delta}{\delta}\right)}$$ 当 $\dfrac{\Delta}{\delta}\approx 0$ 时，χ_2 与 $\dfrac{2R_0}{a}$ 的关系如下： 表见下
3	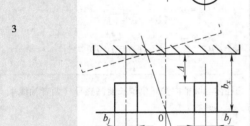	旋转衔铁气隙主磁导 $$G_\delta = \mu_0 \frac{h_x}{\alpha}\eta\ln\frac{a-\eta(\xi c-d)}{b-\eta(\xi c-d)} \quad (\text{H})$$ 式中 α 为衔铁转角，$\alpha=0$ 时衔铁、极靴极面平行，$a=\left(c_j+\dfrac{b_j}{2}\right)\sin\alpha$； ξ 为衔铁极面与转轴在极靴极面同侧时，$\xi=1$，在两侧时 $\xi=-1$，$b=\left(c_j-\dfrac{b_j}{2}\right)\sin\alpha$； $c=\dfrac{b_x}{2}(1-\cos\alpha)$；$d=\Delta\cos\alpha$； η、Δ 为 $\alpha=0$ 的气隙值。当气隙 $\delta>\Delta$ 时 $\eta=1$；当 $\delta<\Delta$ 时，$\eta=-1$。
4	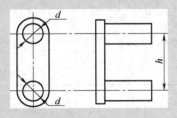	两铁心间单位长度漏磁导 $$g=\mu_0 \frac{\pi}{\ln\dfrac{h+\sqrt{h^2-d^2}}{d}} \quad (\text{H/m})$$
5	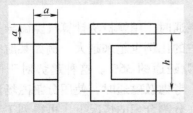	两方形截面铁心间单位长度漏磁导 $$g=\mu_0 \frac{\pi}{\ln\left(\dfrac{h+\sqrt{h^2-\dfrac{4}{\pi}a^2}}{\dfrac{2}{\sqrt{\pi}}a}\right)} \quad (\text{H/m})$$

$\dfrac{2R_0}{a}$	1	1.1	1.2	1.5	2	3	4	5	6
χ_2	∞	2.15	1.44	1.2	1.1	1.05	1.025	1.013	1

（续）

序号	形 状	磁导公式
6	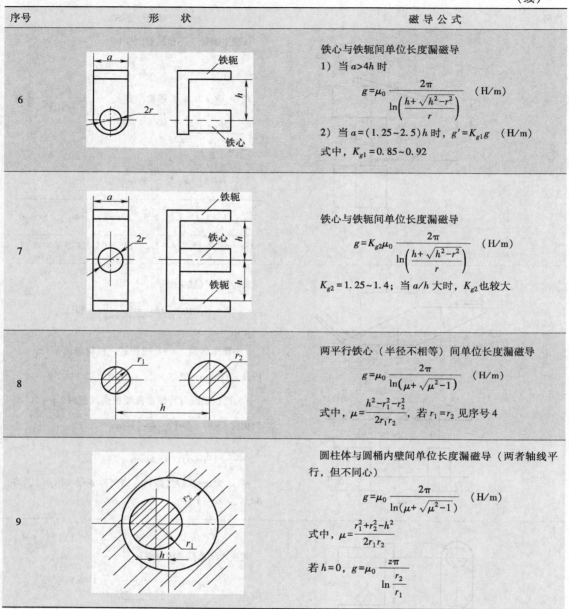	铁心与铁轭间单位长度漏磁导 1）当 $a>4h$ 时 $$g=\mu_0\dfrac{2\pi}{\ln\left(\dfrac{h+\sqrt{h^2-r^2}}{r}\right)}\quad(\mathrm{H/m})$$ 2）当 $a=(1.25\sim2.5)h$ 时，$g'=K_{g1}g$ （H/m） 式中，$K_{g1}=0.85\sim0.92$
7		铁心与铁轭间单位长度漏磁导 $$g=K_{g2}\mu_0\dfrac{2\pi}{\ln\left(\dfrac{h+\sqrt{h^2-r^2}}{r}\right)}\quad(\mathrm{H/m})$$ $K_{g2}=1.25\sim1.4$；当 a/h 大时，K_{g2} 也较大
8		两平行铁心（半径不相等）间单位长度漏磁导 $$g=\mu_0\dfrac{2\pi}{\ln\left(\mu+\sqrt{\mu^2-1}\right)}\quad(\mathrm{H/m})$$ 式中，$\mu=\dfrac{h^2-r_1^2-r_2^2}{2r_1r_2}$，若 $r_1=r_2$ 见序号 4
9		圆柱体与圆桶内壁间单位长度漏磁导（两者轴线平行，但不同心） $$g=\mu_0\dfrac{2\pi}{\ln\left(\mu+\sqrt{\mu^2-1}\right)}\quad(\mathrm{H/m})$$ 式中，$\mu=\dfrac{r_1^2+r_2^2-h^2}{2r_1r_2}$ 若 $h=0$，$g=\mu_0\dfrac{z\pi}{\ln\dfrac{r_2}{r_1}}$

2.5.3 分割磁场法计算气隙磁导

　　当磁极的形状比较复杂，或必须考虑边缘散磁通时，用解析法计算气隙磁导是十分困难的。随着气隙的增大，散磁通在总气隙磁通中所占的比例也越来越大。例如某航空继电器的磁系统，当衔铁处于打开位置时，散磁通占总气隙磁通的 36%。这种趋势对于微型磁系统尤甚，因此再忽略边缘散磁通将引起较大的误差。考虑散磁通时，使用分割磁场法计算气隙磁导比较方便。它能考虑到磁场分布的空间性，在分割合理的情况下，可得到工程计算所需要的精确度。

分割磁场法的实质就是根据磁极间气隙磁场的分布规律，用估计磁力线可能路径的方法把整个磁场分割为若干个规则几何形状的磁通管来近似代替。在求出分割所得的这些磁通管的磁导后，再根据串并联关系求得整个气隙的总磁导。例如对于图 2-38 中正方形截面的铁心 A 与平板衔铁 B 之间的气隙磁场可以分割成 17 个磁通管。

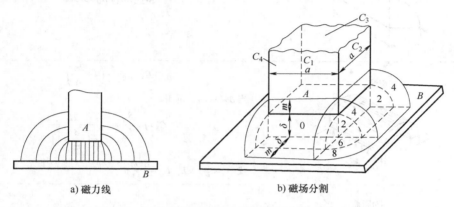

a) 磁力线　　　　　　　　　b) 磁场分割

图 2-38　正方形截面铁心与平板衔铁间的磁场分割

1) 0 号——相对极面 A 与 B 之间的主磁通管。

2) 2 号——铁心上平行于 B 平面的 4 条棱边对 B 平面的散磁通管，是半径为 δ 的 1/4 圆柱体，共 4 块。

3) 4 号——铁心上垂直于 B 平面的 4 个侧面对 B 平面的散磁通管，是外半径为 $\delta+m$、内半径为 δ 的 1/4 空心圆筒，其中 m 为散磁延伸到铁心侧面的假设距离，根据经验一般取 $m=(1:2)\delta$，共 4 块。

4) 6 号——铁心的 4 个棱角对 B 平面的散磁通管，是半径为 δ 的 1/8 球体，共 4 块。

5) 8 号——铁心上垂直于 B 平面的 4 条棱边对 B 平面的散磁通管，是半径为 $m+\delta$、内半径为 δ 的 1/8 球壳，共 4 块。

也就是说，铁心极面上所有的点、线和面都要对衔铁极面发散磁力线，并且都各有其相应形状的磁通管，因此铁心与衔铁间总的气隙磁导为

$$G_\delta = G_0 + 4(G_2 + G_4 + G_6 + G_8)$$

式中各磁导的计算公式见表 2-6。

表 2-6　几种常用磁通管的磁导公式

序号	形　状	磁导公式（H）
1	半圆柱体 $L_{\delta p}$ δ L	$G_1 = \mu_0 \dfrac{V_\delta}{L_{\delta p}^2} = \mu_0 \times 0.26L$ 式中，$V_\delta = \dfrac{\pi \delta^2 L}{8}$，$L_{\delta p} = 1.22\delta$ （平均磁力线为半圆周和直径中间的一条曲线，如虚线所示，其长度 $L_{\delta p}$ 用作图法求得）

（续）

序号	形 状	磁导公式（H）
2	1/4圆柱体	$G_2 = 2G_1 = \mu_0 \times 0.52L$
3	半圆筒	$G_3 = \mu_0 \dfrac{L}{\pi}\left(1+\dfrac{2m}{\delta}\right)$ 当 $\delta > 3m$ 时，可用 $G_3' = \mu_0 \dfrac{S_{\delta p}}{L_{\delta p}} = \mu_0 \dfrac{2L}{\pi\left(\dfrac{\delta}{m}+1\right)}$ 式中，$S_{\delta p} = mL$；$L_{\delta p} = \dfrac{\delta+m}{2}\pi$
4	1/4圆筒	$G_4 = \mu_0 \dfrac{2L}{\pi}\ln\left(1+\dfrac{m}{\delta}\right)$ 当 $\delta > 3m$ 时，可用 $G_4' = 2G_3 = \mu_0 \dfrac{2L}{\pi\left(\dfrac{\delta}{m}+0.5\right)}$
5	1/4球体	$G_5 = \mu_0 \dfrac{V_\delta}{L_{\delta p}^2} = \mu_0 \times 0.077\delta$ 式中，$V_\delta = \dfrac{\pi}{3}\left(\dfrac{\delta}{2}\right)^3$；$L_{\delta p} = 1.3\delta$ （假设平均磁力线通过由球心至球面0.65处，用作图法求得 $L_{\delta p}$）
6	1/8球体	$G_6 = 2G_5 = \mu_0 \times 0.308\delta$
7	1/4球壳	$G_7 = \mu_0 \dfrac{S_{\delta p}}{L_{\delta p}} = \mu_0 \times \dfrac{m}{4}$ 式中，$L_{\delta p} = \dfrac{\pi}{2}(m+\delta)$ 磁通管最大截面积为 $\dfrac{\pi\left(\dfrac{\delta}{2}+m\right)^2}{4} - \dfrac{\pi\delta^2}{16} = \dfrac{\pi}{4}(m^2+m\delta)$，所以 $S_{\delta p} = \dfrac{\pi}{8}m(m+\delta)$

（续）

序号	形 状	磁导公式（H）
8	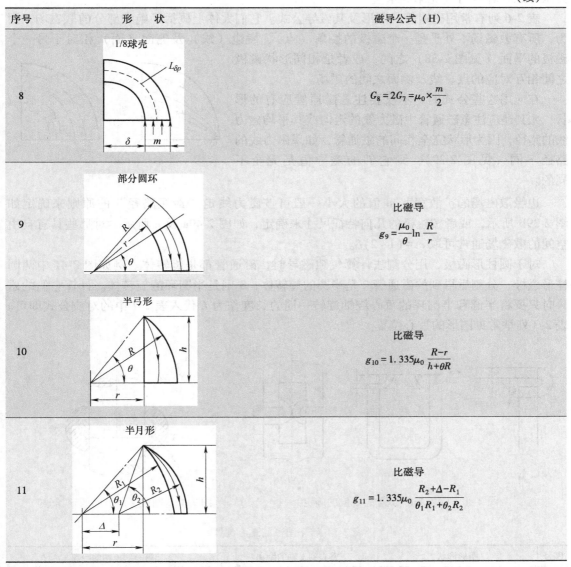1/8球壳	$G_8 = 2G_7 = \mu_0 \times \dfrac{m}{2}$
9	部分圆环	比磁导 $g_9 = \dfrac{\mu_0}{\theta} \ln \dfrac{R}{r}$
10	半弓形	比磁导 $g_{10} = 1.335\mu_0 \dfrac{R-r}{h+\theta R}$
11	半月形	比磁导 $g_{11} = 1.335\mu_0 \dfrac{R_2+\Delta-R_1}{\theta_1 R_1 + \theta_2 R_2}$

　　分割所得各磁通管的磁导值 $G_{\delta K}$ 有些可用解析法求得。对那些不能用解析法计算其磁导的磁通管，可以近似地用下式计算

$$G_{\delta K} = \mu_0 \frac{S_{\delta p}}{L_{\delta p}} = \mu_0 \frac{V_\delta}{L_{\delta p}^2} \quad （H） \tag{2-63}$$

式中，$S_{\delta p}$ 为磁通管的平均截面积（m^2）；$L_{\delta p}$ 为磁通管内磁力线的平均长度（m）；V_δ 为磁通管的体积（m^3）。

　　分割磁场法是通过"化整为零"、"分区近似"来解决整个气隙磁导的计算问题的。这不是很准确的方法，计算中要求计算者对极间气隙磁场的分布规律做出符合实际的分析和判断，使分割方案尽可能接近磁场的真实分布，并选定合适的计算公式。运用得当，它的误差并不很大（误差约为 3%~6%）。这种方法十分灵活，并且磁导可以用分析式表示，便于对

其求导以计算吸力（见第 3 章）。

表 2-6 列有常用磁通管的图形及其磁导公式。它们大体上概括了绝大部分的散磁场，因为，所有散磁场不外乎是一个磁极的棱角（点）、棱边（线）及侧面（面）相对于另一个磁极的平面（见图 2-38）之间，或者是相同形状磁极之间相互对应的点、线及侧面之间的磁场。

图 2-39　形状相同，磁力线路径不同的磁通管

在应用这些公式时，不仅要注意磁通管应有的形状，尤其还应注意磁通管中磁力线的走向或其平均磁力线的路径，因为形状完全相同的磁通管，如果磁力线的路径不同（见图 2-39），则它们的磁导值是完全不同的。

边缘散磁场的扩散宽度 m 值的大小一般可按磁力线走"最短路径"的原则来确定如图 2-39b 所示，或者按磁极的几何特征尺寸来确定，如图 2-40a 及 c 所示。对那些具有自由空间的散磁场通常可取 $m=(1\sim2)\delta$。

对于圆柱形磁极，用分割法计算气隙磁导时，磁通管都是旋转体。例如图 2-41 中两圆柱形磁极，分割后得到的磁通管 2 是半圆的旋转体，3 则是半圆环的旋转体。计算它们的磁导时只要将半圆和半圆环的重心绕轴旋转一周的长度作为 L 代入表 2-7 中的对应公式即可。表 2-7 列举常见图形的重心位置。

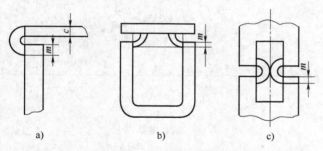

图 2-40　散磁场扩散宽度 m 值的确定

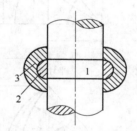

图 2-41　圆柱形磁极间的磁场分割

表 2-7　若干图形的重心位置

序号	图形形状	重心到 y 轴的距离	重心到 x 轴的距离
1	矩形	$\dfrac{a}{2}$	$\dfrac{\delta}{2}$
2	1/4圆	$\dfrac{4}{3}\dfrac{R}{\pi}$	$\dfrac{4}{3}\dfrac{R}{\pi}$

（续）

序号	图形形状	重心到 y 轴的距离	重心到 x 轴的距离
3	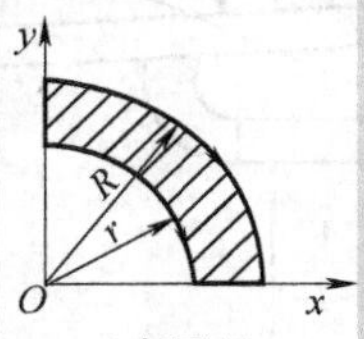 1/4圆环	$\dfrac{4(R^3-r^3)}{3\pi(R^2-r^2)}$	$\dfrac{4(R^3-r^3)}{3\pi(R^2-r^2)}$
4	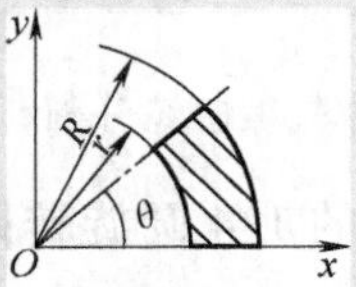 部分圆环	$\dfrac{2(R^3-r^3)\sin\theta}{3\theta(R^2-r^2)}$	$\dfrac{2(1-\cos\theta)(R^3-r^3)}{3\theta(R^2-r^2)}$
5	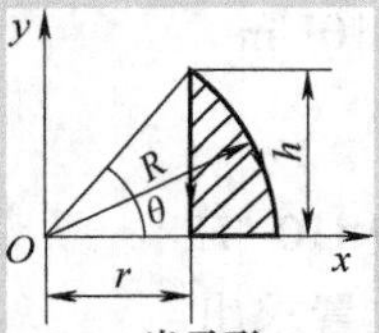 半弓形	$\dfrac{2h^3}{3(R^2\theta-rh)}$	$\dfrac{3R^2(R-r)+r^3-R^3}{3(R^2\theta-rh)}$
6	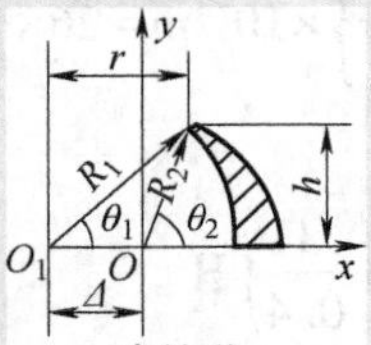 半月形	$\dfrac{\Delta(R_1^2-hr)}{R_2^2\theta_2-R_1^2\theta_1+h\Delta}$	$\dfrac{3\Delta(r^2+R_2^2-\Delta^2)+2(R_2^3-R_1^3+\Delta^3)}{3(R_2^2\theta_2-R_1^2\theta_1+h\Delta)}$

例 2.3 某继电器磁系统的尺寸如图 2-42（图中尺寸单位为 mm），衔铁和铁轭宽度均为 13mm，主工作气隙 $\delta_1=0.37$mm（不包括镀层），求主工作气隙、楞角气隙 δ_2 及非工作气隙 δ_3 的磁导。铁心、衔铁和铁轭表面均镀锌，镀层厚 0.015mm。

解：

（1）求主工作气隙磁导 $G_{\delta 1}$

用分割磁场法将磁场分成如图 2-43 所示 0、2 及 4 三个磁通管，因此

$$G_{\delta 1}=G_0+G_2+G_4$$

G_0 应用表 2-5 中序号 1 公式计算，即

$$G_0=\frac{\mu_0\pi d_1^2}{4\delta_1'}\chi_1$$

当 $\dfrac{2R_0}{d}=\dfrac{2\times10}{7}=2.86$ 时，修正系数 $\chi_1=1.05$，考虑镀层 $\delta_1'=(0.37+2\times0.015)\text{mm}=0.4\text{mm}$，因此

$$G_0=\frac{1.25\times10^{-6}\times\pi\times(7\times10^{-3})^2}{4\times0.4\times10^{-3}}\times1.05\text{H}=12.6\times10^{-8}\text{H}$$

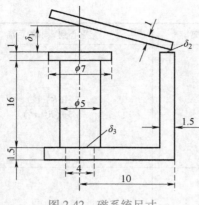

图 2-42 磁系统尺寸

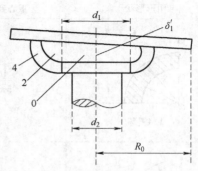

图 2-43 主工作气隙磁场分割

G_2 是一个变截面的 1/4 圆旋转体，为简单起见可取半径为 δ_1' 的 1/4 圆旋转体，其展开长度按表 2-7 的重心位置可求出

$$L_2 = 2\pi\left(r_1 + \frac{4\delta_1'}{3\pi}\right) = 2\pi\left(\frac{7}{2} + \frac{4\times0.4}{3\pi}\right)\times10^{-3}\text{m} = 23\times10^{-3}\text{m}$$

代入表 2-6 中序号 2 公式得

$$G_2 = 0.52\mu_0 L_2 = 0.52\times1.25\times10^{-6}\times23\times10^{-3}\text{H} = 1.49\times10^{-8}\text{H}$$

G_4 则是一个变截面 1/4 圆环旋转体，其展开长度也按表 2-7 重心位置求出

$$L_4 = 2\pi\left\{r_1 + \frac{4[(\delta_1'+m)^3-\delta_1'^3]}{3\pi[(\delta_1'+m)^2-\delta_1'^2]}\right\} = 2\pi\left\{\frac{7}{2} + \frac{4[(0.4+1)^3-0.4^3]}{3\pi[(0.4+1)^2-0.4^2]}\right\}\times10^{-3}\text{m} = 26\times10^{-3}\text{m}$$

代入表 2-6 中序号 4 公式得

$$G_4 = \mu_0\frac{2L_4}{\pi}\ln\left(1+\frac{m}{\delta_1'}\right) = 1.25\times10^{-6}\times\frac{2\times26\times10^{-3}}{\pi}\ln\left(1+\frac{1}{0.4}\right)\text{H}$$
$$= 2.59\times10^{-8}\text{H}$$

所以

$$G_{\delta1} = (12.6+1.49+2.59)\times10^{-8}\text{H} = 16.68\times10^{-8}\text{H}$$

（2）求楞角气隙磁导 $G_{\delta2}$

如图 2-44 所示，忽略边缘散磁，则 $G_{\delta2}$ 可以应用式（2-38）计算

$$G_{\delta2} = 1.25\times10^{-6}\frac{b}{\theta}\ln\frac{r_2}{r_1}$$

式中

$$b = 13\text{mm}$$
$$\theta \approx \frac{0.37}{10} = 0.037\text{rad}$$
$$r_1 = \frac{\delta_{21}}{\theta} = \frac{0.06}{0.037} = 1.62\text{mm}$$

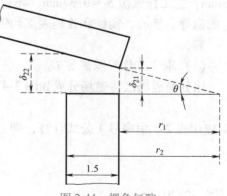

图 2-44 楞角气隙

此处 δ_{21} 为考虑镀层和接触缝隙之和。设接触缝隙假设为 0.03mm，则：$\delta_{21} = (2\times0.015 + 0.03)\text{mm} = 0.06\text{mm}$。

$$r_2 = r_1 + 1.5\text{mm} = 3.12\text{mm}$$

所以

$$G_{\delta2} = 1.25 \times 10^{-6} \times \frac{13 \times 10^{-3}}{0.037} \ln \frac{3.12}{1.62} \text{H} = 28.8 \times 10^{-8} \text{H}$$

（3）铁心和底铁连接处磁导 $G_{\delta3}$

铁心和底铁连接处配合得很紧密，如图 2-45 所示，但由于有镀层，仍然有一定的磁阻，其值为

$$G_{\delta3} = \frac{\mu_0 S}{\delta_3}$$

式中，S 为铁心和底铁的接触面积，即

$$S = \left[\pi \times 4 \times 1.5 + \frac{\pi}{4}(5^2 - 4^2) \right] \text{mm} = 25.9\text{mm}$$

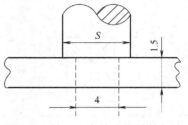

图 2-45　铁心和底铁连接处的气隙

δ_3 为镀层厚度，且 $\delta_3 = 2 \times 0.015\text{mm} = 0.03\text{mm}$

所以

$$G_{\delta3} = \frac{1.25 \times 10^{-6} \times 25.9 \times 10^{-6}}{0.03 \times 10^{-3}} \text{H} = 108 \times 10^{-8} \text{H}$$

2.5.4　经验公式（曲线）法

经验公式或经验曲线是在对不同型式和不同尺寸的磁极进行试验的基础上归纳总结而得的。因此，在一定的条件下，经验公式的准确度是比较高的，计算也比较方便。表 2-8 介绍几种常见的磁极的磁导经验公式。

表 2-8　磁导经验公式

磁极的位置和型式	磁极的哪一部分表面	磁导公式（H）
	端面	$G = \mu_0 d \left(\dfrac{\pi d}{4\delta} + \dfrac{0.36 d}{2.4 d + \delta} + 0.48 \right)$
		当 $\dfrac{\delta}{d} < 0.2$ 时，$G = \mu_0 \dfrac{\pi d^2}{4\delta}$
	由端面至 x 处的侧表面	$G = \mu_0 \dfrac{xd}{0.22\delta + 0.4x}$
	端面	$G = \mu_0 a \left[\dfrac{a}{\delta} + \dfrac{0.36}{2.4 + \dfrac{\delta}{a}} + \dfrac{0.14}{\ln\left(0.15 + \dfrac{\delta}{a}\right)} + 0.48 \right]$
		当 $\dfrac{\delta}{a} < 0.2$ 时，$G = \mu_0 \dfrac{a^2}{\delta}$
	由端面至 x 处的侧表面	$G = \mu_0 \dfrac{xa}{0.17\delta + 0.4x}$

（续）

磁极的位置和型式	磁极的哪一部分表面	磁导公式（H）
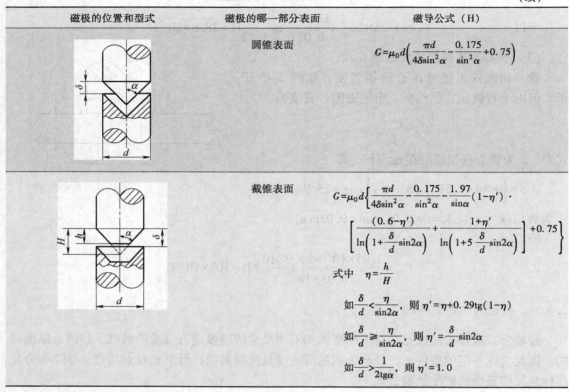	圆锥表面	$G=\mu_0 d\left(\dfrac{\pi d}{4\delta\sin^2\alpha}-\dfrac{0.175}{\sin^2\alpha}+0.75\right)$
	截锥表面	$G=\mu_0 d\left\{\dfrac{\pi d}{4\delta\sin^2\alpha}-\dfrac{0.175}{\sin^2\alpha}-\dfrac{1.97}{\sin\alpha}(1-\eta')\cdot\right.$ $\left[\dfrac{(0.6-\eta')}{\ln\left(1+\dfrac{\delta}{d}\sin2\alpha\right)}+\dfrac{1+\eta'}{\ln\left(1+5\dfrac{\delta}{d}\sin2\alpha\right)}\right]+0.75\left.\right\}$ 式中 $\eta=\dfrac{h}{H}$ 如 $\dfrac{\delta}{d}<\dfrac{\eta}{\sin2\alpha}$，则 $\eta'=\eta+0.29\mathrm{tg}(1-\eta)$ 如 $\dfrac{\delta}{d}\geqslant\dfrac{\eta}{\sin2\alpha}$，则 $\eta'=\dfrac{\delta}{d}\sin2\alpha$ 如 $\dfrac{\delta}{d}>\dfrac{1}{2\mathrm{tg}\alpha}$，则 $\eta'=1.0$

更多的经验曲线和经验公式可参阅有关参考文献。

2.6 不计漏磁时的简单磁路计算

磁路计算旨在确定工作气隙磁通 Φ_δ 和线圈励磁磁动势 IW 的对应数量关系，包括有两类任务：第一类任务是已知工作气隙内的磁通值 Φ_δ，求所需的线圈磁动势 IW；第二类任务则相反，已知 IW 求 Φ_δ。前者在设计电磁铁时吸力为已知，而吸力和气隙磁通有直接关系，因此 Φ_δ 为已知值。后者在验算设计结果是否合理时，要求验算在给定的电压（或磁动势）下，电磁铁能否提供足够的吸力。在线性电路的计算中，无论是已知电流，要求所需的电动势，或者已知电动势，要求电流，这两类任务的工作量是差不多的。但是，对于具有非线性铁磁阻的磁路计算来说，第二类任务要比第一类任务麻烦得多。这是因为铁的磁阻和通过它的磁通有关，而在第二类任务中，磁通本身是待求的未知数，因此只能采用猜试法或图解法来进行计算。此外磁路中还不可避免地存在着分布的漏磁通，这就使得计算更为复杂。因此，在工程计算中必须根据具体情况作一些简化，而目前即使是较完善的计算方法也只能得到近似的结果。

在绝大多数的电器磁系统中，由于采用了高导磁材料并且气隙也不大，因此漏磁通虽然存在，但相对于主磁通来说，相对较小。因此，在并不需要十分准确的工程计算中，或者在初次估算中，可以先不考虑漏磁的影响，这样就可以使计算简化。只有一个回路的磁系统通常称为"简单磁路",如 U 形拍合式磁系统(见图 2-25)、盘式磁系统(见图 2-27),图 2-30 所示的平衡衔铁式磁系统以及吸入式磁系统(见图 2-29)等均属简单磁路。

第一类任务:已知工作气隙磁通 Φ_δ,求线圈磁动势 IW。

按磁路克氏第二定律,线圈磁动势为

$$IW = \sum \Phi R$$

不考虑漏磁通时,简单磁路中各截面磁通相同均为 Φ_δ,上式可写为

$$IW = \sum \Phi_\delta / G_{\delta i} + \sum \Phi_\delta R_{ej} \quad 或: \quad IW = \sum \Phi_\delta / G_{\delta i} + \sum H_j l_j \tag{2-64}$$

式中,$G_{\delta i}$ 为第 i 个气隙的磁导;R_{ej} 为第 j 段导磁体的磁阻;H_j 为第 j 段导磁体的磁场强度;l_j 为第 j 段导磁体的长度。

因为 Φ_δ 已知,第 j 段导磁体截面积为 S_j,截面上的磁感应强度 $B_j = \Phi_\delta / S_j$,由导磁体材料的磁化曲线查得与 B_j 对应的 H_j,第 j 段导磁体磁压降即可求得。最后由式(2-64)求得 IW 值。

现以图 2-42 中继电器磁系统为例说明具体的计算步骤,其几何尺寸如图中所示,导磁体材料为电工纯铁,磁化曲线如图 2-22 曲线 1 所示。已知工作气隙磁通 $\Phi_\delta = 2000 \times 10^{-8}$ Wb 计算线圈的磁动势。

第一步:计算各气隙(δ_1、δ_2 及 δ_3)的磁导。见 2.5.3 小节中的例 3 结果,即当 $\delta_1 = 0.37$mm 时,主工作气隙磁导 $G_{\delta 1} = 16.6 \times 10^{-8}$H,楞角气隙磁导 $G_{\delta 2} = 28.8 \times 10^{-8}$H,铁心和底铁连接处磁导 $G_{\delta 3} = 108 \times 10^{-8}$H。

第二步:求导磁体各部分的 B 和 H。

按照材料和截面积的不同将导磁体分段。本例中,导磁体用同一种材料做成,各部分的截面积和平均磁路长度如下表:

	铁心	铁轭	衔铁
截面积 S/cm^2	$\frac{\pi}{4} \times (0.5)^2 = 0.196$	$1.3 \times 0.15 = 0.195$	$1.3 \times 0.1 = 0.13$
平均长度 l/cm	1.7	$1.7 + 1.0 = 2.7$	1.0

注:极靴截面积比铁心截面积大,但其长度很小,就不再另分段了。

因此,若按面积不同分段,可将整个磁路分成两段,即衔铁为一段,铁心和铁轭面积近似相等为另一段,其截面积和平均长度分别为 S_1、l_1 及 S_2、l_2。各段的磁通密度如下:

衔铁中的磁通密度为

$$B_1 = \frac{\Phi_\delta}{S_1} = \frac{2000 \times 10^{-8}}{0.13 \times 10^{-4}} \text{T} = 1.54 \text{T}$$

铁心及铁轭中的磁通密度为

$$B_2 = \frac{\Phi_\delta}{S_2} = \frac{2000 \times 10^{-8}}{0.195 \times 10^{-4}} \text{T} = 1.026 \text{T}$$

查该种材料的磁化曲线求得相应的磁场强度:$H_1 = 13$A/cm;$H_2 = 2.2$A/cm。

第三步:按磁路克氏第二定律求所需的磁势,即

$$IW = \frac{\Phi_\delta}{G_{\delta 1}} + \frac{\Phi_\delta}{G_{\delta 2}} + \frac{\Phi_\delta}{G_{\delta 3}} + H_1 l_1 + H_2 l_2 = \left[2000 \times \left(\frac{1}{16.68} + \frac{1}{28.8} + \frac{1}{108} \right) + 13 \times 1 + 2.2 \times (1.7 + 2.7) \right] \text{A}$$

$$= (119.9 + 69.4 + 18.5 + 13 + 9.7) \text{A} = 230.5 \text{A}$$

可见，第一类任务可以利用磁化曲线直接求得结果。

第二类任务：已知 IW，求产生的工作气隙磁通 Φ_δ。已知磁动势，要求磁通当然需要知道各部分的磁阻。但是，从上例可看出导磁体的磁阻与磁通有关，而这类问题中磁通却是待求值。因此，无法直接求解，只有依赖于猜试法或图解法。猜试法易于采用计算机编程解算，图解法可以采用 Office 的 Excel 进行计算。

1. 猜试法

猜试法的实质是将第二类任务转化为第一类任务，即先猜测一个工作气隙磁通值 $\Phi_{\delta i}$。根据此 $\Phi_{\delta i}$ 值计算磁路，求得所需的线圈磁动势 $(IW)_i$，若 $(IW)_i >$ 给定的 IW 值，则说明 $\Phi_{\delta i}$ 取值大了，应减小。反之，若 $(IW)_i < IW$，则说明 $\Phi_{\delta i}$ 取值小了，应增大。这样反复修改直到 $IW-(IW)_i$ 的误差值很小为止，其计算流程图如图 2-46 所示。

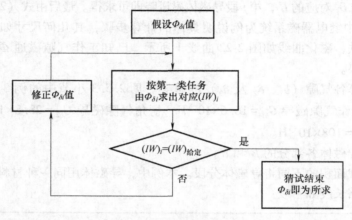

图 2-46　猜试法的计算流程

猜试法的问题是怎样假设和修正 $\Phi_{\delta i}$，以加快 $(IW)_i$ 向 IW 的逼近？即如何保证猜试过程的收敛，而且要尽快收敛？

第一次：猜测的 Φ_δ 值可按下式取值：

$$\Phi_{\delta i}=\frac{IW}{\sum R_\delta}\times K_c \tag{2-65}$$

式中，IW 为给定的磁势值；$\sum R_\delta$ 为磁路中所有气隙磁阻之和；K_c 为考虑磁路中导磁体磁压降影响的系数，通常可取 $K_c=0.9$，即导磁体消耗 10% 的线圈磁动势。

加速猜试过程的收敛方法通常用插值法和平分法。

（1）插值法

插值可通过曲线来实现，也可通过公式来实现。需要求出一组 $\Phi_{\delta i}$ 和 $(IW)_i$ 值。仍以图 2-42 磁系统为例：计算 $IW=240A$ 时产生的工作气隙磁通 Φ_δ。

首先按式（2-65）估算一个 Φ_δ 值

$$\Phi_{\delta i}=\frac{IW\times K_c}{R_{\delta 1}+R_{\delta 2}+R_{\delta 3}}=\frac{240\times 0.9\text{Wb}}{\left(\dfrac{1}{16.68}+\dfrac{1}{28.8}+\dfrac{1}{108}\right)\times 10^8}=2078\times 10^{-8}\text{Wb}$$

再在此值上下选取 4~5 个 Φ_δ 值按第一类任务求出对应的 IW 值，列表计算如下：

$\Phi_\delta/10^{-8}$Wb	B_1/T	B_2/T	H_1/(A/cm)	H_2/(A/cm)	$H_1 l_1$/A	$H_2 l_2$/A	$\Phi_\delta R_\delta$/A	IW/A
1600	1.23	0.82	3.3	1.7	3.3	7.5	166.3	177.1
1800	1.39	0.923	5.4	1.9	5.4	8.4	187.1	200.9
2000	1.54	1.027	13.0	2.2	13.0	9.7	207.8	230.5
2200	1.69	1.13	40	2.8	40	12.3	228.6	280.9
2400	1.845	1.23	100	3.3	100	14.5	249.4	363.9

　　所得的 IW 和 Φ_δ 之间的关系曲线如图 2-47 所示。这条关系曲线 $\Phi_\delta=f(IW)$ 就叫作磁系统的磁化曲线。利用线性插值或一元三点插值，即可得对应于给定磁动势 240 安匝时的 Φ_δ 值为 2040×10^{-8}Wb。

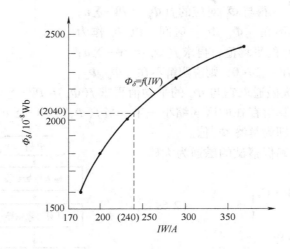

图 2-47　磁系统的磁化曲线

若采用一元三点插值公式：

$$y(x)=\frac{(x-x_1)(x-x_2)}{(x_0-x_1)(x_0-x_2)}y_0+\frac{(x-x_0)(x-x_2)}{(x_1-x_0)(x_1-x_2)}y_1+\frac{(x-x_0)(x-x_1)}{(x_2-x_0)(x_2-x_1)}y_2 \qquad (2\text{-}66)$$

只要在上表中 $IW=240$A 上下取靠近的三点，例如 200.9A、230.5A、280.9A 对应的磁通为 1800×10^{-8}Wb、2000×10^{-8}Wb、2200×10^{-8}Wb 代入式（2-66）即可得

$$\Phi_\delta=\left[\frac{(240-230.5)(240-280.9)}{(200.9-230.5)(200.9-280.9)}1800+\frac{(240-200.9)(240-280.9)}{(230.5-200.9)(230.5-280.9)}\times2000+\right.$$

$$\left.\frac{(240-200.9)(240-230.5)}{(280.9-230.5)(280.9-200.9)}\times2200\right]\times10^{-8}\text{Wb}=2051\times10^{-8}\text{Wb}$$

　　应用插值法只需在已知 IW 附近计算三点即可，但已知的 IW 必须在求出的三个 IW 值之间，即要实现内插，误差较小。

　　（2）平分法

　　平分法是一种单因素的优选法，对单峰性的函数关系，在给定的精度要求下，可以用最小的猜试次数得到结果。它是使用计算机计算磁路保证尽快收敛的有效方法。

式（2-64）改写为

$$IW - \sum \Phi_\delta / G_{\delta i} - \sum \Phi_\delta R_{\delta j} = 0$$

即

$$IW - \sum u = 0 \qquad (2-67)$$

令 $f(\Phi) = IW - \sum u$，其曲线如图 2-48 所示，显然在已知 IW 值情况下，方程 $f(\Phi_\delta) = 0$ 存在唯一的一个根 Φ_δ 见图 2-48。

根据平分法的原理，结合图 2-48，猜试两个磁通：一个大磁通 $\Phi_d > \Phi_\delta$，使得 $f(\Phi_d) = IW - \sum u < 0$，另一个小磁通 $\Phi_x < \Phi_\delta$，使得 $f(\Phi_x) = IW - \sum u > 0$。则第三次猜试可取：

$$\Phi_p = \frac{\Phi_x + \Phi_d}{2} \qquad (2-68)$$

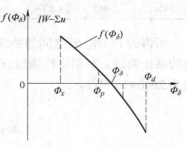

图 2-48 平分法猜试

按第一类任务计算，求得与 Φ_p 对应的 $f(\Phi_p) = IW - \sum u$，若此值大于零，说明解不在 $[\Phi_x, \Phi_p]$ 区间，以 Φ_p 作为新的小磁通，求它与 Φ_d 的平均值，再求 $f(\Phi_p) = IW - \sum u$；如果 Φ_p 对应的 $f(\Phi_p) = IW - \sum u < 0$，则说明解不在 $[\Phi_p, \Phi_d]$ 区间，以 Φ_p 作为新的大磁通求它与 Φ_x 的平均值再求 $f(\Phi_p) = IW - \sum u$。依此类推。可见平分法每计算一次即可把真解存在的区间缩小一半。当 $f(\Phi_p) = IW - \sum u$ 足够小并满足误差要求则最后一次平分磁通即为解答 Φ_δ 值。

平分开始时，为了确保猜试的磁通为大磁通和小磁通，可取：

$$\left.\begin{array}{l} \Phi_d = IW \cdot G_\delta \\ \Phi_x = 0 \end{array}\right\} \qquad (2-69)$$

式中，G_δ 为工作气隙磁导。

对于例 2.2，$G_\delta = 10.56 \times 10^{-8} \text{H}$。

图 2-49 是平分法计算简单磁路（不考虑漏磁）的流程图。图中 ε 为计算精度要求。

2. 图解法

如果要获得衔铁从打开位置到闭合位置之间不同气隙时的磁通值，那么用猜试法会非常繁琐。这时，只要将作曲线的插值法稍作修改就可以使计算大大简化，称为"图解法"。

图解法依据下述原理：

式（2-64）可改写为

$$IW = u_c + u_\delta \qquad (2-70)$$

式中，u_c 为导磁体中磁压降与非工作气隙磁压降之和。

u_c 与 Φ_δ 呈非线性函数关系，称 $u_c = f(\Phi_\delta)$ 为磁系统局部磁路磁化曲线。

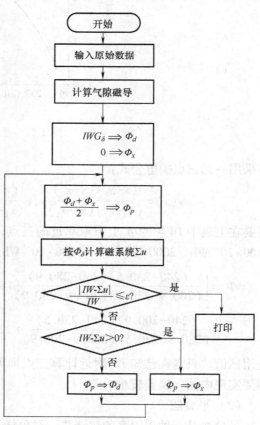

图 2-49 平分法计算简单磁路的流程图

u_δ 是工作气隙磁压降，当气隙 δ 一定时，u_δ 与 Φ_δ 呈线性函数关系，称 $u_\delta = f(\Phi_\delta)$ 为工作气隙磁化曲线。

对任一 Φ_δ 由局部磁化曲线确定的 u_c 与由气隙磁化曲线上确定的 u_δ 都应满足式（2-70）。用做图的办法来实现这一关系。仍以图 2-42 所示磁系统为例，有

$$u_c = H_1 l_1 + H_2 l_2 + \Phi_\delta R_{\delta 3} \tag{2-71}$$

$$u_\delta = \Phi_\delta (R_{\delta 1} + R_{\delta 2}) \tag{2-72}$$

可以像做磁化曲线一样求出其 $u_c = f(\Phi_\delta)$。选取 5~6 个 Φ_δ 值列表计算如下表：

$\Phi_\delta /(10^{-8}\text{Wb})$	B_1/T	B_2/T	$H_1/(\text{A/cm})$	$H_2/(\text{A/cm})$	$H_1 l_1/\text{A}$	$H_2 l_2/\text{A}$	$\Phi_\delta R_{\delta 3}/\text{A}$	u_c/A
1600	1.23	0.82	3.3	1.7	3.3	7.5	14.8	25.6
1800	1.39	0.923	5.4	1.9	5.4	8.4	16.7	30.5
2000	1.54	1.027	13.0	2.2	13.0	9.7	18.5	41.2
2200	1.69	1.13	40	2.8	40	12.3	20.4	72.7
2400	1.845	1.23	100	3.3	100	14.5	22.2	136.7

做 $\Phi_\delta = f(u_c)$ 曲线如图 2-50 所示。气隙磁化曲线是一条斜率为 $\text{tg}\alpha \propto G_\delta$ 的直线，气隙磁导值为

$$G_\delta = \frac{1}{R_{\delta 1} + R_{\delta 2}} = \frac{1}{\left(\dfrac{1}{16.68} + \dfrac{1}{28.8}\right) \times 10^8} \text{H} = 10.56 \times 10^{-8} \text{H}$$

应满足式（2-70）。因此，在图 2-50 的横坐标轴上取 OA 段等于给定磁动势 $IW = 240\text{A}$，再过 A 点作气隙磁化曲线：可取 $\overline{AC'}$ 段等于某一整数安匝（例如 100 安匝）。过 C' 点作垂线，并取 $\overline{C'B'}/100 = G_\delta = \text{tg}\alpha$，也即 $\overline{C'B'} = 100 \times 0.56 \times 10^{-8}\text{Wb}$，连接 A、B' 点就得到气隙的磁化曲线，延长 AB' 斜线与曲线 $\Phi_\delta = f(u_c)$ 相交于 B 点。显然 B 点对应的磁通值即为 $\delta = 0.37\text{mm}$ 时 $IW = 240\text{A}$ 产生的气隙磁通值，$\Phi_\delta = 2040 \times 10^{-8}\text{Wb}$。图中

$$\overline{AC} = \frac{\overline{BC}}{\text{tg}\alpha} = \frac{\Phi_\delta}{G_\delta} = \Phi_\delta(R_{\delta 1} + R_{\delta 2}) = u_\delta \tag{2-73}$$

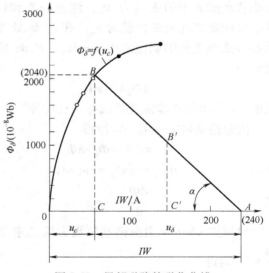

图 2-50　局部磁路的磁化曲线

而 $\overline{OC}$ 段就是对应于 Φ_δ 时降落在铁磁阻和非工作气隙中的磁压降 u_c，$\overline{OA} = \overline{OC} + \overline{AC} = IW$，满足式（2-67），所以 Φ_δ 正是要求的磁通值。

由于在不计漏磁的简单磁路中，局部磁路的磁化曲线 $\Phi_\delta = f(u_c)$ 与工作气隙大小无关。这样，一旦做出局部磁路的磁化曲线 $\Phi_\delta = f(u_c)$ 后，就可很容易求得不同气隙值和不同线圈磁动势下的气隙磁通值。例如，要求另一气隙下的气隙磁通，只要改变 α 角使 $\text{tg}\alpha$ 等于该气

隙时的 G_δ（这时，线圈磁动势没有改变，所以斜线仍通过 A 点），斜线与 $u_c=f(\Phi_\delta)$ 的交点就确定了气隙磁通值。如果要求另一磁动势下的磁通值，例如要求 200 安匝时的 Φ_δ 值，那就只要挪动 A 点，而斜线的做法仍如上述，就可以由交点求得该磁通值。图解法之前采用手算，目前常用 Office 的 Excel 进行计算，具有直观且从机理上理解的优点。

2.7 磁系统的磁通分布及漏磁系数

磁系统中一般都存在漏磁。当衔铁处于闭合位置，即气隙不大时，漏磁所占的比例并不大，但是当衔铁处于打开位置即气隙较大或者铁心比较长时，漏磁所占比例就比较大。要对磁路进行较精确的计算和分析就要考虑漏磁的影响。漏磁从等效磁路图来看，相当于一个具有分布参数的磁路，而导磁体的磁阻又是非线性的。这两个因素合在一起就构成了一个分布参数的非线性问题，这样就增加了计算的复杂性和困难。本节将在分析漏磁分布规律的基础上利用磁系统微分方程建立磁系统数学摸型，并在一定的假设条件下对磁路中的漏磁和磁通进行分析计算。

2.7.1 磁系统的微分方程

漏磁是分布参数，因此磁系统中磁通、磁位差和磁动势等之间的数量关系采用微分方程来分析。

仍以拍合式磁系统为例。假设漏磁通仅存在于铁心 A 和铁轭 B 之间，并且漏磁力线都是平行的。取铁心底部为参考点 $x=0$，x 的正方向向上，如图 2-51 所示。距底部 x 处铁心或铁轭截面中的磁通为 Φ_x，注意铁心和铁轭相对应截面的磁通大小相等、方向相反。铁心与铁轭之间的磁位差为 u_x。在 $x+\mathrm{d}x$ 处再取一截面，铁心及铁轭中的磁通为 $\Phi_x+\mathrm{d}\Phi_x$，铁心与铁轭之间的磁位差为 $u_x+\mathrm{d}u_x$。在 $\mathrm{d}x$ 长度内，铁心与铁轭之间的漏磁通为 $\mathrm{d}\Phi_\delta$，其值应为

$$\mathrm{d}\Phi_\delta=u_x g\mathrm{d}x \qquad (2\text{-}74)$$

式中，g 为单位长度漏磁导或称"比磁导"。

由磁路基尔霍夫第一定律得

$$\Phi_x=\mathrm{d}\Phi_\sigma+\Phi_x+\mathrm{d}\Phi_x$$

所以

$$\mathrm{d}\Phi_x=-\mathrm{d}\Phi_\sigma=-u_x g\mathrm{d}x$$

或

$$\frac{\mathrm{d}\Phi_x}{\mathrm{d}x}=-u_x g \qquad (2\text{-}75)$$

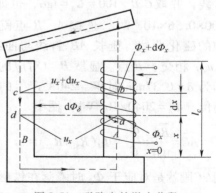

图 2-51 磁路中的微小分段

对回路 $abcd$ 应用磁路基尔霍夫第二定律，并令 $\dfrac{IW}{l_c}=f$，则得

$$f\mathrm{d}x=\Phi_x r_{cx}\mathrm{d}x+(u_x+\mathrm{d}u_x)-u_x$$

式中，r_{cx} 为铁心和铁轭单位长度的磁阻值之和。

所以

$$\mathrm{d}u_x=(f-\Phi_x r_{cx})\mathrm{d}x \ \text{或}\ \frac{\mathrm{d}u_x}{\mathrm{d}x}=f-\Phi_x r_{cx} \qquad (2\text{-}76)$$

若令 H_{AX} 及 H_{BX} 分别表示铁心与铁轭在 x 处的磁场强度，则得

$$\frac{\mathrm{d}u_x}{\mathrm{d}x} = f - (H_{AX} + H_{BX}) \qquad (2\text{-}77)$$

式（2-75）~式（2-77）这 3 个公式就是磁系统的一般微分方程。

式（2-75）两边对 x 求导得

$$\frac{\mathrm{d}^2 \Phi_x}{\mathrm{d}x^2} = -g \frac{\mathrm{d}u_x}{\mathrm{d}x}$$

将式（2-76）代入，则得

$$\frac{\mathrm{d}^2 \Phi_x}{\mathrm{d}x^2} - g r_{cx} \Phi_x + gf = 0 \qquad (2\text{-}78)$$

也可将式（2-76）两边对 x 求导一次得

$$\frac{\mathrm{d}^2 u_x}{\mathrm{d}x^2} = -r_{cx} \frac{\mathrm{d}\Phi_x}{\mathrm{d}x}$$

将式（2-75）代入，则得

$$\frac{\mathrm{d}^2 u_x}{\mathrm{d}x^2} - g r_{cx} u_x = 0 \qquad (2\text{-}79)$$

因导磁体的磁阻是非线性的，所以磁路微分方程是非线性微分方程。考虑漏磁时简单磁路计算其实就是在给定的边界条件下求解磁路微分方程。

在磁路计算中，有时将参考点 $x = 0$ 设在铁心端面处，并取 x 的正方向向下，则磁系统的微分方程变为

$$\frac{\mathrm{d}\Phi_x}{\mathrm{d}x} = u_x g \qquad (2\text{-}80)$$

$$\frac{\mathrm{d}u_x}{\mathrm{d}x} = -(f - \Phi_x r_{cx}) \qquad (2\text{-}81)$$

或

$$\frac{\mathrm{d}u_x}{\mathrm{d}x} = -(f - H_{AX} - H_{BX}) \qquad (2\text{-}82)$$

2.7.2 铁心中的磁通和漏磁系数

磁系统微分方程中式（2-75）说明铁心截面中的磁通变化是由于漏磁引起的，因此为了求得铁心中磁通的变化规律必须先计算漏磁。由式（2-74）可知，沿铁心轴线 x 单位长度内的漏磁通取决于比磁导 g 和加于漏磁导两端的磁位差 u_x。对于图 2-52a 所示的拍合式磁系统，铁心 A 和铁轭 B 是两个平行柱体，比磁导 g 为常数，但磁位差 u_x 不是常数，它随 x 变化，因此沿 x 轴单位长度内的漏磁通并不相等，即漏磁力线并不均匀分布。
$u_x\text{-}x$ 的关系曲线可以直接由磁系统微分方程式（2-76）求得。

若忽略导磁体磁阻，则式（2-76）变为

$$\frac{\mathrm{d}u_x}{\mathrm{d}x} = f$$

式中，$f = \dfrac{IW}{l_c}$。

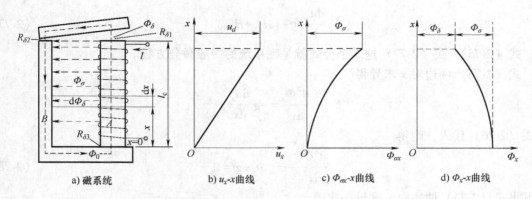

a) 磁系统　　　　　b) u_x-x曲线　　　　c) $\Phi_{\sigma x}$-x曲线　　　　d) Φ_x-x曲线

图 2-52　拍合式磁系统的漏磁分布和铁心磁通（忽略导磁体及非工作气隙磁阻）

求解上式得

$$u_x = fx + C_1 \tag{2-83}$$

若同时忽略非工作气隙 δ_3（铁心与底铁铆接处）的磁阻，则 $x=0$ 处对应的 $u_x=0$，积分常数 $C_1=0$，所以

$$u_x = fx \tag{2-84}$$

即 u_x 和 x 呈线性增长关系，如图 2-52b 所示。在铁心底部（$x=0$）处的磁位差称为 u_0，这里 $u_0=0$。在铁心端部（$x=l_c$）处的磁位差称为 u_d，这里 $u_d=IW$。

因此，由铁心底部至 x 处这一段内的漏磁通总和 $\Phi_{\sigma x}$ 可将式（2-84）代入式（2-76）通过积分求得，即

$$\Phi_{\sigma x} = \int_0^x \mathrm{d}\Phi_\sigma = \frac{1}{2}fgx^2 = u_d g \frac{x^2}{2l_c} \tag{2-85}$$

$\Phi_{\sigma x}$ 与 x 的关系曲线如图 2-52c 所示。

由铁心底部至端部的漏磁通总和，即全部的漏磁通 Φ_σ 为

$$\Phi_\sigma = IW \frac{gl_c}{2} = IW \frac{G_\sigma}{2} \tag{2-86}$$

注意到 gl_c 为铁心与铁轭之间总的漏磁导 G_σ，由此，漏磁通等于磁动势乘以 1/2 漏磁导。

由于漏磁通是分布的，因此，通过铁心及铁轭各截面的磁通不是常数。对于图 2-53 所示的封闭面应用高斯定理即可求得各截面的磁通 Φ_x，即

$$\Phi_x = \Phi_0 - \Phi_{\sigma x} \tag{2-87}$$

式中，Φ_0 为底铁（或铁心底部）内的磁通值。

因此，若已知 $\Phi_{\sigma x}$-x 的关系曲线，就很容易求得 Φ_x-x 的曲线，如图 2-52d 所示。

考虑到 $\Phi_0 = \Phi_\delta + \Phi_\sigma$，式中 Φ_δ 为通过铁心端面的磁通，也就是工作气隙中的磁通，则上式可表示为

$$\Phi_x = \Phi_\delta + \Phi_\sigma - \Phi_{\sigma x}$$

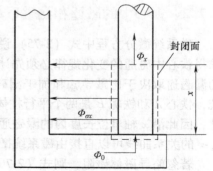

图 2-53　应用高斯定理求 Φ_x

再将式（2-85）及式（2-86）代入上式，即可求得铁心各截面的磁通 Φ_x 的表达式为

$$\Phi_x = \Phi_\delta + u_d g\left(\frac{l_c}{2} - \frac{x^2}{2l_c}\right)$$

显然，Φ_x 的表达式也可以直接由求解磁路微分方程式（2-59）求得，读者可自行推导。

Φ_δ 通过主工作气隙 δ_1，衔铁及楞角气隙 δ_2 到达铁轭的相对应点，在这条路径上的磁压降必然等于 u_d，即

$$u_d = \Phi_\delta R_d$$

式中，R_d 为磁路端部的磁阻值，即

$$R_d = R_{\delta1} + R_{\delta2} + R_2$$

式中，$R_{\delta1}$、$R_{\delta2}$ 及 R_2 分别为气隙 δ_1，δ_2 及衔铁的磁阻值。当忽略铁磁阻时，$R_2 = 0$。

因此

$$\Phi_x = \Phi_\delta\left[1 + R_d\frac{G_\sigma}{2}\left(1 - \frac{x^2}{l_c^2}\right)\right] \tag{2-88}$$

式中，$G_\sigma = gl_c$。

通常，称 Φ_x 与 Φ_δ 之比为该截面处的漏磁系数 σ_x，且

$$\sigma_x = \frac{\Phi_x}{\Phi_\delta} = 1 + R_d\frac{G_\sigma}{2}\left(1 - \frac{x^2}{l_c^2}\right) \tag{2-89}$$

可见，漏磁系数 σ_x 只和磁系统的几何尺寸有关，G_σ、R_d 都可以由磁极的几何尺寸求得。因此，若已知气隙磁通 Φ_δ，就可以利用漏磁系数求得铁心和铁轭各截面的磁通值，即

$$\Phi_x = \sigma_x\Phi_\delta \tag{2-90}$$

在 $x = 0$ 处，得到最大的漏磁系数，记为 σ，而由式（2-89）得

$$\sigma = 1 + R_d\frac{G_\sigma}{2} \tag{2-91}$$

即底铁中漏磁系数为最大，全部漏磁通都通过底铁，因此底铁的磁通 Φ_0 为最大值，即

$$\Phi_0 = \sigma\Phi_\delta = \left(1 + R_d\frac{G_\sigma}{2}\right)\Phi_\delta \tag{2-92}$$

在设计和评价一个磁系统时漏磁系数是一个很重要的参数。希望漏磁少些，即希望 σ 接近于 1，这样才可以充分利用铁磁材料。对于拍合式磁系统，当衔铁处于打开位置时，一般情况下 σ 为 1.2~2.5。

在磁系统的设计中，工作气隙磁通与电磁力密切相关。为了求解工作气隙磁通，可以暂且不关注漏磁的具体分布，而只需关注铁心和铁轭之间的总漏磁通。此时，在保持总漏磁通不变的情况下，磁系统等效磁路中的漏磁支路可以近似地用一个集中的漏磁导 $G_{\sigma g}$ 并联在铁心和铁轭的端部代替，如图 2-54 所示。不过这个并联的漏磁导应该是总的漏磁导 G_σ 的 1/2，如式（2-107）所示：

$$G_{\sigma g} = \frac{1}{2}G_\sigma = \frac{1}{2}gl_c \tag{2-93}$$

$G_{\sigma g}$ 即称为"归化漏磁导"。其所以是近似代替乃因

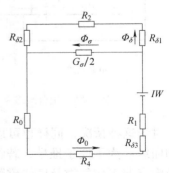

图 2-54　考虑漏磁时的等值磁路图

为式（2-86）是在忽略导磁体和 δ_3 的磁阻的情况下推导得来的，但是在等效磁路图的计算中却必须考虑这些磁阻。另外还必须指出，虽然用集中的归化漏磁导来画等效磁路图，但却并不意味在磁路计算中就认为通过铁心和铁轭的磁通是常数并等于 Φ_0，这在下一节还要讲到。

以上推导忽略了导磁体和非工作气隙的磁压降，这在铁内的 B 不饱和、δ_3 不大时是允许的。当 B 较饱和或 δ_3 较大时以上分析就会造成较大的误差。实际上，如果考虑导磁体和 δ_3 的磁阻，但假定铁心和铁轭内的 H 为常值，则计算漏磁仍然并不困难，这在漏磁通所占比例不大时是完全允许的。若令 H_A 及 H_B 分别表示铁心和铁轭中的平均磁场强度，则式（2-77）将变为

$$\frac{\mathrm{d}u_x}{\mathrm{d}x}=f-(H_A+H_B)=f'$$

式中，$f'=f-(H_A+H_B)$ 为常值，求解上式得

$$u_x=f'x+C_1$$

当 $x=0$ 时，$u_x=u_0$，积分常数 $C_1=u_0$，因此得

$$u_x=f'x+u_0 \tag{2-94}$$

式中，$u_0=-\Phi_0 R_0$，其中 Φ_0 为底铁中的磁通；R_0 为磁路底部的磁阻值。

即 $R_\sigma=R_{\delta 3}+R_4 R_{\delta 3}$ 及 R_4 分别为非工作气隙 δ_3 及底铁的磁阻值。

由式（2-94）可见，u_x-x 的关系仍为线性，所不同的是铁心底部的磁位差 u_0 不再等于零了，而在某一距铁心端部为 l_z 处，铁心与铁轭之间的磁位差 u_x 等于零，如图 2-55b 所示。称这个磁位差为零的面为中性面，因为沿中性面没有漏磁通，而在这面之上和之下两部分的漏磁通方向相反，如图 2-55a 所示。

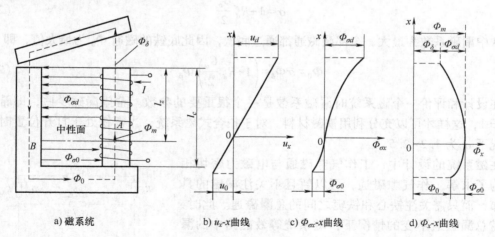

a) 磁系统　　　　b) u_x-x曲线　　　　c) $\Phi_{\sigma x}$-x曲线　　　　d) Φ_x-x曲线

图 2-55　拍合式磁系统的漏磁分布和铁心磁通（考虑铁及非工作气隙磁阻）

对于这种情况，同样也可以用类似方法求得漏磁通 $\Phi_{\sigma x}$ 和铁心中磁通 Φ_x 与 x 的关系式和曲线。为了便于推导，若将图 2-55 与图 2-52 相比，可见中性面相当于将磁系统分为两个没有非工作气隙及底铁磁阻的磁系统：一个在中性面上部，长度为 l_z；另一个在中性面下部，长度为 l_c-l_z。l_z 段内的线圈磁动势消耗在上部磁路中，而 l_c-l_z 段内的线圈磁动势

消耗在下部。因此，若将坐标 x 的原点移到中性面处，如图 2-55b 所示，很明显它不会影响磁位差 u_x 的曲线，就可应用已经求得的式（2-85）及式（2-88）立即得到 $\Phi_{\sigma x}$ 和 Φ_x 的表达式：

（1）对 $0 \leqslant x \leqslant l_z$ 段

$$\Phi_{\sigma x} = \frac{1}{2} f' g x^2 = u_d g \frac{x^2}{2l_z} \tag{2-95}$$

式中，u_d 为铁心端部（$x = l_z$）处的磁位差，且

$$u_d = f' l_z = \Phi_\delta R_d$$

$$\Phi_x = \Phi_\delta \left[1 + R_d \frac{G_{\sigma z}}{2} \left(1 - \frac{x^2}{l_z^2} \right) \right] \tag{2-96}$$

式中，$G_{\sigma z} = g l_z$。

（2）对 $-(l_c - l_z) \leqslant x \leqslant 0$ 段

$$\Phi_{\sigma x} = -\frac{1}{2} f' g x^2 = -u_d g \frac{x^2}{2l_z} \tag{2-97}$$

式中，负号表示漏通的方向相反。

$$\Phi_x = \Phi_\delta \left[1 + R_d \frac{G_{\sigma z}}{2} \left(1 - \frac{x^2}{l_z^2} \right) \right]$$

可见上下两段 Φ_x 的表达式是相同的，也就是说，Φ_x 是以中性面呈对称分布的。$\Phi_{\sigma x}$ 及 Φ_x 与 x 的关系曲线如图 2-55c 和 d 所示。

当 $x = 0$ 时，即在中性面处，铁心中的磁通为最大值，则

$$\Phi_{x=0} = \Phi_m = \Phi_\delta \left(1 + R_d \frac{G_{\sigma z}}{2} \right) \tag{2-98}$$

通过铁心底部的磁通 Φ_0 为

$$\Phi_0 = \Phi_{x=-(l_c-l_z)} = \Phi_\delta \left[1 + R_d \frac{G_{\sigma z}}{2} \cdot \frac{l_c}{l_z} \left(2 - \frac{l_c}{l_z} \right) \right] = \Phi_\delta \left[1 + R_d \frac{G_\sigma}{2} \left(2 - \frac{l_c}{l_z} \right) \right] \tag{2-99}$$

铁心任一截面处的漏磁系数为

$$\sigma_x = \frac{\Phi_x}{\Phi_\delta} = 1 + R_d \frac{G_{\sigma z}}{2} \left(2 - \frac{x^2}{l_z^2} \right) \tag{2-100}$$

所有以上公式都必须先确定中性面的位置 l_z。由图 2-55b 很明显得到

$$\frac{l_z}{l_c - l_z} = \left| \frac{u_d}{u_0} \right| = \frac{\Phi_\delta R_d}{\Phi_0 R_0}$$

式中，R_d、R_0 分别为磁路端部和底部的磁阻值。

将式（2-99）代入上式，即得中性面的位置为

$$l_z = l_c \frac{2 + R_0 G_\sigma}{2 \left(1 + \dfrac{R_0}{R_d} + R_0 G_\sigma \right)} \tag{2-101}$$

由上式可见，若 $R_0 = 0$，则 $l_z = l_c$；随 R_d 减小，l_z 也减小，即中性面上移。

注意：l_z 公式中的 R_0 及 R_d 中分别含有衔铁及底铁的铁磁阻，而铁磁阻与磁通值有关。通常 Φ_δ 是给定的，故 R_d 可以求得，但 Φ_0 则必须在 l_z 已知后才能求得，所以只能先估计一个 Φ 值，求得 l_z 后再进行核对。

下面讨论图 2-56a 所示的衔铁位于线圈侧面的拍合式磁系统。

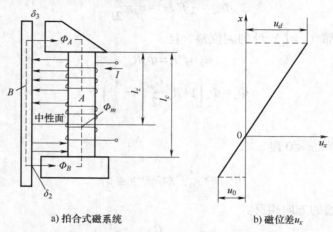

a) 拍合式磁系统　　　　b) 磁位差 u_x

图 2-56　衔铁位于侧面的拍合式磁系统及其磁位差和漏磁分布

这种磁系统中，铁心 A 和衔铁 B 之间的磁位差 u_x 分布图如图 2-56b 所示。它与上面讨论的考虑非工作气隙磁阻时的拍合式磁系统类似。因此，当衔铁转角不大，衔铁和铁心近似平行，单位长度漏磁导 g 可以认为是常数时，其漏磁分布情况以及铁心中的磁通都和图 2-55c、d 类似。前面所推导的中性面 l_z，铁心磁通 Φ_x 及漏磁系数 σ_x 等公式在这里也完全适用，但要注意以前的非工作气隙 δ_3 即相当于这里的楞角气隙 δ_2，而由于 δ_2 一般远比 δ_3 大，因此中性面的位置较前为高。

对于图 2-57a 吸入式磁系统在动铁心（衔铁）和上端盖之间不可避免地要有一个非工作气隙 δ_e，其工作气隙 δ 一般都位于线圈中部。当忽略导磁体的磁阻和静铁心（台座）与下端盖之间的非工作气隙，并取台座底部为 $x=0$ 时，x 的正方向向上，则由式（2-83），分别应用初值条件：$x=0$ 时 $u_x=0$，$x=l_c+\delta$ 时 $u_x=fl_c-u_\delta$ 可求得

$$\left.\begin{array}{ll} u_x=fx & 0 \leqslant x \leqslant l_c \\ u_x=fx-u_\delta & l_c+\delta \leqslant x \leqslant l_K \end{array}\right\} \tag{2-102}$$

式中，$f=IW/l_K$。

u_x 的变化曲线如图 2-57b 所示。可见其静铁心部分和动铁心部分分别与不考虑铁心与底轭非工作气隙（见图 2-52）和考虑这个非工作气隙（见图 2-55）时的拍合式磁系统相类似。动铁心上有一中性面，如果将坐标改取如图 2-57c 和 d 所示，那么上述拍合式磁系统的 $\Phi_{\sigma x}$、Φ_x 表达式均可适用，只要相应地做坐标转化即可。漏磁通分别为

$$\left\{\begin{array}{ll} \Phi_{\sigma y}=\dfrac{1}{2}fgy^2 & (0 \leqslant y \leqslant l_c) \\[2mm] \Phi_{\sigma x}=\dfrac{1}{2}fgx^2 & (0 \leqslant x \leqslant l_z) \\[2mm] \Phi_{\sigma x}=-\dfrac{1}{2}fgx^2 & (0 \geqslant x \geqslant -(l_c-l_z)) \end{array}\right. \tag{2-103}$$

$\Phi_{\sigma x}$-x 及 $\Phi_{\sigma y}$-y 的关系曲线如图 2-57c 所示。

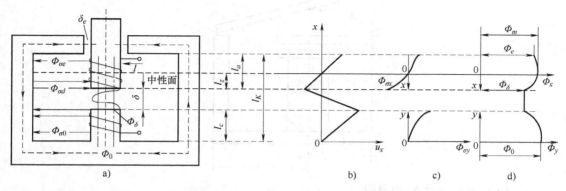

图 2-57　吸入式磁系统的漏磁分布及铁心磁通（忽略导磁体磁阻）

铁心中的磁通 Φ_x 及台座中的磁通 Φ_y 计算公式为

$$\Phi_x = \Phi_\delta \left[1 + R_\delta \cdot \frac{G_{\sigma z}}{2} \left(1 - \frac{x^2}{l_z^2} \right) \frac{l_z}{l_K'} \right] \tag{2-104}$$

$$\Phi_y = \Phi_\delta \left[1 + R_\delta \frac{G_{\sigma c}}{2} \left(1 - \frac{y^2}{l_c^2} \right) \frac{l_c}{l_K'} \right] \tag{2-105}$$

式中，$G_{\sigma z} = g l_z$；$l_K' = l_K - (l_a - l_z)$；$G_{\sigma c} = g l_c$。

Φ_x-x 及 Φ_y-y 的关系曲线如图 2-57d 所示。

铁心中的最大磁通 Φ_m（即 $x=0$ 处的磁通）及非工作气隙 δ_e 处的磁通 Φ_e 如下：

$$\Phi_m = \Phi_\delta \left(1 + R_\delta \frac{G_{\sigma z}}{2} \frac{l_z}{l_K'} \right) \tag{2-106}$$

$$\Phi_e = \Phi_\delta \left[1 + R_\delta \frac{G_{\sigma a}}{2} \left(2 - \frac{l_a}{l_z} \right) \frac{l_z}{l_K'} \right] \tag{2-107}$$

式中，$G_{\sigma a} = g l_a$。

中性面的位置 l_z 应先确定，即

$$l_z = l_a \left(1 - \frac{\dfrac{l_K}{l_a} + \dfrac{1}{2} R_\delta G_{\sigma a}}{1 + \dfrac{R_\delta}{R_e} + R_\delta G_{\sigma a}} \right) \tag{2-108}$$

漏磁系数对动铁心各截面有

$$\sigma_x = \frac{\Phi_x}{\Phi_\delta} = 1 + R_\delta \frac{G_{\sigma z}}{2} \left(1 - \frac{x^2}{l_z^2} \right) \frac{l_z}{l_K'} \tag{2-109}$$

对台座部分则有

$$\sigma_y = \frac{\Phi_y}{\Phi_\delta} = 1 + R_\delta \frac{G_{\sigma c}}{2} \left(1 - \frac{y^2}{l_c^2} \right) \frac{l_c}{l_K'} \tag{2-110}$$

例 2.4　若已知图 2-42 尺寸所示磁系统中主工作气隙磁通值 $\Phi_\delta = 2000 \times 10^{-8}$ Wb，试求铁心中的最大磁通 Φ_m 及铁心中部的磁阻。

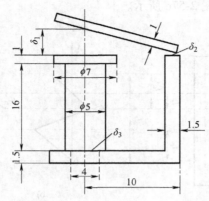

解：（1）忽略铁及 δ_3 的磁阻

1）求最大磁通 Φ_m。

由于忽略了 δ_3 磁阻，铁心底部的磁通为最大值，因此由式（2-92）有

$$\Phi_m = \Phi_0 = \Phi_\delta\left(1+R_d\frac{G_\sigma}{2}\right)$$

式中，$R_d = R_{\delta1}+R_{\delta2} = \left(\dfrac{1}{16.68}+\dfrac{1}{28.8}\right)\times10^{-8}\,\text{A/Wb} = 9.47\times10^6\,\text{A/Wb}$

铁心的铁轭单位长度漏导 g 由表 2-5 序号 6 公式求得

$$g' = K_{g1}\times1.25\times10^{-6}\dfrac{2\pi}{\ln\dfrac{(h+\sqrt{h^2-r^2})}{r}}$$

式中，$h = 10\text{mm}-1.5\text{mm} = 8.5\text{mm}$；$r = 2.5\text{mm}$。

$$\frac{a}{h} = \frac{13}{8.5} = 1.53 \text{ 取 } K_{g1} = 0.87$$

代入上式得

$$g' = 0.85\times1.25\times10^{-6}\dfrac{2\pi}{\ln\dfrac{(0.85+\sqrt{(0.85)^2-(0.25)^2})}{0.25}}\,\text{H/m}$$

$$= 3.52\times10^{-6}\text{H/m}$$

而 $\qquad G_\sigma = gl_c = 3.52\times10^{-6}\times1.7\times10^{-2}\text{H} = 5.98\times10^{-8}\text{H}$

因此 $\qquad \Phi_m = \left(1+9.47\times10^6\times\dfrac{1}{2}\times5.98\times10^{-8}\right)\times2000\times10^{-8}\text{Wb}$

$$= 2560\times10^{-8}\text{Wb}$$

2）求铁心中部的磁通。

由式（2-79）有

$$\sigma_x = 1+R_d\frac{G_\sigma}{2}\left(1-\frac{x^2}{l_c^2}\right)$$

当 $x = \dfrac{1}{2}l_c$ 时，有

$$\sigma_x = 1 + R_d \frac{G_\sigma}{2} \times \frac{3}{4} = 1 + 9.47 \times 10^6 \times 5.98 \times 10^{-8} \times \frac{3}{8} = 1.21$$

因此　　　　　　$\Phi_x = \sigma_x \Phi_\delta = 1.21 \times 2000 \times 10^{-8} \text{Wb} = 2420 \times 10^{-8} \text{Wb}$

（2）考虑铁及 δ_3 磁阻

首先求中性面位置 l_z，由式（2-101）有

$$l_z = l_c \frac{2 + R_0 G_\sigma}{2\left(1 + \dfrac{R_0}{R_d} + R_0 G_\sigma\right)}$$

式中，$R_d = R_{\delta1} + R_{\delta2} + R_2$；$R_0 = R_{\delta3} + R_4$。

衔铁中的磁通为 Φ_δ，即 2000×10^{-8}Wb，磁通密度 $B_1 = \dfrac{\Phi_\delta}{S_1} = \dfrac{2000 \times 10^{-8}}{0.13 \times 10^{-4}}\text{T} = 1.54\text{T}$。由磁化曲线

（见图 2-18a 曲线 1）求得相应的 $H_1 = 13\text{A/m}$，因此 $R_2 = \dfrac{H_1 l_1}{\Phi_\delta} = \dfrac{13 \times 1}{2000 \times 10^{-8}}\text{H}^{-1} = 0.65 \times 10^6 \text{H}^{-1}$。

底铁中的磁通 Φ_0 假设为 $1.25 \times \Phi_\delta = 2500 \times 10^{-8}$Wb

磁通密度 $B_2 = \dfrac{\Phi_\delta}{S_2} = \dfrac{2500 \times 10^{-8}}{0.195 \times 10^{-4}}\text{T} = 1.28\text{T}$。

相应的 $H_2 = 3.7\text{A/Wb}$，因此

$$R_4 = \frac{H_2 l_2}{\Phi_0} = \frac{3.7 \times 1}{2500 \times 10^{-8}}\text{H}^{-1} = 0.148 \times 10^6 \text{H}^{-1}$$

$$R_d = (9.47 \times 10^6 + 0.65 \times 10^6)\text{H}^{-1} = 10.12 \times 10^6 \text{H}^{-1}$$

$$R_0 = \left(\frac{1}{108 \times 10^{-8}} + 0.148 \times 10^6\right)\text{H}^{-1}$$

$$= (0.927 + 0.148) \times 10^6 \text{H}^{-1} = 1.075 \times 10^6 \text{H}^{-1}$$

因此求得

$$l_z = l_c \frac{2 + 1.075 \times 10^6 \times 5.98 \times 10^{-8}}{2\left(1 + \dfrac{1.075}{10.12} + 1.075 \times 5.98 \times 10^{-2}\right)} = 0.88 l_c$$

按式（2-99）验算 Φ_0

$$\Phi_0 = \Phi_\delta \left[1 + R_d \frac{G_\sigma}{2}\left(2 - \frac{l_c}{l_z}\right)\right]$$

$$= 2000 \times 10^{-8} \left[1 + 10.12 \times 10^6 \times \frac{5.98 \times 10^{-8}}{2}\left(2 - \frac{1}{0.88}\right)\right]\text{Wb}$$

$$= 2522 \times 10^{-8}\text{Wb}$$

与前面假设的数值相差不大，因此就不必再进行校正。

1）求最大磁通 Φ_m

中性面处的磁通为最大值，由式（2-98）有

$$\Phi_m = \Phi_\delta \left(1 + R_d \frac{G_{\sigma z}}{2}\right)$$

$$= 2000 \times 10^{-8} \left(1 + 10.12 \times 10^6 \times \frac{3.52 \times 10^{-6} \times 1.7 \times 10^{-2} \times 0.88}{2} \right) \text{Wb}$$

$$= 2000 \times 10^{-8} \times 1.267 \text{Wb} = 2553 \times 10^{-8} \text{Wb}$$

2）求铁心中部的磁通：

$$铁心中部的 \; x = (0.88 - 0.5) l_c = 0.38 l_c$$

由式（2-97）有

$$\sigma_x = 1 + R_\delta \frac{G_{\sigma z}}{2} \left(1 - \frac{x^2}{l_z^2} \right) = 1 + 10.12 \times 10^6 \times 2.63 \times 10^{-8} \left[1 - \left(\frac{0.38}{0.88} \right)^2 \right] = 1.22$$

因此求得

$$\Phi_x = \sigma_x \Phi_\delta = 1.22 \times 2000 \times 10^{-8} \text{Wb} = 2440 \times 10^{-8} \text{Wb}$$

2.8　考虑漏磁时的简单磁路的计算

考虑漏磁时简单磁路的计算就是要在给定的条件下求解磁系统的一般微分方程。现有的求解方法大致上可分为以下两类：

1）解析法。若材料的 B-H 曲线能近似地用解析式表示，再辅以其他一些假设条件，则可用解析法求出微分方程的解。解析法比较准确，但为了能够求得解析解，往往需要引入过多的假设，这使得结果的准确度受到影响，而且适用范围有限。

2）数值解法。这种方法是在给定的条件下，求出微分方程中各变量的数值近似解。其计算准确度和快速性受多种因素影响，例如数值方法自身的特点、计算机的性能等。数值解法的适用范围广。

下面将就第一种计算磁路的方法进行详细介绍。

如果求解的磁路能用 2.7.2 节所述方法求得其漏磁系数 σ_x，那么，已知 Φ_δ 就可以直接求得磁路各处的磁通 Φ_x 为

$$\Phi_x = \sigma_x \Phi_\delta$$

导磁体中各截面的磁感应强度 $B_x = \Phi_x / S_x$，通过导磁材料磁化曲线就可确定 H_x，从而即可计算导磁体中的磁压降，并根据磁路基尔霍夫第二定律求出所需的 IW。对于像铁心、铁轭各截面磁通变化的导磁体部分，其磁压降可用 $\int_0^{l_c} H_x \mathrm{d}x$ 求出。若磁系统不是非常饱和，该积分值可以足够准确地用辛普森公式进行计算，即

$$\int_0^{l_c} H_x \mathrm{d}x = \frac{H_d + 4H_z + H_0}{6} l_c$$

式中，H_d、H_z 及 H_0 分别表示铁心（或铁轭）端部、中部及底部的磁场强度。

下面仍以图 2-42 的磁系统为例来说明这个方法。

（1）第一类任务：已知当 $\delta_1 = 0.37$mm 时，$\Phi_\delta = 2000 \times 10^{-8}$Wb，试求所需的线圈磁动势

各气隙的磁阻以及铁心（或铁轭）端部、中部及底部的漏磁系数和磁通值都已在 2.5 节及 2.7.2 节例 4 中计算过了，下面列表计算所需磁动势（计算 σ_x 时没有考虑铁及 δ_3 的磁阻）。

部分	截面积 $S/10^{-4}\,\mathrm{m}^2$	平均长度 l/cm	磁通/10^{-8}Wb	B/T	H/(A/cm) 实际值	H/(A/cm) 平均值	磁压降/A
衔铁	0.13	1.0	2000	1.54	13.0	13.0	13.0
底铁	0.195	1.0	2560	1.31	4.4	4.4	4.4
铁心及铁轭	0.195	1.7×2=3.4	端 2000	1.03	2.2	(2.2+4×3.5+4.4)/6=3.43	11.7
			中 2420	1.24	3.5		
			底 2560	1.31	4.4		
$\delta_1+\delta_2$	$R_{\delta1}+R_{\delta2}=9.47\times10^6$ A/Wb		2000				189.4
δ_3	$R_{\delta3}=0.926\times10^6$ A/Wb		2560				23.7
IW							242.2

由计算结果可见，考虑漏磁时所需的磁动势为 242.2A，而在不计漏磁时为 230.5A。漏磁系数越大，或磁路越饱和，则差别就会更大些。

（2）第二类任务：已知磁动势求气隙磁通

和不计漏磁时一样，完成这类任务时也只能采用猜试法或图解法，其步骤完全类同（见 2.6 节），所不同的只是在计算磁压降时要考虑漏磁的影响。另外还应注意：气隙改变时，局部磁路的磁化曲线 $\Phi_\delta=f(u_c)$ 也会有某些变化，因为漏磁系数和 R_d 有关。因此，在求不同气隙下的磁通时不能像不计漏磁时那样单纯改变 α 角（见图 2-50），而必须重新计算 $\Phi_\delta=f(u_c)$。

漏磁系数法的实质就是在求漏磁通时假定 $\mathrm{d}u_x/\mathrm{d}x$ 为常数，即忽略了漏磁引起的铁磁阻的变化，即在求漏磁时假定铁磁阻为常数。这一假设在磁系统不是非常饱和，或者漏磁系数不很大时，不会引起很大误差。漏磁系数法是一种比较实用的方法，计算工作量也较小，工程应用较多。

2.9 复杂磁路计算

所谓复杂磁路是指有分支的磁路，例如图 2-58 中的 E 形磁系统。另外，当考虑漏磁时，任一磁系统的等值磁路都变成了有分支的复杂磁路。

复杂磁路的磁通分布就复杂多了，不仅有磁通大小问题，还有磁通在各分支中怎样分配的问题。与不计漏磁时简单磁路计算一样，无法直接求解，只有依赖于图解法或猜试法。如前所述，图解法可以采用计算机 Office 的 Excel 进行计算。

1. 图解法

图 2-58 中

$$\Phi_{\delta1}=\Phi_{\delta2}+\Phi_{\delta3} \tag{2-111}$$

而 $\Phi_{\delta2}$ 与 $\Phi_{\delta3}$ 的分配比例却与两边磁轭的磁阻和气隙大小有关，而且随着磁通的变化，分配比例也随之变化，应有

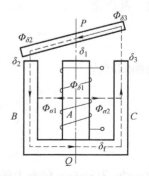

图 2-58 E 形拍合式磁系统

$$\Phi_{\delta2} = f(u_{PBQ}) \tag{2-112}$$

$$\Phi_{\delta3} = f(u_{PCQ}) \tag{2-113}$$

u_{PBQ}、u_{PCQ}分别为图 2-58 中左半边和右半边的磁压降，显然应有

$$u_{PBQ} = u_{PCQ} \tag{2-114}$$

对中柱来说 PQ 两点之间路径上的磁压降则应有

$$u_{PAQ} = f(\Phi_{\delta1}) \tag{2-115}$$

由磁路基尔霍夫第二定律知：

$$IW = u_{PAQ} + u_{PBQ}$$
$$= u_{PAQ} + u_{PCQ} \tag{2-116}$$

根据式（2-111）~式（2-116）诸关系可以用做图的办法求得 $\Phi_{\delta1}$-IW 的关系曲线，磁路计算的任务就迎刃而解了。只要在同一坐标上按同样的坐标比例做出 $u_{PBQ} = f(\Phi_{\delta2})$ 和 $u_{PCQ} = f(\Phi_{\delta3})$ 曲线（见图 2-59a），根据式（2-111）和式（2-114）的关系，把上面两曲线的纵坐标相加得到 $\Phi_{\delta1} = f(u_{PBQ})$ 或 $\Phi_{\delta1} = f(u_{PCQ})$。同样，再做出 $\Phi_{\delta1} = f(u_{PAQ})$ 曲线，按式（2-116）将同一 $\Phi_{\delta1}$ 值对应的 u_{PAQ} 和 u_{PBQ}（或 u_{PCQ}）相加，就得到 $\Phi_{\delta1} = f(u_{PAQ} + u_{PBQ})$ 也就是 $\Phi_{\delta1} = f(IW)$ 曲线（见图 2-59b）。

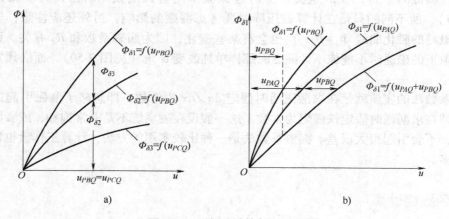

图 2-59　图解法计算复杂磁路

至于曲线 $u_{PBQ} = f(\Phi_{\delta2})$、$u_{PCQ} = f(\Phi_{\delta3})$ 和 $u_{PAQ} = f(\Phi_{\delta1})$ 可借漏磁系数求出，对中间铁心来说，漏磁系数为

$$\sigma_{x1} = \frac{\Phi_{x1}}{\Phi_{\delta1}}$$

对两侧轭则为

$$\left. \begin{array}{c} \sigma_{x2} = \dfrac{\Phi_{x2}}{\Phi_{\delta2}} \\[3mm] \sigma_{x3} = \dfrac{\Phi_{x3}}{\Phi_{\delta3}} \end{array} \right\}$$

式中，Φ_{x1} 为铁心中截面上的磁通；Φ_{x2} 为左侧轭截面上的磁通；Φ_{x3} 为右侧轭截面上的磁通。

各漏磁系数可按 2.7 节所述方法导出。

2. 网络方程法

类似于电路网络的计算方法，复杂磁路的计算也可以采用磁路网络方程法。首先根据磁系统磁通路径画出其等效磁路图，例如图 2-58 所示磁系统考虑漏磁时，其等效磁路图如图 2-60 所示。图中铁心和两侧铁轭均分为三段，得到了一个含十个网孔的等效磁路。可采用与电路中的回路电流法相似的方法，即回路磁通法进行求解。

假设各回路的磁通为 Φ_1、Φ_2、$\cdots$、Φ_{10}，并规定逆时针方向为其正方向。根据磁路基尔霍夫第二定律可列出每一个回路的方程。按照上述规定的回路磁通正方向有：自磁阻项的磁压降为正，互磁阻项的磁阻压降为负，而无公共磁阻项的支路磁压降为零；磁动势方向与磁通方向相同者为正，反之为负。因此，回路方程如下：

$$\begin{cases}(R_{\delta1}+R_2+R_{\delta2})\Phi_1-R_{\delta1}\Phi_2-gl_1\Phi_3=0\\ -R_{\delta1}\Phi_1+(R_{\delta1}+R_1+R_{\delta1})\Phi_2-gl_1\Phi_4=0\\ -gl_1\Phi_1+(R_{t1}+R_{e1}+gl_1+gl_2)\Phi_3+R_{t1}\Phi_4=-fl_1\quad(2\text{-}117)\\ \vdots\\ -gl_4\Phi_8-R_{\delta f}\Phi_9+(R_{8f}+R_{02}+gl_4)\Phi_{10}=0\end{cases}$$

但值得注意的是，这是一个非线性方程组，导磁体的磁阻值与其磁通有关，例如 R_{t1} 由 Φ_3 和 Φ_4 来确定。该方程可利用数值求解方法或猜试法求解，例如牛顿法等。

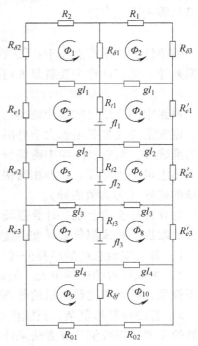

图 2-60 复杂磁路等效磁路图

小　结

磁系统是各种电磁元件的主要组成部分。磁路计算乃是电磁元件分析计算的基础。本章主要讨论直流磁路计算中的问题，包括：磁场与磁路的概念及基本定律、气隙磁阻（磁导）和非线性铁磁阻的计算方法、磁系统的磁通分布以及各种情况下的磁路计算。

1. 磁路的概念及基本定律

磁通（或磁力线）经过的闭合回路就叫作磁路。电磁元件的磁系统均由导磁性能良好的铁磁材料构成，所以磁通主要经导磁体、工作气隙以及一些不可避免的非工作气隙形成闭合回路，并与励磁线圈相匝链。

通过导磁体和主工作气隙的那部分磁通称为主磁通；不通过主工作气隙和全部导磁体而只和部分线圈匝链的那部分磁通称为漏磁通。

磁路计算其实是磁场计算的一种简化计算，所以首先就应该对磁系统中磁力线（磁场）的分布做尽可能切合实际的简化。

磁路计算所依据的公式或定律都是直接从磁场的定律转化而得，但是在形式上与电路很相似（见表 2-1），主要是：磁路的欧姆定律

$$\Phi=\frac{IW}{R}\text{或}\ \Phi=\frac{u}{R}$$

磁路的基尔霍夫第一定律

$$\sum \Phi = 0$$

及基尔霍夫第二定律

$$\sum IW = \sum u$$

磁路计算的困难点在于：①气隙磁导的准确计算；②铁磁阻的非线性特点；③具有分布的漏磁通。磁路计算主要就是如何处理这些问题。

2. 气隙磁导和铁磁阻计算

磁路中的介质可归结为两类：空气和铁磁物质。空气的磁导率虽为常数但远小于铁磁物质，也就是说气隙磁阻远大于导磁体。气隙磁导计算的准确程度将极大地影响到整个磁路计算的准确度，而磁极间隙中磁场分布的复杂性却给气隙磁导计算带来困难。磁极间的气隙磁导大体上可分为两部分，即相对极面间磁场的磁导（称为主磁导）和磁极边缘以及侧面散磁场的磁导（称为散磁导）。

磁导计算实质上就是计算磁场，但工程计算中往往采用实验和近似计算的方法。选用哪种方法取决于对该部分磁导准确度的要求，归纳如下：

1）若有实验总结的经验公式（或曲线）则应优先考虑采用。

2）主磁导占的比例很大，最好用较准确的解析法计算。散磁导占的比例较小，磁场也并不规则，可以用比较灵活的分割磁场法来近似计算。

3）若磁极外形复杂，只能借助于图解法来描绘磁场的图形，求得磁导。随着磁场数值计算的发展，用数值计算方法来计算气隙磁导也已成为可能并得到应用。

导磁体的铁磁阻为非线性，一般用材料的基本磁化曲线来进行计算，因为软磁材料磁滞回线很窄，除特殊要求外，一般不必考虑磁滞。计算时必须先知道导磁体中的 B（或 H），然后由磁化曲线找到对应的 H（或 B）或 μ 值。

3. 典型磁系统的磁通分布

电磁电器的磁系统按其产生吸力的原理大致可分为三类：拍合式、吸入式和旋转式。无论哪一种类型，其吸力主要由主磁通产生，但分布的漏磁通却使铁内各处的磁通并不相等，因而使计算复杂化。

漏磁通绝大部分集中于铁心和铁轭（或壳体）之间，并且大部分漏磁力线都是平行的，但是沿铁心长度分布并不均匀。为了求得漏磁的分布规律必须先求得铁心和铁轭间的磁位差 u_x 的变化规律，可以用解磁系统的微分方程求得。

已知漏磁分布即可由高斯定理或解微分方程式求得铁心中磁通的变化规律。铁心某截面的磁通 Φ_x 与主工作气隙磁通 Φ_δ 之比为该截面的漏磁系数 σ_x，即 $\sigma_x = \Phi_x / \Phi_\delta$。典型磁系统的 σ_x 主要和结构尺寸有关，一般与磁参数关系不大，因此已知 σ_x 即可直接求得各处的磁通 Φ_x，即 $\Phi_x = \sigma_x \Phi_\delta$。导磁体内的最大磁通出现在中性面处，沿中性面没有漏磁通，而在中性面的上下漏磁通方向相反。

4. 磁路计算

磁路计算有两类任务：第一类为已知 Φ_δ 求 IW；第二类为已知 IW 求 Φ_δ。根据实际情况及对准确度的要求可选用合适的计算方法。

1）若假设磁路为线性，并不计漏磁，则只要画出等值磁路图，即可用求解集中参数电路的方法求解磁路。其适用于磁路不饱和，漏磁不大，或者对多回路的复杂磁路作近似估算。

2）若考虑铁磁阻的非线性，但不计漏磁，则第一类任务，已知 Φ_δ 即可利用材料的 B-H 曲线求出铁中磁压降，进而求得 IW（$IW = \sum \Phi_\delta / G_\delta + \sum Hl$）。但第二类任务，已知 IW 却不能直接求得 Φ_δ，必须采用猜试法或图解法。图解法可用计算机 Office 的 Excel 求解，更适用于求不同气隙值或不同磁势下的磁通值。

3）若同时考虑铁磁阻的非线性和漏磁通的分散性，常用的计算方法为漏磁系数法和磁路微分方程的数值解法。前者适用于已经求得 σ_x 表达式的典型磁系统，它只是在求漏磁通时假定 $\mathrm{d}u_x / \mathrm{d}x$ 为常数，因此不会引起很大的误差。后者是较精确的方法，但必需采用计算机辅助计算，目前已得到较为广泛的应用。

4）对于特别复杂的多回路磁系统，也可以用类似电路分析中的网络方程求解，当然这是一个非线性的网络方程，通常采用拟牛顿法在计算机上求解。

习题与思考题

2.1　图 2-61 所示的直导线通以电流 $I = 10\mathrm{A}$，如果与导线同心套一铝圆环，其截面积 $S = 1\mathrm{cm}^2$，平均半径 $r = 2\mathrm{cm}$，试求铝环中的平均 H 及 B，并求环中的磁通 Φ（铝的磁导率近似等于真空的磁导率）。如果把铝环改为铁环，并设铁的相对磁导率 $u_r = 2000$，则这时环中的 H、B 及 Φ 值各有无改变，如改变则各为多少？改为铁环后，环外其他各点有无磁场，其数值与原来铝环时的数值是否相同？

2.2　图 2-62 所示为一匀绕铁环。铁环尺寸 $r_1 = 2\mathrm{cm}$，$r_2 = 2.5\mathrm{cm}$，厚 $0.5\mathrm{cm}$。沿环周均匀绕上线圈 $W = 100$ 匝并通以电流 $I = 0.5\mathrm{A}$。设铁的磁导率 $\mu = 2000\mu_0$，求内环 r_1 处及外环 r_2 处的 H 及 B 值各为多少？用平均周长处的磁感应强度求环内磁通 Φ。

2.3　2.2 题中，若在铁环上开一个缝隙 δ（$\delta = 1\mathrm{mm}$），如图 2-63 所示，若问仍要保持磁通不变，线圈电流应多大？

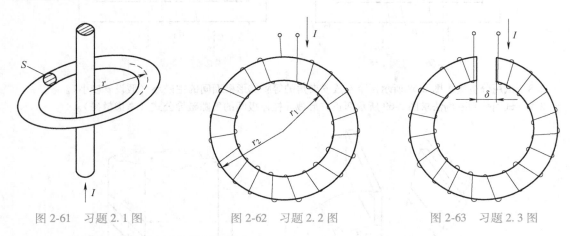

图 2-61　习题 2.1 图　　　　图 2-62　习题 2.2 图　　　　图 2-63　习题 2.3 图

2.4　图 2-64 所示磁系统上绕有两个线圈 W_1 及 W_2，设 $W_1 = W_2 = W$，输入总电流为 I，求：

（1）两线圈并联联结时图 2-64a 的等效磁路图及磁动势。

（2）两线圈串联联结时图 2-64b 的等效磁路图及磁动势。

2.5　图 2-65 所示磁系统各支路的截面积均相等，图中所标注的平均磁路长度 l 均相等。求在下列三种情况下两线圈的磁动势之比 $I_1 W_1 / (I_2 W_2)$：

（1）使左边铁心柱中的磁通为零。

（2）使中间铁心柱中的磁通为零。

（3）使右边铁心挂中的磁通为零。

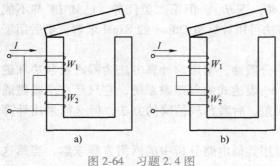

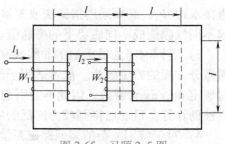

图 2-64　习题 2.4 图　　　　　　　　　　　　　图 2-65　习题 2.5 图

2.6　求证图 2-66 所示磁系统中 $\Phi_1 = \Phi_4$，$\Phi_2 = \Phi_3$。

2.7　若图 2-67 所示衔铁处于中间位置，即 1、2、3 及 4 各气隙的磁阻均相等，并等于 R_δ，忽略铁磁阻，求各气隙及衔铁中的磁通值。

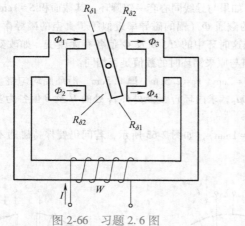

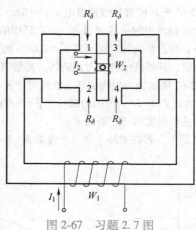

图 2-66　习题 2.6 图　　　　　　　　　　　图 2-67　习题 2.7 图

2.8　试用分析法求图 2-68 所示两个互成 θ 夹角的等腰梯形极面间的主磁导（假设 θ 较小）。

2.9　试用分割磁场法求图 2-69 所示两正方形截面柱体极间的气隙磁导公式（考虑散磁）。

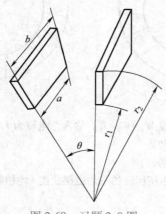

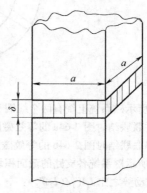

图 2-68　习题 2.8 图　　　　　　　　图 2-69　习题 2.9 图

2.10 试用分割磁场法求图 2-70 所示圆筒与圆柱极间的气隙磁导（考虑散磁）。

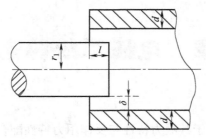

图 2-70 习题 2.10 图

2.11 在图 2-42 所示拍合式磁系统中，衔铁分别处在打开位置和吸合位置情况下，忽略导磁体和 δ_3 的磁阻，试说明哪种情况下的漏磁大，哪种情况下漏磁系数大？与实际情况相比（即考虑铁及 δ_3 磁阻时），情况又如何？

2.12 试分析图 2-71 所示两种磁系统的漏磁分布规律，并比较之。

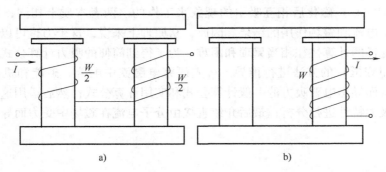

图 2-71 习题 2.12 图

2.13 试问在图 2-58 的 E 形拍合式磁系统中，在下列四种情况下，$\Phi_{\delta 1}$ 和 $\Phi_{\delta 2}$ 哪个大？

（1）衔铁处于闭合位置，忽略铁磁阻。

（2）衔铁处于闭合位置，考虑铁磁阻。

（3）衔铁处于打开位置，忽略铁磁阻。

（4）衔铁处于打开位置，考虑铁磁阻。

2.14 拍合式磁系统中铁心各截面的漏磁系数是否有可能有小于 1 的地方？

2.15 拍合式磁系统几何尺寸如图 2-42 所示：①不计漏磁；②用漏磁系数法计算 $\delta = 0.27$mm 时 $IW = 200$A 产生的工作气隙磁通 Φ_δ 值，并比较之。

第 3 章　电磁系统静态特性

电磁铁能否可靠工作取决于其吸力特性与反作用力特性配合得是否恰当。所谓吸力特性是指在某一线圈磁动势 IW 或线圈电压 U 的作用下，衔铁受到的电磁吸力 F_d 与衔铁行程或工作气隙 δ 的关系：$F_d=f(\delta)$，$IW=$ 常数或 $U=$ 常数。所谓反作用力特性是指衔铁运动时必须克服的阻力 F_f 与衔铁行程的关系，即 $F_f=f(\delta)$。因此，为了了解电磁铁的运动特性，必须对电磁吸力进行计算。

载流导体在磁场中会受到电磁力的作用，其受力可由安培定律求得。而电磁铁是利用铁磁物质（衔铁和铁心）磁化后相互吸引的现象来工作的。两者本质上相同，只不过衔铁的受力是由于分子电流和磁场作用的结果。因此，从原理上来说，这个力也可以利用安培定律来计算，但是这样的计算往往相当繁琐和困难。为了得到简便的吸力计算公式，本章利用能量平衡（或能量守恒）的方法进行推导。首先研究电磁铁中电能、磁能和机械能之间相互转化的关系，从而导出电磁吸力的一般计算公式和实用计算公式；然后运用这些公式对一些典型电磁铁的吸力特性进行分析；最后介绍直接由分子电流在磁场中受力而导出的麦克斯韦吸力公式。

3.1　磁场的能量

磁场的能量是在建立磁场的过程中从产生磁场的外电源或其他能源中转化来的。

在图 3-1 所示的电路中，合上开关 S 时，电磁铁线圈中的电流 i 并不能立即增大，而是逐渐增大至最后的稳态值 $I_w=E/R$，其中 E 为电源的电动势，R 为电路的总电阻。这是因为在建立磁场的过程中，磁通的增大会在线圈内感应出一个反电动势 e，其作用方向是企图阻止电流的增大，大小正比于通过各匝线圈的磁通量对时间的变化率的总和，即

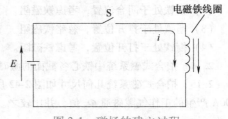

图 3-1　磁场的建立过程

$$e=-\sum_{K=1}^{W}\frac{\mathrm{d}\Phi_K}{\mathrm{d}t} \quad \text{或} \quad e=-\frac{\mathrm{d}\Psi}{\mathrm{d}t} \quad \text{(V)} \tag{3-1}$$

式中，Φ_K 为通过第 K 匝线圈的磁通量；W 为线圈总匝数；Ψ 为与线圈各匝相交链的磁通总和，即线圈的磁链，$\Psi=\sum_{K=1}^{W}\Phi_K$，若通过各匝线圈的磁通相等，且均为 Φ，则 $\Psi=W\Phi$。

图 3-1 所示电路中的能量转换关系可根据电路方程求得

$$Ei\mathrm{d}t=i^2R\mathrm{d}t+i\mathrm{d}\Psi$$

由上式可见，外电源 E 在 $\mathrm{d}t$ 时间内所提供的能量 $Ei\mathrm{d}t$ 中的一部分被电阻 R 消耗，转化为热

能，即 $i^2 R \mathrm{d}t$，而另一部分用于克服反电动势而供给的能量，即 $i\mathrm{d}\Psi$。根据能量守恒定律，如果电磁铁的衔铁保持不动，即不做任何机械功，并且忽略导磁体内的涡流和磁滞损耗，则 $i\mathrm{d}\Psi$ 便表示磁场中增加的储能。

若线圈中的电流由零增大到某一值 I_1，磁通（或磁链）相应地由零增大到 Φ_1（或 Ψ_1），则磁场所获得的能量 W_c 为

$$W_C = \int_0^{\Psi_1} i\mathrm{d}\Psi \quad (\mathrm{J}) \tag{3-2}$$

若通过各匝线圈的磁通均相等，且为 Φ，则

$$W_C = \int_0^{\Phi_1} iW\mathrm{d}\Phi \quad (\mathrm{J}) \tag{3-3}$$

如果已经通过磁路计算求得磁系统的励磁特性 $\Psi=f(i)$ 或磁化特性 $\Phi=f(iW)$，如图 3-2a 或 b 所示，则 W_c 正比于图中的阴影面积。该面积可以用图解积分法或其他数值积分法求得。值得指出的是，磁系统内的储能只和其磁化曲线的形状以及最终的 Ψ_1 或 Φ_1 及 I_1 的值有关，而和其建立过程中电流或磁通随时间增长的快慢并无关系。

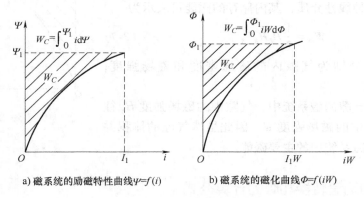

a) 磁系统的励磁特性曲线 $\Psi=f(i)$　　b) 磁系统的磁化曲线 $\Phi=f(iW)$

图 3-2　图解积分法求磁能

W_c 也可以表示成其他形式。例如当磁系统中铁磁材料不饱和时，或者在空心线圈中，Ψ 或 Φ 与 i 为线性关系，则式（3-2）和式（3-3）可以转化成下列形式：

$$W_C = \frac{1}{2} I_1 \Psi_1 \quad (\mathrm{J}) \tag{3-2'}$$

$$W_C = \frac{1}{2} I_1 W \Phi_1 \quad (\mathrm{J}) \tag{3-3'}$$

根据线圈电感 L 的定义

$$L = \frac{\Psi}{i} \quad \text{或} \quad L = \frac{W\Phi}{i} \quad (\mathrm{H})$$

若 Ψ 或 Φ 与 i 为线性关系，则 L 为常数，此时磁能可利用式（3-4）计算：

$$W_C = \frac{1}{2} L i^2 \quad (\mathrm{J}) \tag{3-4}$$

需要注意的是，若 Ψ 或 Φ 与 i 为非线性关系，则 L 不为常数，此时磁能并不能利用式（3-4）计算。

由于磁能储存在具有磁场的介质中，所以其也能用介质的磁场参量 B 和 H 来表示。以图 2-15c 所示的线圈均匀绕圆环铁心为例，假定铁心环内 B 和 H 为常数，则 $iW=Hl$，$\Phi=BS$，其中 l 和 S 分别为圆环的平均长度及截面积，将它们代入式（3-3）得

$$W_C = \int_0^{B_1} HlSdB$$

由于（lS）等于圆环铁心的体积 V，故

$$W_C = V \int_0^{B_1} HdB \tag{3-5}$$

若磁系统内各处的 B 和 H 并不相等，则储存于各处的磁能也不相同。此时，引入磁能密度 ω_c，即单位体积内的储能来表征磁能的分布，即：

$$\omega_c = \frac{W_C}{V} = \int_0^{B_1} HdB \quad (\text{J/m}^3) \tag{3-6}$$

磁能密度可以直接由材料的磁化曲线求得，即正比于图 3-3 中的阴影面积。

对于空气这种线性介质，其内储存的磁能可表示为

$$W_{c\delta} = \frac{1}{2} B_\delta H_\delta V_\delta \tag{3-7}$$

式中，B_δ 和 H_δ 分别为气隙内的磁通密度和磁场强度；V_δ 为气隙的体积。

在具有工作气隙的磁系统中，气隙中的磁场强度 H_δ 往往远大于导磁体中的磁场强度 H，因此虽然气隙的体积并不大，却储存了磁系统中的主要磁能。

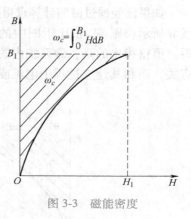

图 3-3　磁能密度

3.2　电磁铁的能量转换和吸力计算公式

上一节介绍了电磁铁的衔铁保持不动时电能和磁能的转换关系。本节将讨论当衔铁在电磁吸力的作用下移动一定距离而做机械功时，电能、磁能和机械功之间的转换关系，从而导出吸力公式。

3.2.1　吸力计算的一般公式

对于图 3-4a 所示拍合式磁系统，当主工作气隙为 δ_1 时，其励磁特性 $\Psi=f(i)$ 如图 3-4b 所示；当线圈电流为 I_1 时，线圈磁链为 Ψ_1，此时磁系统内的储能为 W_{C1}。显然，W_{C1} 正比于面积 S_{Oac}，即

$$W_{C1} = \int_0^{\Psi_1} id\Psi = S_{Oac}$$

若此时作用于衔铁上的电磁吸力为 F_{d1}，其方向为向下，即使工作气隙减小的方向，如图 3-4a 所示，以下利用虚位移原理确定 F_{d1} 的大小。假设衔铁在 F_{d1} 作用下移动了一个微小距离 Δl，气隙将由 δ_1 减小为 δ_2，$\Delta l=\delta_1-\delta_2$。在衔铁移动的过程中，保持线圈电流不变，则由于气隙减小，磁阻减小，磁路中的磁通和线圈磁链将会增大。当 $\delta=\delta_2$ 时，磁链为 Ψ_2，这

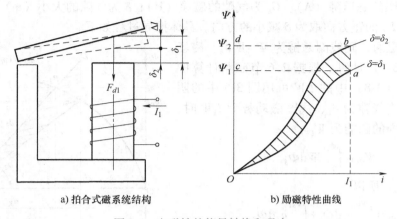

a) 拍合式磁系统结构　　　　　　　　b) 励磁特性曲线

图 3-4　电磁铁的能量转换和吸力

里 Ψ_2 可由 $\delta=\delta_2$ 时的励磁特性曲线 $\Psi=f(i)$ 确定，如图 3-4b 所示。在衔铁移动过程中，磁系统又要从电源内吸取一部分能量 W_m，根据式（3-2）可得

$$W_m \int_{\Psi_1}^{\Psi_2} i \mathrm{d}\Psi = S_{cabd}$$

即 W_m 等于图 3-4b 中的面积 S_{cabd}。

到目前为止，磁系统从外电源总共吸取了（$W_{C1}+W_m$）的能量，它们并不都储存于磁系统中，这是因为在衔铁移动的过程中电磁吸力做了一定的机械功，因而必然有一部分磁能转变成了机械能。实际上，当气隙为 δ_2，磁链为 Ψ_2 时，储存在磁系统中的磁能为 W_{C2}

$$W_{C2} = S_{Obd}$$

于是，电磁吸力所做的机械功 ΔW 可根据能量守恒定律由下式确定

$$\Delta W = W_{C1}+W_m-W_{C2} = S_{oac}+S_{cabd}-S_{obd} = S_{oab}$$

ΔW 正比于图 3-4b 中的阴影面积。假定衔铁在 Δl 的行程中所受到的平均电磁吸力为 F_{dp}，则

$$\Delta W = F_{dp}\Delta l$$

平均电磁吸力为

$$F_{dp} = \frac{\Delta W}{\Delta l}$$

考虑到 $\Delta l = \delta_1 - \delta_2 = -(\delta_2-\delta_1) = -\Delta\delta$，故

$$F_{dp} = -\frac{\Delta W}{\Delta \delta} \tag{3-8}$$

令 $\Delta\delta \to 0$，则 $F_{dp} \to F_{d1}$。

用上述方法推导的吸力计算式（3-8）是原理性公式。在实际运用该公式计算吸力时会有一定的困难。以下利用该原理性公式得到一些比较实用的吸力计算公式。

3.2.2　实用的吸力计算公式

假定衔铁在移动 Δl 距离的过程中漏磁通不变，则可用式（3-9）计算电磁吸力

$$F_d = -\frac{1}{2}u_\delta^2 \frac{\mathrm{d}G_\delta}{\mathrm{d}\delta} \quad (\text{N}) \tag{3-9}$$

式中，u_δ 为气隙的磁压降（A）；G_δ 为气隙的磁导（H）；δ 为气隙的大小（m）。

电磁吸力 F_d 的正方向取为 δ 减小的方向。具体推导过程如下。

若忽略漏磁通，则线圈磁链为 $\Psi = W\Phi_\delta$，磁场能量可用式（3-3）计算。根据 2.6 节磁路计算中的图解法，式（3-8）中的 ΔW 可用图 3-5 中的阴影面积表示。当气隙为 δ_1、线圈磁动势为 $I_1 W$ 时，储藏于磁系统内的磁能为 W_{C1}：

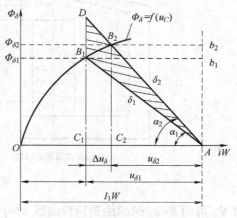

$$W_{C1} = \int_0^{\Phi_{\delta1}} iW \mathrm{d}\Phi_\delta$$

由于 $iW = u_c + u_\delta$，所以

$$W_{C1} = \int_0^{\Phi_{\delta1}} u_c \mathrm{d}\Phi_\delta + \int_0^{\Phi_{\delta1}} u_\delta \mathrm{d}\Phi_\delta$$
$$= S_{OB_1\Phi_{\delta1}} + S_{AB_1b_1}$$

当衔铁由 δ_1 移动到 δ_2 时，磁系统又从电源吸取了的能量为 W_{C3}：

图 3-5　实用吸力公式推导示意图

$$W_{C3} = \int_{\Phi_{\delta1}}^{\Phi_{\delta2}} iW \mathrm{d}\Phi_\delta = S_{b_1b_2\Phi_{\delta2}\Phi_{\delta1}}$$

当气隙为 δ_2 时，磁系统内的储能为

$$W_{C2} = S_{OB_2\Phi_{\delta2}} + S_{AB_2b_2}$$

因此，电磁吸力所做的机械功可表示为

$$\Delta W = W_{C1} + W_{C3} - W_{C2}$$
$$= S_{OB_1\Phi_{\delta1}} + S_{AB_1b_1} + S_{b_1b_2\Phi_{\delta2}\Phi_{\delta1}} - S_{OB_2\Phi_{\delta2}} - S_{AB_2b_2}$$

即

$$\Delta W \propto S_{AB_1B_2}$$

另外，由图 3-5 可见

$$S_{AB_1B_2} = S_{B_1DA} - S_{B_1DB_2}$$

当 $\Delta\delta = \delta_2 - \delta_1$ 很小时，$S_{B_1DB_2}$ 相对于 S_{B_1DA} 来说为二次无穷小，故：$\Delta W \approx S_{B_1DA}$，又可写成

$$\Delta W \approx S_{B_1DA} = \frac{1}{2} B_1D \times AC_1$$

由于

$$B_1D = C_1D - C_1B_1$$
$$= AC_1 \tan\alpha_2 - AC_1 \tan\alpha_1$$
$$\propto u_{\delta2}G_{\delta2} - u_{\delta1}G_{\delta1}$$
$$\propto u_{\delta1}\Delta G_\delta$$

所以

$$\Delta W = \frac{1}{2} u_{\delta1}^2 \Delta G_\delta$$

根据式（3-8），$F_{dp} = -\dfrac{\Delta W}{\Delta\delta} = -\dfrac{1}{2} u_{\delta1}^2 \dfrac{\Delta G_\delta}{\Delta\delta}$，当 $\Delta\delta$ 趋向于无限小时，$F_{dp} = F_{d1}$，因此

$$F_{d1} = -\frac{1}{2}u_{\delta1}^2 \frac{\mathrm{d}G_\delta}{\mathrm{d}\delta}\bigg|_{\delta=\delta_1} \quad (\mathrm{N})$$

通常 G_δ 随 δ 的增加而减小，即 $\mathrm{d}G_\delta/\mathrm{d}\delta$ 为负值，故 F_{d1} 为正值。

若考虑漏磁，但漏磁不随气隙的改变而变化，则在以上推导中漏磁场内的储能并不变化，上式仍然适用。

例 3.1 试求图 3-6 所示电磁铁主工作气隙 δ_1 中磁通所产生的电磁吸力。已知 $\delta_1 = 0.37\mathrm{mm}$（考虑镀层后 $\delta_1' = 0.4\mathrm{mm}$），气隙磁通 Φ_δ 为 $2.04 \times 10^5\mathrm{Wb}$。

解:

根据 $G_{\delta1} = G_0 + G_2 + G_4$，在 2.5 节的例题中已求

得: $G_0 = \dfrac{\mu_0 \pi d_1^2}{4\delta_1'}x_1 = 12.6 \times 10^{-8}\mathrm{H}$,

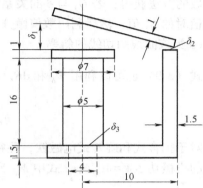

图 3-6 磁系统尺寸（同图 2-42）

$$G_2 = \mu_0 \times 0.52L_2$$

$$= \mu_0 \times 0.52 \times 2\pi\left(r_1 + \frac{4\delta_1'}{3\pi}\right) = 1.49 \times 10^{-8}\mathrm{H}$$

$$G_4 = \mu_0 \frac{2L_4}{\pi}\ln\left(1 + \frac{m}{\delta_1'}\right)$$

为了便于计算，取 $m = \delta_1'$，则 $G_4 = \mu_0 \times 4\left(r_1 + \dfrac{28}{9\pi}\delta_1'\right)\ln2 = 1.35 \times 10^{-8}\mathrm{H}$。

故

$$G_{\delta1} = (12.6 + 1.49 + 1.35) \times 10^{-8}\mathrm{H} = 15.44 \times 10^{-8}\mathrm{H}$$

又由

$$\frac{\mathrm{d}G_{\delta1}}{\mathrm{d}\delta_1'} = \frac{\mathrm{d}G_0}{\mathrm{d}\delta_1'} + \frac{\mathrm{d}G_2}{\mathrm{d}\delta_1'} + \frac{\mathrm{d}G_4}{\mathrm{d}\delta_1'}$$

其中

$$\frac{\mathrm{d}G_0}{\mathrm{d}\delta_1'} = -\frac{\mu_0 \pi d_1^2}{4\delta_1'^2}x_1 = -\frac{1.25 \times 10^{-6}\pi(7 \times 10^{-3})^2}{4 \times (0.4 \times 10^{-3})^2} \times 1.05\mathrm{H/m}$$

$$= -316 \times 10^{-6}\mathrm{H/m}$$

$$\frac{\mathrm{d}G_2}{\mathrm{d}\delta_1'} = \mu_0 \times 0.52 \times 2\pi \times \frac{4}{3\pi}\mathrm{H/m} = 1.73 \times 10^{-6}\mathrm{H/m}$$

$$\frac{\mathrm{d}G_4}{\mathrm{d}\delta_1'} = \mu_0 \times 4 \times \frac{28}{9\pi}\ln(2)\mathrm{H/m} = 3.43 \times 10^{-6}\mathrm{H/m}$$

因此

$$\frac{\mathrm{d}G_{\delta1}}{\mathrm{d}\delta_1'}\bigg|_{\delta_1' = 0.4 \times 10^{-3}} = (-316 + 1.73 + 3.43) \times 10^{-6}\mathrm{H/m} = -311 \times 10^{-6}\mathrm{H/m}$$

气隙磁压降 u_{δ_1} 为

$$u_{\delta_1} = \frac{\Phi_\delta}{G_{\delta1}} = \frac{2040 \times 10^{-8}}{15.44 \times 10^{-8}}\mathrm{A} = 132.1\mathrm{A}$$

因此，电磁吸力为

$$F_{d1} = -\frac{1}{2}u_{\delta1}^2\frac{dG_{\delta1}}{d\delta_1'} = -\frac{1}{2}\times(132.1)^2\times(-311\times10^{-6})\,N = 2.71\,N$$

由上例可见，若气隙磁导 G_δ 与 δ 的关系可以利用解析式表示，则 $dG_\delta/d\delta$ 可以通过直接求导数的方法获得；若 G_δ 与 δ 的关系比较复杂，无法利用解析式表示，则可以先求得不同气隙值时的 G_δ 值，然后利用数值微分的方法求出 $dG_\delta/d\delta$；若已知 $G_\delta=f(\delta)$ 的关系曲线，则 $dG_\delta/d\delta$ 为该曲线的切线的斜率。

式（3-9）也可以利用 Φ_δ 和 $dR_\delta/d\delta$ 来表示。根据 $u_\delta = \Phi_\delta R_\delta$，$G_\delta = \frac{1}{R_\delta}$，$\frac{dG_\delta}{d\delta} = -\frac{1}{R_\delta^2}\frac{dR_\delta}{d\delta}$，故

$$F_d = \frac{1}{2}\Phi_\delta^2\frac{dR_\delta}{d\delta} \quad (N) \tag{3-10}$$

对于拍合式和旋转式电磁铁，往往要求的是电磁力矩值 M_d。假设衔铁旋转 $\Delta\alpha$ 弧度时所做的机械功 $\Delta W = M_{dp}\Delta\alpha$，式中 M_{dp} 为 $\Delta\alpha$ 弧度内电磁力矩的平均值，那么

$$M_{dp} = -\frac{\Delta W}{\Delta\alpha}$$

同理可求得计算电磁力矩的实用公式为

$$M_d = -\frac{1}{2}u_\delta^2\frac{dG_\delta}{d\alpha} \quad (N\cdot m) \tag{3-11}$$

或

$$M_d = \frac{1}{2}\Phi_\delta^2\frac{dR_\delta}{d\alpha} \quad (N\cdot m) \tag{3-12}$$

式中，α 为弧度。

在应用式（3-11）和式（3-12）时，G_δ 及 R_δ 应表示为 α 的函数关系。

例 3.2 图 3-7 所示为双工作气隙平衡衔铁式电磁铁，其尺寸为：$\Delta\alpha = 5° = 0.087\,rad$，$a = b = 1\,cm$，$R_1 = 1\,cm$，$R_2 = 2\,cm$。线圈磁动势为 200 安匝，求电磁力矩（计算时忽略导磁体及非工作气隙磁阻，并且不考虑气隙散磁通）。

解：因忽略导磁体及非工作气隙磁阻，所以线圈磁动势全部降落在两个气隙上。因此每个气隙的磁压降为 $u_\delta = \frac{IW}{2} = 100$ 安匝。

又因不计散磁，G_δ 可由式（2-38）求得，即

$$G_\delta = \mu_0\frac{b}{\alpha}\ln\frac{R_2}{R_1}$$

故

$$\frac{dG_\delta}{d\alpha} = -\mu_0\frac{b}{\alpha^2}\ln\frac{R_2}{R_1}$$

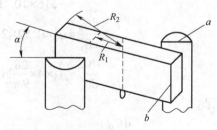

图 3-7 双工作气隙平衡衔铁式电磁铁

因此，两个气隙内的电磁力矩为

$$M_d = 2\times\frac{1}{2}u_\delta^2\mu_0\frac{b}{\alpha^2}\ln\frac{R_2}{R_1} = (100)^2\times1.25\times10^{-6}\times\frac{1\times10^{-2}}{(0.087)^2}\ln\frac{2}{1}\,N\cdot m$$

$$= 1.14\times10^{-2}\,N\cdot m$$

3.3　麦克斯韦吸力公式

如果已经由磁场计算求得衔铁表面各处的磁感应强度 $\boldsymbol{B}$，则可以利用麦克斯韦公式直接求得磁场作用于微元面积 $\mathrm{d}S$ 上的电磁力 $\mathrm{d}\boldsymbol{F}_d$，如图 3-8 所示，继而求得作用于整个衔铁上的合成力 $\boldsymbol{F}_d$ 为

$$\mathrm{d}\boldsymbol{F}_d=\frac{1}{\mu_0}\left[(\boldsymbol{B}\cdot\boldsymbol{n})\boldsymbol{B}-\frac{1}{2}B^2\boldsymbol{n}\right]\mathrm{d}S\quad(\mathrm{N})\qquad(3\text{-}13)$$

$$\boldsymbol{F}_d=\frac{1}{\mu_0}\oint_S\left[(\boldsymbol{B}\cdot\boldsymbol{n})\boldsymbol{B}-\frac{1}{2}B^2\boldsymbol{n}\right]\mathrm{d}S\quad(\mathrm{N})\qquad(3\text{-}14)$$

式中，$\boldsymbol{n}$ 为 $\mathrm{d}S$ 的外法线单位矢量。

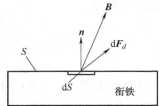

图 3-8　作用于衔铁微元面积 $\mathrm{d}S$ 上的电磁力 $\mathrm{d}\boldsymbol{F}_d$

式（3-14）为矢量积分，积分面积应为整个衔铁外表面。用该公式所确定的吸力是各微元表面受到的吸力矢量和，此公式适用于任何磁性物体。对于铁磁物体，由于 $\mu\gg\mu_0$，物体外表面的磁感应强度 $\boldsymbol{B}$ 近似垂直于积分表面，所以

$$(\boldsymbol{B}\cdot\boldsymbol{n})\boldsymbol{B}=B^2\boldsymbol{n}$$

因此

$$\boldsymbol{F}_d=\frac{1}{2\mu_0}\oint_S B^2\boldsymbol{n}\mathrm{d}S\quad(\mathrm{N})\qquad(3\text{-}15)$$

如果衔铁比较饱和，则 $\boldsymbol{B}$ 不一定垂直于表面，用式（3-15）计算吸力便会存在误差，特别是当衔铁内的 $\boldsymbol{B}$ 与法线矢量 $\boldsymbol{n}$ 间的夹角 α 接近于 $90°$ 时，该误差更大。根据 $\tan\alpha/\tan\alpha_0=\mu/\mu_0$，其中 α_0 为空气中的 $\boldsymbol{B}$ 与法线矢量 $\boldsymbol{n}$ 间的夹角，通常衔铁饱和时，$\mu/\mu_0>100$，$\alpha>89.4°$。

若在面积 S 上磁力线分布是均匀的，例如两个靠得很近的平行平面磁极间，则式（3-15）可以进一步简化为

$$F_d=\frac{B^2S}{2\mu_0}\quad(\mathrm{N})\qquad(3\text{-}16)$$

式中，B 的单位为 T；S 的单位为 m^2；$\mu_0=4\pi\times10^{-7}\mathrm{H/m}$。

实际上，式（3-16）也可以直接由式（3-9）或式（3-10）推导出来。假定平行极面间的 B 为常数，并且不考虑散磁，则 $R_\delta=\dfrac{\delta}{\mu_0 S}$，而 $\dfrac{\mathrm{d}R_\delta}{\mathrm{d}\delta}=\dfrac{1}{\mu_0 S}$，代入式（3-10），可得 $F_d=\dfrac{\Phi_\delta^2}{2\mu_0 S}=\dfrac{B^2S}{2\mu_0}$。

例 3.3　试用麦克斯韦吸力公式计算图 2-42 所示电磁铁主工作气隙 δ_1 中主磁导部分的磁通所产生的电磁吸力，已知 $\delta_1=0.37\mathrm{mm}$，$\delta_1'=0.4\mathrm{mm}$，气隙磁通 $\Phi_\delta=2040\times10^{-8}\mathrm{Wb}$。

解：实际电磁铁中的衔铁和铁心表面并不平行，但是当衔铁转角不大时，可以近似认为通过主磁导 G_0 部分的磁通 Φ_δ' 为均匀分布

$$\Phi_\delta'=\Phi_\delta\frac{G_0}{G_{\delta1}}=2040\times10^{-8}\times\frac{12.6\times10^{-8}}{15.44\times10^{-8}}\mathrm{Wb}=1665\times10^{-8}\mathrm{Wb}$$

此时可以用式（3-16）计算吸力为

$$F_d=\frac{B^2S}{2\mu_0}=\frac{(\Phi_\delta')^2}{2\mu_0 S}=\frac{(1665\times10^{-8})^2}{2\times1.25\times10^{-6}\times\frac{\pi}{4}\times(7\times10^{-3})^2}\mathrm{N}=2.88\mathrm{N}$$

无论用 3.2 节能量平衡法推导的吸力公式，还是用本节的麦克斯韦吸力公式计算吸力，都必须知道磁场的分布情况。实际上，如果充分考虑了磁场分布的全部特点，用这两种方法都会得到同样精确的结果。但是，在工程计算中，往往不可避免地都要做一些假定来简化计算，这样便会引起误差，并且在同样的假定下，使用两种方法所产生的误差也会不同。尽管麦克斯韦简化吸力公式在有些场合下会引起较大的误差，但是由于它非常简单，在分析问题时仍用得较多。

3.4 典型电磁铁的静吸力特性

由吸力计算式（3-9）可见，电磁铁的吸力与气隙磁压降 u_δ 和气隙磁导变化率 $\mathrm{d}G_\delta/\mathrm{d}\delta$ 有关，而这两者又与线圈磁动势 IW 和气隙大小 δ 有关。因此，对于某一型式的电磁铁，其电磁吸力 F_d 是 IW 和 δ 的函数，即 $F_d=f(IW,\delta)$。在某一线圈磁动势下，即 $IW=$ 常数，电磁吸力 F_d 与 δ（也称为衔铁行程）的关系 $F_d=f(\delta)$ 称为电磁铁的静吸力特性，它是电磁铁最重要的特性之一。在不同的磁动势下，$F_d=f(\delta)$ 也不相同，因此会得到一族曲线。同样，若保持 δ 不变，即 $\delta=$ 常数，则 $F_d=f(IW)$。对应于不同的 δ 时，$F_d=f(IW)$ 也不相同，因此也会得到一族曲线。

不同型式电磁铁的静吸力特性的形状是不同的。下面讨论几种典型电磁铁的吸力特性，以便于根据负载的特性来选择适当型式的电磁铁。

3.4.1 拍合式电磁铁

对于如图 2-25a 所示的衔铁绕楞角旋转的 U 形拍合式电磁铁，主工作气隙 δ_1 和楞角气隙 δ_2 中的磁通都会对衔铁产生吸力。然而，由于 δ_2 中的电磁吸力的力臂短，衔铁的转矩主要由 δ_1 中的电磁吸力所产生。

衔铁转动时，漏磁通变化不大，因此可以用式（3-9）计算吸力

$$F_d=-\frac{1}{2}u_{\delta_1}^2\frac{\mathrm{d}G_{\delta_1}}{\mathrm{d}\delta_1} \tag{3-17}$$

由于衔铁转角 α 和气隙 δ_1 一般很小，为了大致看一下吸力特性的变化规律，可以近似认为气隙磁导为 $G_{\delta_1}=\dfrac{\mu_0 S}{\delta_1}$，式中 S 为极靴面积。而 $\dfrac{\mathrm{d}G_{\delta_1}}{\mathrm{d}\delta_1}=-\dfrac{\mu_0 S}{\delta_1^2}$，代入上式，可得

$$F_d=\frac{1}{2}u_{\delta_1}^2\frac{\mu_0 S}{\delta_1^2} \tag{3-18}$$

此外，若忽略铁磁阻和非工作气隙的磁阻，则 u_{δ_1} 近似等于线圈磁动势 IW，而不随 δ_1 变化，因此，$F_d=C/\delta_1^2$，其中 C 为常数，即 F_d 与 δ_1 为二次双曲线函数关系，如图 3-9 中的虚线 1 所示。实际上，导磁体内总会有磁阻，u_{δ_1} 并不是常数，而是随 δ_1 的减小而减小，因为 δ_1 减小时，磁通增大，导磁体上的磁压降增大，在线圈磁动势不变的情况下，气隙上的磁压降将减小。因此，实际的吸力特性将偏离双曲线 1，δ_1 愈小，导磁体的磁压降就愈大，曲线偏离得也愈大，如图 3-9 中的曲线 2 所示。若忽略铁磁阻，假定 $u_{\delta_1}\propto IW$，则在某一气隙下，$F_d\propto(IW)^2$，即当磁动势增大时，吸力特性上移，如图 3-9 中的曲线 3 所示。

由图 3-9 可见，拍合式电磁铁的吸力特性曲线较陡，吸力随着气隙的增大而减小很多，所以，这种电磁铁不宜用于行程要求较大的情况。

E 形拍合式电磁铁（见图 2-25b）的静吸力特性比 U 形的更陡，即衔铁在闭合位置时，E 形的吸力比 U 形的大很多，但在打开位置时，大得就不明显了。这是因为 E 形电磁铁比 U 形多了左侧的一个工作气隙，但是在打开位置时，大部分磁通都通过右侧的楞角气隙支路，左侧工作气隙的作用就不大了。

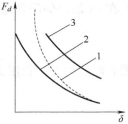

图 3-9 拍合式电磁铁的
静吸力特性

对于衔铁位于侧面的拍合式电磁铁（见图 2-26a），其漏磁通通过衔铁而闭合，因此在计算电磁力矩 M_d 时必须同时考虑主工作气隙磁通与漏磁通所产生的力矩。

3.4.2 吸入式电磁铁

如图 2-29a 所示的吸入式电磁铁中，可动铁心侧面到壳体之间的漏磁通 $\Phi_{\sigma 1}$ 直接随铁心的移动而变化，不能单纯用式（3-9）计算吸力。此时，可以将作用于可动铁心上的电磁力 F_d 看成由两部分力合成的

$$F_d = F_{d\delta} + F_{d\sigma} \qquad (3-19)$$

式中，$F_{d\delta}$ 为通过主工作气隙 δ 的主磁通 Φ_δ 所产生的端面吸力；$F_{d\sigma}$ 为漏磁通 $\Phi_{\sigma 1}$ 与线圈导线电流作用而产生的电动力，也称为螺管力。

端面吸力 $F_{d\delta}$ 仍可用式（3-9）计算

$$F_{d\delta} = -\frac{1}{2} u_{\delta 1}^2 \frac{\mathrm{d} G_\delta}{\mathrm{d}\delta} \quad (\mathrm{N}) \qquad (3-20)$$

螺管力 $F_{d\sigma}$ 可以近似用式（3-21）计算

$$F_{d\sigma} = \frac{IW}{l_K} \Phi_{\sigma 1} \quad (\mathrm{N}) \qquad (3-21)$$

式中，IW 为线圈磁动势（A）；l_K 为线圈长度（m）；$\Phi_{\sigma 1}$ 为通过可动铁心部分总的漏磁通（Wb）。式（3-21）的推导如下。

图 3-10 为沿着吸入式电磁铁轴线的一个剖面，其上半部画出了沿可动铁心段分布的漏磁通。根据左手定则，该漏磁通对圆环导线产生的电动力力图使线圈右移，而其反作用力可使可动铁心左移。

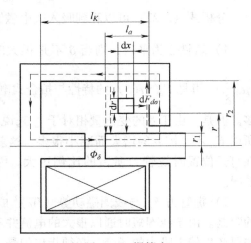

假设作用于截面积为 $\mathrm{d}x\mathrm{d}r$、半径为 r 的微元中的线圈上的电动力为 $\mathrm{d}F'_{d\sigma}$，由安培定律得

$$\mathrm{d}F'_{d\sigma} = I(l_x \times B_x)$$

式中，B_x 为该微元处的漏磁磁感应强度（T）；l_x 为该微元中通电导线的长度（m），方向为导线中

图 3-10 螺管力

电流的方向；I 为线圈中的电流（A）。

若在 dx 段内的漏磁通为 $d\Phi_\sigma$，则

$$B_x = \frac{d\Phi_\sigma}{2\pi r dx}$$

若线圈总匝数为 W，长度为 l_K，厚度为 (r_2-r_1)，则

$$l_x = 2\pi r \frac{W}{l_K(r_2-r_1)}dxdr$$

由于径向的漏磁通各处都和导线垂直，因此

$$dF'_{d\sigma} = Il_x B_x = \frac{IW}{l_K}\frac{1}{r_2-r_1}drd\Phi_\sigma$$

在 l_a 这一段内作用于线圈上的总的电动力 $F'_{d\sigma}$ 为

$$F'_{d\sigma} = \int dF'_{d\sigma} = \frac{IW}{l_K}\frac{1}{r_2-r_1}\int_{r_1}^{r_2}dr\int_0^{\Phi_{\sigma1}}d\Phi_\sigma = \frac{IW}{l_K}\Phi_{\sigma1}$$

式中，$\Phi_{\sigma1}$ 为 l_a 段内总的漏磁通。

需要注意的是，若考虑非工作气隙 δ_e，则在中性面左右两侧的漏磁通方向相反，$\Phi_{\sigma1}$ 应为两者之差。

$F'_{d\sigma}$ 的反作用力 $F_{d\sigma}$ 将作用于可动铁心，使铁心向气隙减小的方向移动。

$\Phi_{\sigma1}$ 可由式（2-103）求得。如果忽略铁磁阻及非工作气隙 δ_e 的磁阻，则

$$\Phi_{\sigma1} = \frac{1}{2}\frac{IW}{l_K}gl_a^2$$

因此

$$F_{d\sigma} = \frac{1}{2}(IW)^2 g\left(\frac{l_a}{l_K}\right)^2 \quad (N) \tag{3-22}$$

将式（3-20）和式（3-22）代入式（3-19），可得

$$F_d = -\frac{1}{2}\left[u_\delta^2\frac{dG_\delta}{d\delta} - (IW)^2 g\left(\frac{l_a}{l_K}\right)^2\right] \quad (N) \tag{3-23}$$

分析式（3-23）可以看到吸入式电磁铁的吸力特性有以下特点：

1）若铁心为平顶，则当 δ 不是很大时可以认为 $G_\delta = \mu_0\frac{S}{\delta}$（$S$ 为极面面积），而 $\frac{dG_\delta}{d\delta} = -\mu_0\frac{S}{\delta^2}$，可见 $F_{d\delta}=f(\delta)$ 的特性与拍合式电磁铁的吸力特性相近，即随 δ 的增大，$F_{d\delta}$ 减小很多。但是，由于 δ 的变化量相对于 l_a 来说并不大，当 δ 变化时，漏磁通 $\Phi_{\sigma1}$ 改变得并不多，所以 $F_{d\sigma}$ 不会因 δ 的增大而减小很多。这就使吸入式电磁铁的吸力要比拍合式的大，并且，在打开位置时螺管力所占的比例更大。因此，吸入式电磁铁适用于需要铁心行程较大的情况。

2）螺管力 $F_{d\sigma}$ 与线圈磁动势（IW）^{2} 成正比，增大 IW 可以增大 $F_{d\sigma}$，而不会受磁路饱和的限制。由于线圈短时通以很大的电流并不会使其发热过甚，所以吸入式电磁铁适用于短时需要产生较大吸力的场合。必须指出的是，拍合式电磁铁没有这一特点，因为它的最大端面吸力受铁心的饱和磁通密度限制。

3）铁心及台座端面的形状对吸力特性有较大的影响。锥顶铁心的吸力特性要比平顶铁心的陡度小，如图 3-11 所示。这是因为锥顶铁心的气隙磁导 $G_{\delta z}$ 和其导数 $\dfrac{\mathrm{d}G_{\delta z}}{\mathrm{d}\delta}$ 都比平顶的 $G_{\delta p}$ 和 $\dfrac{\mathrm{d}G_{\delta p}}{\mathrm{d}\delta}$ 大，通常 $G_{\delta z} \approx \dfrac{\mu_0 \pi d^2}{4\delta \sin^2\alpha}$，$G_{\delta p} = \dfrac{\mu_0 d^2}{4\delta}$，而当 δ 较大时，可以认为线圈磁动势绝大部分降落在主工作气隙上，即 $u_\delta \approx IW$。因此，锥顶的吸力要比平顶的大。但是，当 δ 较小时，导磁体和非工作气隙中的磁压降不能忽略，由于 $G_{\delta z} > G_{\delta p}$，锥顶气隙磁压降便会比平顶的小。显然，锥角 α 愈小，吸力特性愈平，δ 较大时吸力也愈大，所以适用于需要较大行程的情况。

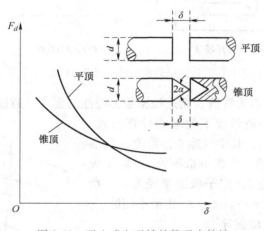

图 3-11　吸入式电磁铁的静吸力特性

3.4.3　旋转式电磁铁

旋转式电磁铁的衔铁转动时，通常漏磁通的变化并不大，因此可以用式（3-11）来计算电磁力矩。它与拍合式电磁铁的不同点在于其衔铁运动的方向垂直于磁力线的方向。电磁力矩的方向总是力图使衔铁运动到使整个磁路内磁阻为最小的位置，因此对于图 3-12 所示的旋转式电磁铁，电磁力矩的方向为逆时针方向。当衔铁转动时，气隙 δ_0 并不变化，但气隙面积 S 将发生变化。如不考虑散磁，则气隙磁导 G_δ 可由下式计算：

$$G_\delta = \frac{\mu_0 S}{\delta_0} = \frac{\mu_0 \alpha r_0 b}{\delta_0} \quad (\mathrm{H})$$

式中，α 为可动铁心极面对转轴所夹的角度（rad）；r_0 为极面圆弧的半径（m）；b 为衔铁厚度（m）。

因而

$$\frac{\mathrm{d}G_\delta}{\mathrm{d}\alpha} = \frac{\mu_0 r_0 b}{\delta_0}$$

由于衔铁旋转时上下两个气隙内的极面都发生了变化，因此电磁力矩为

$$M_d = 2 \times \frac{1}{2} u_\delta^2 \frac{\mathrm{d}G_\delta}{\mathrm{d}\alpha} = u_\delta^2 \frac{\mu_0 r_0 b}{\delta_0} \quad (\mathrm{N} \cdot \mathrm{m}) \tag{3-24}$$

式中，u_δ 为每个气隙上的磁压降（A）。

若忽略铁磁阻，且当线圈磁动势 IW 为常数时，由式（3-24）可见，μ_δ 和 M_d 为常数，因此电磁铁的吸力特性为一水平直线，如图 3-12b 所示。

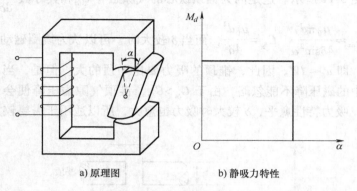

a) 原理图　　　　　b) 静吸力特性

图 3-12　旋转式电磁铁的原理图及其静吸力特性

一般情况下，气隙 δ 不为常数，而是根据吸力特性的要求，通过改变极面形状使其按一定规律变化。下面推导一般情况下的吸力计算公式。

如图 3-13 所示的一对磁极，其中气隙 δ 为角度 φ 的函数，即 $\delta=f(\varphi)$。假设衔铁一个极的极距为 τ，定子极所张的角度为 φ_d，极宽为 b，定子极面半径为 r_d，衔铁极面最大半径为 r_0，而 $r_d-r_0=\delta_0$，δ_0 为最小间隙。

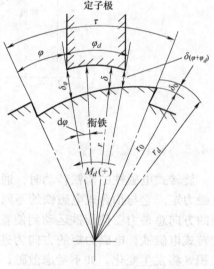

忽略散磁导，计算气隙磁导为

$$G_\delta=\int dG_\delta=\mu_0\int\frac{dS}{\delta}$$

式中，$dS=br\,d\varphi$，若 δ 相对于 r 来说很小，则 $dS\approx br_0\,d\varphi$，此时

$$G_\delta=\mu_0\int_\varphi^{\varphi+\varphi_d}\frac{br_0}{\delta}d\varphi=\mu_0br_0\left(\int_0^{\varphi+\varphi_d}\frac{d\varphi}{\delta}-\int_0^\varphi\frac{d\varphi}{\delta}\right)$$

而

$$\frac{dG_\delta}{d\varphi}=\mu_0br_0\left(\frac{1}{\delta_{\varphi+\varphi_d}}-\frac{1}{\delta_\varphi}\right)$$

图 3-13　气隙不为常数的一般
旋转式电磁铁

因此，一对磁极所产生的电磁力矩为

$$M_d=\frac{1}{2}u_\delta^2\frac{dG_\delta}{d\varphi}=\frac{1}{2}u_\delta^2\mu_0br_0\left(\frac{1}{\delta_{\varphi+\varphi_d}}-\frac{1}{\delta_\varphi}\right)\quad(\text{N}\cdot\text{m}) \tag{3-25}$$

令 $M_{d_0}=\frac{1}{2}u_\delta^2\frac{\mu_0br_0}{\delta_0}$，显然 M_{d_0} 为不随 φ 而变的常数，则式（3-25）可写成下式：

$$M_d=M_{d_0}f(\varphi) \tag{3-26}$$

式中

$$f(\varphi)=\delta_0\left(\frac{1}{\delta_{\varphi+\varphi_d}}-\frac{1}{\delta_\varphi}\right) \tag{3-27}$$

$f(\varphi)$ 称为特征函数，只要研究清楚 $f(\varphi)$ 便可知道电磁力矩 M_d 与转角 φ 的关系。

如图 3-14a 为气隙按线性关系变化的旋转电磁铁展开图，最小和最大气隙分别为 δ_0 和 δ_m，则

$$\delta = \delta_m - (\delta_m - \delta_0)\frac{\varphi}{\tau} = \delta_m\left(1 - \varepsilon\,\frac{\varphi}{\tau}\right)$$

式中

$$\varepsilon = 1 - \frac{\delta_0}{\delta_m}$$

将 δ 的表达式代入式（3-27），可得特征函数 $f(\varphi)$ 的表达式为

$$f(\varphi) = \frac{\varphi_d}{\tau}\,\frac{\varepsilon(1-\varepsilon)}{\left(1 - \varepsilon\,\dfrac{\varphi}{\tau}\right)\left(1 - \varepsilon\,\dfrac{\varphi + \varphi_d}{\tau}\right)}$$

$f(\varphi)$ 的曲线如图 3-14b 所示，设图中 $\varepsilon = 0.8$，$\varphi_d/\tau = 0.25$。

需要说明的是，式（3-25）是在忽略散磁的情况下推导出的，因此和实际情况会有一定出入。另外，以上为已知极面形状，求其吸力特性。反之，也可以根据吸力特性的要求来确定极面的形状。

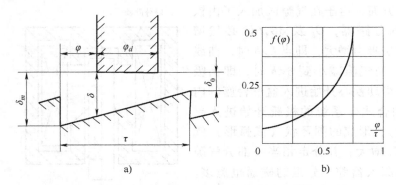

图 3-14　气隙按一定规律变化的旋转电磁铁及其特征函数

3.4.4　具有磁分路器的磁系统

无论是拍合式磁系统还是吸入式磁系统，其静吸力特性都比较陡，因此，往往会在通电吸合时产生较大的撞击，造成机构磨损。为了减少撞击动能，有时希望吸力特性平坦一些。旋转式电磁铁能做到这一点，但是它的经济性较差。实际上，只要在拍合式或吸入式磁系统的主工作气隙区域设置一个由导磁材料制作的磁分路器，如图 3-15 所示，便可以有效地改变吸力特性的形状，使其变得平坦，甚至还会下降。

由图 3-15 可见，拍合式磁系统的磁分路器用螺钉安装在衔铁上，其厚度为 b。当铁心端部的极靴进入磁分路器内时，其侧面与分路器的弧形侧面间形成一个圆弧形气隙 δ_r。吸入式磁系统的磁分路器往往就是台座的一部分，此时将台座做成盆形，其盆边就起磁分路的作用。盆边的高度为 b，它与可动铁心间形成圆环状气隙 δ_r。

由吸力计算式（3-9）可知，电磁铁的吸力特性取决于主工作气隙上的磁压降 u_δ 以及其磁导 G_δ 随气隙 δ 变化的情况。电磁铁在没有磁分路器时的吸力特性如图 3-16 中的曲线 a，

而在设置了磁分路器后的吸力特性如曲线 b。曲线 b 呈马鞍形，在气隙为 δ_1（$\delta_1 \approx b$）及 δ_2 处有两个转折点。

为了便于分析，图 3-17a 给出了磁系统的原理等效磁路图，图 3-17b 和 3-17c 分别给出了拍合式和吸入式磁系统主工作气隙各部分磁导的示意图及局部等效磁路图。图中，G_δ、G_f 及 G_K 分别为主工作气隙 δ、非工作气隙 δ_f 及导磁体的磁导。G_δ 由磁极相对端面间的主磁导 G_0、极靴与衔铁间的散磁导 G_1（在盆形吸入式磁系统中没有这部分磁导）、铁心（或极靴）与磁分路器之间的散磁导 G_2，以及磁分路器本身的铁磁导 G_{tf} 的串、并联组合而成。当气隙较大（$\delta > b$）时，主工作气隙的磁阻远大于非工作气隙和导磁体的磁阻，所以线圈磁动势 IW 绝大部分降落在主工作气隙上，即 $u_\delta \approx IW$。另一方面，由于在气隙区加入了由铁磁材料制作的分路器，G_δ 及 $\mathrm{d}G_\delta/\mathrm{d}\delta$ 必然增大，从而使电磁吸力增大，即当 $\delta > b$ 时，曲线 b 高于曲线 a。当气隙减小到 $\delta < b$ 时，即当吸入式磁系统的可动铁心开始进入盆形台座的内腔时（或当拍合式磁系统的极靴开始进入磁分路器内侧时），形成的圆环状（或弧形）气隙 δ_r 使磁导 G_2 增大，并分走相当一部分气隙磁通。铁心愈深入盆腔，分走的磁通也愈多。这部分磁通虽然也能产生吸力，但其 $\mathrm{d}G_2/\mathrm{d}\delta$ 近似为常值。另一方面，G_2 的增大导致 G_δ 增大，以致其数值可以和 G_f 与 G_t 相比拟，这时线圈磁动势将重新分配，使 u_δ 减小。综合以上两个原因，吸力特性将由上升转变为下降，形成第一个转折点 δ_1，并且 $\delta_1 \approx b$。磁路愈饱和，或非工作气隙 δ_f 愈大，u_δ 减小得更多，则吸力特性下降的趋势更为明显。当工作气隙继续减小到与磁极端面很接近时，例如 δ_2 处，由于端面间的主磁导 G_0 大大增大，气隙磁通的大部分通过 G_0，又因为 $\mathrm{d}G_0/\mathrm{d}\delta$ 在 δ 很小时增加很快，致使端面吸力大大增加，吸力特性再度上升，形成第二个转折点 δ_2。

改变磁分路器的厚度 b、气隙 δ_r 或磁分路器的磁饱和程度都可以有效地改变吸力特性的形状。图 3-18 为具有磁分路器的拍合式电磁铁（见图 3-15a）的静吸力特性。图 3-18a 图中的曲线 2、3、4 及 5 分别表示 $b = 4\text{mm}$、6mm、8mm 及 10mm，且保持 δ_r 不变并等于 1.5mm 时的吸

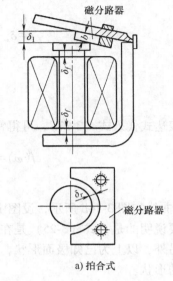

a) 拍合式

b) 吸入式

图 3-15　具有磁分路器的磁系统

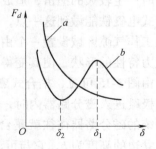

图 3-16　具有磁分路器和没有磁分路器的吸力特性比较

力特性。曲线 1 为没有分路器时的吸力特性，而曲线 6 为反力特性。由图 3-18 可见，改变 b 将改变出现吸力最大值时衔铁的位置，即转角 α。

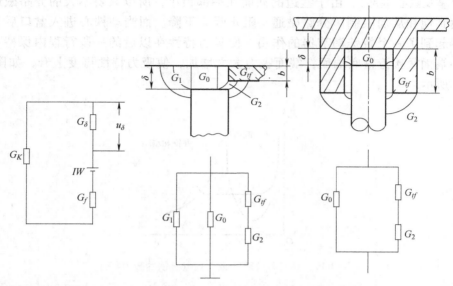

a) 磁系统的原理等效磁路图　　b) 拍合式主工作气隙各部分磁导示意图　　c) 吸入式主工作气隙各部分磁导示意图及局部等效磁路图

图 3-17　具有磁分路器时的等效磁路图

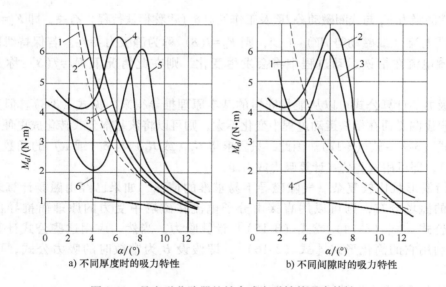

a) 不同厚度时的吸力特性　　　　　b) 不同间隙时的吸力特性

图 3-18　具有磁分路器的拍合式电磁铁的吸力特性

图 3-18b 中的曲线 2 和 3 分别表示 $\delta_r = 1mm$ 和 $\delta_r = 2mm$ 时，且保持 b 不变并等于 8mm 时的吸力特性，由图可见，改变 δ_r 将改变吸力的最大值，但不改变出现吸力最大值时衔铁的位置。对于具有磁分路器的吸入式电磁铁（见图 3-16b），同样也可以通过改变 b 及 δ_r 来改变吸力特性的形状。此外，还可以改变磁分路器的饱和程度来改变吸力特性的形状。图 3-15b 中，

左图对应于非饱和型磁分路器,即具有等截面的盆边,其吸力特性如前所述,具有明显的马鞍形,如图 3-19 中的曲线 a;右图对应于饱和型磁分路器,即具有变截面的盆边(图中只画出了台座及铁心端部),由于盆边的截面在端部很小,所以只要不大的分路磁通便会使这部分达到饱和从而限制了分路磁通,阻止吸力下降。而当动铁心进入盆口后,饱和的磁分路器起到了一个特殊调节器的作用,使吸力特性在以后的一段行程内保持不变,直到动铁心端面很接近盆底端面,端面吸力大大增加,使吸力特性再度上升,如图 3-19 中的曲线 b 所示。

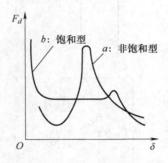

图 3-19　具有磁分路的吸入式电磁铁的吸力特性

小　结

电磁铁的吸力 F_d 与线圈磁动势 IW 及工作气隙 δ(也称衔铁行程)有关,即 $F_d=f(IW,\delta)$。若保持线圈电流(或磁动势 IW)不变,则 $F_d=f(\delta)$ 称为静吸力特性。若保持线圈电压不变,而线圈电流在衔铁运动过程中将会发生变化,则在此情况下 $F_d=f(\delta)$ 称为动吸力特性。

电磁吸力的计算公式可以从能量守恒的基本原理推导得来,见式(3-8)。但是在实用中,如果假设漏磁通在衔铁运动过程中变化不大,则可以将该基本公式转化成更便于计算的公式,见式(3-9)~式(3-12)。因此,只要求得 G_δ(或 R_δ)与 δ(或 α)的函数关系以及 u_δ(或 Φ_δ),即可用这些公式计算吸力或力矩。

对于衔铁形状比较复杂、气隙磁导不易求准的情况,如果已经由磁场计算求得衔铁表面各处的磁场分布,则可以用直接由分子电流在磁场中受力的原理而推导出的麦克斯韦吸力公式[式(3-14)或式(3-15)]计算吸力。当然,应用这些公式计算比较麻烦,但是利用它的简化形式[式(3-16)],即假设 B 为常数时的吸力公式,可以大致估算吸力。

本章对比了典型电磁铁的静吸力特性:

1)拍合式的吸力特性最陡,其吸力主要由衔铁和铁心(或极靴)端面间的主磁通所产生,叫作"端面吸力"。力的方向为沿着磁通的方向,总是力图使气隙减小。最大吸力受铁心饱和磁通所限。

2)吸入式的吸力特性也比较陡。尽管它的吸力由两部分合成,即端面吸力和螺管力,但螺管力占的比例不大。螺管力不受磁路饱和限制,因此增大 IW 即可增大螺管力。

改变铁心（及台座）端面的形状可以改变吸力特性的陡度，锥顶的吸力特性陡度比平顶的小。

3）如果在拍合式或吸入式电磁铁的主工作气隙中加进一个磁分路器（见图 3-16），则可以使吸力特性变得平坦，甚至还会出现在中间下降的马鞍形吸力特性。利用这种特性可以减少衔铁吸合时的撞击。

4）旋转式电磁铁的特点是衔铁运动方向垂直于工作气隙中磁力线的方向，其力矩的方向总是力图使衔铁转动到使整个磁路内磁阻为最小的位置。改变极面形状可以在很大范围内改变吸力特性的形状，其力矩计算公式见式（3-25）。

习题与思考题

3.1　（1）试证明拍合式磁系统中，若忽略底铁及非工作气隙 δ_3 的磁阻（见图 2-52），则其线圈磁链为 $\psi = W\phi_\delta\left(1+\dfrac{1}{3}R_dG_\delta\right)$。

（2）若考虑以上两个磁阻时（见图 2-55），再求 ψ 的计算公式。

3.2　铁环的内外径分别为 40mm 及 30mm，厚度为 5mm，环上均匀地绕上 100 匝的绕组并通入 330mA 的电流。假设铁环的相对磁导率为常数并等于 3200，试求绕组的电感 L 及储存在环内的磁能密度 ω_c 及磁能 W_C。

3.3　（1）习题 3.2 中若环的材料为木料，$\mu_r=1$，绕组匝数 W 和电流 I 不变，试求 L、ω_c 及 W_C，并与上题作比较。

（2）求证式（3-3'）可转化为 $W_C=\dfrac{1}{2}(IW)^2G_c$，其中 G_c 为磁路的总磁导，或 $W_C=\dfrac{1}{2}\phi^2R$，其中 R 为磁路的总磁阻。

3.4　若改变题 3.2 中绕组的匝数，同时改变电流使磁动势 IW 保持不变，试问储能是否改变？线圈电感是否改变？求证：$L=W^2G_c$，其中 G_c 为磁路的磁导。

3.5　若将题 3.2 的铁环切开一个宽度为 0.2mm 的气隙 δ，而 W、I 和 μ_r 均不变，试求 L、ω_c 及 W_C，并求储存在气隙内的磁能密度 $\omega_{c\delta}$ 及磁能 $W_{C\delta}$，计算 $W_{C\delta}$ 占磁系统内总的储能的百分比。

3.6　若磁系统的激磁特性 $\Psi=f(i)$ 为线性，试证明：

（1）在恒磁链的情况下，即当 δ 由 δ_1 至 δ_2 作虚位移变化时，线圈磁链保持不变，如图 3-20a 所示，吸力公式为

$$F_d=-\frac{1}{2}\Psi\frac{di}{d\delta}$$

（2）在恒磁动势的情况下，即保持线圈电流 I 不变，如图 3-20b 所示，吸力公式为

$$F_d=\frac{1}{2}I\frac{d\Psi}{d\delta}$$

（3）当 δ 由 δ_1 至 δ_2 作虚位移变化时，磁动势和磁链都发生变化，如图 3-20c 所示，吸力公式为

$$F_d=\frac{1}{2}\left(I\frac{d\Psi}{d\delta}-\Psi\frac{dI}{d\delta}\right)$$

3.7　已知如图 3-21 中两磁板间的磁压降为 u_δ，忽略散磁的影响，分析图示三种情况下圆柱铁心在孔中所受的电磁吸力的大小和方向，图中 e 为气隙值，ε 为偏心矩，偏心时的气隙磁导值为

$$G_\delta=\mu_0\frac{\pi(d+e)h}{\sqrt{e^2-\varepsilon^2}}$$

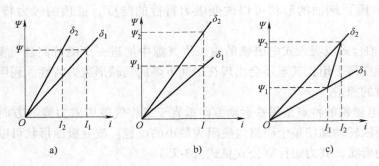

图 3-20　习题 3.6 图

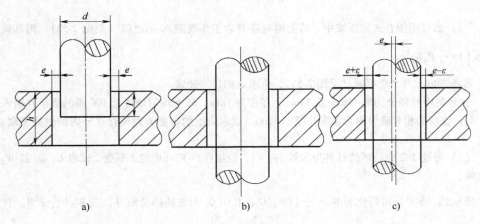

图 3-21　习题 3.7 图

3.8　U 形电磁铁如图 3-22 所示，衔铁为直动式，左右两个工作气隙完全相同，极面面积为 S。已知磁动势为 IW，忽略铁磁阻、漏磁及散磁，试用实用吸力公式求其吸力计算公式。

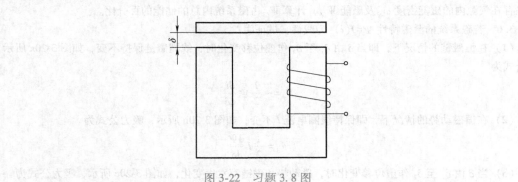

图 3-22　习题 3.8 图

3.9　在锥头磁极中，假定气隙很小，气隙磁场均匀分布，忽略散磁通，试用麦克斯韦吸力公式推导其吸力公式，已知圆锥表面积为 $S=\dfrac{\pi d^2}{4\sin\alpha}$，$\alpha$ 为 1/2 圆锥角。

3.10　试分析如图 3-23 所示中 a、b 两种情况下作用于衔铁上的电磁力矩，假定 δ_1 和 δ_2 内 B 均匀分布。

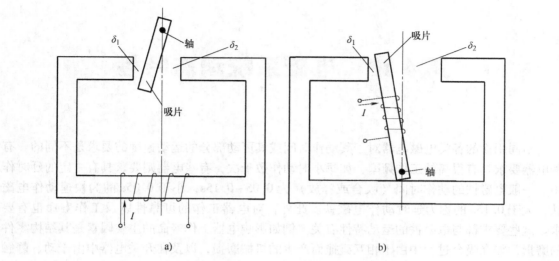

图 3-23 习题 3.10 图

3.11 旋转式电磁铁的气隙按双曲线规律变化,即 $\delta = \dfrac{\delta_0}{(1-\varepsilon)+\varepsilon\dfrac{\varphi}{\tau}}\left(\varepsilon = 1-\dfrac{\delta_0}{\delta_m}\right)$,如图 3-24 所示,试求其吸力特性的形状。

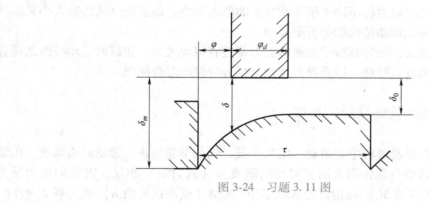

图 3-24 习题 3.11 图

第4章　电磁系统动态特性

不同用途的各类电磁电器对于其动作时间或其可动部分的运动速度的要求是不同的。有些电器要求具有很高的工作频率，如每小时动作数千次，有些电器则要求具有一定的延时作用。一般电磁铁的动作时间（吸合或释放）为 $0.05 \sim 0.15s$，小于 $0.05s$ 的为快速动作电磁铁，大于 $0.15s$ 的称为延时动作电磁铁。此外，对电器工作的可靠性以及工作寿命也有要求。这些要求都与电磁铁的运动特性有关。例如影响电器工作寿命的主要因素是其结构零件的磨损，如在吸合过程中由于相互碰撞而产生的机械磨损，以及在开关电器中由于动、静触头在开断和闭合电路的过程中所产生的电弧和火花放电等现象，而导致的触头电磨损等，均与触头的运动有关。因此，有必要对电磁电器的运动特性进行研究。

电磁系统的运动特性指的是线圈电流、电磁吸力或力矩、线圈磁链、衔铁运动速度或角速度等随时间或衔铁行程或衔铁转角 α 变化的函数关系，以及电磁铁的吸合时间和释放时间。实际上，在衔铁运动过程中会在线圈中产生感应电动势使线圈电流不同于稳态值，因而在同一衔铁位置处的电磁吸力将不同于第3章介绍的静态吸力，而感应电动势的大小又取决于衔铁的运动速度，因此运动特性的分析更复杂。

显然，电磁铁的运动特性与其所带负载的反力特性有很大关系，在研究运动特性之前有必要先分析一下负载的反力特性，以及吸力特性与反力特性的配合问题。

4.1　返回装置、触头系统及反力特性

电磁铁的衔铁在其运动过程中会带动一定的负载，例如举起重物、带动触头系统、压缩或拉伸各种弹簧等。这些负载作用力的方向与电磁吸力（或力矩）相反，把它们称为反力 F_f（或反力矩 M_f）。F_f（或 M_f）与衔铁行程或工作气隙 δ（或衔铁转角 α）的关系 $F_f = f(\delta)$（或 $M_f = f(\alpha)$）称为反力特性。

通常电磁电器的反力是由两部分组成：一部分为返回装置所产生的反力，另一部分为负载所产生的反力。

所谓返回装置是指线圈断电后使衔铁返回到打开位置而专门设置的装置，目前常见的几种返回装置及其反力特性如图4-1所示。

图4-1a为利用重物的重力（或衔铁本身的自重）来返回的反力特性。由于重力与衔铁的行程无关，为一常数，故其反力特性为一条水平直线。

图4-1b为利用返回弹簧来返回的反力特性。由于弹簧的拉力（或压力）与其变形量成正比，所以其反力特性是一条斜线，即当气隙减小时反力线性增大。这种返回装置目前采用较多，但是由于弹性元件在具有强烈振动和冲击的使用环境中容易产生谐振，使衔铁产生颤动，因此目前对于耐振性要求较高的航空小型继电器和接触器中往往采用永久磁铁作为返回装置。

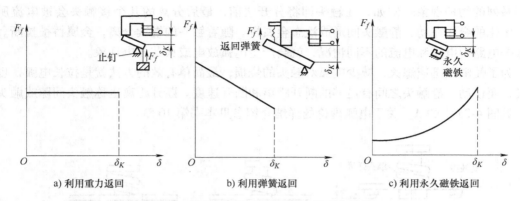

a) 利用重力返回　　　　b) 利用弹簧返回　　　　c) 利用永久磁铁返回

图 4-1　典型返回装置原理图及其反力特性

图 4-1c 为利用永久磁铁来返回的反力特性。永久磁铁所产生的吸力使衔铁打开，而当衔铁吸合时，该作用力因磁铁和衔铁之间的气隙增大而减小，所以其反力特性为一条曲线，这样会使继电器的合成反力特性（包括触头系统的反力）上升的坡度减小，对提高继电器的灵敏度（即减小吸合磁动势或吸合功率）有利。

电磁铁所带动的负载各种各样，下面以用得最多的开关电器为例来分析其反力特性。对开关电器来说，触头系统便是其电磁铁的负载。开关电器工作的可靠性和寿命在很大程度上取决于触头系统的工作状况，因此在讨论其反力特性之前要对触头系统的工作特点作一简要介绍。

触头系统的工作过程可分为三个阶段：闭合状态、断开过程和闭合过程。下面分别介绍在这三个阶段中所发生的物理化学现象，对触头系统的主要要求，以及为达到这些要求应采取的主要措施。

4.1.1　触头处于闭合状态

触头处于闭合状态时要求触头导电良好，能可靠接通电路，并且在长期通过额定电流或短时通过过载电流时不会过热。实际上，动、静触头相互接触时，其导电性能总是比相同材料、相同尺寸的整块金属的导电性能差。也就是说，在接触区域内电阻将增大。这个增大了的电阻称为接触电阻，为了减小接触电阻或使接触电阻稳定可以采取各种措施，如采用合理的触头系统结构和接触方式，选择适当的触头材料，采用与大气隔绝的密封结构以及保证足够的触头压力等，其中最重要的是设计动、静触头闭合后的互压力，称之为触头终压力。触头终压力是触头系统中很重要的一个参数。通常触头的电流愈大，所需的终压力也愈大。在弱电继电器中，所需终压力并不大，但是为了使接触电阻稳定，终压力也不能太小。对于不同触头材料，规定了触头压力的最小值，例如对于由金或铂等贵重金属制成的触头，触头压力不能小于 0.01~0.03N，对于常用的银触头则不能小于 0.15N。有关接触电阻理论研究将在第 9 章介绍。

4.1.2　触头的断开过程

触头的断开过程往往是最困难的过程。大部分电器都要求触头能在规定的使用期限内可靠地断开电路的额定电流，有的还要求触头能断开电路的短路电流。在触头断开过程中会出现一系列的物理现象。例如，在触头即将分开之前，最后分离的几个接触头会被电流所熔化。熔化的金属在动、静触头间形成液态金属桥。随着触头的继续分离，金属桥被拉断。这时根据电路中电压和电流的不同情况，就会产生电弧放电或火花放电现象。

为了使电弧迅速熄灭，减少电弧对触头的烧损，最简单有效的方法就是拉长电弧，也就是说，要使动、静触头之间有足够的断开距离和断开速度。断开距离也称触头间隙或触头开距，见图 4-2a 中的 Δ。关于电弧理论的详细介绍参见本书第 10 章。

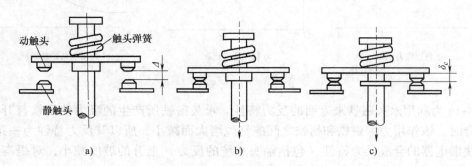

图 4-2　接触器的触头系统

4.1.3　触头的闭合过程

触头的闭合过程也不轻松，因为在闭合某些电路时，如电动机、白炽灯或电容器的放电电流等，初始冲击电流很大，甚至可达 10 倍额定电流以上。另外，动、静触头以一定速度相互碰撞会产生回跳，也称弹跳，这对触头危害较大。回跳的危害不仅仅是使电路不能立即被接通，更为严重的是因回跳而产生的电弧或其他放电会使金属熔化，使触头发生熔焊。这种现象称为合闸熔焊。

影响触头回跳的主要因素有：动、静触头在闭合时的相对速度，动触头系统的质量或转动惯量，触头材料，触头刚接触时的压力以及触头弹簧的刚度等。加快触头的闭合速度虽然可以使触头压力很快增大，但却会使回跳更甚。为了减少回跳的幅度，比较有效的方法是使触头刚接触时就在触头间加上一个压力，即使触头弹簧在装配时已经处于一定的压缩状态，如图 4-2a 所示，当触头闭合时由此产生的压力称为触头初压力。适当增大初压力和触头弹簧的刚度可以更多地吸收碰撞能量，从而减小回跳幅度，但是过大的初压力和弹簧刚度又会使动触头和衔铁等其他运动部分更加紧固地连在一起，起不到缓冲作用，反而会使回跳大大加剧。

通过以上对触头工作三个阶段的分析可以看到，要使触头系统可靠工作，除了合理选择触头材料和结构形式外，还要选择好触头初压力、触头终压力、触头间隙，触头弹簧刚度、触头断开速度和闭合速度等参数。

4.1.4　开关电器的反力特性

本节具体分析两类开关电器的反力特性。图 4-3 为具有一对常开触头的 MZJ 型航空接触器的原理图及其反力特性。该接触器触头的反力由返回弹簧及触头弹簧二者产生的反力合成而得。当可动铁心处于打开位置 δ_K 时，返回弹簧对铁心已有一个压力 F_{fK}，使铁心可靠地保持在打开位置。铁心向下吸合运动时，在常开触头尚未闭合以前仅有返回弹簧受到压缩，此时其反力特性将沿 1→2 斜线上升。当铁心运动到 δ_1 时，动触头和静触头接触，触头弹簧受到压缩，而由于触头弹簧在装配时已经处于一定的压缩状态，使触头有一个初压力，所以在 δ_1 处反力特性有一个跳跃，即由 2 上升到 3，而 2→3 这段即为触头的初压力。铁心运动到 δ_1 以后，两个弹簧同时受到压缩，合成的反力特性将沿着坡度更大的 3→4 斜线上升。可见，反力特性为一有跃变点的折线。这里，δ_1 为超行程，$\delta_K-\delta_1$ 为触头间隙。

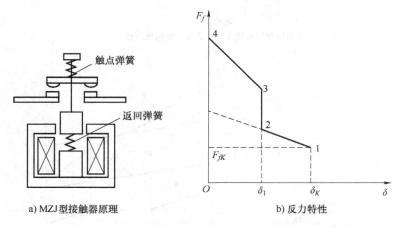

a) MZJ型接触器原理　　　　b) 反力特性

图 4-3　典型航空接触器的反力特性

图 4-4a 为 JKM 型航空密封继电器的返回弹簧与触头簧片、平衡式衔铁和铁心等部分的结构原理图。这里，衔铁绕轴 O 转动，所以将反力特性表示为反力矩 M_f 和转角 α 的关系更为方便。首先确定各反力弹簧对衔铁作用力矩的方向：若取与电磁吸力 F_d 所产生的力矩相反的方向为反作用力矩的正方向，即反力矩的正方向为顺时针方向，那么弹簧 1、4 及 5 的反力矩 M_{f1}、M_{f4} 及 M_{f5} 为正方向，而弹簧 2、3 的反力矩 M_{f2}、M_{f3} 为负方向，如图 4-4b 所示。五个弹簧产生的反力矩特性及其合成反力矩特性如图 4-4c 所示，说明如下：

1）由于弹簧片产生的反力与其变形量成正比，而各反力作用点对轴的力臂基本不变，故五个反力矩在 α 变化时均为线性变化。

2）从打开位置 α_k 到闭合位置 α_b，反力矩 M_{f1}、M_{f2} 及 M_{f4} 一直存在。弹簧 1 及簧片 4 随转角 α 的减小而压缩变大，故 M_{f1}、M_{f4} 随 α 的减小而增大；簧片 2 随 α 的减小而压缩变小，故 M_{f2} 随 α 的减小而减小。

3）簧片 3、5 仅在 α 的一段范围内才起作用。簧片 3 在常闭触头闭合后，即在靠近 α_k 的一段范围内起作用，其反力矩 M_{f3} 随 α 的减小而减小。簧片 5 则在常开触头闭合后，即在靠近 α_b 的一段范围内起作用，其反力矩 M_{f5} 随 α 的减小而增大。

将五个反力矩特性叠加即可得 JKM 继电器总的合成反力矩特性，如图 4-4c 所示。

由以上两例可见，电器的结构不同，反力特性也不同。在做反力特性时，不仅需要了解产生反力的各个部件的力特性，还要知道反力作用的范围。

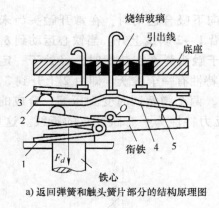

a) 返回弹簧和触头簧片部分的结构原理图

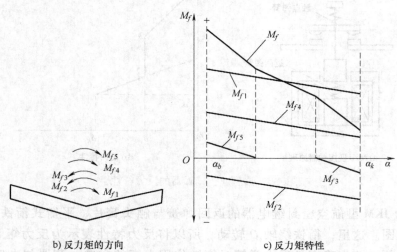

b) 反力矩的方向　　　　c) 反力矩特性

图 4-4　JKM 型继电器的反力矩特性

1—返回弹簧　2、3—常闭触头的动、静触头簧片　4、5—常开触头的动、静触头簧片

4.2　静吸力特性与反力特性的配合

为了确保电磁铁能可靠地带动负载并满足一定的技术要求，必须使其吸力特性和反力特性配合。

开关电器用的电磁铁，要求其在规定的电压或电流下能可靠而迅速地吸合，并保持在吸合位置；而在断电时，或当电压低于某一规定值时能可靠地释放，并返回到打开位置。

这类电器要求吸力特性的斜率大于反力特性，如图 4-5 所示。

图 4-5 显示了接触器的反力特性 $F_f = f(\delta)$，以及不同线圈磁动势（IW_1、IW_2、IW_3 及 IW_4）时的静吸力特性 $F_d = f(\delta)$。由图 4-4a 可见，当磁动势为 IW_1

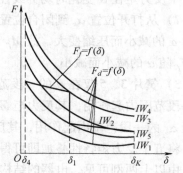

图 4-5　吸力特性与反力特性的配合

110

时，衔铁不会运动，因为在 δ_K 处 $F_d < F_f$。增大磁动势至 IW_2 时，衔铁开始运动，在 $\delta_K \sim \delta_1$ 这一段内，吸力 F_d 始终大于反力 F_f。但是，当衔铁移动到 δ_1 处，$F_d < F_f$，衔铁不能完全吸合。只有当线圈磁动势增大到 IW_3，使吸力特性在整个行程内都大于反力特性时，衔铁才能完全吸合。该磁动势称为电磁铁的**静态吸合磁动势**（$IW)_{jxh}$，相对应的线圈电压或电流称为**静态吸合电压** U_{jxh} 或**静态吸合电流** I_{jxh}。线圈磁动势 IW_2 称为**静态触动磁动势**（$IW)_{jcd}$，相对应的线圈电压或电流称为**静态触动电压** U_{jcd} 或**静态触动电流** I_{jcd}。

必须指出，如图 4-5 所示的反力和吸力特性配合在有些使用场合（例如接触器）是不允许的，因为衔铁有可能停留在 δ_1，此时常开触头已接通，但衔铁并未吸合，触头间的压力很小。只有当磁动势继续增大后，衔铁才能吸合使触头间产生足够的压力。这种现象称为**双响**，即触头接通时有一响声，衔铁闭合时又有一响声。双响现象对触头工作很不利，一般希望衔铁要么不吸动，要么一下吸合到完全闭合的位置。为此，有必要修改电磁铁的型式使其吸力特性更陡一些。例如，对于吸入式电磁铁，可以通过改变铁心极面的圆锥角来达到这一目的。

为了保证当电源电压向下波动时电磁铁仍能可靠吸合，并且也为了加速衔铁的运动，一般应该使线圈的静态吸合电压 U_{jxh} 小于额定电压 U_e，两者的比值称为电磁铁的储备系数 K_{cb}

$$K_{cb} = \frac{U_e}{U_{jxh}} \tag{4-1}$$

通常 K_{cb} 的值为 1.5 以上。

当衔铁处于闭合位置时，若降低线圈电压使吸力减小，例如当磁动势降低到 IW_5 时，吸力将小于反力，衔铁在反力作用下开始释放。如果在释放的整个行程中（由 $\delta_b \sim \delta_K$），吸力都小于反力，则衔铁将返回到打开位置，此时磁动势 IW_5 称为**静态释放磁动势**（$IW)_{jsf}$，相对应的线圈电压或电流称为**静态释放电压** U_{jsf} 或**静态释放电流** I_{jsf}。定义静态释放电压与静态吸合电压的比值为**返回系数** K_{fh}，即

$$K_{fh} = \frac{U_{jsf}}{U_{jxh}} \tag{4-2}$$

显然，此处 $K_{fh} < 1$。航空继电器和接触器要求当电源电压大幅度下降时不会自行断开，因此返回系数都设计得比较低，一般小于 0.3。但是，也要防止 K_{fh} 值太小导致衔铁被剩磁吸住无法释放。显然，铁心吸合后，若电磁吸力和反力的差值愈大，K_{fh} 则愈小。

4.3　电磁铁的吸合过程和吸合时间

电磁铁是一个带铁心的线圈，具有一定的电感值，当加上电压 U 后，线圈中的电流 i 不能跃变至稳态值 $I_W = U/R$，其中 R 为线圈回路内的电阻值，而是随时间 t 按一定的规律上升，如图 4-6 所示。电流由零上升到触动电流 I_{cd} 所需的时间 t'_{cd} 称为**吸合触动时间**。当线圈电流达到 I_{cd} 后，吸力将大于反力，衔铁开始运动。衔铁运动后，电流的变化规律比较复杂，下面还要专门讨论。从衔铁开始运动到达到闭合位置所需的时间 t'_{yd} 称为**吸合运动时间**。因此，电磁铁的固有吸合时间 t_{xh} 包括两部分

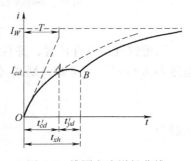

图 4-6　线圈电流增长曲线

$$t_{xh} = t'_{cd} + t'_{yd} \tag{4-3}$$

4.3.1 吸合触动时间

当线圈加上直流电压 U 以后，其电流或磁通增长的过渡过程可以由电压平衡方程求得，即

$$U = iR + \frac{\mathrm{d}\psi}{\mathrm{d}t} \tag{4-4}$$

式中，U 为线圈电压（V）；i 为线圈电流（A）；R 为线圈回路总电阻（Ω）；ψ 为线圈总的磁链（Wb）；t 为通电时间（s）。

如果已经由磁路计算求得电磁铁在打开位置 δ_K 时的励磁特性 $\psi = f(i)$，如图 4-7a 所示，则可利用图解积分法求得 t'_{cd}。根据式（4-4），有

$$\mathrm{d}t = \frac{\mathrm{d}\psi}{U - iR}$$

所以

$$t'_{cd} = \int_0^{\psi_{cd}} \frac{\mathrm{d}\psi}{U - iR} \tag{4-5}$$

式中，ψ_{cd} 为触动电流为 I_{cd} 时的线圈磁链。

若由 $\psi = f(i)$ 的曲线逐点计算求得了 $\psi = f\left(\dfrac{1}{U - iR}\right)$ 的曲线，如图 4-7b 所示，则 t'_{cd} 正比于阴影面积 Q。

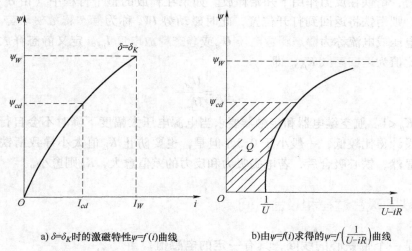

a) $\delta = \delta_K$时的激磁特性$\psi = f(i)$曲线　　　b) 由$\psi = f(i)$求得的$\psi = f\left(\dfrac{1}{U-iR}\right)$曲线

图 4-7　用图解积分法求 t'_{cd}

当衔铁处于打开位置，并且线圈中的电流不是很大时，磁路一般不饱和，可以认为线圈电感 $L(L = \psi/i)$ 为常数，则式（4-4）可改写为

$$U = iR + L\frac{\mathrm{d}i}{\mathrm{d}t} \tag{4-6}$$

其解为

$$i = I_W\left(1 - \mathrm{e}^{-\frac{t}{T}}\right) \tag{4-7}$$

式中，T 为线圈的电时间常数，$T = L/R$。

显然，线圈电流按指数曲线上升，如图 4-6 所示。如果电流达到 I_{cd} 后衔铁仍保持不动，则电流将按图中虚线所示的指数曲线上升到稳态值 I_W。令 $i = I_{cd}$，根据式（4-7）可得 t'_{cd} 为

$$t'_{cd} = T\ln \frac{I_W}{I_W - I_{cd}} \quad (\text{s}) \tag{4-8}$$

根据式（4-1），由于 $I_{cd} \approx I_{xh}$，$\dfrac{I_W}{I_{cd}} \approx K_{cd}$，代入上式，可得

$$t'_{cd} = T\ln \frac{K_{cd}}{K_{cd} - 1} \quad (\text{s}) \tag{4-9}$$

以上推导并未考虑涡流的影响。实际上，当 Φ 变化时，导磁体内将产生感应电流，即所谓涡流。涡流的作用总是使磁通的变化落后于线圈电流的变化，从而使触动时间变大。铁心在打开位置处，涡流的影响一般不大，可以用一个系数 α 来考虑它的影响，即

$$t'_{cd} = \alpha T\ln \frac{K_{cd}}{K_{cd} - 1} \quad (\text{s}) \tag{4-10}$$

一般取 α 的值为 1. 1~1. 3。

4. 3. 2　吸合运动时间

衔铁运动后，电流不再按式（4-7）的指数曲线上升，因为衔铁运动过程中，气隙减小，磁通增大，而磁通的变化将在线圈内感应出一个反电动势，这个反电动势和线圈的自感电动势共同阻止线圈电流的增长。此时，由于线圈电感在变化，电路的电压平衡方程式变为

$$U = iR + L\frac{\mathrm{d}i}{\mathrm{d}t} + i\frac{\mathrm{d}L}{\mathrm{d}t}$$

上式右边的第二项 $L\mathrm{d}i/\mathrm{d}t$ 为自感电动势，第三项 $i\mathrm{d}L/\mathrm{d}t$ 为电感变化时的反电动势。因此，电流的增长规律将低于式（4-7）的指数曲线。并且随着衔铁运动速度的增加，反电动势愈大，两者之差也愈大，电流甚至不再上升反而下降，如图 4-6 中的 AB 段，B 点的位置与衔铁运动速度有关，速度愈大，B 点愈低。到达 B 点，衔铁已闭合，气隙不再变化，线圈电流又近似地按指数规律增长，不过这时线圈的电时间常数已不同于衔铁打开时的电时间常数，因为电感变大了。

由于衔铁在运动过程中除线圈电感变化外，作用于衔铁上的反作用力和电磁吸力都在变化，因此电磁铁运动时间的计算比较复杂。计算电流的变化规律以及衔铁的运动时间不仅要研究电与磁的变化规律，还要同时研究衔铁的运动规律，也就是说，必须联立求解下列两个微分方程：

电路方程
$$U = iR + \frac{\mathrm{d}\psi}{\mathrm{d}t} \tag{4-11}$$

运动方程
$$F_d - F_f = m\frac{\mathrm{d}^2 x}{\mathrm{d}t^2} \tag{4-12}$$

式中，m 为衔铁及其他运动部分的质量；$\mathrm{d}^2 x/\mathrm{d}t^2$ 为衔铁的运动加速度；x 为衔铁的行程。

由于 ψ 和 F_d 均为 x 和 i 的函数，并且为非线性关系，F_f 也与 x 和 $\mathrm{d}x/\mathrm{d}t$ 有关，因此要用解析法求解以上方程比较困难。下面介绍几种近似计算的方法。

1. 能量增量法

这种方法的实质是将整个衔铁行程分成很多小的间隔，利用能量平衡的方法求得各间隔

的平均运动速度以及电流和磁链的变化增量。计算时假定反力 F_f 只和 x 有关而与 dx/dt 无关，即不考虑与速度有关的反力。

假设衔铁运动的一小段距离为 Δx，该段内磁链的变化量及运动所需的时间分别为 $\Delta \psi$ 及 Δt，该段内的线圈平均电流值为 I_p，则电路方程可以改写成以下形式：

$$U = I_p R + \frac{\Delta \psi}{\Delta t} \tag{4-13}$$

运动方程可以改写成能量平衡方程式

$$F_d \Delta x - F_f \Delta x = \Delta \left(\frac{mv^2}{2} \right) \tag{4-14}$$

式中，$F_d \Delta x$ 为 Δx 段内电磁吸力所做的功；$F_f \Delta x$ 为 Δx 段内克服反力所做的功；$\Delta \left(\frac{mv^2}{2} \right)$ 为 Δx 段内衔铁动能的增量；v 为衔铁的运动速度。

联立求解以上方程，可以采用如下迭代方法：

第一步：将气隙由 $\delta_K \sim \delta_b$ 分成若干间隔，如 δ_K、δ_1、δ_2、δ_3、δ_4、$\cdots$、δ_b，并利用磁路计算求得各气隙时的 $\psi = f(i)$，如图 4-8a 所示。

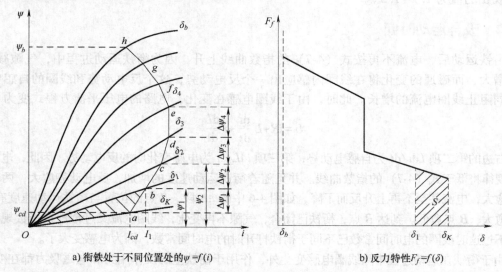

a) 衔铁处于不同位置处的 $\psi = f(i)$ b) 反力特性 $F_f = f(\delta)$

图 4-8　用能量增量法求运动时间

第二步：在 $\delta = \delta_K$ 的 $\psi(i)$ 曲线上，由触动电流 I_{cd} 确定起始点 a，此时磁链为 ψ_{cd}。当衔铁运动一段距离 $\Delta x_1 = \delta_K - \delta_1$ 到达 δ_1 处，电流和磁链都要发生变化，假设变化到 b 点，其坐标为 (ψ_1, I_1)。因 Δx_1 很小，可认为由 a 点至 b 点 ψ 与 i 为线性变化。由于 b 点是任意假设的，为了具体确定该点的位置，还要看其是否同时满足式（4-13）和式（4-14）。

在 Δx_1 这段行程内，电磁力所做的机械功 $F_d \Delta x_1$ 正比于图 4-8a 中的阴影面积 S_{OabO}，克服反力所做的功 $F_f \Delta x_1$ 正比于图 4-8b 所示的反力特性 $F_f = f(\delta)$ 上的阴影面积 S。因此，衔铁在这段行程内增加的动能即为

$$\Delta \left(\frac{mv^2}{2} \right) = S_{OabO} - S$$

由于

$$\Delta\left(\frac{mv^2}{2}\right) = \frac{mv_b^2}{2} - \frac{mv_a^2}{2}$$

式中，v_a、v_b 分别为衔铁处于 δ_K（a 点）、δ_1（b 点）处的运动速度，并且 $v_a = 0$。因此，可求得 v_b 及该段内的平均速度 v_{p1} 为

$$v_{p1} = \frac{v_a + v_b}{2} = \frac{v_b}{2}$$

衔铁运动这段行程所需的时间为 Δt_1，有

$$\Delta t_1 = \frac{\Delta x_1}{v_{p1}}$$

又已知 $\Delta\psi_1 = \psi_1 - \psi_{cd}$、$\Delta x_1$ 及该段内的平均电流 $I_{p1} = \frac{I_{cd} + I_1}{2}$，将这些结果代入电路方程有

$$U = I_{p1}R + \frac{\Delta\psi_1}{\Delta t_1}$$

如果上式两边的数值在规定的误差内，则说明 b 点恰为所求的点，否则就需要重新设定 b 点，并重复上述计算过程直至误差满足要求。

第三步：确定了 b 点以后，假设衔铁又运动了一段距离 $\Delta x_2 = \delta_1 - \delta_2$ 到达 δ_2 处，由 b 点再作 bc 线，确定第二段的 ψ_2、I_2 及 Δt_2，方法同上。

如此类推，求得各分段的线圈电流及衔铁运动的时间，从而可以逐点求得电流的变化 $i = f(t)$ 及吸合运动时间 t'_{yd} 为

$$t'_{yd} = \Delta t_1 + \Delta t_2 + \cdots = \sum_{i=1}^{n} \Delta t_i$$

式中，n 为分段数。

显然，分的段数愈多，计算愈准确。利用上述原理，再结合计算机辅助计算，便可以快速、准确地得到计算结果。当气隙较大或电流较小时，电磁铁工作在 $\psi = f(i)$ 的线性段，而代表机械功的面积为三角形的面积，此时利用上述原理计算起来将更容易。

2. 图解积分法

如果已经知道衔铁在吸合过程中的吸力和气隙 δ 的关系，则吸合运动时间也可以利用图解积分法求得。由上节分析可知，衔铁在运动过程中线圈电流也会发生变化，因此不能用 $i = I_{cd}$ 时的静吸力特性来表征吸合过程中吸力的变化情况，而必须用考虑电流变化后的动吸力特性来表征。然而，衔铁运动之初，电流先增大而后又减小，总体上来说可以近似假定在吸合过程中，$i = I_{cd} =$ 常数，也就是说，可以近似用 $i = I_{cd}$ 时的静吸力特性来代替动吸力特性，这样可以使问题简化。

根据能量平衡定律，有

$$(F_d - F_f)\,\mathrm{d}x = \mathrm{d}\left(\frac{mv^2}{2}\right)$$

假设当 $\delta = \delta_i$ 或 $x = x_i$ 时，衔铁的运动速度为 v_i，则由上式可得

$$\int_0^{x_i}(F_d - F_f)\,\mathrm{d}x = \int_0^{v_i}\mathrm{d}\left(\frac{mv^2}{2}\right) = \frac{mv_i}{2}$$

式中，$\int_0^{x_i}(F_d-F_f)\mathrm{d}x$ 正比于图 4-9a 中的阴影面积 Q_1，因此

$$v_i=\sqrt{\frac{2Q_1}{m}}\quad(\mathrm{m/s})\tag{4-15}$$

求出不同 x_i 或 δ_i 时的 v_i 值，可得到图 4-9b 所示的 $v=f(\delta)$ 曲线。又根据

$$v=\frac{\mathrm{d}x}{\mathrm{d}t}$$

所以，衔铁由 $\delta_K(x=0)$ 运动到 $\delta_i(x=x_i)$ 所需的时间 t_i 可由下式求得

$$t_i=\int_0^{x_i}\frac{1}{v}\mathrm{d}x\quad(\mathrm{s})\tag{4-16}$$

已知 $v=f(\delta)$ 曲线，可求得 $\frac{1}{v}=f(\delta)$ 曲线，如图 4-9c 所示，而 $\int_0^{x_i}\frac{1}{v}\mathrm{d}x$ 正比于图中阴影部分的面积 Q_2。因此，总的吸合运动时间 t'_{yd} 正比于从 $x=0(\delta=\delta_K)$ 至 $x=x_b(\delta=\delta_b)$ 间 $1/v=f(\delta)$ 曲线所覆盖的全部面积。

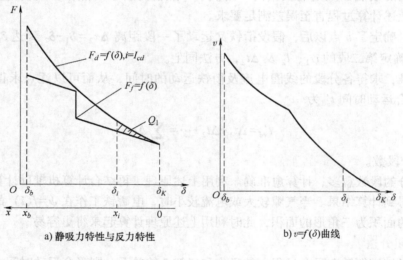

a) 静吸力特性与反力特性   b) $v=f(\delta)$ 曲线

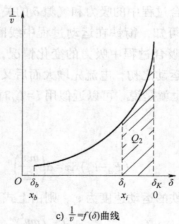

c) $\frac{1}{v}=f(\delta)$ 曲线

图 4-9 求运动时间的图解积分法

3. 解析法

为了求得吸合运动时间与各参数之间的解析表达式,指导工程设计,则需要做更多的假设以简化问题。例如,忽略导磁体和非工作气隙的磁阻,忽略漏磁和散磁,并假定 F_f 在衔铁整个运动过程中为常数且等于 F_{fK},则吸合运动时间可利用下式计算[1]

$$t'_{yd} = \sqrt[3]{\dfrac{3\delta_K m}{U\sqrt{\dfrac{F_{fK}}{2\delta_K L_K}} - R\dfrac{F_{fK}}{L_K}}} \quad (\text{s}) \tag{4-17}$$

或

$$t'_{yd} = \sqrt[3]{\dfrac{6\delta_K^2 m K_{cd}^2}{P_W(K_{cd}-1)}} \quad (\text{s}) \tag{4-18}$$

式中,δ_K 为衔铁打开时的气隙 (m);m 为运动部分的质量 (kg);F_{fK} 为打开位置时的反力 (N);L_K 为打开位置时的线圈电感 (H);U 为线圈电压 (V);R 为线圈电阻 (Ω);K_{cd} 为储备系数,且 $K_{cd} = I_W/I_{cd}$;P_W 为稳态时线圈消耗的功率,$P_W = I_W^2 R$。

4.4　减少吸合时间的方法

减少电磁铁的吸合时间可以从两方面着手:①在设计电磁铁时应采用合理的结构型式、设计参数和材料;②在使用已有的电磁铁时可以采用各种加速动作的电路。下面分别进行讨论。

4.4.1　最优储备系数

在设计电磁铁时一般给定初始气隙 δ_K 及初始吸力 F_{dK},并对电磁铁的灵敏度,也就是线圈的消耗功率 P_W 有一定的要求。在给定 δ_K、F_{dK}、P_W 的情况下,可以适当选择储备系数 K_{cd} 使吸合触动时间 t'_{cd} 和运动时间 t'_{yd} 最小。

由式 (4-10) 可知,触动时间 t'_{cd} 与线圈电时间常数 T 和储备系数 K_{cd} 有关。增大 K_{cd} 和减小 T 都可以使 t'_{cd} 减小,但是要受到线圈功率的限制。K_{cd}、T 和 P_W 三者之间有相互制约的关系。在给定 P_W 的条件下,有一个最优的 K_{cd} 值使得 t'_{cd} 最小。以下进行具体分析。

根据式 (4-10) 中 t'_{cd} 的表达式可知,增大 K_{cd} 可使 $\ln K_{cd}/(K_{cd}-1)$ 项减小。由于 $K_{cd} = (IW)_W/(IW)_{cd}$,为了增大 K_{cd},可以增大线圈稳态磁动势 $(IW)_W$ 或者减小线圈触动磁动势 $(IW)_{cd}$。但是,$(IW)_{cd}$ 是由吸力和衔铁行程的要求所决定的 (详见第 6 章),不能任意减小,因此只能增大 $(IW)_W$,而增大 $(IW)_W$ 将使线圈功率 P_W 增大,因为

$$P_W = I_W^2 R \quad (\text{W}) \tag{4-19}$$

式中,R 为线圈电阻;I_W 为稳态电流。

若线圈匝数为 W,由直径为 d 的铜导线绕制,线圈尺寸如图 4-10 所示,图中 L、b、D_p 分别为线圈的长度、厚度和每匝平均直径,ρ 为铜的电阻率,则线圈电阻为

$$R = \dfrac{4\rho D_p W}{d^2} \quad (\Omega)$$

若定义线圈截面积 Lb 中铜导线截面积 $\pi d^2/4$ 所占的比例为线圈的填充系数 f (详见 5.3 节):

$$f = \frac{\left(\dfrac{\pi d^2}{4}\right) W}{Lb}$$

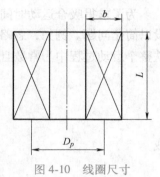

图 4-10　线圈尺寸

显然，f 与导线的截面形状、直径、绝缘厚度、绕线方法等有关，一般取 $f = 0.3 \sim 0.6$，则线圈电阻又可表示为

$$R = \frac{\pi \rho D_p W^2}{f L b} \quad (\Omega) \tag{4-20}$$

将式（4-20）代入式（4-19），可得 P_W 与 $(IW)_W$ 及线圈尺寸的关系为

$$P_W = \frac{\pi \rho D_P (IW)_W^2}{f L b} \quad (\text{W}) \tag{4-21}$$

可见，增大 $(IW)_W$ 将使 P_W 以正比于 $(IW)_W$ 的平方而增大，而 P_W 是设计给定的要求，不能任意增大。如何才能使 P_W 保持不变呢？由式（4-21）可见，如果在增大 $(IW)_W$ 的同时使线圈尺寸，即 L 和 b 也增大，那么就可以使 P_W 不变（线圈设计详见第 5 章）。

加大线圈尺寸又会带来什么后果呢？根据时间常数的计算公式

$$T = \frac{L}{R} = \frac{W^2 G_c}{R} \quad (\text{s})$$

式中，G_c 为磁路总磁导（H）。

将式（4-20）代入上式，得

$$T = \frac{G_c f L b}{\pi \rho D_p} \quad (\text{s}) \tag{4-22}$$

显然，加大 (Lb) 将使 T 增大，而 T 的增大又会使线圈中的电流增长缓慢，从而使触动时间 t'_{cd} 增大。

由以上分析可见，在保持线圈功率不变的情况下，无限增大 K_{cd} 不但是不实际的，因此时线圈尺寸也要增大，而且也不一定对减少 t'_{cd} 有利。K_{cd} 的过大或过小都会使 t'_{cd} 增大，显然，只有 K_{cd} 取某一值时，t'_{cd} 最小。将

$$T = \frac{W^2 G_c}{R} = \frac{(IW)_W^2 G_c}{I_W^2 R} = \frac{K_{cd}^2 (IW)_{cd}^2 G_c}{P_W}$$

代入式（4-10），得

$$t'_{cd} = \frac{\alpha (IW)_{cd}^2 G_c}{P_W} K_{cd}^2 \ln \frac{K_{cd}}{K_{cd} - 1}$$

令 $\dfrac{\mathrm{d} t'_{cd}}{\mathrm{d} K_{cd}} = 0$，注意求导时 P_W 及 $(IW)_{cd}$ 保持不变，那么可求得当 $K_{cd} = 1.4$ 时，t'_{cd} 为最小值

$$(t'_{cd})_{\min} = 2.45 \frac{\alpha (IW)_{cd}^2 G_c}{P_W} \tag{4-23}$$

若忽略导磁体和非工作气隙磁阻，可认为 $(IW)_{cd}$ 近似等于主工作气隙磁压降 u_δ，$(IW)_{cd} \approx u_\delta$，又 $G_c \approx G_\delta = \dfrac{\mu_0 S}{\delta_K}$，将它们代入上式，并应用麦克斯韦简化吸力式（3-16），同时注意到衔铁触

动时 $F_{dK}=F_{fK}$，可得

$$(t'_{cd})_{\min}=4.9\frac{\alpha F_{fK}\delta_K}{P_W}\quad(\text{s})\tag{4-24}$$

以上讨论的是吸合触动时间，那么增大 K_{cd} 对减小吸合运动时间 t'_{yd} 是否有利？由式（4-18）可见，t'_{yd} 也和 K_{cd} 有关，并且在保持 P_W 不变的条件下也有一个最小值，即令 $dt'_{yd}/(dK_{cd})=0$，得到当 $K_{cd}=2$ 时，t'_{yd} 为最小。将 $K_{cd}=2$ 代入式（4-18），得最小吸合运动时间，即

$$(t'_{yd})_{\min}=\sqrt[3]{\frac{24\delta_K^2 m}{P_W}}\quad(\text{s})\tag{4-25}$$

式中，δ_K 为打开位置时的气隙（m）；m 为运动部分的质量（kg）；P_W 为线圈稳态消耗功率（W）。

根据上述分析可得以下结论：

1）为了减少触动时间，K_{cd} 应取为 1.4；而为了减少运动时间，K_{cd} 应取为 2。因此，从减少固有吸合时间 t_{xh} 来说，通常取 K_{cd} 为上面两个值的平均值，即 $K_{cd}=(1.4+2)/2=1.7$。需要注意的是，该最优 K_{cd} 值是在给定 P_W 值为某一定值的前提下推导得来的，对于短时允许通以很大电流进行加速的电磁铁并不适用。此外，在设计电磁铁时，K_{cd} 的选取还要考虑电源电压的可能波动范围等其他因素（见 4.2 节）。

2）增大线圈功率 P_W 可以使 $(t'_{cd})_{\min}$、$(t'_{yd})_{\min}$ 减小，可见电磁铁的快速性和灵敏度这两个指标是矛盾的。

3）减小反力 F_{fK} 和行程 δ_K 可以使 $(t'_{cd})_{\min}$ 按比例减小，减小 δ_K 也可以使 $(t'_{yd})_{\min}$ 按 2/3 次方减小，但是减小 F_{fK} 及 δ_K 就意味着降低电磁铁的工作能力。

4）减小运动部分的质量 m，能减小 $(t'_{yd})_{\min}$，所以一般将衔铁设计得比磁路其他部分更为饱和以缩小其截面积，减小其质量。

5）减小涡流可以使 α 减小，从而使 t'_{cd} 减小。在一些快速动作的电磁铁中，虽然是直流磁系统，也常使用电阻率较高的硅钢片来叠制成铁心。

4.4.2　合理配合吸力和反力特性

对于一般拍合式或吸入式电磁铁，根据 3.4 节的分析，它们的静吸力 $F_d\propto c/\delta^2$，在衔铁运动开始一段行程内，δ 较大，F_d 较小并且增大较慢；而当衔铁快吸合时，δ 较小，F_d 迅速增大，如图 4-11 中的曲线 2 所示。当这种吸力特性与一般的反力特性配合时，如图 4-11 中的曲线 1 所示，会有以下缺点：开始较长一段行程内，由于吸力仅稍大于反力，所以衔铁速度不会很快，使运动时间变长，随后在还剩下不长的行程内吸力比反力大很多，导致这时衔铁的加速度很大，速度很快。但因衔铁很快就到达吸合位置了，故不能使衔铁的运动时间减少很多，反而会造成动静导磁部分间较猛烈的碰撞，从而引起一些部件的冲击振动，增加磨损。因此，这样的吸力特性与反力特性的配合是不够理想的。实际上，从能量平衡的观点来看，并不需要吸力在整个行程内都大于反力，只需要吸力对衔铁所做的功等于或稍大于反力所做的功就可以了，即

$$\int_0^{x_b}F_d\,\mathrm{d}x\geq\int_0^{x_b}F_f\,\mathrm{d}x$$

相当于吸力特性与坐标轴之间的面积等于或稍大于反力特性与坐标轴之间的面积。另外，在打开和闭合这两个位置上仍应保证吸力大于反力。因此，吸力与反力特性的理想配合是：衔铁触动后，吸力迅速增大使衔铁加速运动，而当衔铁积累一定动能后使吸力小于反力，将衔铁积累的动能转变为克服反力所需做的功，最后临近吸合时吸力又再度上升到大于反力，如图 4-11 中的曲线 3 所示。

为了得到接近于理想的吸力与反力配合，可采用的措施有：①改变磁动势的方法，即在开始一段时间内让磁动势很大（如强行励磁）使吸力急剧增长，随后再减小磁动势使吸力减小，如采用双绕组电磁铁；②改进磁路结构，如采用具有马鞍形吸力特性的磁系统，如3.4.4 节所述的具有非饱和磁分路的磁系统。下面主要介绍双绕组电磁铁的工作原理。

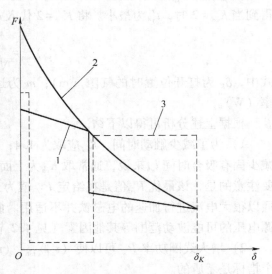

图 4-11　吸力特性与反力特性的配合
1—反力特性　2——一般吸力特性　3—理想的吸力特性

如图 4-12a 所示，双绕组电磁铁的线圈由两个绕组组成：①起动绕组，也称加速绕组；②保持绕组。起动绕组的导线直径较大，匝数很少，绕组所占的截面积也较小，一般只占整个线圈窗口面积 Lb 的 $1/4 \sim 1/3$，而保持绕组的导线直径较细，匝数较多，绕组所占的窗口面积较大。两个绕组的接线图如图 4-12b 所示，起动绕组和保持绕组串联连接，但保持绕组被一对辅助触头 S 所短路。当衔铁处于打开位置时，S 是闭合的，而当衔铁运动到某一位置时，通过与衔铁联动的推杆将 S 打开。

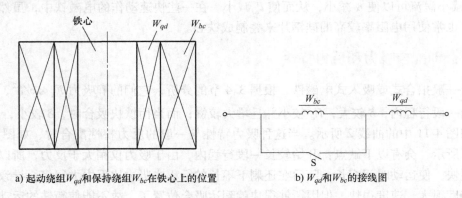

a) 起动绕组W_{qd}和保持绕组W_{bc}在铁心上的位置　　b) W_{qd}和W_{bc}的接线图

图 4-12　双绕组电磁铁

衔铁起动时，S 是闭合的，电压几乎全部加在起动绕组上，而起动绕组的电阻又很小，故电流很大。因此，虽然起动绕组的匝数 W_{qd} 不大，但其产生的磁动势 $(IW)_{qd}$ 却很大。另外，由于起动绕组的尺寸小，它的电时间常数也很小［见式（4-22）］，因而电流增长得很快，会使衔铁加速吸合。当然，起动绕组消耗的功率也很大［见式（4-21）］，但是由于起动的时间很短，一般只有百分之几秒，所以不会使绕组过热。当衔铁运动到接近闭合时，

S 打开，使保持绕组和起动绕组串联。由于保持绕组的电阻较大，线圈电流大大减小。虽然这时总的匝数 $W_{qd}+W_{bc}$ 大了，但总的磁动势 $I(W_{qd}+W_{bc})$ 却减少了。线圈长时工作时所消耗的功率并不大，因此，虽然多了一个绕组，电磁铁的尺寸和重量还是比单绕组电磁铁要小。

　　航空用 MZJ 型长时工作直流接触器都做成了双绕组。MZJ-100A 型接触器的绕组数据列于表 4-1。吸合过程中的吸力特性如图 4-13 所示，图中衔铁处于打开位置时，$\delta_K = 2\text{mm}$，辅助触头打开时 $\delta_z = 0.6\text{mm}$。必须指出，虽然从减小撞击的角度来说，使 S 打开后的吸力小于反力更为有利，如图 4-11 所示，但是为了确保工作可靠，并且也为了不使释放电压过高，航空接触器并没有做到这一点。

表 4-1　MZJ-100A 型航空接触器绕组数据

绕组名称	裸线直径 d/mm	匝数 W	电阻 R/Ω	27V 时的电流 I/A	总磁动势 IW/A	消耗功率 P_W/W
起动绕组	0.25	200	4 ± 0.32	6.8	1360	183
保持绕组	0.18	2000	100 ± 8	0.26	520[①]	7[①]

① 此值为起动绕组和保持绕组的总和。

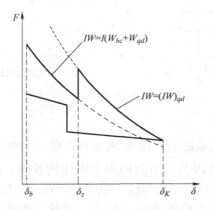

图 4-13　双绕组电磁铁的吸力特性与反力特性的配合

4.4.3　加速运动的方法

　　从电路的角度，为了使衔铁加速运动，即使线圈中的电流快速达到触动电流，减小触动时间，主要的方法是减小线圈电路的电时间常数或提高储备系数。具体措施如下：

1. 串联辅加电阻并提高电源电压

　　若在电磁铁线圈回路内串联一个辅加电阻 R_f，同时将电源电压由 U_1 提高到 U_2，使稳态电流值仍保持为额定值 I_W，如图 4-14b 所示，则回路的电时间常数 T_2 为

$$T_2 = \frac{L}{R+R_f} \tag{4-26}$$

式中，L、R 分别为电磁铁线圈的电感和电阻。

　　显然，T_2 小于线圈原来的电时间常数 T_1。串联 R_f 前和串联 R_f 后的电流增长曲线分别如图 4-14d 中的曲线 1 和 2，由图可见，若电磁铁的触动电流为 I_{cd}，则其吸合触动时间将会由 t'_{cd1} 减小到 t'_{cd2}。

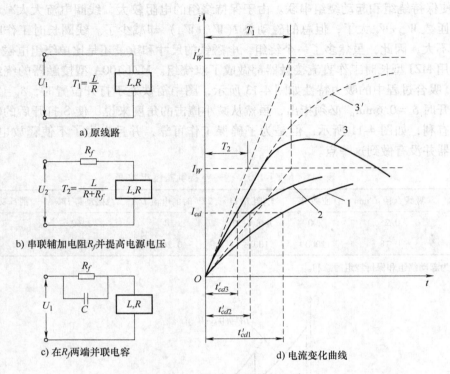

图 4-14   衔铁加速运动的电路

2. 在 R_f 两端并联电容

若在图 4-14b 所示电路的基础上，在 R_f 两端再并联一个电容 C，如图 4-14c 所示，则可以进一步减小触动时间。这是因为当电路刚加上电压的瞬间，电容 C 尚未充电，即其两端的电压 $U_C = 0$，相当于将 R_f 短路，因此电流 i 将按 $R_f = 0$、$T = L/R = T_1$、$U = U_2$、$I'_W = U_2/R$ 的指数曲线上升，如图 4-14d 中的虚线曲线 3' 所示。显然，曲线 3' 在曲线 2 的上方，也就是说，电流比仅串联 R_f 时增长得更快。实际中电流并不会增长到 I'_W，因为 C 充电后 $U_C \neq 0$，而当 $t \to \infty$ 时，C 已充电完毕，相当于开路，所以电路的稳态电流仍为 $I_W = U_2/(R + R_f)$。实际电流的增长曲线 $i = f(t)$ 如图中曲线 3 所示，其触动时间为 t'_{cd3}。

需要注意的是，对于图 4-14c 所示的二阶电路，$i = f(t)$ 的曲线可能是振荡的，也可能是非振荡。当 $(L + RR_fC)^2 > 4LR_fC(R + R_f)$ 时为非振荡，而当 $(L + RR_fC)^2 < 4LR_fC(R + R_f)$ 时为振荡，图 4-14d 中的曲线 3 为振荡的情况。振荡时电流的增长比非振荡时更快，而且比值 R_f/R 越大，触动时间就越短。对每一个辅加电阻 R_f 都相应有一个最有利的电容值，在此电容下，触动时间为最短，该电容值可通过令触动时间对电容的导数为零来确定。通过计算可知该电容为 $C = L/(RR_f)$。

采用并联电容的方法可以使 t'_{cd} 减小一半以上。例如，对某一电磁铁，当 $R = 4\Omega$，$R_f = 12\Omega$，$L = 0.04\text{H}$，$U = 110\text{V}$，在 $C = 0$ 时，线圈电流达到 6A 时需要的时间为 $5.3 \times 10^{-3}\text{s}$；当 $C = 100\mu\text{F}$ 时，需要的时间为 $3.4 \times 10^{-3}\text{s}$；当 $C = 400\mu\text{F}$ 时，需要的时间为 $2.5 \times 10^{-3}\text{s}$。

3. 电压脉冲法加速电路

图 4-15a 为一种产生脉冲电压的加速电路，图中 L 和 R 分别为电磁铁线圈的电感和电

阻，L' 和 R' 分别为串联的大电感和电阻，这种电路可以使电磁铁的线圈电流迅速上升。

起初 S_1、S_2 均闭合，回路中的电流为 $I_1 = \dfrac{U_2}{R'}$，但通过电磁铁线圈的电流为零，因它被 S_1 所短路。该阶段称为准备阶段，此时在 L' 内储藏了磁能 $W_e = L'I_1^2/2$。然后将 S_1 打开，电磁铁线圈中有电流通过。要使线圈内的电流跃变要施加很高的电压，该电压由电感 L' 提供，因为当 L' 内的电流被迫迅速减小时，将会产生一个很高的感应电压。实际上，根据电磁感应定律，在 S_1 断开前后，对整个回路来说，总的磁链不能突变。在 S_1 断开前，回路的磁链为 ψ_1，$\psi_1 = I_1 L'$。S_1 断开后，电磁铁线圈内的电流由零迅速上升到 I_2，电感 L' 内的电流由 I_1 迅速减小到 I_2，则此时回路总的磁链为 ψ_2，而 $\psi_2 = I_2(L'+L)$。ψ_2 应该等于 ψ_1，即

$$I_1 L' = I_2(L'+L)$$

因此

$$I_2 = \frac{L'}{L'+L}I_1 \tag{4-27}$$

如果 I_2 大于触动电流 I_{cd}，则触动时间将会很小。图 4-15b 所示为利用示波器测到的这种电路的电流增长图。

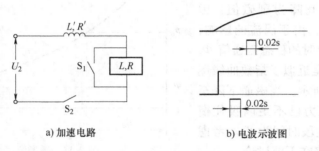

a) 加速电路　　　　　　　　b) 电波示波图

图 4-15　电压脉冲法加速电路

以上讨论的是衔铁加速运动的电路。相反，如果要求延缓衔铁吸合触动时间，则可以采用各种延时电路。例如，与电磁铁线圈串联一个辅加电感 L_f，如图 4-16a 所示，就会增大整个回路的电时间常数而使 t'_{cd} 增大。采用这种电路可以使小型继电器的 t'_{cd} 延长到 0.1s，而对大型继电器能达 2s。

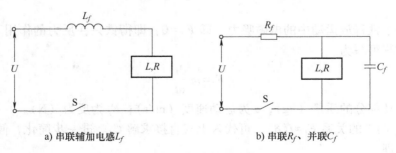

a) 串联辅加电感 L_f　　　　　　b) 串联 R_f、并联 C_f

图 4-16　吸合延时电路

还可以与线圈串联一个电阻 R_f，并联一个电容 C_f，如图 4-16b 所示。当电路刚接通时，

C_f 两端的电压很低，随着 C_f 通过电阻 R_f 充电，其两端的电压逐渐升高，线圈电流也随着渐渐增大，从而使 t'_{cd} 增大。采用这种电路能使继电器的 t'_{cd} 延长到 0.1~0.4s。

类似的延时电路还有很多，但应用较广泛的还是使电磁铁释放延时，这将在下面讨论。

4.5 电磁铁的释放过程和释放时间

从线圈断开电源的瞬间至衔铁开始运动所需的时间，称为**释放触动时间** t''_{cd}，而从衔铁开始运动到恢复到原来的打开位置所需的时间，称为**释放运动时间** t''_{yd}，电磁铁的固有释放时间 t_{sf} 由以上两部分组成，即

$$t_{sf} = t''_{cd} + t''_{yd} \tag{4-28}$$

4.5.1 释放触动时间

当电磁铁线圈断电时，如果不计断电时电弧熄灭所需的时间，则可以认为线圈电流瞬间降为零。此时如果不计涡流的作用，线圈本身也没有短路匝，则可以认为磁通也瞬间降为剩磁值，因此，$t''_{cd} \approx 0$。实际上，由于涡流的影响，磁通不会瞬间由闭合时的稳态磁通值 Φ_b 降到剩磁值 Φ_r，而是近似于指数曲线逐渐下降，如图 4-17 所示。当磁通下降至释放磁通 Φ_{sf} 时，吸力已不足以吸住衔铁，衔铁被释放，这段时间为 t''_{cd}。考虑涡流后如何计算 t''_{cd} 将在下节讨论。

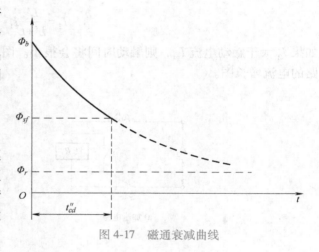

图 4-17 磁通衰减曲线

4.5.2 释放运动时间

衔铁开始运动后，线圈中的电流或导磁体中的涡流的变化规律较复杂。和计算吸合运动时间一样，必须做一些简化。假设在衔铁释放运动过程中，电流为常数并等于 I_{sf}，并且已经由磁路计算求得 $i = I_{sf}$ 时的静吸力特性，则可以用类似于 4.3 节中的图解积分法来近似计算 t''_{yd}。

如果忽略衔铁释放运动中的电磁吸力，即 $F_d = 0$，即衔铁只在反力的作用下释放，此时衔铁的运动方程可写为

$$F_f = m \frac{\mathrm{d}v}{\mathrm{d}t}$$

式中，m 为运动部分的质量（kg）；v 为运动速度（m/s）；F_f 为反力（N）。

若已知 F_f 与 δ 的关系 $F_f = f(\delta)$，可代入上式直接求解 t''_{yd}。进一步简化，假设 F_f 的变化规律为线性，即

$$F_f = F_{fb} - ax$$

式中，F_{fb} 为衔铁在吸合位置时的反力（N）；x 为衔铁释放运动的行程（m）；a 为返回弹簧

的刚度（N/m），则可求得

$$t''_{yd} = \sqrt{\frac{m}{a}}\arccos\left(\frac{F_{fK}}{F_{fb}}\right) \tag{4-29}$$

式中，F_{fK} 为打开位置时的反力（N）。

式（4-29）是一个非常近似的计算公式，但由该式可见，减少衔铁的质量 m、增大反力 F_{fK}、增大弹簧刚度 a，都可以使 t''_{yd} 减少。

4.6　延缓释放时间的方法和计算

延缓电磁铁的释放时间可以从两方面着手：①采用各种延时电路；②采用特殊的结构。

4.6.1　延时电路

在线圈两端并联一个电阻 R_f 可以延缓释放触动时间，如图 4-18a 所示。当开关 S 断开时，线圈中的电流不会立即消失，而是通过 R_f 按指数曲线缓慢地衰减到零值，即

$$i = I_W e^{-\frac{t}{T}} \tag{4-30}$$

式中，I_W 为 S 断开前的稳态电流；T 为放电回路的电时间常数，且 $T = \frac{L}{R+R_f}$。

如果再考虑涡流的影响，气隙磁通衰减得会更慢，因而延长了释放触动时间。该方法简单，但线圈通电工作时 R_f 也要消耗一部分电能，并且 R_f 愈小，延时作用愈大，R_f 消耗的功率也愈大。为了避免上述缺点，可以用二极管 VD 代替电阻，如图 4-18b 所示。正确连接二极管，当线圈正常通电时，使二极管处于截止状态，此时其反向电阻大，消耗电能极少。如果在线圈两侧并联电容 C 和电阻 R_f，如图 4-18c 所示，也可以达到同样的目的。当开关 S 断开后，电容 C 通过 R_f 经线圈放电，也延长了释放触动时间。电阻 R_f 可以限制通电时电容器的充电电流，也可延长电容器经线圈的放电过程。

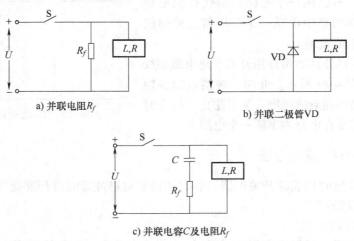

图 4-18　释放延时电路

4.6.2 阻尼套筒式延时电磁铁

如果在电磁铁铁心上套上一个导电性能良好的材料，如铜或铝制成的套筒，如图 4-19a 所示，则当 S 打开后，磁通开始衰减，根据电磁感应定律，将会在套筒内感应出一个短路环流。该环流所产生的磁通延缓了气隙内磁通的衰减，使磁通按指数曲线逐渐下降到剩余磁通 Φ_r，如图 4-19b 所示，从而延长了释放触动时间。套筒阻止了气隙磁通的变化，也称为阻尼套筒，其电阻很小，因而对磁通的延缓作用要比铁心中的涡流大得多。

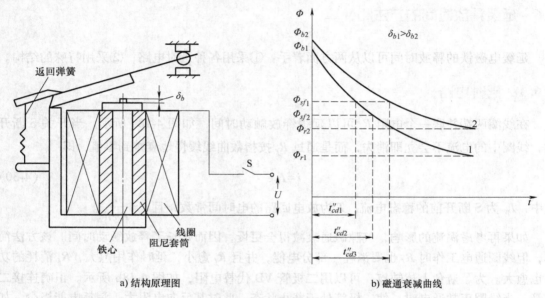

a) 结构原理图　　　　　　　　　　　　b) 磁通衰减曲线

图 4-19　阻尼套筒式延时继电器

阻尼套筒往往就构成了线圈的框架，但有时也可做成圆环状安放在铁心的端部或底部。阻尼套筒同时也延长了电磁铁的吸合触动时间，为了避免吸合延时，可以用一个短路线圈代替阻尼套筒，并在短路线圈回路中串联一个二极管，使得仅在释放时有短路电流流通。

为了增大延时的作用也可以用开关 S 将电磁铁线圈本身短路，如图 4-20 所示。此时，线圈也起到短路线圈的作用，使磁通衰减更慢。为了防止 S 闭合时电源被短路，还需要在电路内串联一个电阻 R_f。

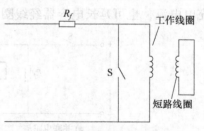

图 4-20　利用线圈短路实现释放延时

4.6.3　释放延时的调整方法

对于具有释放延时功能的开关电器，有时还需要对释放延时进行准确的调整。下面介绍两种释放延时的方法。

1. 调整闭合时的反力

调整闭合时的反力可以改变释放磁通 Φ_{sf}。若反力减小，使释放磁通由 Φ_{sf1} 减小到 Φ_{sf2}，如图 4-19 中的曲线 1，即 $\delta_b=\delta_{b1}$ 时 $\Phi=f(t)$，则释放触动时间将由 t''_{cd1} 增大到 t''_{cd2}。当 Φ_{sf} 接近

于 Φ_{r1} 时，延时将趋向很大，但此时延时并不稳定，因为在这种情况下，只要 Φ_{sf} 或 Φ_r 略有改变都可能引起延时有较大的改变，而这种改变在使用过程中是不可避免的。例如，弹簧用久后性能的改变，反力作用力臂的某些改变，以及振动、加速度等因素导致的反力改变等。另外，材料磁性能的某些改变，如温度的影响或衔铁闭合时的剩余间隙 δ_b 因零件磨损而发生的某些改变，都可能使 Φ_r 略有变化。因此，为了得到足够的延时准确度，必须使 Φ_{sf} 比 Φ_r 大 1~2 倍。令 $\dfrac{\Phi_{sf}-\Phi_r}{\Phi_r}\times100\%=K_{kk}$，$K_{kk}$ 称为调整延时的可靠系数。

2. 调整剩余气隙 δ_b

δ_b 的大小直接影响闭合时的稳态磁通 Φ_b 和剩余磁通 Φ_r。减小 δ_b，则 Φ_b、Φ_r 增大，使磁通衰减曲线上移，如图 4-19 中的曲线 2 所示。若反力不变，即 Φ_{sf} 不变并等于 Φ_{sf1}，则当 δ_b 由 δ_{b1} 减小到 δ_{b2} 时，释放延时将由 t''_{cd1} 增大到 t''_{cd3}。

4.6.4　释放延时的计算方法

对于具有阻尼套筒的延时电磁铁，因 t''_{yd} 相对很小，其释放时间主要由释放触动时间 t''_{cd} 所决定。下面讨论 t''_{cd} 的计算方法，并分析在设计延时电磁铁时最优的铜铁比。

1. t''_{cd} 的计算方法

如果只考虑由线圈本身短路所产生的延时效果，而不考虑阻尼套筒及涡流的影响，则由线圈回路的电路方程

$$0 = iR + \frac{\mathrm{d}\psi}{\mathrm{d}t} \tag{4-31}$$

可得 t''_{cd} 的计算公式为

$$t''_{cd} = -\frac{1}{R}\int_{\psi_b}^{\psi_{sf}}\frac{\mathrm{d}\psi}{i} = \frac{1}{R}\int_{\psi_{sf}}^{\psi_b}\frac{\mathrm{d}\psi}{i} \tag{4-32}$$

式中，i 为线圈电流（A）；R 为线圈电阻（Ω）；ψ 为线圈磁链（Wb）；ψ_b 为线圈短路前的磁链；ψ_{sf} 为衔铁开始释放时的磁链。

如果已经由磁路计算求得电磁铁在闭合位置 δ_b 处的退磁特性曲线 $\psi = f(i)$，如图 4-21a 所示，则可求得 $\psi = f(1/i)$ 的曲线，如图 4-21b 所示，然后可利用图解积分法求得 t''_{cd}，因为 t''_{cd} 正比于阴影面积 Q 与 $1/R$ 的乘积。

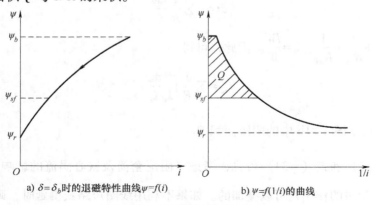

a) $\delta = \delta_b$ 时的退磁特性曲线 $\psi = f(i)$　　　　b) $\psi = f(1/i)$ 的曲线

图 4-21　利用图解积分法求 t''_{cd}

如果同时考虑阻尼套筒及铁心内涡流对释放延时的影响，则需联立求解线圈、套筒及涡流回路的电路方程，即

$$0 = iR + \frac{d\psi}{dt} \text{ 或 } i = -\frac{1}{R}\frac{d\psi}{dt}$$

$$0 = i_{zn}R_{zn} + \frac{d\psi_{zn}}{dt} \text{ 或 } i_{zn} = -\frac{1}{R_{zn}}\frac{d\psi_{zn}}{dt}$$

$$0 = i_{wl}R_{wl} + \frac{d\psi_{wl}}{dt} \text{ 或 } i_{wl} = -\frac{1}{R_{wl}}\frac{d\psi_{wl}}{dt}$$

第一个方程为线圈的电路方程，其中 i、R、ψ 分别表示线圈电流、电阻以及与之交链的磁链。第二个方程为阻尼套筒的电路方程，其中 i_{zn}、R_{zn}、ψ_{zn} 分别表示阻尼套筒的电流、电阻以及与之交链的磁链。第三个方程为铁心涡流回路的电路方程，这里涡流的作用等效成了一个短路套筒，而 i_{wl}、R_{wl}、ψ_{wl} 分别表示涡流回路的等效电流、等效电阻以及与之交链的磁链，其中 $R_{wl} = 8\pi\rho_T/l_c$，式中 l_c 为铁心长度，ρ_T 为铁心的电阻率。

假设 W、W_{zn} 及 W_{wl} 分别表示线圈、阻尼套筒及等效涡流套筒的匝数，这里取 W_{zn} 和 W_{wl} 都等于 1，则

$$\psi_{zn} = \frac{W_{zn}}{W}\psi$$

$$\psi_{wl} = \frac{W_{wl}}{W}\psi$$

因此，总的磁动势为

$$IW = \sum(iW) = iW + i_{zn}W_{zn} + i_{wl}W_{wl}$$

$$= -W\left(\frac{1}{R} + \frac{W_{zn}^2}{W^2}\frac{1}{R_{zn}} + \frac{W_{wl}^2}{W^2}\frac{1}{R_{wl}}\right)\frac{d\psi}{dt}$$

若令 $R'_{zn} = \frac{W^2}{W_{zn}^2}R_{zn}$，$R'_{wl} = \frac{W^2}{W_{wl}^2}R_{wl}$，则

$$IW = \sum(iW) = -W\left(\frac{1}{R} + \frac{1}{R'_{zn}} + \frac{1}{R'_{wl}}\right)\frac{d\psi}{dt}$$

从而

$$dt = -\sum\frac{1}{R}\frac{d\psi}{i_z}$$

式中，$\sum\frac{1}{R} = \frac{1}{R} + \frac{1}{R'_{zn}} + \frac{1}{R'_{wl}}$，$i_z = \frac{IW}{W}$。因此，可得

$$t''_{cd} = \sum\frac{1}{R}\int_{\psi_{sf}}^{\psi_b}\frac{d\psi}{i_z} \tag{4-33}$$

式中，$\int_{\psi_{sf}}^{\psi_b}\frac{d\psi}{i_z}$ 正比于图 4-21b 中的阴影面积 Q。

比较式（4-32）和式（4-33）可见，考虑了阻尼套筒及铁心涡流的影响后，t''_{cd} 将增大，并且三者对释放延时的作用是可以叠加的。如果不利用线圈短路获得延时，则 $\sum\frac{1}{R}$ 中的第一

项等于零。另外，阻尼套筒的电阻 R_{zn} 愈小，其对延时的作用就愈大。

2. 最优铜铁比

对于具有一定外廓尺寸的电磁铁，如保持图 4-22 中的 R_2 不变，考虑下列两种极端情况：

1）$R_1 = 0$，即没有铁心。此时虽然阻尼套筒的尺寸最大，电阻最小，但是由于没有铁心，磁通很小，因此延时也就很小。

2）$R_1 = R_2$，即没有阻尼套筒。此时若不考虑铁心涡流及线圈本身短路的作用，延时也很小。

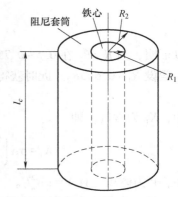

图 4-22　阻尼套筒结构尺寸

由上可见，只有合理选取 R_1 的数值，即选取合理的 R_1/R_2，便可以使释放延时最大。为了求得 R_1/R_2 的最优值，需要将式（4-33）用电磁铁的尺寸参数来表示。

如果仅考虑阻尼套筒所引起的延时分量 $(t''_{cd})_{zn}$，由式（4-33）得

$$(t''_{cd})_{zn} = \frac{1}{R'_{zn}} \int_{\psi_{sf}}^{\psi_b} \frac{d\psi}{i_z} \qquad (4\text{-}34)$$

用尺寸参数表示 R'_{zn} 得

$$R'_{zn} = \frac{\rho \pi (R_1 + R_2)}{(R_2 - R_1) l_c} W^2$$

式中，ρ 为阻尼套筒材料的电阻率；l_c 为套筒长度，也等于铁心长度。

将式（4-34）中的积分部分用气隙磁通 Φ_δ 或气隙磁通密度 B_δ 表示，即 $\psi = \sigma \alpha W \Phi_\delta$，式中 σ 为磁系统的漏磁系数，而 α 为小于 1 的系数，用于表示因漏磁通的存在使得阻尼套筒产生的总磁通并不和全部线圈匝链。因此，有

$$(t''_{cd})_{zn} = \sigma \alpha \frac{(R_2 - R_1) l_c}{\rho \pi (R_1 + R_2)} \int_{\Phi_{sf}}^{\Phi_b} \frac{d\Phi_\delta}{IW}$$

式中，Φ_b、Φ_{sf} 分别为线圈断开前及衔铁开始释放时的气隙磁通值。

又由于 $\Phi_\delta = B_\delta \pi R_1^2$，故

$$(t''_{cd})_{zn} = \sigma \alpha \frac{R_1^2 (R_2 - R_1) l_c}{\rho (R_1 + R_2)} \int_{B_{sf}}^{B_b} \frac{dB_\delta}{IW} \qquad (4\text{-}35)$$

式中，B_b、B_{sf} 分别为线圈断开前和衔铁开始释放时的气隙磁通密度。

B_b 一般由铁心材料的饱和磁通密度所决定，而 B_{sf} 由调整延时的可靠系数 K_{kk} 所决定，即

$$K_{kk} = \frac{\Phi_{sf} - \Phi_r}{\Phi_r} \times 100\% = \frac{B_{sf} - B'_r}{B'_r} \times 100\%$$

式中，B'_r 为气隙内的剩余磁通密度。

B'_r 并不是导磁材料的剩余磁感应强度，若导磁体的长度及剩余间隙 δ_b 已知，则 B'_r 也可确定。因此，式（4-35）中 $\int_{B_{sf}}^{B_b} \frac{dB_\delta}{IW}$ 与结构尺寸 R_1 和 R_2 无关。为了求得最优的 R_1/R_2 值，令

$\dfrac{d(t''_{cd})_{zn}}{dR_1} = 0$，可求得

$$\frac{R_1}{R_2} = 0.62 \tag{4-36}$$

也就是说，若 R_2、l_c 一定，即外廓尺寸一定，则当 $R_1 = 0.62R_2$ 时由阻尼套筒产生的延时最大。如果同时考虑铁心涡流的作用，则令 $\dfrac{\mathrm{d}\left[(t''_{cd})_{zn} + (t''_{cd})_{wl} \right]}{\mathrm{d}t} = 0$，其中 $(t''_{cd})_{wl}$ 为涡流所引起的延时分量，可求得

$$\frac{R_1}{R_2} = 0.663$$

可以证明，当 R_1/R_2 在 $0.5 \sim 0.75$ 的范围内变化时，对延时的影响并不大。

假设 $R_1 = 0.663R_2$，此时获得的最大延时为

$$(t''_{cd})_{zn} + (t''_{cd})_{wl} = K_1 V \tag{4-37}$$

式中，K_1 为常数，即

$$K_1 = \sigma\alpha \left[\frac{0.367 \times (0.633)^2}{\pi \times 1.633\rho} + \frac{(0.633)^2}{8\pi\rho_T} \right] \int_{B_{sf}}^{B_b} \frac{\mathrm{d}B_\delta}{IW}$$

式中，V 为体积，且 $V = \pi R_2^2 l_c$。

可见，在保证一定的可靠系数 K_{kk} 的条件下，阻尼套筒式延时电磁铁的最大延时正比于体积。因此，选用这种型式的电磁铁得到较长的延时并不合适。对于航空用套筒式时间继电器的最大延时一般不超过 $0.5\mathrm{s}$。

如果利用线圈短路则可以增大延时，但是相对于阻尼套筒来说，线圈短路的作用较小，因为由线圈短路所引起的延时分量 $(t''_{cd})_\omega$ 可由下式表示

$$(t''_{cd})_\omega = \frac{1}{R} \int_{\psi_{sf}}^{\psi_b} \frac{\mathrm{d}\psi}{i_z} = \sigma\alpha \frac{f(R_3 - R_2)R^2 l_c}{\rho(R_2 + R_3)} \int_{B_{sf}}^{B_b} \frac{\mathrm{d}B_\delta}{IW}$$

式中，R_3 为线圈外径；f 为线圈的填充系数；l_c 为铁心长度，也等于线圈长度。

通常线圈的填充系数 f 为 0.5 左右，因此线圈对延时的作用不如同样尺寸的阻尼套筒。

由以上分析可知，无论是采用附加延时电路，还是采用阻尼套筒，其最大延时的范围都是有限的。如果需要达到较长的延时，可以采用与晶体管延时电路相组合的继电器。

小　结

电磁铁能否可靠工作取决于其吸力特性与反力特性的配合情况。为了使电磁铁在规定的吸合电压或触动电压下开始动作，必须使得衔铁在打开位置时的吸力等于或大于反力。随后其吸力特性与反力特性的配合情况因电器的用途不同而不同。开关电器要求吸力特性的斜率大于反力特性以便衔铁能迅速吸合。

电磁铁的固有动作（吸合或释放）的时间由两部分组成：触动时间和运动时间。由线圈通电或断电到衔铁开始运动的这段时间称为触动时间。从衔铁开始运动到运动结束的这段时间称为运动时间。触动时间比较容易准确计算，因为线圈电流近似按指数曲线上升，而运动时间不容易准确计算，因为衔铁的运动将会在线圈中产生感应电动势使电流的变化偏离指数规律。虽然从原理上来说可以用能量增量法分段求解式（4-13）和式（4-14），可实际运

算较复杂。因此，在工程计算中只能做一些假设来近似计算。在固有释放时间中，若不考虑涡流以及断开线圈电路时电弧燃烧的时间，则触动时间非常小，而运动时间同样也不容易准确计算。

若要加速（或延缓）电磁铁的动作时间，则可以采用各种加速（或延时）电路，其作用均为改变触动时间。在设计快速电磁铁时，如果电源允许短时输出较大功率，则可以采用强行励磁的方法，如采用双绕组电磁铁。如果输送给电磁铁的功率有限制，则在设计电磁铁时应选用最优储备系数，即 $K_{cb} \approx 1.7$，并采用具有马鞍形吸力特性的磁系统。此外还应采用电阻率较高的磁性材料作导磁体以减少涡流的延时作用。在设计延时电磁铁时可以采用阻尼套筒，但其延时与其体积成正比。

习题与思考题

4.1　已知 MJZ-600 型接触器的触头断开距离（触头间隙）为 2.6mm，超行程（即触头闭合后触头弹簧继续压缩的距离）为 0.8mm，铁心吸合后的剩余气隙 $\delta_b = 0.05$mm，并已知返回弹簧的初压力 $F_{fK} = 14.7$N，常开触头的初压力为 41.4N，返回弹簧的刚度为 4.75N/mm，触头弹簧的刚度为 28N/mm，试求出其反力特性。

4.2　已测得某 MJZ 型接触器的吸合电压为 16.5V，释放电压为 4.5V，并已知其额定电压为 27V，试求其返回系数及储备系数。

4.3　若已知 2.5 节中图 2-42 所示继电器的吸合电压为 17V，额定电压为 27V，线圈电阻为 350Ω，匝数为 5050 匝，试求其吸合触动时间，计算时忽略导磁体及非工作气隙的磁阻，并由以前的例题求得工作气隙及棱角气隙的磁阻为 $R_{\delta1} + R_{\delta2} = 9.47 \times 10^6$ A/Wb，铁心与铁轭间总的漏磁导为 $G_\sigma = 5.98 \times 10^{-8}$ H。

4.4　已知 MZJ-600 型接触器的吸合电压为 16.5V，吸合时的吸力特性如图 4-23 所示，其反力特性由习题 4.1 获得，试用图解积分法求吸合运动时间，已知其运动部分的质量 m 为 0.108kg。

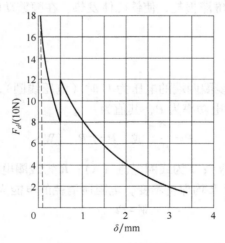

图 4-23　习题 4.4 图

第5章 电器发热理论及热计算

电器工作时,电流通过导体并在导体中产生能量损耗,如工作在交流电下还会产生涡流和磁滞损耗,这些损耗会以热能的形式,一部分散发到所处环境和介质中,一部分将电器本身加热,使其产生温度变化。而温度是影响电器性能的主要因素之一:高温会加速电器金属的氧化和有机绝缘材料的老化,还会使弹性材料的弹性变差,使导电材料的电阻率增加;而低温会使绝缘材料龟裂、弯曲、硬化,还会使导电材料电阻率下降、磁性材料的磁性能变差。因此,对电器的发热、散热特性进行计算是电器设计过程中的重要环节,是保证其正常工作的重要理论依据。目前,对于电器发热计算通常有两种方法:①采用解析算法与经验参数的计算分析方法;②采用各种有限元软件进行热场分析。

对于航空电器而言,除需分析一般电器的发热影响因素之外,还要考虑其所处的高空气压环境和8倍于工频的变频供电体制对其热特性的影响。

5.1 电器的发热和允许温升

线圈是电器的主要发热来源之一,决定于电磁铁各部分的损耗。在直流磁系统中,发热主要取决于线圈本身的电阻损耗。在交流磁系统中,除了线圈的电阻损耗外,铁磁体在交变磁场作用下还要产生涡流和磁滞损耗,使铁磁体发热。在频繁动作的电磁体中,摩擦和撞击损耗也会产生一部分热量。

5.1.1 电阻损耗

若线圈电阻为 R,加于线圈两端的电压为 U 时(电压线圈),或通过线圈的电流为 I 时(电流线圈),电阻中消耗的电功率为 P,其值为

$$P=\frac{U^2}{R} \quad 或 \quad P=I^2R \quad (\text{W}) \tag{5-1}$$

式中,U 为线圈两端电压(V);I 为线圈电流(A);R 为线圈电阻(Ω)。

在 t 时间内,若 U、I 及 R 均保持不变,电阻所消耗的电能为 W,则

$$W=Pt \quad (\text{J}) \tag{5-2}$$

式中,t 为通电时间(s)。

这部分电能将转变为热量 Q_T 使线圈发热。

使线圈温度升高 1℃ 所需的热量称为该线圈的热容 C(J/℃)。对于均质物体,其热容 $C=mc$,式中,m 为该物体的质量(kg);c 为该物体材料的比热容(J/kg·℃)。如果该物体由不同材料组成,则其热容 $C=\sum mc$。

例 5.1 某线圈导线铜重 250g,绝缘材料重 16g,已知铜的比热容为 0.39J/(kg·℃),

绝缘材料的比热容为 $1.5 J/(kg \cdot ℃)$，求使线圈温度由 20℃升高到 100℃所需的热量？

　　解：线圈的热容为

$$C = m_{铜} c_{铜} + m_{绝} c_{绝} = (250 \times 0.39 + 16 \times 1.5) J/℃ = 121.5 J/℃$$

　　因此所需的热量为

$$Q_c = C(\theta_2 - \theta_1) = 121.5 \times (100 - 20) J = 9720 J$$

在线圈发热过程中线圈电阻不是常数，因为导线的电阻系数与温度有关，用公式表示为

$$R_\theta = R_0(1 + \alpha_0 \theta) \tag{5-3}$$

式中，R_0 为温度 0℃时的电阻值（Ω）；R_θ 为温度为 θ（℃）时的电阻值（Ω）；α_0 为温度 0℃时导线材料的电阻温度系数（J/℃），对于铜导线有

$$\alpha_0 = \frac{1}{234.5}$$

　　若温度由 θ_1 升高到 θ_2，则线圈电阻将由 R_1 增大为 R_2，而

$$R_2 = R_1[1 + \alpha_1(\theta_2 - \theta_1)] \tag{5-4}$$

式中，α_1 为温度为 θ_1 时材料的电阻温度系数。

　　对于铜导线，当温度在 $-200 \sim +300℃$ 范围内，则 α_1 为

$$\alpha_1 = \frac{1}{234.5℃ + \theta_1} \tag{5-5}$$

　　式（5-5）求得的系数也常被用来求线圈的平均温度。若已知 θ_1 时的电阻值 R_1，并测得线圈通电加热后的电阻值 R_2，则通电后线圈的温度 θ_2 可由下式确定

$$\theta_2 = \frac{R_2 - R_1}{R_1 \alpha_1} + \theta_1 = \frac{R_2 - R_1}{R_1}(234.5℃ + \theta_1) + \theta_1 \tag{5-6}$$

　　这种测量线圈平均温度的方法就叫作电阻法。

　　当线圈通以交流电时，由于趋肤效应（即由于电磁感应，使电流趋于表面的现象），导线的等效电阻会比直流时电阻增大一些。对于一般电器的线圈来说，这个效应所引起的电阻增大可以忽略不计。

5.1.2　电器导体变频交流电阻和磁系统涡流磁滞损耗

1. 电器通电导体交流电阻

　　我国电网频率为 50Hz，目前，随着多电技术的发展，航空供电系统工作于 360~800Hz 变频工作制下，对于导杆、软连接和连接母排等导体，会因通入变频交流电流的趋肤效应和邻近效应导致其有效通流面积减少，从而额外增加损耗而加剧发热。

　　当通有交流电时，导体中的交流电在导体内部和周围产生交变磁场。该磁场会根据电磁感应现象感应出与电流反向的电动势，从而阻碍电流的流动。该反电动势在导体中心最强，导致导体内部电流密度较小，而导体表面的电流密度较大。这种电流密度趋近于导体表面的现象被称为趋肤效应，趋肤效应会在导致导体内部的电阻增大，在宏观上表现为等效电阻增大。从导体表面深入到导体内部，电流密度会不断衰减，为了衡量该衰减程度，因此定义当电流密度减小为表面值的 1/e（约 36.8%）时，这个距离为透入深度。

　　两个相邻都通入交流电的导体靠近，一个导体中的交流电产生的磁场在另一导体中产生涡流，导致导体临近侧与非临近侧的电流大小不一样，这便是邻近效应。电流方向相同时，

与趋肤效应一样,临近侧电流密度减少;电流方向相反时,临近侧电流密度反而增加。

这两种效应一般使得交流电阻增加,由此产生了附加损耗,用附加损耗系数 K_f 表示为

$$K_f = K_{jf} K_{lj} \tag{5-7}$$

式中,K_{jf} 为趋肤系数;K_{lj} 为邻近系数。

$$R_{ac} = K_f R_{dc} = K_{jf} K_{lj} R_{dc} \tag{5-8}$$

式中,R_{ac} 为交流电阻;R_{dc} 为直流电阻。

2. 磁系统涡流及磁滞损耗

为了减少涡流损耗,交流磁系统的导磁体一般用钢片叠制而成。每公斤铁磁体中的涡流与磁滞损耗 $p_c (\text{W/kg})$ 决定于磁感应强度 B 和交流电的频率 f,一般可用下式计算

$$p_c = \left[\sigma_h \left(\frac{f}{100} \right) + \sigma_f \left(\frac{f}{100} \right)^2 \right] B_m^2 \quad (\text{W/kg}) \tag{5-9}$$

式中,σ_h、σ_f 分别为磁滞及涡流损耗系数,其值见表 5-1;f 为频率(Hz);B_m 为磁感应强度幅值(T)。

材料手册中一般都给出材料在不同 B_m 和 f 时的铁损,可供查阅,见表 5-2。

表 5-1 磁滞及涡流损耗系数

钢片品种	钢片厚度/mm	$\sigma_h/(\text{W}/(\text{Hz}^2 \cdot \text{T}^2))$	$\sigma_f/(\text{W}/(\text{Hz}^2 \cdot \text{T}^2))$
普通电工钢	1.00	4.4	22.4
	0.50	4.4	5.6
	0.35	4.4	3.2
高合金钢	0.50	3.0	1.2
	0.35	2.4	0.6

表 5-2 冷轧单取向薄硅钢片的铁损

代号	厚度/mm	铁损/(W/kg)(≤)	
		$p_{10/400}$	$p_{15/400}$
G_1	0.20	12.0	28.0
G_2	0.20	11.0	26.0
G_3	0.20	10.9	24.0
G_4	0.20	9.0	22.0
G_1	0.05	10.0	21.0
G_2	0.05	8.5	19.0
G_3	0.05	7.5	16.0
G_4	0.05	7.0	15.0

注:$p_{10/400}$ 及 $p_{15/400}$ 表示频率为 400Hz,B_m 分别为 1.0T 及 1.5T 时的铁损。

5.1.3 允许温度及温升

线圈的极限允许温度主要由线圈中绝缘材料的耐热等级决定。实验证明,当绝缘材料的

温度超过该种材料的允许工作温度时，材料急剧老化，其机械性能和电介质强度迅速下降，在交流的情况下，其介质损耗大大增加，使温度升高更多。

根据我国标准 GB/T 11021—2014 将电气绝缘材料按耐热等级分为九级，其长期工作下的极限允许温度见表 5-3，材料在该温度下工作 20000h 而不致损坏。

表 5-3　电气绝缘材料的耐热等级

等级	极限温度/℃	材 料 举 例
Y	90	未浸渍过的棉纱、丝、绝缘纸板等
A	105	浸渍处理过的（或浸在油中的）棉纱、丝、绝缘纸板等，Q（油性漆）牌号漆包线
E	120	合成的有机薄膜、有机磁漆等材料，QQ（缩醛漆）、QA（聚氨酯漆）、QH（环氧漆）牌号漆包线
B	130	以合适的树脂黏合或浸渍、涂覆后的云母、玻璃纤维、石棉以及其他无机材料，合适的有机材料等，QZ（聚酯漆）牌号漆包线
F	155	以耐热高于 B 级 25℃的树脂黏合或浸渍云母、玻璃纤维、石棉以及其他无机材料，合适的有机材料等，QZY（聚酯亚胺漆）牌号漆包线
H	180	用硅有机树脂黏合的云母、玻璃纤维、石棉等材料
N	200	以耐热高于 H 级 20℃的硅有机树脂黏合或浸渍、涂覆后的云母、玻璃纤维等，以及聚四氟乙烯，对应等级的 QY（聚酰亚胺漆）、QXY（聚酰胺聚酰亚胺漆）牌号漆包线
R	220	以耐热高于 N 级 20℃的硅有机树脂黏合或浸渍、涂覆后的云母、玻璃纤维等，以及聚酰亚胺搪瓷、聚酰亚胺薄膜，对应等级的 QY（聚酰亚胺漆）、QXY（聚酰胺聚酰亚胺漆）牌号漆包线
—	250	未浸渍处理的云母、陶瓷、石英等无机材料和聚酰亚胺薄膜，以及在此温度下寿命满足标准的其他材料

注：1. 为了便于表示，字母可以写在括弧中，例如：180 级（H）。如因空间限制，在铭牌上，产品技术委员会可能仅选用字母表示。

　　2. 耐热等级超过 250 的，可按 25 间隔递增的方式表示。

　　3. 耐热等级超过 180 的，我国曾用等级 C 表示，现行标准 GB/T 11021—2014 已用表中等级替代。

定义线圈的温度 θ 与周围环境温度 θ_0 之差为线圈的温升 τ（℃），即：

$$\tau = \theta - \theta_0 \tag{5-10}$$

因此，线圈的极限允许温升 τ_{jx} 为

$$\tau_{jx} = \theta_{jx} - \theta_{0,\max} \tag{5-11}$$

式中，θ_{jx} 为线圈绝缘材料的极限允许温度（℃）；$\theta_{0,\max}$ 为周围环境可能的最高温度（℃）。

例如，若周围环境温度可能达到 125℃，则采用 H 级绝缘，长期工作的极限允许温升 $\tau_{jx} = (180-125)℃ = 55℃$。

线圈的温升规定用电阻法测量，因此线圈的允许温升也是指平均温升。

表 5-3 中所规定的允许温度是对要求能使用 15~20 年的绝缘材料来说的。一般航空电器并不需要规定那么长的寿命，所以允许温度也可以适当提高。图 5-1 所示为各类耐温等级的漆包线的使用寿命与工作温度的关系曲线。设计线圈时可以根据要求的寿命来确定其允许温度。必须注意，所有以上规定的允许温度都是由没有绕成线圈的漆包线试验得来的。在绕制过程中，漆包线不可避免地会受到一些变形和损坏，另外还应该估计到制造过程中的公差，

因此设计中允许温度应该取得略低一些，一般可低 5～10℃。

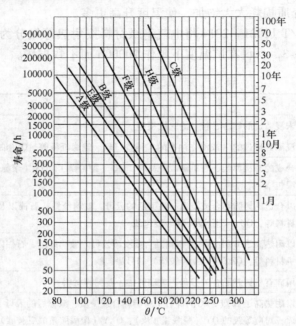

图 5-1　各类耐温等级漆包线的使用寿命与工作温度的关系曲线
（C 级、H 级、F 级、B 级、E 级、A 级）

5.2　电器的散热方式

电器发热部件如线圈，因电阻损耗（及其他损耗）所产生的热量如果散发不出去，就会使发热部件的温度不断地增高。但发热部件是与周围其他物体相联系的，当其温度升高后就会有一部分热量（有时是大部分或者全部）散发到周围的物质中去，因此，发热部件温度不至于无限增高。散发热量主要有三种方式，即热的传导、对流和辐射，以下分别讨论。

5.2.1　热传导

热传导是物体内的分子、原子或电子通过互相撞击将能量从温度较高的部分传至温度较低部分的过程。各种材料的热传导性能不同，金属是热的良导体，绝缘纸、玻璃、石棉、空气等是不良导热体。如线圈内部的热量向表面传导以及由内表面向铁心传导都属于这种方式的散热。

根据傅里叶定理，单位时间内通过单位面积的热量 q_c 与温度梯度成正比，即

$$\begin{cases} q_c = -\lambda \nabla T \\ \dfrac{\mathrm{d}Q_{cd}}{\mathrm{d}t} = \Phi_{Tn} = -\lambda \nabla T \cdot S \end{cases} \tag{5-12}$$

式中，$\mathrm{d}Q_{cd}/\mathrm{d}t$ 为单位时间内通过面积 S（法线方向）的热量，也称热流，用热流在法线方向的分

量 Φ_{Tn} 表示；∇T 为沿面积 S 法线方向 (n) 的温度梯度；λ 为材料的热导率 （W/cm·℃）。式中右边的负号表示热量向降低温度的方向传递。

热导率 λ 是表征材料导热能力的物理参数。良导热体的 λ 值较大。例如，铜的热导率为 3.86W/（cm·℃），而不良导热体的 λ 值较小，例如绝缘纸（未浸渍）的 $\lambda = 0.00178$W/（cm·℃）。λ 值与材料、湿度、压力和温度等因素有关，可查阅有关材料手册。

如果将式（5-12）和计算电流的公式相比就会发现在数学形式上有一定的相似性，因为电流 I_n 的计算公式为

$$I_n = \frac{dQ_e}{dt} = -\frac{1}{\rho}\frac{\partial U}{\partial n}S \tag{5-13}$$

式中，dQ_e/dt 为单位时间内通过面积 S（法线方向）的电量，即为电流 I 在法线方向的分量 I_n；$\partial U/\partial n$ 为沿 S 法线方向 (n) 的电位梯度；ρ 为材料的电阻系数。

因此，在计算热流时就可以利用电路中计算电流的很多概念和方法。例如，类似电路中的欧姆定律，在计算热流时就可以写成热路的欧姆定律，即

$$\Phi_T = \frac{\Delta\theta}{R_r} \quad \text{(W)} \tag{5-14}$$

式中，Φ_T 为通过某截面 S 的热流（见图 5-2）（W）；$\Delta\theta$ 为温差，即 $\Delta\theta = \theta_1 - \theta_2$(℃)；$R_r$ 为热阻，其表达式为

$$R_r = \frac{1}{\lambda}\frac{\delta}{S} \quad \text{(℃/W)} \tag{5-15}$$

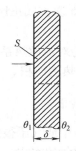

式中，δ 为该层物体的厚度（cm）；S 为垂直于热流的截面积（cm²）；λ 为材料的热导率（W/(cm·℃)）。

图 5-2　通过薄层物体的热流

如果热流通过多层物体，其厚度和热导率分别为 δ_1、δ_2、$\cdots$、δ_K 和 λ_1、λ_2、$\cdots$、λ_K，则相当于 K 个热阻串联，其总的热阻为

$$R_r = \sum_{n=1}^{K}\frac{\delta_n}{\lambda_n S} \quad \text{(W)} \tag{5-16}$$

5.2.2　对流

空气和水都不是良导热体，但是流动的空气和水能把热量带走，这种散热方式叫作对流。对流现象可以分为两类：自然对流和强迫对流。靠近发热体表面的热空气比较轻，因此就要向上移动，而冷空气则流过来补充，形成自然对流。利用风扇或水泵强迫冷空气或冷水流过加热物体使之冷却，这种方式叫作强迫对流。

无论是自然对流或强迫对流均具有平流型和紊流型这两种特性。在前一情况下，液体或气体的质点彼此平行地以不大的速度平稳地移动，而在后一情况下则为旋涡状的运动，这时质点以更高的速度移动。图 5-3a 所示为靠近静止物体表面以速度 V 运动的空气（或液体）对流现象的示意图。在靠近表面的薄层区域 1 中，介质作平流移动，而在远处区域 2 是紊流状运动。在平流层 1 中，温度梯度很大（见图 5-3b），热量通过热传导传递到冷却介质。介质的运动速度愈大，则该薄层的厚度愈小，散热也愈强烈。在设计某些电器的散热器时应合理设计其散热片的外形，使易产生冷却介质的紊流现象。

对流散热的强度与介质的热物理性能如热导率、热容、密度和液体黏度等有很大关系，

也和被冷却物体的几何形状、尺寸和位置有关。此外，介质的运动速度对散热有很大影响。由于介质的热物理性能与温度有关，因此对流散热也和介质的温度以及发热物体与介质的温差有关；同时由于气压影响介质密度，因此热对流引起的单位时间内通过单位面积的热量 q_d 与物体高度对应的气压相关。

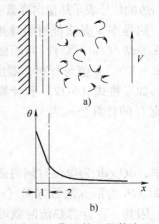

$$\begin{cases} q_d = \alpha \cdot \Delta T \\ \alpha = \alpha_0 \left(\dfrac{p}{p_0} \right)^{0.48} \end{cases} \qquad (5\text{-}17a)$$

式中，α 为气压为 p 时的表面散热系数；ΔT 为环境与物体表面的温度差；α_0 为一个标准大气压下的表面散热系数；p 为相应大气压；p_0 为正常大气压。

在工程上也按经验公式进行分析，单位时间内因自然对流而散发的热量，即散发的功率近似与发热体与周围介质间温差的 0.25 次方成正比，即

图 5-3 靠近静止物体表面空气对流的示意图

$$P_{dl} = K_{dl} \tau^{0.25} S \quad (\text{W}) \qquad (5\text{-}17b)$$

式中，K_{dl} 为对流散热系数，如上所述，它和很多因素有关，一般只能由实验确定；τ 为温升；S 为散热表面积。

5.2.3 热辐射

在真空中或气压很低时，既没有热传导也没有对流，但是热量也可以不借助于媒介而直接以电磁辐射的方式，如红外辐射、光及紫外辐射，由高温部分传到低温部分，这种传热的方式叫热辐射。太阳的热量就是依靠辐射传到地球上来的。

根据斯蒂芬-玻尔兹曼公式，发热物体表面单位时间内经辐射而传出的热量，即功率为

$$P_f = 5.7 \times 10^{-8} \varepsilon (T^4 - T_0^4) S \quad (\text{W}) \qquad (5\text{-}18)$$

式中，T 为发热体表面的热力学温度，也称绝对温度，单位为 K，即 $T = 273\text{K} + \theta(\text{K})$；$T_0$ 为接受辐射热的物体的热力学温度，即 $T_0 = 273\text{K} + \theta_0(\text{K})$；$\theta_0$ 一般即为周围介质的温度（℃）；S 为辐射体的表面积（m^2）；ε 为辐射系数。

式（5-18）适用于发热体辐射表面比吸收辐射热的表面积小得多的情况。辐射系数 ε 与发热体表面状况及其颜色和温度有关，对于绝对黑体 $\varepsilon = 1$。常用物体的辐射系数 ε 见表 5-4。

表 5-4 辐射系数的实验数据

表　面	ε	表　面	ε
抛光的银面	0.02	继电器线圈表面	0.81
抛光的紫铜面	0.15	纸和布	0.93
抛光的铝面	0.04~0.06	各种颜色的无光泽颜料	0.92~0.96
氧化的铝面	0.20~0.31	暗黑色漆	0.96~0.98
氧化的镍面	0.44		

5.2.4　牛顿散热公式和综合散热系数

由以上分析可知：由热传导散发的热量正比于温升的一次方；由自然对流散发的热量正比于温升的 0.25 次方；而由辐射散发的热量正比于热力学温度的 4 次方。因此，总的散发热量和温升之间的关系是比较复杂的，但是在一般线圈使用温度范围内，通过实验可以看到，线圈散发的热量基本上正比于线圈的温升，即

$$P_s = P_{cd} + P_{dl} + P_f = K_s \tau S \quad (\text{W}) \tag{5-19}$$

式中，P_s 为线圈总的散发功率；P_{cd}、P_{dl} 及 P_f 分别表示线圈通过热传导、对流及热辐射所散热的功率；K_s 为线圈的综合散热系数（$\text{W}/(\text{cm}^2 \cdot \text{℃})$），表示单位散热面积在温差为 1℃ 时散发的热功率；τ 为线圈的平均温升，即 $\tau = \theta - \theta_0$，θ 及 θ_0 分别为线圈的平均温度及周围介质的温度；S 为线圈的内外两个散热面积之和，不计线圈两个端面的散热面，因为一般线圈的长宽比 L/b 较大，端面积相对侧面积来说较小，另外线圈端部一般均有较厚的绝缘垫片，因此，由端部散发的热量不大，S 的单位为（cm^2）。

公式（5-19）为线圈的牛顿散热公式。这个公式在形式上非常简单，便于计算。显然，这样就把一系列极其复杂的影响散热的因素全部考虑在散热系数 K_s 之中了。因此，K_s 值并不是常数，而是和一系列因素有关，如线圈的尺寸和形状、线圈的温度、线圈表面的颜色、线圈导线的直径和线圈内部的绝缘情况、线圈内外表面的绝缘情况，线圈的位置，有无外罩、周围介质的情况及介质（空气）流动的速度等。所以要精确确定 K_s 值只能通过实验的方法。下面介绍一些经验数据和经验公式供设计时参考。

1. 散热系数 K_s 与线圈散热面积 S 的关系

1）当 S 在 $1 \sim 100\text{cm}^2$ 的范围内时

$$K_s = \frac{5.8 \times 10^{-3}}{\sqrt[3]{S}} \quad (\text{W}/(\text{cm}^2 \cdot \text{℃})) \tag{5-20}$$

2）当 S 在 $100 \sim 5000\text{cm}^2$ 的范围内时

$$K_s = \frac{3.3 \times 10^{-3}}{\sqrt[5]{S}} \quad (\text{W}/(\text{cm}^2 \cdot \text{℃})) \tag{5-21}$$

3）当 S 在 $1 \sim 100\text{cm}^2$ 范围内，并有外罩时

$$K_s = \frac{4.7 \times 10^{-3}}{\sqrt[3]{S}} \quad (\text{W}/(\text{cm}^2 \cdot \text{℃})) \tag{5-22}$$

以上经验公式式（5-20）~式（5-22）是对线圈温度 $\theta = 70℃$，周围介质温度为 20℃ 时的实验数据归纳求得的。试验所用继电器的磁系统为拍合式，其线圈长度与外径之比 L/D 在 $1 \sim 3$ 的范围内。如果线圈的 L/D 不在以上范围内，磁系统和一般拍合式差别很大，则 K_s 值可能偏离公式所得的数值达 ±15%。

在强迫通风的情况下 K_s 将增大。在风速为 4m/s 下，K_s 约增大一倍。

密封继电器外罩的颜色对散热系数有一定影响。实验证明，经过阳极化处理的铝外罩或纯化的德银外罩和表面覆以无色漆时的散热系数将比覆以暗色（或有色）颜料的外罩小 10% ~ 12%。

多个继电器靠得较近时，K_s 也要受到影响。实验证明，当将 4 个继电器安装在同一底

板上，相互之间的间隔距离为 5mm，则每个继电器的 K_s 约小 14%。如果同时安装 8 个则减小 28%，如果安装 16 个则减小达 48%。

2. 温度对散热系数的影响

实验证明，当线圈的温度提高时，K_s 值增大。对某型继电器的试验得出以下规律，当线圈温度在 30~210℃ 的范围内，K_s 与线圈温度 θ 的关系近似线性，即

$$K_{s\theta}=K_{s0}(1+e\theta) \tag{5-23}$$

式中：$K_{s\theta}$ 为温度为 θ 时的散热系数；K_{s0} 为温度为 0℃ 时的散热系数（由实验曲线引申后推出的）；e 为常数，对该型继电器 $e=3.5\times10^{-3}$。

如果认为这个规律和系数 e 对其他类似线圈也适用，则当考虑温度的影响时式（5-20）~式（5-22）将为如下形式：

1）当 S 在 1~100cm² 的范围内时

$$K_s=\frac{5.65\times10^{-3}}{\sqrt[3]{S}}(1+0.0035\theta) \quad (\mathrm{W}/(\mathrm{cm}^2\cdot\mathrm{℃})) \tag{5-20'}$$

2）当 S 在 100~5000cm² 的范围内时

$$K_s=\frac{3.2\times10^{-3}}{\sqrt[5]{S}}(1+0.0035\theta) \quad (\mathrm{W}/(\mathrm{cm}^2\cdot\mathrm{℃})) \tag{5-21'}$$

3）当 S 在 1~100cm² 范围内，并有外罩时

$$K_s=\frac{4.6\times10^{-3}}{\sqrt[3]{S}}(1+0.0035\theta) \quad (\mathrm{W}/(\mathrm{cm}^2\cdot\mathrm{℃})) \tag{5-22'}$$

式中，K_s 的单位为 $\mathrm{W}/(\mathrm{cm}^2\cdot\mathrm{℃})$；$S$ 的单位为 cm^2。

5.2.5　大气压力对航空电器温升的影响

航空和航天飞行器中使用的电器，其温升要受到大气压力的影响。

在正常大气压的情况下，小型继电器的散热主要通过对流的方式。因为它一般安装在很薄的绝缘底板上，通过热传导散发的热量很小。另外，继电器的温度也不是很高，通过辐射散发的热量也不大，例如当线圈散热面积为 10cm²、表面温度为 100℃、环境温度为 20℃ 时，通过辐射散发的热量只占总散发热量的 26%。在高空低气压的情况下，由于空气密度很小，通过对流而散发的热量就会大大减小。实验证明，当气压在 $133.3\sim1.013\times10^6\mathrm{Pa}$（即 10 个大气压）的范围内，对流散热系数 K_{dl} 与气压的关系为

$$K_{dl}=K_{dl0}(p/p_0)^{0.48} \tag{5-24}$$

式中，p_0 为正常大气压，$p_0=1.013\times10^5\mathrm{Pa}$；$K_{dl0}$ 为 p_0 时的对流散热系数。

由上式可见，当气压由正常大气压下降为 666.6Pa，相当于 35000m 高空处的大气压时，K_{dl} 仅为原来的 1/8.7。因此，在高空情况下，线圈的温升将会提高。通过对某一类型继电器的实验表明：当加于该继电器线圈的电压为常数即 20~30V，环境温度为 20℃，气压在 $1.333\times10^{-3}\sim1.333\times10^3\mathrm{Pa}$ 的范围内，其线圈温升增大的比例如下：

1）非密封，表面涂色的继电器

$$\frac{\tau}{\tau_0}=2.12-0.224\lg p \tag{5-25}$$

2）密封，表面涂色的继电器

$$\frac{\tau}{\tau_0} = 1.5 - 0.1 \lg p \tag{5-26}$$

式中，τ 为正常大气压 p 时的温升；τ_0 为正常大气压 p_0 时的温升；p 及 p_0 的单位为 Pa。

当气压大于 $1.333 \times 10^3 \mathrm{Pa}$ 至正常大气压 $1.013 \times 10^5 \mathrm{Pa}$ 的范围内，实际的 τ/τ_0 值将比由上式求得的更大。当气压小于 $1.333 \times 10^{-3} \mathrm{Pa}$ 时，线圈温升不再明显变化，因为空气已极为稀薄以至对流散热已完全停止，线圈只能通过辐射散热。

由式（5-25）及式（5-26）可见，当气压由正常大气压下降到 666.6Pa 时，不密封继电器的温升提高到 1.51 倍，而密封继电器提高到 1.26 倍。密封继电器的温升较低的原因是继电器密封外罩内所充的气体压力并不受外界大气压力的影响，因此在外罩内线圈可以通过对流散热将热量传给外罩。

在高空情况下，对流散热大大减少，但是辐射散热却不受大气压力的影响，因此在高空时，辐射散热成了主要甚至是唯一的散热方式。辐射散热系数 ε 与线圈或外罩的表面状况及颜色有较大的关系。实验证明，如果采用抛光德银外罩的非密封和密封继电器，在大气压力为 $1.333 \times 10^{-2} \mathrm{Pa}$ 时，温升分别增大到 3.5 及 3.0 倍。

综上所述，为了降低温升，对于在高空条件下使用的继电器只能采用充气密封的结构，其密封外罩涂以无光泽的暗色或黑色。但是，对于失重状态下的宇宙飞行器，即使在外罩内充以气体，自然对流也不会存在，但由气体分子热运动引起的扩散对流依然存在。

5.3　线圈的作用和结构特点

线圈是一切电磁电器的重要组成部件，通过它产生磁动势和磁通使电器工作。线圈本身由于导线的电阻损耗将会发热，而线圈发热对电器的性能和尺寸设计有很大的影响。所以，研究线圈要从两方面着手：①要合理选择参数如导线直径 d 和匝数 W，使它能产生足够的磁动势；②要合理设计尺寸使它不致过热。

根据线圈在电路中的联结方式可以将线圈分为两大类：电压线圈和电流线圈。

电压线圈直接或串联一个不大的辅加电阻并联于电源，因而通过线圈的电流取决于线圈电阻。电压线圈一般导线较细，匝数较多，使其电阻有一定的数值以限制电流。

电流线圈则串联在电路内，与电路中的其他负载相比，线圈的电阻很小，因而线圈电流并不取决于线圈电阻，而是决定于电路中原有的电流。电流线圈一般导线较粗，匝数较少。

不论是电压线圈还是电流线圈都必须产生足够的磁动势 IW，而该磁动势是由电磁铁的吸力要求所决定的。

线圈按其结构不同可以分为以下四类：

1）有骨架的线圈（见图 5-4）。电磁线（即漆包线）绕在预先制成的骨架上，形成一个整体线圈，装入铁芯。骨架大多是用塑料压制而成，或者用绝缘板搭制而成，但也有用金属骨架，其内表面绝缘。有骨架的线圈容易

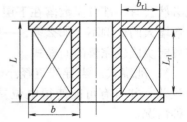

图 5-4　有骨架的线圈剖面图

绕线，一般小线圈都用骨架，但缺点是散热不好，窗口尺寸利用也差。

2）无骨架线圈。电磁线绕在可以拆卸的模具上，绕成绑扎后取下，一般用于大中型线圈。

3）直接绕在铁心上的线圈。铁心外表面要加绝缘，铁心两端要加绝缘板，实际上就是利用铁心做成一个金属框架。这种结构散热良好，尺寸紧凑，在航空直流继电器和接触器中用得较多。

4）大电流线圈。直接由矩形截面的母线卷成螺旋形线圈，一般只有一层线圈，甚至只有一匝。

绕制线圈所用的电磁线和其他辅助绝缘材料（如层间绝缘、绕组外表面包裹的绝缘、绕组与铁心或金属骨架间的绝缘、绝缘骨架等）的形式和品种是多种多样的，而且随着材料的发展而飞跃发展。新型耐高温、耐腐蚀绝缘材料的出现使电器性能获得改善，体积和尺寸缩小很多。

目前，航空电器中所采用的电磁线大多为圆截面的漆包铜线。根据漆膜材料的不同，漆包线有很多品种，如 Q、QQ、QZ、QY 等。部分漆包线的型号、规格及性能见本章附录 A。设计时应根据电器的耐温性能和其他性能的要求选择适当的品种，详见 5.1 节。导线的直径也有一定的规格，常用的一些导线规格和参数见附录 B，设计时应根据计算结果选择最接近的直径。为了省铜，并且也为了提高线圈的填充系数，目前也有用铝箔作绕组的，铝表面的氧化膜本身可作为绝缘层。

线圈的其他辅助绝缘材料，如绝缘纸、纸板和纸管，绝缘漆布，绝缘薄膜等也都规定有一定的耐温等级，设计时应选择与电磁线相适应的等级。

绕制线圈有下列三种排线方式：

1）层叠式（见图 5-5a）。其中同一层的各匝一个紧挨着一个，并且上层各匝准确地叠在下层各匝之上。一般只有当导线直径大于 0.3mm 时才能采用这种规则的绕法。

2）间叠式（见图 5-5b）。其中上层各匝叠放在下层各匝间的空隙里，显然，这样就可以使得在同样的空间内绕更多的匝数。从理论上来说，若层叠式中两层之间的距离为 d_1，d_1 为带绝缘层在内的导线直径，则在间叠式中该距离

a）层叠式　　　b）间叠式

图 5-5　排线方式

$d_1' = \sqrt{d_1^2 - \left(\dfrac{d_1}{2}\right)^2} = 0.866d_1$，因此，在同样的空间内间叠式的匝数将会是层叠式的 $1/0.866 = 1.15$ 倍。实际上，间叠式不可能很完善，而层叠式中也必然会有一部分匝数落在下层两匝之间，因此匝数增大的比例不会那么多，一般约增大 5%~10%。一般只有当导线直径大于 0.8mm 时才有可能绕成较完善的间叠式。

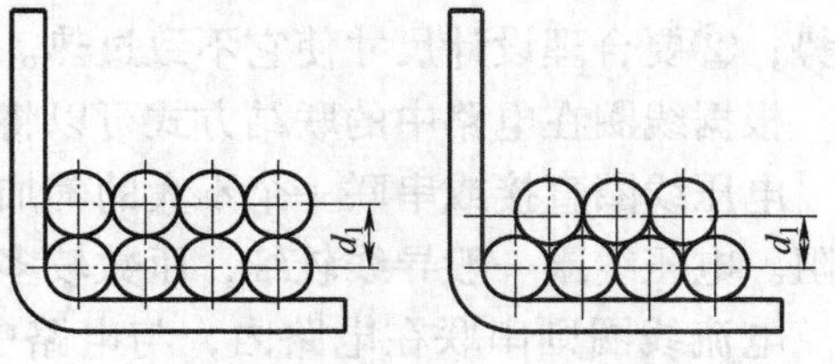

3）乱绕式。当导线直径小于 0.3mm 时，往往只能采用乱绕的方式。乱绕式的空间利用较差，并且有可能使得电位差较大的两匝导线相遇。采用较好的自动绕线机可以改善这种情况。

由上可见，无论采用哪种排线方式，线圈各匝之间仍然会有一些空隙。此外，纤维辅助

绝缘材料本身也有空隙。这些空隙容易吸收潮气或其他腐蚀性气体，另外空隙对线圈的导热不利。因此，线圈往往需要进行浸渍处理，即将线圈加热烘干后，浸入绝缘漆中并加压力使空隙被绝缘漆填满。有些螺管式电磁铁，如航空接触器，还采取在壳体内灌胶，例如灌环氧树脂的方法来提高线圈的导热性和耐腐蚀性。但是在小型密封继电器中，为了防止漆或胶的挥发气体对触点的污染，不宜也不需浸渍或灌胶。

在线圈的窗口面积 S 中，$S=Lb$，其中 L 和 b 分别为线圈的长度和厚度（见图 5-4），铜导线只占一部分面积，而绝缘和空隙等占去了相当大的一部分。为了衡量铜导线所占的比例，将导线的铜截面与窗口面积之比叫作填充系数 f。为了便于计算，将它定义得更明确一些，即把它分为两个系数：①线圈的填充系数 f；②绕组的填充系数 f_{rz}。

$$f=\frac{\frac{\pi d^2}{4}W}{Lb} \tag{5-27}$$

而 f_{rz} 指的是导线铜截面与绕组截面积 S_{rz} 之比，而 $S_{rz}=L_{rz}b_{rz}$，因此

$$f_{rz}=\frac{\frac{\pi d^2}{4}W}{L_{rz}b_{rz}} \tag{5-28}$$

f_{rz} 和导线的直径、导线的绝缘层厚度、排线方式、绕线方法（手绕或自动绕）以及是否有层间绝缘等因素有关。导线愈粗，则绝缘层所占的比例就愈小，f_{rz} 就愈大。各种情况下的 f_{rz} 计算方法和经验数据可参阅有关手册或文献。不同导线直径时，漆包线绕组的 f_{rz} 值（无层间绝缘）可参阅本章附录 B。

f 除与 f_{rz} 有关系外，还与骨架所占的面积以及绕组的绕满程度有关。显然，$f<f_{rz}$。

除了线圈本身的发热外，对于交流磁系统的航空电器，还存在铁磁体的发热现象。

5.4　线圈的热计算

以上分别讨论了线圈的发热和散热。在线圈通电工作的过程中，发热和散热是同时存在的，因而决定了线圈温度上升的规律。通常，电器有三类不同的工作制：即长期工作制、反复短时工作制和短时工作制。以下分别讨论之。

5.4.1　线圈的热平衡方程式

根据能量守恒定律，线圈所产生的热量 Q_T（由电能转变得来）减去线圈散发的热量 Q_s 就等于用来提高线圈温升的热量 Q_c，其公式为

$$Q_T-Q_s=Q_c \text{ 或 } Q_T=Q_c+Q_s \tag{5-29}$$

设有一通电线圈的电流为 I、温升为 τ、线圈电阻为 R、热容为 C、散热面为 S，并设在 $\mathrm{d}t$ 时间内，线圈的温升提高了 $\mathrm{d}\tau(\text{℃})$，则由式（5-4）、式（5-5）及式（5-19）可将式（5-27）写成为

$$I^2R\mathrm{d}t=C\mathrm{d}\tau+K_sS\tau\mathrm{d}t \text{ 或 } I^2R=C\frac{\mathrm{d}\tau}{\mathrm{d}t}+K_sS\tau \tag{5-30}$$

式（5-30）即称为线圈的热平衡微分方程式。求解该方程式即可求得线圈温升变化的规律。

5.4.2 长期工作制

所谓长期工作制是指线圈连续通电的时间较长，这时线圈的温升已达到稳定值。

在线圈温度变化的过程中线圈的 R、K_s 及 C 都在变化，因此使得求解式（5-28）非常困难，为了简化，先作以下假设：

1）假设线圈消耗的电功率 P 为常数。

2）假设线圈的综合散热系数 K_s 为常数。

3）假设线圈各部分的温度都相等，并且同时升高（或降低），也即假设为均质发热体。

作了以上假设就可以求解式（5-29），得到线圈温升 τ 和通电时间 t 之间的关系：

$$\tau = \tau_w\left(1 - e^{-\frac{t}{T_r}}\right) + \tau_0 e^{-\frac{t}{T_r}} \quad (℃) \tag{5-31}$$

式中，τ_w 为线圈的稳定温升，即当 $t \to \infty$ 时线圈的温升为

$$\tau_w = \frac{P}{K_s S} \quad (℃) \tag{5-32}$$

式中，P 为线圈功率，且 $P = I^2 R (W)$；τ_0 为线圈的起始温升；T_r 为线圈的热时间常数，表示式为

$$T_r = \frac{C}{K_s S} \quad (s) \tag{5-33}$$

如果线圈的起始温升 $\tau_0 = 0℃$，即线圈通电加热之前的温度就等于环境温度，则式（5-29）将变为

$$\tau = \tau_w\left(1 - e^{-\frac{t}{T_r}}\right) \tag{5-34}$$

同样，当 $t \to \infty$ 时，线圈的稳定温升仍为 τ_w，可见 τ_w 与线圈的起始温度无关。τ_w 的物理含义也很清楚，因为当温升稳定后 $d\tau = 0$。所以，由式（5-30）可见，线圈产生的热量就等于散发的热量，即 $I^2 R dt = K_s S \tau_w dt$，因此 τ_w 的表达式就如式（5-32）所示。

式（5-34）所表示的温升曲线为一指数曲线，如图 5-6 所示，由图可见，线圈的温升开始上升得比较快，随后逐渐变慢，最后达到稳定温升 τ_w。从物理过程上解释，通电开始时，线圈的温升 $\tau = 0$，热量不可能散发出去（因为必须有温差，才能散热）。因此，开始时线圈产生的全部热量几乎都用来升高线圈的温度，τ 上升得很快。当 τ 升高后，散发的热量也就逐渐增加，但是单位时间内线圈产生的热量并没有变化，因此用以提高线圈温度的热量就少了，温升上升得愈来愈慢。直到最后，线圈散发的热量等于产生的热量时，线圈温升就不再增加，这个温升就是稳定温升 τ_w。

温升曲线上升的快与慢取决于线圈的热时间常数 T_r。T_r 等于线圈总的热容与其散热能力之比，见式（5-33）。由 $t = 0$ 的点作温升曲线的切线，它与稳定温升 τ_w 的交点所截的直线距离就等于 T_r，如图 5-6 所示。证明如下：

$$\frac{d\tau}{dt} = \frac{\tau_w}{T_r} e^{-\frac{t}{T_r}}$$

因此，当 $t = 0$ 时，温升曲线的斜率为

$$\left(\frac{\mathrm{d}\tau}{\mathrm{d}t}\right)_{t=0}=\frac{\tau_w}{T_r}$$

所以

$$T_r=\frac{\tau_w}{\left(\dfrac{\mathrm{d}\tau}{\mathrm{d}t}\right)_{t=0}}$$

也可以这样来理解 T_r 的物理意义，即当线圈刚通电时，全部产生的热量 $I^2R\mathrm{d}t$ 都用来加热线圈（即等于 $C\mathrm{d}\tau$），如果线圈温升按其最初上升的速率直线上升，则经过 T_r 时间后，温升即达到 τ_w 值。实际上，当温升提高后，线圈就要散热，使 $\mathrm{d}\tau/\mathrm{d}t$ 减小，所以当 $t=T_r$ 时，实际温升只有 $0.632\tau_w$（见图 5-6），因此，将温升达到 $63.2\%\tau_w$ 所需的时间定义为线圈的热时间常数。

从理论上说，只有当 $t\rightarrow\infty$ 时，线圈温升才能达到稳定温升 τ_w。实际上接近 τ_w 所需的时间并不需要太长，例如，当 $t=4T_r$ 时，$\tau=0.98\tau_w$，已非常接近 τ_w 了。

很容易证明：如果线圈的起始温升为 τ_0，则其温升曲线就相当于将 $t=0$ 的坐标轴移到 $0'$ 处。

若线圈温升达到 τ_w 后断电，则它的温度必然逐渐下降，这时，热平衡方程式（5-30）变为

$$0=C\frac{\mathrm{d}\tau}{\mathrm{d}t}+K_sS\tau$$

其解为

$$\tau=\tau_w\mathrm{e}^{-\frac{t}{T_r}} \tag{5-35}$$

由该式描绘的冷却曲线如图 5-7 所示，显然如果 T_r 在发热和冷却时都相同，则该曲线就是如图 5-6 所示的温升曲线的镜像。这条曲线也称为线圈的冷却曲线。当断电后经过 T_r 的时间，线圈温升下降到 $36.8\%\tau_w$。

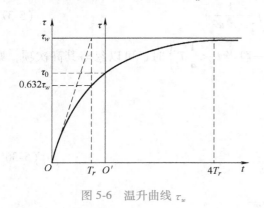

图 5-6 温升曲线 τ_w

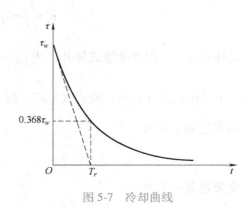

图 5-7 冷却曲线

5.4.3 短时工作制

短时工作制是指线圈通电时间 t_{ds} 很短（见图 5-8），线圈温升尚未达到稳定值 τ_w，而当断电后又充分冷却到周围介质温度的工作制。

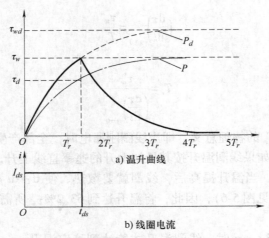

a) 温升曲线

b) 线圈电流

图 5-8　短时工作制时的温升曲线

短时工作制通电时的温升曲线仍按式（5-31）计算。显然在相同的线圈功率和散热条件下，短时工作制的温升 τ_d 将低于 τ_w，如图 5-8a 曲线 P 所示，即

$$\tau_d = \tau_w \left(1 - e^{-\frac{t_{ds}}{T_r}}\right)$$

如线圈的允许温升不变，则对于短时工作可以加大线圈电流（即使功率增大为 P_d），使温升曲线上升更快，即在 t_{ds} 时温升 $\tau_d = \tau_w$，如图 5-8a 所示曲线 P_d。P_d 与 P 之比就称为功率过载系数 p，即

$$p = \frac{P_d}{P} = \frac{\tau_{wd}}{\tau_w} = \frac{1}{1 - e^{-t_{ds}/T_r}} \tag{5-36}$$

式中，τ_{wd} 为长时间加以 P_d 功率时，线圈可能达到的稳定温升。

显然，通电时间 t_{ds} 愈短，则线圈允许的功率过载系数 p 也愈大。

由于功率与电流平方成正比，所以，电流过载系数 p_i 为

$$p_i = \frac{I_{ds}}{I} = \sqrt{p} = \sqrt{\frac{1}{1 - e^{-t_{ds}/T_r}}} \tag{5-37}$$

式中若将 $e^{\frac{t}{T_r}}$ 用泰勒级数展开，当 $t_{ds} \ll T_r \left(一般当 t_{ds} < \frac{1}{4} T_r\right)$ 时，可以忽略其高次项，则

$e^{\frac{t_{ds}}{T_r}} \approx 1 - \frac{t_{ds}}{T_r}$ 代入式（5-36）及式（5-37）得

功率过载系数为

$$p = \frac{T_r}{t_{ds}} \tag{5-36'}$$

电流过载系数为

$$p_i = \sqrt{\frac{T_r}{t_{ds}}} \tag{5-37'}$$

以上公式的物理意义也很清楚，如果 $t_{ds} \ll T_r$，则可以认为全部产生的热量都用来提高线圈的温升，线圈温升按 $t = 0$ 时的上升速率直线上升，即如前所述 $\dfrac{d\tau}{dt} = \left(\dfrac{d\tau}{dt}\right)_{t=0} = \dfrac{\tau_{wd}}{T_r}$。如果经

过 t_{ds} 时间后的温升应等于 τ_w，则 $\tau_w = \left(\dfrac{\mathrm{d}\tau}{\mathrm{d}t}\right)_{t=0} \times t_{ds} = \dfrac{\tau_{wd}}{T_r} t_{ds}$，因此得 $\dfrac{\tau_{wd}}{\tau_w} = \dfrac{P_d}{P} = \dfrac{T_r}{t_{ds}}$。

5.4.4　反复短时工作制

反复短时工作制是指线圈在通电和断电交替循环的情况下工作。在通电时间 t_1 内，线圈的温度并未达到稳定值，而在断电的时间 t_2 内亦未冷却到周围介质温度的工作制（见图 5-9）。$T = t_1 + t_2$ 为工作周期。

在 t_1 时间内线圈温升由零升高到 τ_1'，即

$$\tau_1' = \tau_{wf}\left(1 - e^{-\frac{t_1}{T_r}}\right)$$

式中，τ_{wf} 为长时通电 I_{ds} 时可能达到的稳定温升。

在 t_2 时间内温升又降至 τ_1''

$$\tau_1'' = \tau_1' e^{-\frac{t_2}{T_r}} = \tau_{wf}\left(1 - e^{-\frac{t_1}{T_r}}\right) e^{-\frac{t_2}{T_r}}$$

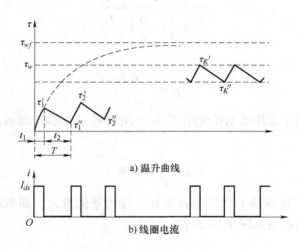

图 5-9　反复短时工作制温升曲线

第二个周期在 t_1 通电时间内，线圈温升由 τ_1'' 升到 τ_2'；

$$\tau_2' = \tau_{wf}\left(1 - e^{-\frac{t_1}{T_r}}\right) + \tau_1'' e^{-\frac{t_1}{T_r}} = \tau_{wf}\left(1 - e^{-\frac{t_1}{T_r}}\right) + \tau_{wf}\left(1 - e^{-\frac{t_1}{T_r}}\right) e^{-\frac{t_2}{T_r}} e^{-\frac{t_1}{T_r}}$$

$$= \tau_{wf}\left(1 - e^{-\frac{t_1}{T_r}}\right)\left(1 + e^{-\frac{T}{T_r}}\right)$$

在 t_2 时间内温升又降至 τ_2''

$$\tau_2'' = \tau_2' e^{-\frac{t_2}{T_r}} = \tau_{wf}\left(1 - e^{-\frac{t_1}{T_r}}\right)\left(1 + e^{-\frac{T}{T_r}}\right) e^{-\frac{t_2}{T_r}}$$

因此，第 K 周期在 t_1 时间内线圈温升达到 τ_K'，即

$$\tau_K' = \tau_{wf}\left(1 - e^{-\frac{t_1}{T_r}}\right)\left[1 + e^{-\frac{T}{T_r}} + e^{-\frac{2T}{T_r}} + \cdots + e^{-\frac{(k-1)T}{T_r}}\right] \tag{5-38}$$

而在 t_2 时间内温升又降到 τ_K''，即

$$\tau_K'' = \tau_K' e^{-\frac{t_2}{T_r}}$$

可以看出，式（5-37）方括号中的级数为一等比级数，其和为 $\left(1-\mathrm{e}^{\frac{KT}{\tau_r}}\right)\Big/\left(1-\mathrm{e}^{\frac{T}{\tau_r}}\right)$，因此

$$\tau_K' = \tau_{wf}\frac{\left(1-\mathrm{e}^{-\frac{t_1}{\tau_r}}\right)\left(1-\mathrm{e}^{-\frac{KT}{\tau_r}}\right)}{\left(1-\mathrm{e}^{-\frac{T}{\tau_r}}\right)} \tag{5-39}$$

如果使第 K 周期以后的温升 τ_K' 与长期工作时的稳定温升 τ_w 相等，则得功率过载系数为

$$p = \frac{P_f}{P} = \frac{\tau_{wf}}{\tau_w} = \frac{1}{\left(1-\mathrm{e}^{-\frac{t_1}{\tau_r}}\right)} \times \frac{\left(1-\mathrm{e}^{-\frac{T}{\tau_r}}\right)}{\left(1-\mathrm{e}^{-\frac{KT}{\tau_r}}\right)}$$

式中，P_f 为反复短时工作时的功率；P 为长期工作时的功率。

若 $t \ll T_r$，而且 $K \to \infty$ 时，将 $\mathrm{e}^{-\frac{T}{\tau_r}}$ 及 $\mathrm{e}^{-\frac{t_1}{\tau_r}}$ 用泰勒级数展开，并忽略高次项，得

$$p = \frac{1-\left(1-\frac{T}{T_r}\right)}{1-\left(1-\frac{t_1}{T_r}\right)} = \frac{T}{t_1} \tag{5-40}$$

电流过载系数为

$$p_i = \sqrt{\frac{T}{t_1}} \tag{5-41}$$

在电器设计和使用中常用通电持续率 TD%（用符号 q 表示）表示反复短时工作制的繁重程度，其定义为

$$q = \frac{t_1}{T} \times 100\% \tag{5-42}$$

即通电时间 t_1 与工作周期 T 之比的百分数。显然 q 值愈大，通电时间愈长，过载系数就愈小。这样过载系数就可以用 TD% 来表示，即

功率过载系数

$$p = \frac{1}{q} \tag{5-40'}$$

电流过载系数

$$p_i = \sqrt{\frac{1}{q}} \tag{5-41'}$$

5.4.5 线圈温升的实际情况

在推导以上温升曲线时曾假设线圈功率 P、散热系数 K_s 及线圈热容 C 为常数，并认为线圈各部分的温度都相等，并且是同时升高的。这些假设都和实际情况有些不同，因此计算所得的温升曲线必然会与实际测量所得的曲线有一定的误差。下面分别讨论其影响。

1）在线圈通电发热的过程中，由于电阻 R 因温度的升高而增大，对于电压线圈来说，功率 P 将减小；而对于电流线圈来说，P 将增大。P 的变化将改变稳定温升 τ_w，温升曲线也不再是式（5-34）所示的指数关系。图 5-10 所示为某继电器线圈的平均温升与通电时间的

实验曲线，由图可见，当两者最后的稳定温升 τ_w 都相同时，电压线圈的温升曲线因上电开始阶段线圈电阻小，发热功率大，温升上升得较快。如果仍然定义温升达 $63.2\%\tau_w$ 所需的时间为线圈的热时间常数 T_r，那么电压线圈的时间常数大约只有电流线圈的 2/3。

考虑到线圈电阻 R 随温升而改变，在利用式（5-32）来计算线圈稳定温升 τ_w 时要用热态电阻值，而在用作图法求温升曲线的初始斜率时要用冷态电阻值。因此，虽然用式（5-33）求得的热时间常数对于电压线圈和电流线圈都是一样的，但是电压线圈的初始功率大，所以温升曲线的斜率也大。

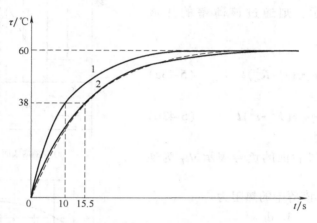

图 5-10　某继电器线圈的温升与通电时间的实验曲线
1—电压线圈　2—电流线圈　虚线—指数曲线

2）线圈内部温度分布并不是均匀的，因为线圈内部有绝缘材料及空气隙，都不是良导热体，线圈内部的热量要传导到外表面散发就必然会产生温差。

图 5-11a 所示为线圈内表面与铁心之间导热不良时（如有绝缘骨架，或空心线圈）线圈内部温升沿径向的分布情况（假设线圈只由内外侧面散热，而两端面不散热，因此沿轴向为等温）。由图可见，在半径为 R_m 处的温升最高（即 τ_m），而在内外表面的温升分别为 τ_2 及 τ_1（$\tau_2 > \tau_1$）。

图 5-11b 所示为某继电器线圈内部温升分布情况的实测曲线。曲线 1 为线圈通以 4W 直流电时的情况。由于线圈内表面与铁芯导热良好，因此内表面（$x=0$）的温升低于外表面（$x=8mm$），而最高温升发生在接近线圈的中间。由曲线得 $\tau_m = 78℃$，铁芯温升为 56.5℃，线圈平均温升为 69℃，可见最高温度和平均温度之差可能达到 10℃。如果线圈的厚度愈大，则该差别也愈大。

曲线 2 为同样的继电器，但线圈通以交流电的情况。此时保持线圈和铁心总的损耗仍为 4W，其中铜耗为 1.34W，铁耗为 2.66W。由图 5-11 可见，由于铁心也参加发热，所以线圈内部的温升分布比直流时均匀。线圈的最高温升为 54℃，平均温升为 50℃，铁心温升为 49℃。

线圈内部温升分布曲线的计算方法如下：

线圈通电后产生的热损耗分为两部分分别向内、外表面两个方向传导，即以温升最高处、半径为 R_m 的圆柱面为分界面（见图 5-11a），该面与外表面（半径为 R_1 的圆柱面）

之间所产生的热功率沿径向传导到外表面后向周围介质散发，而该面与内表面（半径为 R_2 的圆柱面）之间所产生的热功率则沿逆径向传导到内表面后传递给线圈内的铁心部分，再通过铁传导到导磁体的其他部件向周围介质散发。

设 p_0 为线圈单位体积产生的热功率损耗，并在离线圈轴线为 r 处取一厚度为 dr 的薄壁圆筒，如图 5-11a 所示，则通过该薄壁的热流 Φ_T 为

当 $r>R_m$ 时

$$\Phi_T=p_0\pi(r^2-R_m^2)l \qquad (5\text{-}43\text{a})$$

当 $r<R_m$ 时

$$\Phi_T=-p_0\pi(R_m^2-r^2)l \qquad (5\text{-}43\text{b})$$

式中，l 为线圈的长度。

式（5-43b）等号后面的负号表示 Φ_T 为逆径向。

由式（5-15）得该薄壁的热阻为

$$\Delta R_T=\frac{1}{\lambda}\frac{dr}{2\pi rl}$$

式中，λ 为线圈的热导率。

因此，薄壁内、外两面间的温差 $d\theta$ 可由式（5-14）求得，即

$$d\theta=\tau_内-\tau_外=\Phi_T\Delta R_T$$

式中，$\tau_内$ 和 $\tau_外$ 分别代表薄壁内、外面的温升。

将以上所得 Φ_T 及 ΔR_T 的表达式代入得

当 $r>R_m$ 时 $\qquad d\theta=\dfrac{p_0}{2\lambda}\left(r-\dfrac{R_m^2}{r}\right)dr$

当 $r<R_m$ 时 $\qquad d\theta=-\dfrac{p_0}{2\lambda}\left(\dfrac{R_m^2}{r}-r\right)dr$

设半径为 r 处的温升为 τ，则它与最高温升 τ_m 处的温差可由上式通过积分求得

当 $r>R_m$ 时

$$\tau_m-\tau=\int_{R_m}^r\frac{p_0}{2\lambda}\left(r-\frac{R_m^2}{r}\right)dr=\frac{p_0}{2\lambda}\left[\frac{r^2-R_m^2}{2}-R_m^2\ln\frac{r}{R_m}\right] \qquad (5\text{-}44\text{a})$$

当 $r<R_m$ 时

$$\tau-\tau_m=\int_r^{R_m}-\frac{p_0}{2\lambda}\left(\frac{R_m^2}{r}-r\right)dr$$

或

$$\tau_m-\tau=\int_r^{R_m}\frac{p_0}{2\lambda}\left(\frac{R_m^2}{r}-r\right)dr=\frac{p_0}{2\lambda}\left[R_m^2\ln\frac{R_m}{r}-\frac{R_m^2-r^2}{2}\right] \qquad (5\text{-}44\text{b})$$

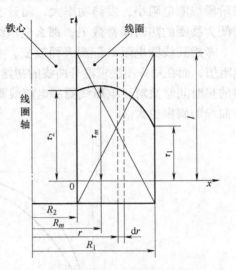

a) 线圈内表面与铁心导热不良

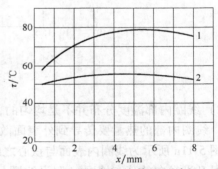

b) 线圈内表面与铁心导热良好

图 5-11 线圈内部温升分布情况
1—直流曲线 2—交流曲线

由以上两式来计算 τ 值还必须先求得 R_m 及 τ_m 值。为此，令内、外表面的温升为 τ_2 及 τ_1。由牛顿散热公式得

$$\tau_1 = P_{s1}/K_{s1}S_1$$

$$\tau_2 = P_{s2}/K_{s2}S_2$$

式中，P_{s1} 及 P_{s2} 分别为通过外及内表面散发的热功率；K_{s1} 及 K_{s2} 分别为外表面的散热系数和内表面的等效散热系数，其所以为"等效"是因为内表面实际上是将热功率传导给铁心，其含义和计算方法和 K_{s1} 是不同的；S_1 及 S_2 分别为外及内表面的散热面积。

由式（5-43a）及（5-43b）可得

$$\begin{cases} P_{s1} = p_0 \pi (R_1^2 - R_m^2) l \\ P_{s2} = p_0 \pi (R_m^2 - R_1^2) l \end{cases}$$

而

$$\begin{cases} S_1 = 2\pi R_1 l \\ S_2 = 2\pi R_2 l \end{cases}$$

将以上关系式代入式（5-44a）及（5-44b）求解得 R_m 为

$$R_m = \sqrt{\dfrac{\dfrac{1}{2\lambda}(R_1^2 - R_2^2) + \dfrac{R_1}{K_{s1}} + \dfrac{R_2}{K_{s2}}}{\dfrac{1}{K_{s1}R_1} + \dfrac{1}{K_{s2}R_2} + \dfrac{1}{\lambda}\ln\dfrac{R_1}{R_2}}} \tag{5-45}$$

由上式求得 R_m 后，就可以由式（5-41a）或（5-41b）求得 τ_m 以及线圈其他各处的 τ 值。

上述计算中尚需确定线圈的热导率 λ 及表面散热系数 K_{s1} 及 K_{s2}，下面列出一些经验公式。

对于圆导线，设导线直径为 d，外包绝缘厚度为 Δ，则 λ 可近似表示为

层叠式未浸渍线圈

$$\lambda = 1.45\sqrt{\lambda_i \lambda_0 (d/\Delta - 1)} - 1.6\lambda_0$$

层叠式的浸渍线圈

$$\lambda = \lambda_i (d/\Delta)^{2.3}$$

间叠式未浸渍线圈

$$\lambda = 2.18\sqrt{\lambda_i \lambda_0 (d/\Delta + 1)} - 1.33\lambda_0$$

式中，λ_i 和 λ_0 分别为绝缘和空气的热导率。

外表面的散热系数 K_{s1} 的实验数据已如前述。内表面的等效散热系数计算方法中常可将 K_{s2} 表示为 K_{s1} 的一个比例

即令

$$K_{s2} = \beta K_{s1}$$

实验表明，直流线圈的 β 值如下：

对于无骨架线圈

$$\beta = 0.75 \sim 1.05$$

对于绕在绝缘金属骨架上的线圈

$$\beta = 1.56 \sim 1.75$$

对于绕在绝缘铁心上的线圈

$$\beta = 2.1 \sim 2.45$$

3）线圈的热时间常数 T_r 在整个发热过程中不是一个常数。由式（5-31）可知，T_r 和 K_s 及 C 有关，而 K_s 和 C 都在变化。K_s 随温度升高而增大，已在前面讨论过，而热容 C 也将发生变化。

实际上，因为线圈是套在铁心上的，线圈的热量也用来加热铁心和其他附件。因此，热容 C 就不能单考虑线圈本身的热容，而必须同时考虑铁心和其他导磁体等的热容。导磁体的温度一般低于线圈（直流情况），而且又不是和线圈同时升高温度，因此就使得问题更为复杂。在刚通电时，线圈的热量不能立即传给铁，因此，铁就不能很快跟上线圈提高温度，也就是说铁的热容不是全部有效，只有经过一段时间后，铁才会跟上线圈一起发热。

目前采用有限元软件可以考虑热容 C 的变化，较准确计算出线圈温度分布的时间特性。

5.5 线圈的设计方法

设计线圈一般希望满足下列要求：

1）提供一定的磁动势 IW。

2）稳定温升 τ_w 小于绝缘材料的极限允许温升。

3）在满足上述两个条件的前提下尺寸和重量愈小愈好。

设计前的已知数据一般为：线圈磁动势 IW、铁心直径 d_c 以及电压线圈的电压 U 或电流线圈的电流 I。此外，要给定周围环境的最高温度 θ_0，对于短时工作制的线圈要给定短时通电时间 t_{ds}，对于反复短时工作制则要给定通电持续率 q。

设计时要求确定的参数为：线圈尺寸 L 及 b（见图 5-12），导线直径 d 及匝数 W。

在讨论设计方法之前，先推导几个基本计算公式。

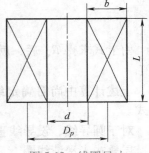

图 5-12 线圈尺寸

5.5.1 基本计算公式

1. 线圈电阻 R_θ

$$R_\theta = \frac{\rho_\theta l}{\frac{\pi d^2}{4}} = \frac{4\rho_\theta D_p W}{d^2} \times 10^{-2} = \frac{\pi \rho_0 D_p W^2}{fLb} \times 10^{-4} \quad (\Omega) \qquad (5\text{-}46)$$

式中，R_θ 为温度为 θ 时的线圈电阻值；ρ_θ 温度为 θ 时铜的电阻系数，$\rho_\theta = \rho_0(1+\alpha_0\theta)$；$\rho_0$ 为 0℃时铜的电阻系数，一般 $\rho_0 = 0.016\Omega \cdot mm^2/m$；$\alpha_0$ 为 0℃时铜的电阻温度系数，$\alpha_0 = \frac{1}{234.5}℃^{-1}$；$d$ 为裸导线直径（mm）；W 为线圈匝数；L 及 b 为线圈的长和厚（见图 5-12，cm）；D_p 为平均直径，$D_p = d_c + b$（cm）；f 为填充系数，若给定的是绕组尺寸 L_{rz} 及 b_{rz}，则式中的 f 值应改为 f_{rz}，见式（5-28）。

2. 线圈消耗功率 P

$$P = I^2 R_\theta = \frac{\pi \rho_\theta D_p (IW)^2}{fLb} \times 10^{-4} \quad (\text{W}) \tag{5-47}$$

由上式可见：

1）P 和线圈磁动势 IW 的平方成正比，增大线圈尺寸 L 或 b 都可以使 P 减小（保持所需磁动势 IW 不变），但增大 L 对减小 P 更为有利，因为增大 b 将会使分子中的 D_p 也增大。

2）P 和导线直径 d 及匝数 W 关系不大，不同 d 时，f 略有变化，因此对 P 稍有影响。

3. 线圈温升 τ_w

对于长时工作制线圈，可由式（5-19）（即牛顿散热公式）求 τ_w，即

$$\tau_w = \frac{P}{K_s S} = \frac{I^2 R_\theta}{K_s S} \quad (\text{℃})$$

式中，S 为线圈内、外侧面积之和，在此假设内、外表面散热系数相同，则 $S = 2\pi D_p L (\text{cm}^2)$。

若将式（5-47）代入上式，则得

$$\tau_w = \frac{\rho_0 10^{-4}}{2 K_s fLb} \left(\frac{IW}{L} \right)^2 \quad (\text{℃}) \tag{5-48}$$

对于反复短时工作制，若工作周期 $T \ll T_r$，如上分析，则当线圈的温升循环稳定后，每一通电时间内可能达到的最大温升 τ_K' 为

$$\tau_K' = \frac{\tau_{wf}}{p} = q\tau_{wf} \tag{5-49}$$

式中，q 为通电持续率；τ_{wf} 仍可由式（5-48）计算，式中 $I = I_{ds}$。

对于短时工作制，若通电时间 $t_{ds} \ll T_r$，则线圈温升 τ_d 为

$$\tau_d = \frac{\tau_{wd}}{p} = q'\tau_{wd} \tag{5-50}$$

式中，$q' = \dfrac{t_{ds}}{T_r}$（T_r 为线圈热时间常数）；τ_{wd} 仍可由式（5-48）计算，式中 $I = I_{ds}$。由式（5-47）可见：

1）τ_w 和磁动势 IW 的平方成正比，而和线圈尺寸 bL^2 成反比，所以在一定磁动势下，要保证线圈温升不超过允许值，就必须具有一定的线圈尺寸，并且增大线圈长度 L 对降低温升更为有利。

2）τ_w 和导线直径 d 及匝数 W 并没有直接的关系（d 的变化使 f 略有变化，但影响不大），因此改变 d 及 W 以适应不同电压时并不需要改变线圈尺寸。

4. 导线直径 d

对于电压线圈，导线直径 d 和电压 U 及磁动势 IW 之间有下列关系，即由欧姆定律 $U = IR$ 将表示 R 的式（5-46）代入，求解 d 得

$$d = 0.2 \sqrt{\frac{\rho_\theta D_p (IW)}{U}} \quad (\text{mm}) \tag{5-51}$$

由上式可见：

1）d 和 IW 的开方成正比。因此，要增大磁动势就必须加粗导线，此时若保持线圈尺寸

不变，则匝数 W 就应减少。

2） d 和 U 的开方成反比。因此，当改变电源电压时就必须同时改变导线直径，电压愈高，导线就愈细。此时，无需改变线圈尺寸，导线细，匝数自然增多，使 IW 保持不变。

5. 线圈匝数 W

若已知 f 或 f_{rz}，则 W 可由下式确定

$$W = \frac{fLb}{\frac{\pi d^2}{4}} \times 10^2 \quad （匝）\tag{5-52}$$

如果是层叠式或间叠式排线方式，则可以根据线圈尺寸或骨架尺寸及绝缘层情况精确计算每层的匝数和层数。

5.5.2 线圈设计方法

1. 电压线圈

电压线圈的设计步骤如下：

1） 根据给定的磁动势 IW 及极限允许温升 τ_{jx} 确定所需的线圈尺寸 L 及 b。为此将计算温升的式（5-48）进行适当变化，即令 $\tau_w = \tau_{jx}$，并选定线圈尺寸的长厚比 $\lambda_{ch} = L/b$，对于合理设计的电磁铁，λ_{ch} 有一定的范围，一般 $\lambda_{ch} = 4 \sim 8$，因此，得计算线圈厚度 b 及长度 L 的公式如下：

$$b = \sqrt[3]{\frac{\rho_\theta(IW)^2 q}{2 \times 10^4 K_s f \tau_{jx} \lambda_{ch}^2}} \quad （cm）\tag{5-53}$$

而

$$L = \lambda_{ch} b \quad （cm）\tag{5-54}$$

式中，f 及 K_s 值分别与导线直径 d 及线圈散热面积 S 有关，但 d 及 S 均尚未求得，因此只能用猜试法，先估计一个数值，再进行复算。

由式（5-53）及式（5-54）可以看出，线圈尺寸 b 及 L 主要由磁动势 IW 及允许温升 τ_{jx} 来决定，因为 K_s 及 f 的变化范围都有限。由于 IW 是产生吸力的，因此，要增大电磁铁的吸力和行程，则线圈的尺寸就必须加大，这里可采用高耐温等级的绝缘材料来减小线圈的尺寸。

由以上公式还可以看出，电压 U、导线直径 d、匝数 W 与尺寸没有直接关系，因此改变 d 及 W 以适应不同电压时，并不需要改变线圈尺寸。

对于短时工作制或反复短时工作制的线圈，在产生同样的磁动势的条件下，线圈尺寸可以缩小，因为 q 或 q' 小于 1。

2） 根据电源电压 U 及线圈磁动势 IW 即可由式（5-51）确定导线直径 d，即

$$d = 0.2 \sqrt{\frac{\rho_\theta D_p(IW)}{U}} \quad （mm）$$

式中，D_p 为已知，因为 $D_p = d_c + b$，而 d_c 是给定的，b 已由式（5-52）求得。求得的导线直径应按电磁线规格表选用最接近的规格。

3） 已知线圈尺寸 b、L 及裸导线直径 d，则可由式（5-51）或用排线方式求得线圈匝数

W。必须指出，在有限的线圈尺寸内和给定的导线直径下，应该使 W 尽可能多，因为这样可以提高填充系数 f，使 τ_w 降低（见式（5-47））。

4）至此，线圈全部参数（b、L、d 及 W）都已确定，但是，应该反回来订正之前假设的 f 和 K_s 值，并验算 IW 是否够大，τ_w 是否超过允许温升。

2. 电流线圈

电流线圈的尺寸 L 和 b 的计算方法同上，其匝数 W 由电流值 I 确定，即 $W=(IW)/I$；导线直径 d 则由式（5-50）确定。

3. 考虑电压的变化和线圈电阻及匝数的公差

以上在设计电压线圈时认为电源电压 U 是不变的。实际上，在使用过程中电源电压总会有所波动。另外，必须保证在吸合电压 U_{xh} 下就能产生所需的磁动势 $(IW)_{xh}$，而 U_{xh} 一般低于额定电压。

在制造线圈的过程中，线圈电阻和匝数都规定一定的允许公差。直流线圈的电阻公差一般规定在 ±3%～±5% 的范围内，而匝数公差为 ±1%～±2%。

设计时必须保证当电源电压为最大 U_{max}，线圈电阻为下限 R_{min} 而匝数为上限 W_{max} 即线圈磁动势为最大值 $(IW)_{max}$ 时，线圈温升不超过允许值，而当电压为吸合电压 U_{xh}，R 为上限 R_{max} 及匝数为下限 W_{min}，即 IW 为最小值 $(IW)_{min}$ 时，仍能产生所需的吸合磁动势 $(IW)_{xh}$。因此，在应用式（5-53）确定 b 时，公式中的 IW 应代之以 $(IW)_{max}$：

$$(IW)_{max}=(IW)_{xh}\times\frac{U_{max}}{U_{xh}}\times\frac{R_{max}}{R_{min}}\times\frac{W_{max}}{W_{min}} \tag{5-55}$$

在应用式（5-51）确定导线直径 d 时，也应将磁动势放大来补偿由于 R 及 W 的公差而引起的磁动势的降低，即

$$d=0.2\sqrt{\frac{\rho_\theta D_p(IW)_{xh}\dfrac{R_{max}}{R_{min}}\dfrac{W_{max}}{W_{min}}}{U_{xh}}} \quad (\text{mm}) \tag{5-56}$$

5.5.3　线圈参数改变时的换算

有时遇到的计算问题不是全面设计，而是改变线圈的某参数以后，线圈的其他数据应该怎样相应地变化。例如，当电压改变时线圈导线与匝数怎样变化，或者工作制改变时（由长期改为短时）参数又怎样变化。这一类问题就是参数换算的问题。下面介绍两种情况。

1. 改变电源电压

当电源电压改变时，例如由 30V 改变为 230V，线圈的参数如导线直径 d、电阻 R 及匝数 W 等都要相应地改变。设电压 U_1 时线圈的参数为 d_1、W_1 及 R_1，电压改变为 U_2 以后线圈的参数为 d_2、W_2 及 R_2，那么这两个线圈的参数之间存在着如下的关系：

$$\frac{d_2}{d_1}=\sqrt{\frac{U_1}{U_2}} \tag{5-57}$$

$$\frac{W_1}{W_2}=\frac{d_2^2}{d_1^2}=\frac{U_1}{U_2} \tag{5-58}$$

$$\frac{R_1}{R_2}=\frac{W_1 d_2^2}{W_2 d_1^2}=\frac{U_1^2}{U_2^2} \tag{5-59}$$

上述关系是在外形尺寸、温升及线圈磁动势都不改变的条件下推出来的，具体推导如下：

1）由式（5-51），若 D_p 及 IW 均为常数，则：

$$d \propto \sqrt{\frac{1}{U}}，所以 \frac{d_2}{d_1} = \sqrt{\frac{U_1}{U_2}}$$

2）由式（5-52），若 L 及 b 均不变，而 f 在 d 变化不大时近似不变，则

$$W \propto \frac{1}{d^2}，所以 \frac{W_1}{W_2} = \frac{d_2^2}{d_1^2} = \frac{U_1}{U_2}$$

3）由式（5-46），若 D_p 不变，则

$$R \propto \frac{W}{d^2}，所以 \frac{R_1}{R_2} = \frac{W_1 d_2^2}{W_2 d_1^2} = \frac{U_1^2}{U_2^2}$$

以上关系说明，当线圈电压增高时，线圈匝数应按比例增大，而导线直径则应按电压的开方成反比减小，此时，线圈电阻按电压平方成正比增大。

例 5.2　已知线圈电压为 30V，匝数为 3450 匝，导线直径为 0.2mm，电阻为 170Ω，如果把线圈电压降低为 6V，求各参数如何变化？

解：导线直径为

$$d_2 = d_1 \sqrt{\frac{U_1}{U_2}} = 0.2 \sqrt{\frac{30}{6}} \text{mm} = 0.447 \text{mm}$$

规格化取

$$d_2 = 0.44 \text{mm}$$

匝数

$$W_2 = W_1 \frac{d_2^2}{d_1^2} = 2450 \times \left(\frac{0.2}{0.44}\right)^2 \text{匝} = 713 \text{匝}$$

电阻

$$R_2 = R_1 \frac{W_2 d_1^2}{W_1 d_2^2} = 170 \times \frac{713}{3450} \times \left(\frac{0.2}{0.44}\right)^2 \Omega = 7.3 \Omega$$

2. 改变工作制

如果电压不变而改变线圈工作制，例如由长期工作制改为反复短时工作制，则 d 和 W 也要相应地改变。同样，也可以在外形尺寸及温升不变的条件下推导出线圈参数之间的换算关系如下：

设第一线圈为长期工作，其参数为 d_1、W_1 及 R_1，第二线圈为反复短时工作，其通电持续率为 q，线圈参数为 d_2、W_2 及 R_2，则

$$\frac{d_1}{d_2} = \sqrt[4]{q}$$

$$\frac{W_1}{W_2} = \frac{d_2^2}{d_1^2} = \sqrt{\frac{1}{q}}$$

$$\frac{R_1}{R_2} = \frac{W_1^2}{W_2^2} = \frac{1}{q}$$

$$\frac{IW_1}{IW_2}=\sqrt{q}$$

例 5.3　线圈电压为 30V，匝数为 3450 匝，导线直径为 0.2mm，电阻为 170Ω，现由长期工作改为反复短时工作，通电持续率为 40%，求线圈的参数应当如何变化？磁动势提高了多少？

解：导线直径

$$d_2=\frac{d_1}{\sqrt[4]{q}}=\frac{0.2}{\sqrt[4]{0.4}}=0.25\text{mm}（已规格化）$$

匝数为

$$W_2=W_1\sqrt{q}=3450\sqrt{0.4}\text{匝}=2200\text{ 匝}$$

电阻为

$$R_2=R_1q=170\times0.4\Omega=68\Omega$$

磁动势为

$$IW_2=IW_1\frac{1}{\sqrt{q}}=\left(\frac{30}{170}\times3450\right)\times\frac{1}{\sqrt{0.4}}\text{A}=963\text{A}$$

可见，在保持尺寸和温升不变的情况下，反复短时制能比长期工作制的磁势增大到 $1/\sqrt{0.4}=1.58$ 倍。

在实际应用过程中，为了满足动作特性和功耗需求，往往需要电磁机构在起动和保持有不同的出力特性。为解决这个问题，可采用双绕组（起动绕组和保持绕组）或者 PWM 控制的单绕组结构，本部分内容将在第 7 章进行详细介绍。

*5.6　利用仿真软件分析电器热场

5.6.1　热特性仿真软件介绍

采用热阻计算方法对电器发热体进行热分析，可以分析温升情况，但存在明显的不足：①计算中忽略的因素较多，不易得到准确的结果；②只能计算电器的平均温升，无法建立场域计算模型，以掌握电器中的各个部件的温升分布规律；③难以考虑热参数随温度变化情况，不易进行精确计算和优化设计；④在多物理场，如电场、磁场、温度场等相互作用时，采用传统的计算方法将无法全面考虑。随着计算机仿真软件技术的迅速发展，国内外开始了采用场的数值方法来分析计算电器的发热问题。目前，在电器温度场的分析计算中，ANSYS 有限元分析软件是较为常见的一种。

本节以航空变频交流真空接触器为例，对真空灭弧室动静触头间的接触电阻、360~800Hz 电流频率下出现的趋肤效应及邻近效应导致的欧姆损耗和线圈等效电阻进行热特性分析，获取真空接触器的稳态热特性，得到不同条件下的温度仿真情况。

具体实现方法如下：利用 ANSYS 软件中的 Maxwell 3D 模块分别设置相应的材料参数和激励情况，对灭弧系统和线圈进行电磁损耗的仿真，然后将对应损耗导入 Steady-State Thermal 模块进行稳态热分析，根据表面散热系数、热导率、辐射系数等参数进行仿真，实现电磁热耦合仿真。如图 5-13 所示是搭建的热特性仿真平台，该平台就可以在 ANSYS

Workbench 软件中实现 Maxwell 与 Steady-State Thermal 联合的电磁热耦合仿真。

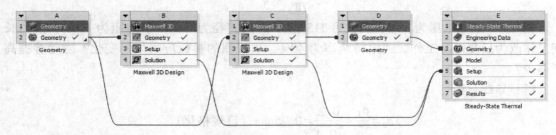

图 5-13　热仿真模块耦合连接图

5.6.2　接触器热特性模型建立

图 5-14 所示为航空交流真空接触器的简化结构内部图。本文根据此结构图进行模型的构建，以该模型为基础进行有限元分析计算。表 5-5 是模型中的主要材料及其相应电导率和热导率。

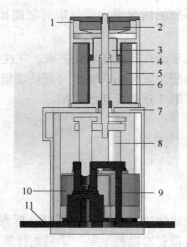

图 5-14　航空交流真空接触器模型

1—永磁壳体　2—永磁体　3—动铁心　4—导杆　5—线圈　6—磁极座
7—底壳　8—触头弹簧杆　9—软连接　10—真空灭弧室　11—铜排

表 5-5　接触器相关材料特性参数值

材料名称	电阻率/($10^{-8}\,\Omega\cdot m$)	热导率/(W/(m·K))	相关部件
铜 T2	1.71	390	5、9、10、11
电工纯铁 DT4E	—	80	1、3、6
铝合金 7075	—	150	8
不锈钢 304	—	12.1	4
钐钴永磁体	—	10	2
尼龙 12	—	0.25	7

由于接触器在实际使用中会与母排连接，因此该接触器模型在仿真时添加一定长度的连接导线，以符合实际使用情况，如图 5-15 所示。

图 5-15　接触器整机热仿真结构图

5.6.3　灭弧系统通电导体发热分析

接触器主要分为灭弧系统和操动机构两个部分。其中灭弧系统的发热包括了交流大电流通过主回路导体时出现趋肤效应和邻近效应而导致的等效损耗、真空灭弧室内部动静触头接触电阻的损耗以及连接体和接线端的接触损耗，操动机构的发热是接触器处于合闸状态时线圈通入保持电流的稳态发热。

真空灭弧室内部属于真空环境，真空度在 5×10^{-5} Pa 以上，其标准符合接触器用真空开关总规范（SJ/T 10575—1994）。灭弧系统的发热量主要来自三部分：第一部分是灭弧室的动静触头在接触时产生的接触电阻；第二部分是主回路导体在通过交流电时的等效电阻发热；第三部分是连接导线与接线端之间的接触损耗。第三部分的损耗较小，可以忽略。

真空灭弧室的动静触头平面，在合闸时从微观层面上分析，两个接触面之间会有很微小的凸起，这些凸起被称为接触斑点。接触斑点之间导电形成接触电阻 R_j，其值远大于通电导体电阻，关于接触电阻的分析将在第 9 章介绍，接触电阻引起的发热功率 P_j 为

$$P_j = I^2 R_j \tag{5-60}$$

对于三相航空接触器，在灭弧系统中趋肤效应和临近效应同时存在，这导致三条主回路中的电流密度分布十分复杂。同时由于电流分布不均，将导致导体的等效电阻变大，交变电流通过导体时，导体上的损耗变大，且交变电流的频率越高，这种效应越明显。

$$P_{jf} = I^2 R_{ac} = I^2 R_{dc} K_f = I^2 K_{jfg} K_{lj} R_{dc} \tag{5-61}$$

该部分损耗可以直接利用 ANSYS Maxwell 软件来进行计算，通过设置激励频率，仿真获取其通过交流电后的损耗，并利用 ANSYS Workbench 中的模块连接将发热损耗传递到 Steady Thermal 模块中，进行后续的热仿真。

5.6.4　操动机构线圈发热分析

操动机构的发热基本由线圈产生，接触器的操动机构采用 PWM 降压控制，保证线圈电流维持在 0.8A 左右，忽略铁心的磁滞损耗和涡流损耗。

线圈的损耗是通过测量线圈的等效电阻而得到的。在仿真模型的设置中，将线圈模型等效为一匝较粗的导体，其电流方向为沿圆周方向流动，如图 5-16 所示。

根据测量获得的各参数，可以计算线圈的等效电阻率为

$$\rho_x = \frac{R_x h_2 (r_{x1} - r_{x2})}{\pi (r_{x1} + r_{x2})} \qquad (5\text{-}62)$$

式中，ρ_x 为线圈的电阻率；R_x 为线圈的阻值；r_{x1}、r_{x2} 分别是线圈的外直径和内直径；h_2 是线圈的高度。

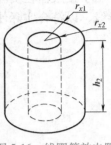

图 5-16　线圈等效电阻

　　线圈线径发生了改变，一方面会使线圈电阻变化，这会很直观地改变线圈的发热功率；另一方面，线圈线径的改变，会影响线圈内部绝缘漆、空气等非良导体的排布情况，影响线圈内部的热导率。因此需要对线圈的热导率进行计算如下：

$$\lambda = \sqrt{a \lambda_1 \lambda_0 \left(\frac{d_1}{d_2} - 1 \right)} - b \lambda_0 \qquad (5\text{-}63)$$

式中，a 和 b 根据经验分别取 1.45 和 1.6；λ_1 和 λ_0 表示为绝缘漆和空气的热导率；d_1 和 d_2 分别表示导线直径和外包绝缘厚度。

　　表 5-6 列举了不同线径下的线圈热导率和线圈电阻大小。

表 5-6　不同线圈线径下热导率和线圈电阻

线径 d_1/mm	外包绝缘厚度 d_2/mm	热导率 $\lambda/(\mathrm{W/(m \cdot K)})$	线圈电阻/Ω
0.5	0.025	0.312	3.5
0.55	0.025	0.331	3.0
0.6	0.025	0.348	2.7

5.6.5　接触器散热特性

　　接触器中的热量传递包括 3 种方式：热传导、热对流、热辐射。在设置热仿真模型须考虑接触器内部存在热传导和热对流散热情况，而接触器外部则需要考虑热对流以及热辐射。

　　热传导：主要考虑接触器发热导体接触点及操动机构线圈热传导。

$$q = -\lambda \nabla T \qquad (5\text{-}64)$$

$$\nabla T = \frac{\partial T}{\partial x} \mathbf{i} + \frac{\partial T}{\partial y} \mathbf{j} + \frac{\partial T}{\partial z} \mathbf{k} \qquad (5\text{-}65)$$

　　热对流：主要考虑接触器外壳与环境的散热边界条件，考虑飞行器高空低气压的影响。

$$\begin{cases} q = \alpha \cdot \Delta T \\ \alpha = \alpha_0 \left(\dfrac{p}{p_0} \right)^{0.48} \end{cases} \qquad (5\text{-}66)$$

　　热辐射：接触器在高空低气压下辐射和热传导将成为主要散热方式。

$$P_f = 5.7 \times 10^{-8} \varepsilon (T^4 - T_0^4) S \quad (\mathrm{W}) \qquad (5\text{-}67)$$

5.6.6　热量传递分析及参数计算

　　接触器中的热量传递包括 3 种方式：热传导、热对流、热辐射。其中真空灭弧室和相应的主回路导体外表存在热对流和热辐射，而真空灭弧室内部是真空环境，不存在对流散热，同时忽略辐射散热，仅通过传导散热。热传导的计算可以在 ANSYS 软件的 Steady-State Thermal 模块中利用热导率进行直接作用计算。

　　综上所述，得到标准气压下接触器的表面对流散热系数见表 5-7。

表 5-7　表面对流散热系数计算

接触器表面	表面对流散热系数 $\alpha/(W/(m^2 \cdot K))$
电磁机构顶面	9.5
电磁机构侧面	9.8
底壳顶面	3.2
底壳侧面	3.2
底壳底面	3.4
A、C 相表面	8.1
B 相表面	4.9

　　对于接触器外部，可认为各零件与环境之间存在辐射散热的现象。综合考虑，接触器各材料的发射率见表 5-8。

表 5-8　各物体辐射发射率设置

材　料　名　称	发　射　率
电工纯铁 DT4E	0.3
尼龙 12	0.9
铜 T2	0.22
绝缘胶皮	0.9

　　将上表数据输入 ANSYS 内部的数据库，Steady-State Thermal 模块中可以直接将辐射散热量作用在整个模型仿真中。

5.6.7　热特性结果分析

　　通过有限元分析软件 ANSYS，设置线圈电流为 0.8A，线圈线径为 0.55mm，匝数为 520 匝，主回路电流为 220A，频率为 360Hz。基于热电双向耦合仿真，可以得到温度场仿真分布如图 5-17 所示。

　　由图 5-17 可知，A、C 相回路温度与 B 相回路相比要更低，这是由于 B 相回路处在中间位置，其热量难以通过对流散热散发出去，同时 A、C 相的热量也会影响到 B 相回路。而线圈温度明显要比下方主回路的温度要低，因此目前对接触器的热特性优化应着重考虑下方回路。

　　（1）高度环境对温升的影响

　　针对在高空环境中个环境因素的改变，会影响接触器温升情况，因此本章在进行仿真时对 360Hz、220A 电流情况进行仿真，分别针对高度为 0m 和民机接触器于 GJB-1461 和 DO-160G 规定的实验下环境高度 4600m 进行仿真，得到仿真结果见表 5-9。

表 5-9　不同高空环境下 B 相触头温升与温度仿真值

高度/m	气压/kPa	温升/℃
0	101.32	67.8
4600	49.32	77.9

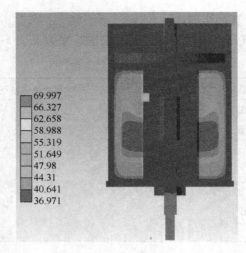

a) 电磁机构温度场

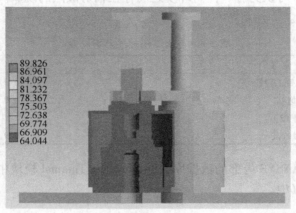

b) 灭弧室温度场

图 5-17　接触器温度场示意图

从表 5-9 可以看出，高空环境中由于气压较低导致空气密度减少，其对流所散发的热量也会有所减小，这会导致处于高空环境下的接触器温升加大。但由于高空下环境温度较低，因此在对应环境温度起始条件中，接触器内部导体的电阻率也相应会减小，综合作用下导致高空环境下接触器整体温度比在地面上工作的接触器温度低。在高空环境下，辐射散热代替对流散热成为主要的散热途径。

（2）电流频率对温升的影响

设置主回路中不同频率如 360~800Hz 下共 5 种频率下 220A 电流的仿真条件，仿真和实验得到不同频率下 B 相触头温升，见表 5-10。

表 5-10　不同频率下 B 相触头温升仿真和实验值

频率/Hz	仿真触头温升/℃	实验触头温升/℃
360	86. 15	80. 3
470	89. 2	83. 6

（续）

频率/Hz	仿真触头温升/℃	实验触头温升/℃
580	91.4	85.8
690	94.1	87.7
800	97.5	90.4

从表 5-10 可以看出接触器 B 相触头温升与主回路电流频率在 360~800Hz 的范围内，随着频率升高，温升也会升高，仿真和实验均得到 800Hz 比 360Hz 的 B 相触头温升高 10℃以上。

小　结

线圈的作用是在给定电压或电流下提供必要的磁动势。线圈本身的电阻损耗以及在交流时铁心的磁滞和涡流损耗用以加热线圈使其温升 τ 提高。线圈的极限允许温度 θ_{jx} 取决于所用绝缘材料的耐热等级（见表 5-3）。

有温差，就存在散热，温差愈大，散热愈多。线圈通过热传导、对流和热辐射这三种方式进行散热，使其温度不致无限增高。在正常大气压下，通过空气自然对流而散发的热量占主要部分。但在高空低气压的情况下，对流散热大大减少，电器主要通过热辐射来散热，因此线圈（或外壳）的表面状况和颜色将会对线圈温升有较大的影响。

线圈的平均温升一般用电阻法测量。线圈温升和通电时间的关系称为温升曲线。线圈长时间通电后的稳定温升 τ_w 取决于线圈的散热能力。线圈温度升高的快慢取决于热时间常数 T_r。将温升达到 τ_w 的 63.2% 所需的时间定义为热时间常数。线圈断电后，其温升下降与时间的关系称为冷曲线。当温升下降到 τ_w 的 36.8% 所需的时间定义为冷却时的热时间常数。

对于短时工作制及反复短时工作制的线圈，由于其通电时间较短，允许的线圈功率就可相应提高 $1/q'$ 或 $1/q$ 倍 $\left(q' = \dfrac{t_{ds}}{T_r} \times 100\% ,\ q = \dfrac{t_1}{T} \times 100\% \right)$。

线圈设计主要要求确定线圈尺寸 L 和 b 以及导线直径 d 和匝数 W。线圈外形大小主要取决于所需磁动势 IW 和允许温升 τ_{jx}，即线圈必须提供足够的散热面。导线直径 d 主要取决于电压 U 和磁动势 IW（见式（5-51）），要求的磁动势愈大，而电压愈低，则 d 就应愈粗。d 已确定，则在有限的线圈尺寸内应该使匝数 W 尽可能多。线圈设计应考虑电压可能的波动以及电阻和匝数的公差，使得在最不利的情况下也能提供必要的磁动势，以及线圈温升不超过允许值。

在变频交流情况下通电导体中由于趋肤效应和临近效应会产生附加损耗，在磁系统中会产生涡流和磁滞损耗，同时高空低气压降低了散热效果，使得航空电器热特性分析复杂，温升比地面要高很多。

习题与思考题

5.1　若规定电器的工作寿命为 5000h，试问各类耐温等级漆包线的极限允许温度各为多少？

5.2　已测得在室温（20℃）时，JKA-52 型继电器在 29V 电压下的线圈电流为 161mA，工作一段时间后，电流下降为 115mA，试问线圈温升是多少？已知室温时继电器的吸合电压为 18V，试问在热态时吸合电压为多大？

5.3 JKA-52 型非密封继电器的绕组尺寸如图 5-18 所示，并已知在室温 20℃ 下，线圈通电长时工作后的温升为 105℃，求该线圈的综合散热系数 K_s 及线圈所能散发的功率。

5.4 已知图 5-18 中 IKA-52 继电器线圈在 20℃ 时的电阻为 180Ω，试求当线圈加上 27V 直流电压长时工作时的稳定温升（提示：K_s 及 R 与 θ 有关，因此要用猜试法）。

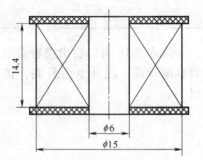

图 5-18 习题 5.3 图
（图中尺寸单位为 mm）

5.5 若习题 5.4 的线圈用直径为 0.12mm（裸线直径）的 QQ-2 漆包线绕成（其 f_n 值查本章附录 B），并已知线圈内的绝缘材料重 2g，试求该线圈的热时间常数（铜的比重为 8.9g/cm³，铜的比热容为 0.39J/(g·℃)，绝缘材料的比热容为 1.5J/(g·℃)。）

5.6 若习题 5.5 继电器用于短时工作制，通电时间为 30s，试问线圈允许的过载系数是多大？

5.7 某吸入式电磁铁，线圈绕在黄铜套管上，线圈与导磁体导热良好。已知该电磁铁线圈的铜重为 1kg，线圈绝缘重 0.1kg，铁重 2kg，黄铜套管重 0.15kg，线圈散热面积为 500cm²，试求当线圈通电 150W 时，线圈温升达到 40℃ 及 100℃ 所需的时间（室温为 20℃，铁的比热容为 0.495J/(g·℃)，黄铜的比热容为 0.44J/(g·℃)。

5.8 已知当线圈电压为 14V，线圈温度为 130℃ 时，线圈磁动势为 180A，并已知线圈内径为 3mm。设 $\lambda = 4$，$f = 0.5$，$K_s = 3.5 \times 10^{-3} \mathrm{W/cm^2 \cdot ℃}$，$\theta_{jx} = 130℃$，$\theta_{0.max} = 60℃$，试求线圈尺寸 L 及 b、匝数 W、导线直径 d 及电阻。

5.9 已知线圈的热态吸合电压 $U_{xh} = 25\mathrm{V}$，吸合磁动势为 340A，线圈最高电压 $U_{max} = 29\mathrm{V}$，在周围介质温度为 20℃ 时的极限允许温升为 105℃，线圈内径为 6mm，取 $\lambda = 3.2$，线圈为非密封式。试求线圈尺寸 L 及 b、匝数 W、线径 d 及电阻 R。

本 章 附 录

附录 A 漆包线的品种、规格和性能特点

类别	产品名称	型号	规格[①]/mm	性能特点		
				温度等级/℃	优点	局限性
油性漆包线	油性漆包圆铜线	Q	0.02~2.50	A(105)	1. 漆膜均匀 2. 介质损耗角正切小	1. 耐刮性差 2. 耐溶剂性差（对使用的浸渍漆应注意）
缩醛漆包线	缩醛漆包圆铜线	QQ-1 QQ-2	0.02~2.50	E（120）	1. 热冲击性优 2. 耐刮性优 3. 耐水解性能良	漆膜受卷绕应力，易产生裂纹（浸渍前须在 120℃ 左右加热 1h 以上，以消除应力）
	缩醛漆包扁铜线	QQB	a 边 0.8~5.6 b 边 2.0~18.0			

（续）

类别	产品名称	型号	规格①/mm	性能特点		
				温度等级/℃	优点	局限性
聚酯漆包线	聚酯漆包圆铜线	QZ-1 QZ-2	0.02~2.50	B(130)	1. 在干燥和潮湿条件下，耐电压击穿性能优 2. 软化击穿性能优	1. 耐水解性差 2. 热冲击性尚可 3. 与聚氯乙烯，氯丁橡胶等含氯高分子化合物不相容
	聚酯漆包扁铜线	QZB	a 边 0.8~5.6 b 边 2.0~18.0			
聚酯亚胺漆包线	聚酯亚胺漆包圆铜线	QZY-1 QZY-2	0.06~2.50	F(155)	1. 在干燥和潮湿条件下，耐电压击穿性能优 2. 热冲击性良 3. 软化击穿性能良	1. 在含水密封系统中易水解 2 与含氯高分子化合物不相容
	聚酯亚胺漆包扁铜线	QZYB	a 边 0.8~5.6 b 边 2.0~18.0			
聚酰亚胺漆包线	聚酰亚胺漆包圆铜线	QY-1 QY-2	0.02~2.50	C(220)	1. 耐热性是目前最好的 2. 耐低温，及辐射性能优 3. 软化击穿及热冲击性优 4. 耐溶剂及化学药品腐蚀性优	1. 耐刮性尚可 2. 耐碱性差 3. 易水解 4. 漆膜受卷绕应力，易产生裂纹（浸渍前须在 150℃ 左右加热 1h 以上，以消除应力）
	聚酰亚胺漆包扁铜线	QYB	a 边 0.8~5.6 b 边 2.0~18.0			

① 圆线以直径表示，扁线以窄边（a）及宽边（b）长度表示。

附录 B 漆包线规格及参数表

牌号	Q						QQ-2			QZ-2		
铜导线直径 d 标称/mm	漆层最小厚度/mm	漆包线最大外径/mm	绕组填充系数 f_{rz}	单位长度的电阻数 r_1/(Ω/m)	单位长度的重量 g_1/(g/m)		漆层最小厚度/mm	漆包线最大外径/mm	绕组填充系数 f_{rz}	漆层最小厚度/mm	漆包线最大外径/mm	绕组填充系数 f_{rz}
0.020	0.003	0.035	0.218	55.7								
0.030	0.004	0.045	0.352	24.73	0.012							
0.040	0.004	0.055	0.339	13.93	0.015							
0.050	0.005	0.065	0.390	8.92	0.019							
0.060	0.005	0.075	0.420	6.19	0.027		0.010	0.090	0.2845	0.10	0.090	0.2845
0.070	0.005	0.085	0.468	4.55	0.036		0.010	0.100	0.339	0.10	0.100	0.3075
0.080	0.007	0.095	0.497	3.48	0.047		0.010	0.110	0.370	0.10	0.110	0.34
0.090	0.007	0.105	0.522	2.75	0.059		0.010	0.120	0.3995	0.10	0.120	0.369

（续）

牌号	Q					QQ-2			QZ-2		
铜导线直径 d 标称/mm	漆层最小厚度/mm	漆包线最大外径/mm	绕组填充系数 f_{rz}	单位长度的电阻数 r_1/（Ω/m）	单位长度的重量 g_1/（g/m）	漆层最小厚度/mm	漆包线最大外径/mm	绕组填充系数 f_{rz}	漆层最小厚度/mm	漆包线最大外径/mm	绕组填充系数 f_{rz}
0.100	0.008	0.120	0.543	2.23	0.073	0.015	0.130	0.462	0.15	0.130	0.398
0.110	0.008	0.130	0.561	1.84	0.088	0.015	0.140		0.15	0.140	
0.120	0.010	0.140	0.576	1.55	0.104	0.015	0.150	0.5015	0.15	0.150	0.442
0.130	0.010	0.150	0.589	1.32	0.122	0.015	0.160		0.15	0.160	
0.140	0.010	0.160	0.601	1.14	0.141	0.015	0.170	0.529	0.15	0.170	
0.150	0.012	0.170	0.611	0.99	0.162	0.020	0.180	0.49	0.20	0.190	0.489
0.160	0.012	0.180	0.617	0.87	0.184	0.020	0.200	0.5025	0.20	0.200	0.502
0.170	0.012	0.190	0.621	0.772	0.208	0.020	0.210		0.20	0.210	
0.180	0.012	0.200	0.624	0.688	0.233	0.020	0.220	0.526	0.20	0.220	0.526
0.190	0.012	0.210	0.626	0.616	0.259	0.020	0.230		0.20	0.230	
0.200	0.015	0.225	0.628	0.557	0.287	0.020	0.240	0.546	0.20	0.240	0.546
0.210	0.015	0.235	0.630	0.506	0.316	0.020	0.250		0.020	0.250	
0.230	0.015	0.255	0.634	0.425	0.378	0.025	0.280	0.53	0.025	0.280	0.53
0.250	0.015	0.275	0.636	0.357	0.446	0.025	0.300	0.545	0.025	0.300	0.545
0.270	0.020	0.310	0.639	0.310	0.522	0.025	0.320	0.557	0.025	0.320	0.524
0.290	0.020	0.330	0.642	0.265	0.601	0.025	0.340	0.573	0.025	0.340	
0.310	0.020	0.350	0.644	0.236	0.689	0.025	0.360	0.586	0.025	0.360	0.55
0.330	0.020	0.370	0.646	0.205	0.780	0.025	0.380	0.593	0.025	0.380	
0.350	0.025	0.390	0.648	0.182	0.870	0.030	0.410	0.573	0.030	0.410	0.573
0.380	0.025	0.420	0.650	0.154	1.03	0.030	0.440	0.586	0.030	0.440	0.586
0.410	0.025	0.450	0.653	0.132	1.202	0.030	0.470	0.597	0.030	0.470	0.597
0.440	0.025	0.490	0.655	0.115	1.382	0.030	0.500	0.608	0.030	0.500	0.584
0.470	0.025	0.520	0.657	0.101	1.574	0.030	0.530	0.618	0.030	0.530	0.596
0.490	0.030	0.540	0.658	0.0926	1.713	0.030	0.550	0.623	0.030	0.550	

第6章 直流磁系统设计

电磁铁的设计归结为合理确定电磁铁的几何尺寸和线圈参数即设计变量，使其满足给定的技术要求（通常称原始数据），并且还要求被选定作为衡量设计优劣的各项经济技术指标或称设计准则为最佳。

而不同用途电磁铁，其经济技术指标的侧重点是不同的。例如对于电磁操动机构和接触器等功率电磁铁来说，它们的主要经济技术指标是重量轻、体积小，而对于灵敏继电器来说则要求其线圈功率为最小。不同要求的磁系统，其设计方法是不同的。本章将着重讨论以重量轻、体积小为主要设计要求的直流电磁铁的一般设计方法，此外还要讨论灵敏磁系统的设计特点。随着功率电子器件的发展，在单绕组和机械式双绕组基础上，出现了电子控制双绕组及 PWM 控制单绕组结构，使电磁电器在可靠性及重量体积方面得到进一步优化和提升。

利用有限元仿真软件分析磁路，可以测试和验证所设计的电磁铁电磁特性和出力特性，是一种较为有效的辅助手段。

6.1 电磁铁的磁效率、机械效率和重量经济性指标

6.1.1 电磁铁每次动作所做的机械功

电磁铁的衔铁在电磁吸力 F_d 的作用下由打开位置 δ_k 移动到闭合位置 δ_b 所做的机械功 W_{ix} 可以用两种方法来表示：①表示在 F_d 与 δ 的坐标平面内；②表示在磁链 ψ 与线圈电流 i 的坐标平面内。

1. 在 F_d 与 δ 的坐标平面内

若已知电磁铁在磁动势 IW 为常数时的静吸力特性 $F_d = f(\delta)$，如图 6-1a 所示，则电磁铁每次动作所做的机械功 W_{jx} 可由下式表示：

$$W_{jx} = \int_{\delta_b}^{\delta_k} F_d \mathrm{d}\delta \propto S_{12341}$$

即 W_{jx} 正比于阴影面积 S_{12341}。

2. 在 ψ 与 i 的坐标平面内

若已知电磁铁在 $\delta = \delta_k$ 及 $\delta = \delta_b$ 时的激磁特性 $\psi = f(i)$ 如图 6-1b 所示，并假定在衔铁运动过程中保持线圈电流 I 为常数（即为静态吸力特性，对电压线圈，在衔铁吸合过程中，电流变化规律比较复杂，只有当衔铁运动无限缓慢时才能使电流基本不变），而线圈磁链由 ψ_k 增大到 ψ_b，则在忽略磁滞和涡流损耗时，电磁铁所做的机械功 W_{ix} 正比于阴影面积 S_{0230}（见 3.2.1，$W_{ix} = \sum \Delta W$）。

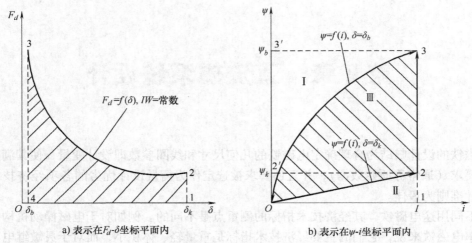

a) 表示在 F_d-δ 坐标平面内   b) 表示在 ψ-i 坐标平面内

图 6-1   电磁铁所做的机械功

6.1.2   磁效率

对于某一定体积的电磁铁，通常希望它所能做的机械功最大，也就是使图 6-1b 中的面积Ⅲ为最大。为此，将 $S_{Ⅲ}$ 和长方形 O133′ 的面积 $S_{\text{O133′O}}$ 之比定义为磁效率 η_c，即

$$\eta_c = \frac{S_{Ⅲ}}{S_{Ⅰ} + S_{Ⅱ} + S_{Ⅲ}} = \frac{W_{jx}}{W_M} \tag{6-1}$$

式中，$W_M = I\psi_b$。

由以上分析可知，当电磁铁的材料和体积已定时 W_M 即已确定，因此，为了增大 W_{jx} 就要设法提高磁效率。

以图 6-2 所示的吸入式电磁铁为例，若忽略漏磁，则

$$W_M = I\psi_b = IW\Phi_b = IWB_T S_T$$

式中，Φ_b 为铁心闭合时的磁通值；B_T 为铁心内的磁感应强度；S_T 为铁心截面积。

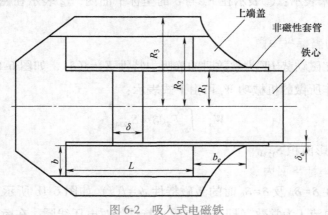

图 6-2   吸入式电磁铁

另外，由式（5-52）可知磁动势 IW 受线圈允许温升 τ_{jx} 所限，即

$$IW = C_1 L\sqrt{b}$$

式中

$$C_1 = \sqrt{\frac{2K_\xi f\tau_{jx}}{\rho_\theta q \times 10^{-4}}}$$

将 IW 代入上式得

$$W_M = C_1 B_T S_T L\sqrt{b}$$

一般，对于正确设计的电磁铁，其铁心半径 R_1 和线圈外半径 R_2 之比有一个合适的范围，即

$$\frac{R_1}{R_2} = (0.5 \sim 0.6) = C_2$$

或

$$\frac{S_T}{S_2} = \frac{\pi R_1^2}{\pi R_2^2} = C_2^2$$

因此

$$W_M = C_1 C_2^2 B_T S_2 L\sqrt{b} \approx C B_T V\sqrt{b} \tag{6-2}$$

式中，$C = C_1 C_2^2$，而 V 为电磁铁的体积，且 $V \approx S_2 L$。

由上式可见，常数 C 受 τ_{jx}、K 及 f 所限，而 B_T 也受铁磁材料的饱和磁通密度所限，因此当材料和体积一定时，W_M 也已限定，不能任意增大。应该指出，W_M 并不是和体积 V 成正比，而是和 $V\sqrt{b}$ 成正比。也就是说，当体积增大一倍时，W_M 却增大不止一倍。所以，大功率电磁铁往往更为经济。

下面分析提高磁效率 η_c 的可能性，由式（6-1）可见，要提高 η_c，必须减小 S_I 和 S_II。

（1）面积 S_I。S_I 表示铁心在闭合位置时磁系统内的储能，这部分磁通主要储存在导磁体、非工作气隙及剩余气隙内。

储藏在导磁体内的磁能取决于所用材料的磁化曲线的形状。因此，选择适当牌号的软磁材料并进行充分退火，使 B-H 曲线与纵坐标轴（$H=0$）之间的面积减少（见图3-3），从而减少了这部分储能。

储藏于非工作气隙及剩余气隙内的磁能取决于它们的磁导（因 $W_{cf} = \Phi^2/2G_{cf}$，式中 G_{cf} 为非工作气隙的磁导，W_{cf} 为储能），增大 G_{cf}，就能减少 W_{cf}。所以，设计电磁铁的结构时应该尽可能减少非工作气隙的个数并提高配合精度使气隙最小。但是有些气隙却不能太小，例如为了防止线圈断电后铁心被剩磁吸住不放（或者为了提高电磁铁的返回系数 K_{fh}），有时还故意将剩余间隙加大。选用剩磁较小（H_c 小）的材料将有助于减小剩余间隙。另外，吸入式电磁铁中的非磁性套管的壁厚 δ_e（见图6-2）也不能太薄，否则由于加工精度或装配精度使铁心不可避免地有某些偏心时，环状非工作气隙 δ_e 内的磁通分布将会很不均匀，因而会产生较大的旁侧力使铁心与套管间的摩擦力增大，妨碍铁心的轴向运动。

（2）面积 S_II。如图6-1b 所示，在打开位置时，导磁体并未饱和，励磁特性 $\psi = f(i)$ 在 0 和 2 两点间近似为直线，因此 $S_\mathrm{II} \approx S_{022'0}$，也就是等于铁心在打开位置时储藏在磁系统内的磁能。这部分磁能主要储存在主工作气隙的磁场和漏磁场内，而导磁体和非工作气隙内的储能所占的比例相对较小。

漏磁通在打开位置时要比闭合位置时大，因此由于它的存在将会使 ψ_k 增大，也就是使 S_II 增大，但却不会使 ψ_b 增大很多，因而使磁效率降低。所以设计时应合理安排结构和确定

各部分的尺寸比例，使漏磁系数减少。

储藏在主工作气隙内的磁能与铁心的初始位置有关。显然，δ_k 愈大，则 ψ_k 就愈小，S_{II} 也愈小，电磁铁所做的机械功就愈大，这也可以从图 6-1a 中明显看出。但是，δ_k 增大时，电磁铁的初始吸力将减小。所以，单从提高磁效率的观点来看，δ_k 愈大愈好，但是这样必然不能满足吸力的要求。由此可见，只用磁效率这一个指标来衡量设计的优劣还是不够的，还有必要引出下面将要讲到的一些指标。

如上所述，由于种种限制，电磁铁的磁效率一般在 0.4~0.7 的范围之内。

6.1.3 有效功和机械效率

电磁铁所做的机械功并不等于克服负载反作用力所做的有效功，而有效功 W_{yx} 是由负载的反力特性 $F_f=f(\delta)$ 所决定，如图 6-3 所示，即

$$W_{yx} = \int_{\delta_b}^{\delta_k} F_f \mathrm{d}\delta \propto S_{1256741} \tag{6-3}$$

W_{yx} 一般小于 W_{jx}，而多余的那部分能量（S_{237652}）用来加速铁心运动，转变为动能。将 W_{yx} 与 W_{jx} 之比定义为机械效率 η_{jx}，即

$$\eta_{jx} = \frac{W_{yx}}{W_{jx}} = \frac{S_{1256741}}{S_{12341}} \tag{6-4}$$

设计电磁铁时，往往期望获得最大的有效功。因此不但要求增大 W_{jx}，而且要求提高机械效率。η_{jx} 一般小于 1。显然，如果反作用力特性 $F_f=f(\delta)$ 完全和吸力特性 $F_d=f(\delta)$ 重合，则 η_{jx} 为最大，并等于 1。但是，这样电磁铁的动作速度将会很慢。所以要求快速的电磁铁，其 η_{jx} 不能太大。

W_{ux} 与反力特性的形状有关，不同负载时的 η_{jx} 也不相同，因此为了便于比较各类电磁铁设计的优化程度就有必要规定同一类型的负载特性才有意义。选择最简单的负载特性，即 $F=$ 常数 $=F_{fk}$，作为比较标准，并称这种情况下的有效功为拟定有效功，简称拟定功 W_{nd}，如图 6-3 所示，即

$$W_{nd} = F_{fK}(\delta_K - \delta_b) \propto S_{12841} \tag{6-5}$$

这种情况下的机械效率即称为拟定机械效率 $(\eta_{jx})_{nd}$，即

$$(\eta_{jx})_{nd} = \frac{W_{nd}}{W_{jx}} \tag{6-6}$$

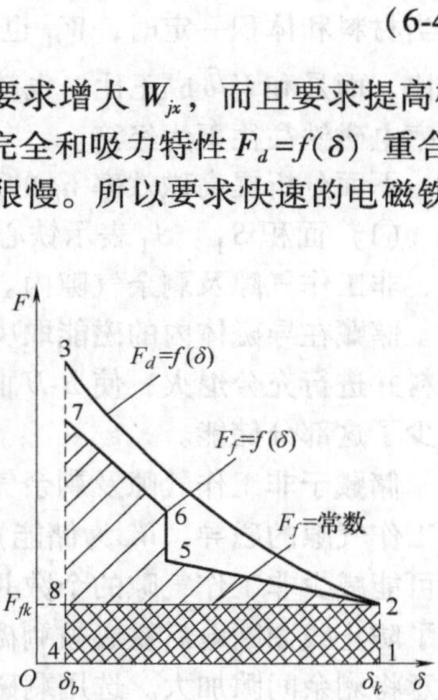

图 6-3 有效功及拟定有效功

选择 $F_f=$ 常数作为比较标准还有另外一层意义，因为设计电磁铁通常以 $\delta=\delta_k$ 时所需产生的电磁吸力 F_{dk} 作为设计给定的原始数据。如果给定的是反力特性，则往往在反力特性上选择一个最困难的工作点（即 W_{nd} 最大的一点）作为设计的原始数据，这在下面还要谈到。

拟定功 W_{nd} 具有以下一些特点：

1) 对于某一电磁吸力特性，不同 δ 时所能做的拟定功 $F_d(\delta-\delta_b)$ 是不同的。很明显，当 $\delta=\delta_b$，及 $\delta\to\infty$ 时，W_{nd} 都趋向于零（前者是因为行程 $\delta-\delta_b=0$，而后者是因为 $F_d\to 0$），而在中间某一 δ 值时，即 $\delta=\delta_m$ 时，W_{nd} 为最大值，如图 6-4 所示。设计时都希望该最大拟定功所在点 δ_m 与反力特性上的最困难点相重合。

2）W_{nd} 与主工作气隙内的储能成正比，即

$$W_{nd}=F_d(\delta-\delta_b)\approx F_d\delta=\frac{B_\delta^2 S_\delta}{2\mu_0}\delta=\frac{1}{2}B_\delta H_\delta V_\delta \tag{6-7}$$

式中，B_δ、H_δ 分别为气隙内的磁感应强度及磁场强度；S_δ、V_δ 分别为气隙极面积及气隙体积。

式（6-7）是在假设 $\delta_b=\delta$ 及忽略散磁，并应用简化的麦克斯韦吸力公式式（3-16）推导得来的。由此可见，为了使 W_{nd} 最大，必须使铁心在气隙 δ 时的储能为最大。

如果用 2.6 节所述的图解法计算磁路，则最优工作点（W_{nd} 最大）可以在图上进行检验。图 6-5 所示为磁系统的局部磁路磁化曲线 $\Phi_\delta=f(u_c)$ 及求 Φ_δ 的做图法（见图 2-50），B 点为气隙为 δ 时的工作点。若通过 B 点作磁化曲线的切线及对横坐标的垂直线（虚线）。并将射线 $\overrightarrow{AB}$ 延长，因而得两夹角 $\angle\alpha_1$ 及 $\angle\alpha_2$，则当 $\angle\alpha_1=\angle\alpha_2$ 时，W_{nd} 为最大。证明如下：

由式（6-7）已知 W_{nd} 等于工作气隙内的储能，而该储能在图 6-5 中即正比于 $\triangle ABC$ 的面积 S_{ABCA}（因为 $W_{nd}=\frac{1}{2}\Phi_\delta u_\delta\propto\frac{1}{2}\overline{BC}\times\overline{AC}$）。当 δ 改变时，$tg\alpha$ 及工作点 B 将改变，则 S_{ABCA} 也将变化。设在 B 点附近，$\Phi_\delta=f(\delta)$ 可近似用通过 B 点的切线表示，则由几何关系可证明，当 $\angle\alpha_1=\angle\alpha_2$ 时，也就是 $\triangle ABD$ 的面积为最大（几何证明从略）。

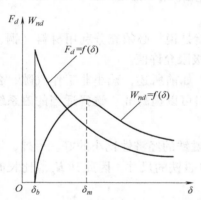

图 6-4　拟定功与 δ 的关系（$W_{nd}=f(\delta)$）

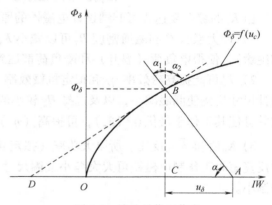

图 6-5　检验最优工作点

检验后若发现 $\angle\alpha_1\neq\angle\alpha_2$，则对于拍合式电磁铁可以通过改变极靴面积来改变 G_δ（或 $tg\alpha$）来使该条件得到满足，而对于吸入式，则可改变锥角来改变 $tg\alpha$。

3）不同形状的电磁吸力特性，其对应的最优工作点 δ_m 也不相同，如图 6-6 所示。

一般，当吸力特性比较陡时，如图 6-6 中曲线 $F_{d1}(\delta)$，其对应的最优工作点 δ_{m1} 比较小。反之，若吸力特性比较平，如 $F_{d2}(\delta)$，则 δ_{m2} 比较大。这也是设计时选择电磁铁型式的一个依据，下面还要详细谈到。

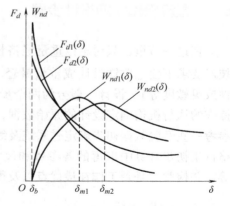

图 6-6　不同形状电磁吸力特性
所对应的最优工作点

6.1.4　重量经济性指标

通常希望电磁铁在完成一定的拟定有效功 W_{nd} 时，重量最轻或体积最小。为了直接评价设计的经济程度，可以用一个综合性的指标即重量经济性指标 K_{zj} 来衡量其设计的优化程度。K_{zj} 的定义为

$$K_{zj} = \frac{G}{W_{nd}} \quad (\text{N}/(\text{N} \cdot \text{m})) \tag{6-8}$$

式中，G 为电磁铁的重量（N）；W_{nd} 为拟定有效功（N·m）。

K_{zj} 即表示单位拟定功所需的材料重量，K_{zj} 值愈小就表示设计的经济性愈好。K_{zj} 和很多因素有关，分析如下：

$$K_{zj} = \frac{G}{W_{nd}} = \frac{\gamma V}{W_{nd}}$$

式中，V 为电磁铁体积；γ 为电磁铁的平均比重。

由式（6-1）、式（6-2）及式（6-6）得

$$K_{zj} = \frac{\gamma}{CB_T\sqrt{b}} \frac{W_m}{W_{nd}} = \frac{\gamma}{CB_T\sqrt{b}} \frac{W_m}{W_{jx}} \frac{W_{jx}}{W_{nd}} = \frac{\gamma}{CB_T\sqrt{b}} \frac{1}{\eta_c} \frac{1}{(\eta_{jx})_{nd}} \tag{6-9}$$

由 K_{zj} 的综合表达式可归纳设计电磁铁的原则：

1）增大系数 C 和磁通密度 B_T 可以减小 K_{zj} 值。也就是说，必须充分利用材料（铜、铁和绝缘），使得电负荷（温升）和磁负荷都达到材料的极限允许值。

2）尽可能提高磁效率 η_c 和拟定机械效率 $(\eta_{jx})_{nd}$。如前所述，减小非工作气隙，合理设计尺寸比例使漏磁减小，以及选择 H_c 较小的导磁材料可以提高 η_c。选择适当的磁系统型式并且使其工作于最优点 (δ_m)，可提高 $(\eta_{jx})_{nd}$。

3）K_{zj} 值和 $\sqrt{b}$ 成反比。所以大功率（拟定功大）电磁铁的经济性比小的好。另外，短时或反复短时工作制电磁铁可大大缩小线圈尺寸和整个电磁铁的尺寸，因此其 K_{zj} 值比长时工作制小。

6.2　直流电磁铁的设计步骤

在这一节里，只讨论以重量经济性指标为设计准则，即在给定的拟定功（F_d 和 δ）的技术要求下使电磁铁设计成重量最轻、体积最小，而暂时不考虑其他的一些要求（如快速性或灵敏度等）。设计一般分为两个步骤，即初步计算和复算。在初步计算中，由电磁铁所操作的执行机构确定设计的原始数据，根据这些原始数据并按照一些基本原则或计算公式并参考一些经验数据初步确定磁系统及线圈的主要尺寸和参数。在复算中，按照现有的材料规格订正初步计算中求得的各参数和尺寸，然后验算电磁铁的性能特性，如吸力特性、温升等，并检验它是否工作在最优点以及衡量其性能的各指标。下面分别进行讨论。

6.2.1　初步计算

设计时一般需要给出下列一些原始数据：

1）主工作气隙 δ（或行程）。

2）在气隙为 δ 时的电磁吸力 F_{dj}。

3）吸合电压 U_{xh} 及最大工作电压 U_{max}。

4）通电持续率 q（长时工作制时 $q=1$）。

5）极限允许温升 τ_{jx}。

在选择了合适的电磁铁结构型式后，依次确定下列一些主要尺寸和线圈参数：

1）铁心半径 R_1。

2）吸合磁动势 $(IW)_{xh}$ 及最大磁动势 $(IW)_{max}$。

3）线圈尺寸 L 及 b。

4）线圈导线直径 d 及匝数 W。

5）导磁体其他尺寸。

下面分别进行讨论：

1. 设计点 (F_d, δ) 的选择

通常，设计前负载的反力特性是已知的，应该选择反力特性上拟定功 $F_f \cdot \delta$ 最大的一点，也就是电磁铁工作最困难的一点，作为设计的原始数据。一般说来，凡是反力特性有突跳的点，则应该比较这些突跳点的拟定功。例如对图 6-7 所示的反力特性，首先比较 δ_K 点及 δ_1 点的拟定功 $F_{fK}\delta_K$ 及 $F_{f1}\delta_1$。如果 $F_{fK}\delta_K > F_{f1}\delta_1$ 则以 δ_K 点为设计点；反之，若 $F_{f1}\delta_1 > F_{fK}\delta_K$ 则以 δ_1 点为计算点。当然，最困难工作点也不一定在突跳点，这在下面习题中可以看到。

以最困难工作点为设计的原始数据并不是说，如果在该点的 $F_d > F_f$，则在其他位置时的电磁吸力就一定都大于反力。实际上，仍然需要计算吸力特性并使它和反力特性进行配合。不过，如果不以最困难工作点而是以别的点作为设计点，那么可以肯定吸力特性在困难工作点是不会大于反力的。

2. 结构因素和选型定形

设计电磁铁的第一步就是要选择电磁铁的型式和确定其主要尺寸的比例，即定形。不同型式的电磁铁很容易区别，如吸入式、拍合式等，而不同形状的电磁铁也应该用一个综合性的参数来形容其长宽比，即反映电磁铁是细长形还是粗短形。为此，用线圈外径 D_2 和线圈长度 L（见图 6-2，$D_2 = 2R_2$）

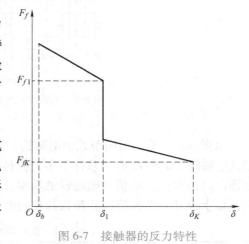

图 6-7　接触器的反力特性

之比 D_2/L 来定义该参数，并称之为"结构因素"，用符号 JY 来表示。虽然 D_2 和 L 在设计前并不知道，但是可以间接地用原始数据 F_d 和 δ 来定义 JY，即

$$JY = \frac{\sqrt{F_d/10}}{\delta} \quad (\sqrt{N}/cm) \tag{6-10}$$

式中，F_d 为吸力（N）；δ 为开距（cm）。

因为，对于正确设计的电磁铁，$\sqrt{F_d}$ 正比于 D_2，而 δ 近似正比于 L。这可以由以下分析看出：

由简化吸力公式 $F_d = \dfrac{B_\delta^2 S_\delta}{2\mu_0}$，$B_\delta$ 一般变化不大，因此 $F_d \propto S_\delta$，即 $\sqrt{F_d} \propto D_1$（D_1 为铁心直径）。前面已经说过，D_1/D_2 有一个合适的比例关系（0.5~0.6），所以 $\sqrt{F_d}$ 也近似正比于 D_2。

线圈所需的磁动势 $IW = u_\delta + u_c$，u_δ 及 u_c 分别为工作气隙和磁路其余部分的磁压降。对于正确设计的电磁铁，其 u_c/u_δ 有一个合适的比例。因此，$IW = K_\Sigma u_\delta$，$K_\Sigma = (u_\delta + u_c)/u_\delta$，或 $IW = K_\Sigma H_\delta \delta$。$H_\delta$ 和 B_δ 一样变化不大，而由式（5-52）及式（5-53）L 又近似正比于 IW，所以 δ 近似正比于 L。

因此，由给定的原始数据 F_d 及 δ 已经可以大致确定电磁铁的尺寸比例（或形状）。现在的问题是，对于这种形状的电磁铁选用哪种型式最为合适。为此 H. C. Roters 曾针对某一类型的电磁铁做了研究工作，选取了不同的原始数据（或 JY 值）进行优化设计，使每个都设计成 K_{zj} 为最小。然后，再将这些电磁铁的 K_{zj} 值进行比较，结果如图 6-8 所示。

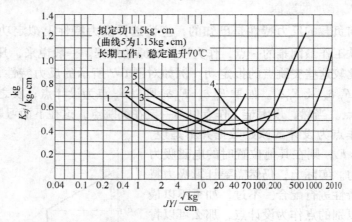

图 6-8 不同型式和形状电磁铁的重量经济性比较

1—吸入式（$2\alpha = 60°$，见图 3-11） 2—吸入式（$2\alpha = 90°$） 3—吸入式，平顶 4—盘式 5—拍合式

由图 6-8 可见，不同型式的电磁铁，当其 JY 值在某一范围内时能得到最小的 K_{zj} 值。不同型式电磁铁其最小 K_{zj} 值相差并不多，但是得到最小 K_{zj} 值的 JY 值范围却并不相同，见表 6-1。前面已经指出过，K_{zj} 值和电磁铁的功率、允许温升、通电时间以及材料等因素有很大关系，因此以上设计是在保持这些参数都相同的情况下来进行比较的。

表 6-1 各种型式电磁铁的最优 JY 值范围

型式	$JY/(\sqrt{N}/cm)$
1. 盘式	>93
2. 吸入式，平顶	90~16
3. 拍合式	26~2.6
4. 吸入式，锥顶，$2\alpha = 90°$	16~4
5. 吸入式，锥顶，$2\alpha = 60°$	4~1.85
6. 吸入式，无台座	<0.2

这些结果对设计很有参考价值，因为只要由原始数据求得 JY 值便可以利用表 6-1 来选择合适的型式，举例如下。

例 6.1　给定 $F_d = 160$N，$\delta = 0.2$cm，则

$$JY = \frac{\sqrt{F_d/10}}{\delta} = \frac{\sqrt{160/10}}{0.2}\sqrt{\mathrm{N}}/\mathrm{cm} = 20\sqrt{\mathrm{N}}/\mathrm{cm}$$

由表 6-1，可选用拍合式或吸入式（平顶）。

例 6.2　给定 $F_d = 160$N，$\delta = 0.5$cm，则

$$JY = \frac{\sqrt{F_d/10}}{\delta} = \frac{\sqrt{160/10}}{0.5}\sqrt{\mathrm{N}}/\mathrm{cm} = 8\sqrt{\mathrm{N}}/\mathrm{cm}$$

由表 6-1，可选用吸入式（锥角为 90°）。

必须指出，利用表 6-1 来选择型式只能作为初步计算的参考，因为设计的电磁铁，其拟定功、允许温升及工作制都未必和图 6-8 中所规定的一样。当拟定功较大，温升较高，或短时通电时，这些曲线都会下移，最小 K_{zj} 值所对应的 JY 值范围也会有所变化。另外除了要求重量轻、体积小外，往往还有其他一些要求，例如抗振性、快速性等，这些要求也将影响电磁铁的选型。

3. 确定铁心半径 R_1

对于拍合式、铁心为平顶的吸入式、盘式以及其他主要由磁极端面间的磁场产生吸力的电磁铁，在初步计算时可以先忽略散磁通及漏磁通所产生的吸力，因而就可以用简化的吸力计算公式（3-16）来计算吸力，即

$$F_d = \frac{B_\delta^2 S_\delta}{2\mu_0}\quad(\mathrm{N})$$

式中，B_δ 为工作气隙内的磁感应强度（T）；S_δ 为极面面积（m²）；$\mu_0 = 4\pi \times 10^{-7}$H/m。

F_d 是给定的，因此若选定 B_δ 值，就可以由上式决定铁心面积或极靴面积，即

$$S_\delta = \frac{2\mu_0 F_d}{B_\delta^2}$$

而铁心半径 R_1（或极靴半径 R_c）为

$$R_1 = \sqrt{\frac{2\mu_0 F_d}{\pi B_\delta^2}}\quad(\mathrm{m})\tag{6-11}$$

B_δ 如何选取？B_δ 值和导磁体内最大的磁通密度 B_T 值有一定的关系。对于没有极靴的铁心，$B_T = \sigma B_\delta$，式中 σ 为磁系统的漏磁系数。B_δ 的选取原则就是使铁中的 B_T 值高于材料磁化曲线的膝点，但又不致过于饱和，这样才能使电磁铁的工作点接近于最优值（见图 6-5）。很明显，若 B_δ 选取过大，则铁心面积可以缩小，铁重可以减小，但是由于 B_T' 及 H_T 增大，将使线圈磁动势 IW 及线圈尺寸增大，因而使用铜量增多。反之，若 B_δ 选取过小，则铜重减小，铁重增大。可见铜重和铁重是矛盾的。因此，B_δ 的选取有一个最优的数值。

影响 B_δ 值的选取有下列几个因素；

1）材料的磁性能。材料的饱和磁通密度 B_s 值愈高，则 B_T 及 B_δ 值就可以取得较高，例如对于一般直流电磁铁用的电工纯铁和 10 号钢，其 B_T 值一般取 1.2～1.7T。

2）漏磁系数 σ。B_T 值已由材料确定。则 B_δ 值的选取还与漏磁系数 σ 有关，σ 愈大，

则 B_δ 就只能取得小一些。σ 与电磁铁的形状有关，也就是说和结构因素 JY 有关。当 JY 值较小，即当 D_2/L 较小时，σ 必然较大，因此，B_δ 值只能较小。初步计算时，B_δ 值可以参考一些经验数据来选取。图 6-9 为平头吸入式电磁的 B_δ 与 JY 值的关系曲线（图中也表示了 L/b 及 K_{zj} 与 JY 的关系曲线），图 6-10 为 U 型拍合式的 B_δ 与 JY 值的关系曲线（图中也表示了 σ 与 JY 的关系曲线），可供设计时按给定的 JY 值来选取。

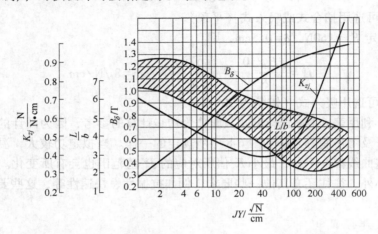

图 6-9 吸入式电磁铁（平头）的 B_δ、K_{zj}、L/b 与 JY 的关系

注：图中条件为 $q=1$；$W_{nd}=115\mathrm{N\cdot cm}$；$\tau_{jx}=70℃$；材料 10 号钢。

3）允许温升 τ_{jx} 及通电持续率 q。若 τ_{jx} 较大，$q<1$，则 B_δ 值可以取得高些（>5% ~ 10%）。因为，虽然线圈所需磁动势大了，但是线圈本身尺寸并不大，所以电磁铁的总重量还是会减少的。图 6-9 及图 6-10 中 $\tau_{jx}=70℃$，$q=1$。

4）拟定功 W_{nd}。由经验可知，W_{nd} 较大的电磁铁，其 B_δ 值可以取得略高。图 6-9 中的 W_{nd} 为 115N·cm，而图 6-10 中的 W_{nd} 为 6N·cm。

对于具有极靴的拍合式电磁铁，由式（6-11）求得的是极靴半径 R_c，而 R_c 一般大于铁心半径 R_1。已知 R_c，则在保证铁中磁通密度 B_T 不至大于材料的允许值时，R_1 可由下式决定，即

$$R_1 = \sqrt{\frac{\sigma B_\delta}{B_T}} R_c \quad (\mathrm{m}) \qquad (6\text{-}12)$$

对于没有极靴的拍合式电磁铁，由于漏磁系数较大，所以在按图 6-10 选取 B_δ 值时应使 B_δ 值低 30% ~ 50%。

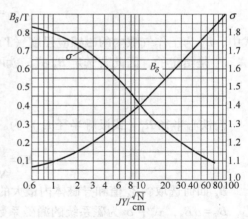

图 6-10 U 型拍合式电磁铁的 B_δ、

σ 与 JY 的关系

注：图中条件 $q=1$；$W_{nd}=6\mathrm{N\cdot cm}$；

$\tau_{jx}=70℃$；材料 10 号钢。

4. 确定吸合磁动势 $(IW)_{xh}$ 及最大磁动势 $(IW)_{max}$

由磁路基尔霍夫第二定律，所需的吸合磁动势 $(IW)_{xh}$ 可由下式表示：

$$(IW)_{xh} = u_\delta + u_{cT} + u_{cf} \quad (\mathrm{A}) \qquad (6\text{-}13)$$

式中，u_δ，u_{cT} 及 u_{cf} 分别为主工作气隙、导磁体及非工作气隙内的磁压降。

已知 B_δ 及 δ，则 u_δ 可以求得

$$u_\delta = \frac{B_\delta}{\mu_0}\delta \quad (\text{A}) \tag{6-14}$$

式中，B_δ 的单位为 T，δ 的单位为 m。

u_{cT} 及 u_{cf} 目前还无法计算，因为电磁铁的尺寸还不知道。但是，对于合理设计的电磁铁，u_{cT} 和 u_δ 之间往往具有一定的比例关系，即

$$u_{cT} = (10 \sim 25)\% u_\delta \tag{6-15}$$

当 W_{nd} 较大或温升较高或 $q<1$ 时，B_δ 或 B_T 取得较高，则 u_{cT} 也必然较大，此时式（6-15）中的系数应取上限。若导磁材料的磁性能较好，则 u_{cT} 也会小些。

u_{cf} 的大小取决于非工作气隙的多少以及其连接的方式和配合精度。一般在下列范围内选取 u_{cf} 值

$$u_{cf} = (5 \sim 10)\% u_\delta \tag{6-16}$$

当温升较高，或 $q<1$ 时，可以将 u_{cf} 取上限。某些微型和小型继电器中，u_{cf} 占的比例可能更大。

将式（6-15）及式（6-16）代入式（6-14），得

$$(IW)_{xh} = K_\Sigma u_\delta \tag{6-17}$$

式中，K_Σ 为一系数，$K_\Sigma = 1.15 \sim 1.35$。

已知 $(IW)_{xh}$，则可由式（5-54）求得最大磁动势 $(IW)_{max}$，即

$$(IW)_{max} = (IW)_{xh}\frac{U_{max}}{U_{xh}}(1.08 \sim 1.15) \tag{6-18}$$

式中，1.08~1.15 为考虑电阻及匝数公差而增大的系数。

5. 确定线圈尺寸 L 及 b

线圈的设计方法已在第 5.5 节中讨论过，为了保证在最大磁动势的情况下，线圈的温升不超过绝缘材料的极限允许温升 τ_{jx}，线圈必须具有足够的散热面。由式（5-52）及式（5-53）得

$$b = \sqrt[3]{\frac{\rho_\theta (IW)^2_{max} q}{2\times10^4 K_s f \tau_{jx}\lambda^2}} \quad (\text{cm}) \tag{6-19}$$

$$L = \lambda b \tag{6-20}$$

在初步计算时，散热系数 K_s、填充系数 f 及尺寸比 λ（$\lambda = L/b$）都要先估计一个数值，然后在复算时加以校正。下面讨论尺寸比 λ 的选取原则。

由以上两式可见，若假设 K_s 及 f 常数，则为了保证在 $(IW)_{max}$ 下温升不超过 τ_{jx} 圈的 $L^2 b$ 必须具有一定的数值，即

$$L^2 b = L S_0 = \text{常数}$$

式中，S_0 为线圈的截面积（$S_0 = Lb$）。

由上式似乎可以得出这样一个结论，即增大线圈长度 L 就可以减小 S_0 及线圈的平均直径 D_p，因为 $b = S_0/L$ 减小了。因此，线圈的体积（$\pi D_p S_0$）和重量将会减小。但是，当 L 增大时，铁心及外壳的长度必然增大，因此使铁重增大。并且当 L 增大、b 减小时，漏磁必然增大，因此使 B_δ 减小。由此可见，L/b 并不是愈大愈好，而是能找到一个较合适的比例，

此时电磁铁的总重量为最轻。对于某一型式的电磁铁，其 L/b 的合适比例与结构因素 JY 有关，如图 6-9 所示，由图可见，当 JY 较大时，最优 L/b 值减小，但 L/b 在某一范围（图中阴影面积）内变动时，K_{zj} 值变化不大。设计时可参考这些数据，由 JY 值来选取 λ 值。

对于吸入式电磁铁，也可以根据 R_1/R_2 有一个合适的比例范围（此时电磁铁的重量最轻）这个关系来确定线圈外径 R_2（或 b，$b=R_2-R_1$），然后，再由式（6-19）计算 L 值。根据相关文献数据，R_1/R_2 与线圈的填充系数 f 有关，如图 6-11 所示。

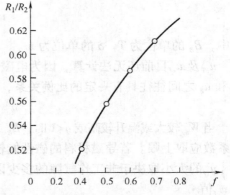

图 6-11　吸入式电磁铁的 R_1/R_2 与 f 的关系

6. 确定导线直径 d 及匝数 W

导线直径 d 的选择应该保证在吸合电压 U_{xh} 下得到所需的吸合磁动势 $(IW)_{xh}$，考虑电阻及匝数的公差，磁势应适当增大，因此，由式（5-55）得：

$$d=0.2\sqrt{\frac{\rho_\theta(2R_1+b)(IW)_{xh}(1.08\sim1.15)}{U_{xh}}} \tag{6-21}$$

所得 d 应按导线规格选取最接近的直径。

线圈匝数 W 可由线圈尺寸按式（5-51）或排列的方法进行计算。

7. 确定导磁体其他尺寸

如果导磁体其他部分的材料和铁心一样，则其磁通密度应该取得和铁心一样，因此它们的截面积应该大致和铁心相等，这就是所谓等截面原则。例如对于吸入式，其壳体的外半径 R_3 按等截面原则，其

$$\pi R_1^2=\pi(R_3^2-R_2^2)$$

因此

$$R_3=\sqrt{R_1^2+R_2^2} \tag{6-22}$$

拍合式电磁铁吸片中的磁通小于铁心底部的磁通，另外为了加快吸片的运动也希望吸片的质量小一些，因此吸片的截面积 S_{xp} 可以设计得比铁心的面积 S_1 小，即

$$S_{xp}=(0.5\sim0.8)S_1 \tag{6-23}$$

吸入式电磁铁铁心与上端盖之间非工作间隙 δ_e（见图 6-2）处的尺寸 δ_e 及 b_e 的确定原则如下：

为了减小 δ_e 处的磁压降希望 δ_e 尽可能小，b_e 尽可能大些。但是 δ_e 的减小会使得由于不可避免的偏心 ε 而产生的旁侧力 F_e 增大，为了克服此旁侧力所产生的摩擦力，必须加大电磁吸力 F_d 因此反而又使所需的磁动势增大。可以证明，δ_e 有一最优的数值，此时所需增大的磁动势最小，即

$$\delta_e=\sqrt{\frac{1}{2}K_1\sigma_e\delta\varepsilon+\varepsilon^2} \tag{6-24}$$

式中，σ_e 为 δ_e 处的漏磁系数（式（2-103），$\sigma_e=\Phi_e/\Phi_0$）。

增大 b_e 可以使磁动势减小，但是却使铁心长度增大，因此 b_e 也有一个最优值，此时增

加的重量最小，即

$$b_e = \frac{R_3}{R_1}\sqrt{\frac{LG_\sigma\sigma_e\delta_e}{4\pi R_1\mu_0}} \tag{6-25}$$

式中，G_σ 为主工作气隙磁导值，单位为 H；L，R_1，R_3，δ_e 及 b_e 的单位为 m。

至此，初步计算结束。

以上是针对平顶吸入式及拍合式进行讨论的，如果选择的型式是锥顶，应该如何计算？对此，可以将锥顶折合成等效的平顶铁心来进行设计，其原理如下：

若已按 δ_p 及 F_{dp} 优化设计成一平顶吸入式电磁铁，即使其 K_{zj} 值最小，如图 6-12a 所示。那么，若将铁心和台座换成锥顶（锥角为 2），线圈磁动势及磁路其他尺寸均保持不变，但改变工作气隙 δ（由 δ_p 变化为 δ_z）使气隙磁通 Φ_δ 仍和平顶时相同，这样由于磁通没有变化，导磁体内及非工作气隙内的磁压降都不会改变，因此主工作气隙内的磁压降 u_δ 也不会改变。气隙内的储能 $W_{c\delta}=\Phi_\delta u_\delta/2$ 也没有改变，就是说电磁铁的拟定功 W_{nd} 仍和平顶的相同，因此锥顶电磁铁的重量经济性指标 K_{zj} 值必然和平头时是完全一样的。既然平头电磁铁是设计成最优的，那么换成锥头以后的电磁铁也必然是最优的。

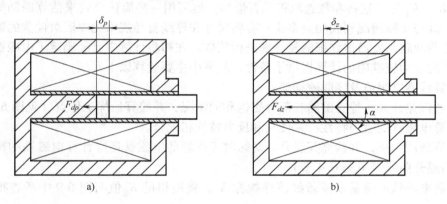

图 6-12　等效折合原理

现在的问题是 δ 应如何改变？δ 的改变应该使 Φ_δ 保持不变，那么改变后的气隙磁导 $G_{\delta z}$ 就应该等于改变以前的 $G_{\delta p}$。如果近似地只考虑均匀磁场部分的磁导，则平头及锥头铁芯的气隙磁导 $G_{\delta p}$ 和 $G_{\delta z}$ 分别由下式计算：

$$G_{\delta p} = \mu_0\frac{\pi R_1^2}{\delta_p}$$

$$G_{\delta z} = \mu_0\frac{\pi R_1^2/\sin\alpha}{\delta_z\sin\alpha} = \mu_0\frac{\pi R_1^2}{\delta_z\sin^2\alpha}$$

因此，当 $G_{\delta p}=G_{\delta z}$ 时，δ_p 与 δ_z 之间的关系为

$$\delta_p = \delta_z\sin^2\alpha \tag{6-26}$$

转换前后，平头电磁铁的吸力 F_{dp} 和锥头电磁铁的吸力 F_{dz} 之间又有什么关系呢？前面已经说过，两者的拟定功是相等的，所以

$$F_{dp}\delta_p = F_{dz}\delta_z$$

或
$$F_{dp} = F_{dz}\frac{\delta_z}{\delta_p} = \frac{F_{dz}}{\sin^2\alpha} \tag{6-27}$$

因此，若根据原始数据 F_d 及 δ 求得 JY 值，并查表 6-1 应选择锥顶吸入式电磁铁时，那么就应首先按式（6-26）及式（6-27）将该原始数据折合成 δ_p 及 $F_{\delta p}$ 并且按平顶型式设计成最优，然后再将该电磁铁的铁心改回为锥顶，而工作气隙也改回为 δ。这个锥顶电磁铁就一定能满足给定的吸力 F_d，并且也必然是 K_{zj} 值最小的。

根据这个等效折合原理就可以使研究工作大大简化。只要对平顶的型式进行充分的研究，求得优化设计时选取 B_δ、L/b 等参数的经验数据，那么这些数据对任何锥角的电磁铁都可应用。讲到这里，就不难理解为什么图 6-7 中不同型式电磁铁的最小 K_{zj} 值都相差无几。作为练习，可以校核一下，图 6-7 中不同型式电磁铁得到最小 K_{zj} 值的 JY 值范围是否符合等效折合的计算公式（6-26）及式（6-27）。

6.2.2 复算

在初步计算中，利用一些经验数据或曲线选取了一系列的系数和参数，例如 B_δ，B_T，σ，λ，f，K_s，K_Σ 等。这些参数选取得是否恰当？当利用一些简化公式来估算磁动势、吸力和温升时，其与实际情况到底相差多少？有些尺寸和导线直径规格化以后对性能的影响有多大？所有这些问题都要通过详细的复算来进行校核。在初步计算中已经确定了电磁铁各部分的尺寸，因此也为较准确的计算提供了条件，复算中主要验算以下几项：

1）计算线圈电阻值及线圈磁动势。

2）通过磁路计算，检查磁路各部分磁饱和的情况，并验算最优工作点（见图 6-3）。

3）计算电磁铁的吸力特性，并使它和反力特性相配合。

4）计算线圈功率，并验算其温升。对短时工作制的电磁铁还应计算电磁铁的热时间常数及实际的温升曲线（见第 6.4 节）。

5）计算电磁铁的重量及重量经济性指标 K_{zj}，将所得的 K_{zj} 值与图 6-9 中所查得的值相比较。

6）如果有必要还应计算电磁铁的动作时间。

所有以上计算在前面几章都已详细讨论过，这里就不再重复了。通过复算，如果发现有不能符合设计要求的地方，则必须修改尺寸或参数，重新进行计算。

总结以上设计方法可以得出这样的结论：用这种方法来设计电磁铁必须通过反复验算和修正，最后才能得到较优的设计。如果在初步计算时比较正确地选择了电磁铁的型式和参数，那么就可以减少修改的次数，从而大大缩短设计的时间。但是，不论是否有经验，只要正确运用以上方法，最后总能得到满意的设计。如果把设计方法编成程序用数字电子计算机来进行计算，那就可以在不依赖任何经验数据的情况下，快速进行许多方案的计算，从而选取满足多方面要求的最佳参数。采用正交试验法可以减少这种计算所需的时间。

6.3 双绕组电磁铁的设计特点

对于长时间工作的电磁铁，为了合理配合其吸力和反力特性，加速动作，减少吸合时的碰撞能量，并且也为了缩小体积和重量，往往采用双绕组线圈，即起动绕组 W_{qd} 及保持绕组

W_{bc}。双绕组电磁铁的设计方法基本上和以上讨论的单绕组是一样的，所不同的只是原始数据的确定和绕组的设计。

图 6-13 示为双绕组接触器的反力特性 $F_f(\delta)$ 及吸合过程中的吸力特性，电磁铁必须保证在打开位置 δ_k 时由起动磁动势 $(IW)_{qd}$ 产生的初始吸力大于反力 F_{fk}，而在辅助触头转换后，即在 $\delta \leqslant \delta_{zh}$ 的行程内，由保持磁动势 $(IW)_{bc}$ 产生的电磁吸力，在最困难点 $(\delta = \delta_n)$ 处也比反力 F_{dn} 大一定的数值 ΔF，如图 6-13 所示。

双绕组电磁铁的尺寸和重量主要由长时工作的保持磁动势所决定。因此，在初步计算中应该以 δ_n 点所要求的吸力 F_{dn} 来决定电磁铁的型式和主要尺寸。其计算方法和第 6.2 节所述完全相同。双绕组电磁铁大多选用平顶吸入式（或拍合式），以使其释放电压不致太高。

已知电磁铁的尺寸，即可由磁路计算求得在 δ_k 时产生必要的初始吸力所需的起动磁动势 $(IW)_{qd}$。因此，在设计绕组参数时，已知的原始数据如下：

1）吸合电压 U_{xh} 及最大电压 $U_{\max}$。

2）起动磁动势 $(IW)_{qd}$ 及保持磁动势 $(IW)_{bc}$。

3）线圈尺寸 L 及 b。

4）最大起动电流 $(I_{qd})_{\max}$，一般由辅助触头所能断开的电流决定，对于银触头有

$$(I_{qd})_{\max} < 10 \sim 12A$$

要求计算的参数为：

1）起动绕组的导线直径 d_{qd} 匝数 W_{qd} 及昕占厚度 b_{qd}（见图 6-14）；

2）保持绕组的导线直径 d_{bc} 匝数 W_{bc} 及所占厚度 b_{bc}。

下面分别讨论其计算步骤。

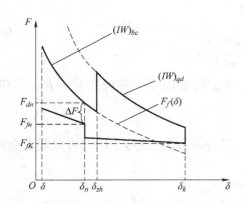

图 6-13　双绕组电磁铁的吸力特性及反力特性

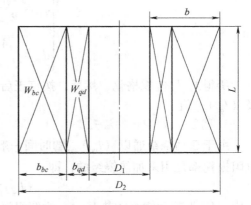

图 6-14　双绕组线圈参数

6.3.1　起动绕组

起动绕组必须保证在 U_{xh} 时产生 $(IW)_{qd}$，而在 $U_{\max}$ 时的最大电流 $(I_{qd})_{\max}$ 小于 $10 \sim 12A$。

1. 确定匝数 W_{qd}

若在 $U_{\max}$ 时的起动电流为 $(I_{qd})_{\max}$ 则在 U_{xh} 时的吸合电流 I_{xh} 为

$$I_{xh} = (I_{qd})_{\max} \frac{U_{xh}}{U_{\max}}$$

已知 I_{xh} 及 $(IW)_{qd}$ 则可求得 W_{qd} 为

$$W_{qd} = \frac{(IW)_{qd}}{I_{xh}} = \frac{(IW)_{qd}}{(I_{qd})_{\max}}\frac{U_{\max}}{U_{xh}} \tag{6-28}$$

2. 确定厚度 b_{qd}

已知 U_{xh} 及 I_{xh} 则可求得起动绕组的电阻 R_{qd} 为

$$R_{qd} = \frac{U_{xh}}{I_{xh}} \quad (\Omega)$$

而 R_{qd} 又和绕组尺寸有关，即由式（5-45）有

$$R_{qd} = \frac{\pi\rho(D_1 + b_{qd})W_{qd}^2 \times 10^{-4}}{fLb_{qd}}$$

式中，$D_1(\mathrm{cm})$ 为铁心直径；$L(\mathrm{cm})$ 为线圈长度；匝数 W_{qd} 均为已知；而 ρ 为铜线的电阻系数。

因此，若假设一个填充系数值 f，则可由上式求得 $b_{qd}(\mathrm{cm})$，即

$$b_{qd} = \frac{D_1}{\dfrac{R_{qd}fL}{\pi\rho W_{qd}^2 \times 10^{-4}} - 1} \tag{6-29}$$

起动绕组一般都绕在里面，因为在长期工作时，它的发热较少。

3. 确定导线直径 d_{qd}

已知 b_{qd} 即可求得起动绕组所占截面积，因此即可由已知的匝数 W_{qd} 求得导线的截面积 q_{qd} 及导线直径 d_{qd}（mm）为

$$\begin{cases} q_{qd} = \dfrac{fb_{qd}L}{W_{qd}}(\mathrm{cm}^2) \\[3mm] d_{qd} = \sqrt{\dfrac{4q_{qd}}{\pi}} = \sqrt{\dfrac{4fb_{qd}L}{\pi W_{qd}}} \times 10 \end{cases} \tag{6-30}$$

所得的 d_{qd} 应规格化。然后，按订正后的 d_{qd}、W_{qd} 及 f 值求得较准确的 b_{qd}、R_{qd}、$(IW)_{qd}$ 及 $(I_{qd})_{\max}$ 值。

4. 验算起动绕组的温升

由于起动绕组通以 $(I_{qd})_{\max}$ 的时间一般很短（只有百分之几秒），因此可以假定全部的电阻损耗都是用来加热绕组的，即

$$(I_{qd})_{\max}^2 R_{qd}t = C_{qd}\tau_{qd}$$

式中，C_{qd} 为起动绕组的热容；τ_{qd} 为绕组温升；t 为通电时间，t 一般为 $0.01 \sim 0.05\mathrm{s}$。

因此

$$\tau_{qd} = \frac{(I_{qd})_{\max}^2 R_{qd}t}{C_{qd}} \tag{6-31}$$

6.3.2 保持绕组

保持绕组必须保证在 U_{xh} 时产生 $(IW)_{bc}$ 而在 $U_{\max}$ 下长期通电后温升不会超过允许值。

1. 确定 b_{bc}

已知 b 及 b_{qd} 则 b_{bc}（cm）为

$$b_{bc} = b - b_{qd} \tag{6-32}$$

2. 确定匝数 W_{bc}

已知所需的保持磁动势 $(IW)_{bc}$ 及保持绕组所占截面积 Lb_{bc}，则可通过联解下列两个方程式求得 W_{bc} 及保持绕组电阻值 R_{bc} 为

$$(IW)_{bc} = \frac{U_{xh}(W_{bc}+W_{qd})}{R_{bc}+R_{qd}} \tag{6-33}$$

$$R_{bc} = \frac{\rho\pi(D_2-b_{bc})W_{bc}^2 \times 10^{-4}}{fLb_{bc}} \tag{6-34}$$

式中，f 为保持绕组的填充系数，可以先估计一个数值，再进行订正。

3. 确定导线直径 d_{bc}

已知 W_{bc} 及 Lb_{bc}，则 $d_{bc}(\mathrm{mm})$ 为

$$d_{bc} = \sqrt{\frac{4fLb_{bc}}{\pi W_{bc}} \times 10} \tag{6-35}$$

所得 d_{bc} 应规格化。然后，订正 W_{bc} 及 f 值，并验算绕组电阻 R_{bc}、线圈保持磁动势 $(IW)_{bc}$ 及在 $U_{\max}$ 时的线圈温升。

例 6.3　设计 MZJ 型 600A 长时工作直流接触器的磁系统，确定磁系统主要尺寸及双绕组线圈的绕组参数（只作初步计算）。

解：1. 原始数据

（1）由反力特性求得，在打开位置 $\delta_k = 0.35\mathrm{cm}$ 时所需电磁吸力 $F_{dk} = 23.5\mathrm{N}$，在辅助触头转换位置 $\delta_{zh} = 0.055\mathrm{cm}$ 时所需吸力 $F_{dzh} = 98\mathrm{N}$。

（2）规定当 $\theta_0 = 20℃$，线圈电压为 30V 时，线圈稳定温升 $\tau_w < 100℃$。

（3）规定在热态时（120℃）的吸合电压 $U_{xh} \le 14\mathrm{V}$。

（4）规定在 20℃ 时，最大起动电流 $(I_{qd})_{\max} < 10\mathrm{A}$。

2. 确定主要尺寸

磁系统结构图如图 6-15 所示。

（1）确定铁心直径 d_1

以转换点处的 δ_{zh} 及 F_{dzh} 来选型并决定主要尺寸（这里因为 $\delta_{zh} < \delta_n$，所以选 δ_{zh} 为设计点），则结构因素 $JY = \dfrac{\sqrt{98/10}}{0.055}\sqrt{\mathrm{N}}/\mathrm{cm} = 56.9\sqrt{\mathrm{N}}/\mathrm{cm}$，查图 6-8（或表 6-1），先用平顶铁心的吸入式系统。查图 6-9，并考虑其拟定功效较小，即 $W_{qd} = 98 \times 0.055\mathrm{N}\cdot\mathrm{cm} = 5.39\mathrm{N}\cdot\mathrm{cm}$，故选取 $B_\delta = 0.85\mathrm{T}$。因此，求得极面积如下：

$$S_\delta = S_T = \frac{2\mu_0 F_{dxh}}{B_\delta^2} = \frac{2 \times 1.25 \times 10^{-6} \times 98}{(0.85)^2}\mathrm{m}^2 = 3.4 \times 10^{-4}\mathrm{m}^2$$

式中，S_T 为铁心截面积。

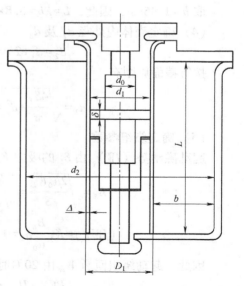

图 6-15　MZJ 型接触器的磁系统

考虑到铁心中有一个直径为 $d_0(d_0 = 1\mathrm{cm})$ 的孔（用以安放返回弹簧），因此铁心直径 d_1 为

$$d_1 = \sqrt{\frac{4S_T}{\pi} + d_0^2} = \sqrt{\frac{4 \times 3.4}{\pi} + 1} = 2.31\mathrm{cm}$$

取 $d_1 = 2.3\mathrm{cm}$。

（2）确定线圈磁动势

当 $B_{\delta o} = 0.85\mathrm{T}$ 及 $\delta_{zh} = 0.055\mathrm{cm}$ 时，气隙磁压降为

$$u_\delta = \frac{B_\delta}{\mu_0}\delta_{zh} = \frac{0.85}{1.25 \times 10^{-6}} \times 0.055 \times 10^{-2}\mathrm{A} = 374\mathrm{A}$$

因此，所需的吸合磁动势为

$$(IW)_{zh} = K_\Sigma u_\delta = 1.7 \times 374\mathrm{A} = 640\mathrm{A}$$

取 $K_\Sigma = 1.7$ 是因为 δ_{zh} 很小，因此导磁体和非工作气隙所占的磁动势相对较大。这个磁动势是在线圈电压为 14V 时产生的，因此当线圈电压为 30V 时，线圈的最大磁动势为

$$(IW)_{max} = 640 \times \frac{30}{14} \times 1.15\mathrm{A} = 1560\mathrm{A}$$

式中，1.15 是考虑线圈电阻和匝数的公差。

（3）确定线圈尺寸 L 及 b

按式（6-19）及式（6-20）确定 b 及 L。式中：$q = 1$；由图 6-9 按 JY 值取 $\lambda = 3.8$，取 $f = 0.5$，$\rho_\theta = 120℃$ 时铜的电阻系数，即 $\rho_{120} = \rho_0(1 + \alpha_0 \times 120) = 0.0242\Omega \cdot \mathrm{mm}^2/\mathrm{m}$；K 按式（6-21）求得为 $1.7 \times 10^{-3}\mathrm{W/cm}^2$（假设散势面 $S = 130\mathrm{cm}^2$）。现考虑吸入式的散热条件不如拍合式。故取 $K = 1.4 \times 10^{-3}$，因此得

$$b = \sqrt[3]{\frac{0.0242 \times (1560)^2}{2 \times 10^4 \times 1.4 \times 10^{-3} \times 0.5 \times 100 \times 3.8^2}}\mathrm{cm} = 1.43\mathrm{cm}$$

取 $b = 1.45\mathrm{cm}$，因此，$L = \lambda b = 3.8 \times 1.45\mathrm{cm} = 5.55\mathrm{cm}$。

（4）确定壳体内外径 d_2 及 d_3

$$d_2 = d_1 + 2b = (2.3 + 2 \times 1.45)\mathrm{cm} = 5.2\mathrm{cm}$$

按等截面原则有

$$d_3 = \sqrt{\frac{4S_T}{\pi} + d_2^2} = \sqrt{\frac{4 \times 3.4}{\pi} + (5.2)^2}\mathrm{cm} = 5.6\mathrm{cm}$$

（5）确定绕组参数

起动磁动势 $(IW)_{qd}$ 由 δ_k 的吸力 F_{dK} 决定，即

$$B_\delta = \sqrt{\frac{2\mu_0 F_{dK}}{S}} = \sqrt{\frac{2 \times 1.25 \times 10^{-6} \times 2.4 \times 9.8}{3.4 \times 10^{-4}}}\mathrm{T} = 0.416\mathrm{T}$$

$$(IW)_{qd} = K_\Sigma \frac{B_\delta}{\mu_0}\delta_k = 1.3 \times \frac{0.416}{1.25 \times 10^{-6}} \times 0.35 \times 10^{-2}\mathrm{A} = 1514\mathrm{A}$$

因此，起动绕组匝数 W_{qd} 由 20℃ 时的最大起动电流 $(I_{qd})_{max} < 10\mathrm{A}$ 决定，即

$$W_{qd} = \frac{(IW)_{qd}}{(I_{qd})_{max}}\frac{U_{max}}{U_{xh}}\frac{\rho_{120}}{\rho_{20}} = \frac{1514}{10} \times \frac{30}{14} \times \frac{0.0242}{0.01736}匝 = 452 匝$$

取 $W_{qd}=450$ 匝。

起动绕组在 20℃时的电阻 R_{qd} 应该是

$$R_{qd}=\frac{U_{max}}{(I_{qd})_{max}}=\frac{30}{10}\Omega=3\Omega$$

因此，由式（6-29）求得起动绕阻厚度 b_{qd} 为

$$b_{qd}=\frac{D_1}{\dfrac{R_{qd}fL_{rz}}{\pi\rho W_{qd}^2\times10^{-4}}-1}=\frac{2.36}{\dfrac{3\times0.66\times5.15}{\pi\times0.01736\times(450)^2\times10^{-4}}-1}cm=0.29cm$$

式中，$D_1=d_1+2\Delta=(2.3+2\times0.03)cm=2.36cm$（$\Delta$ 为黄铜套管壁厚，$\Delta=0.03cm$）；f 为起动绕组的绕组填充系数，取 $f=0.66$；L_{rz} 为绕组长度，$L_{rz}=L-(2\times0.1+0.2)cm=5.15cm$（0.1 为绝缘端片厚，0.2 为黄铜套管翻边所占厚度）。

因此，由式（6-30）求得起动绕组导线直径 d_{qd} 为

$$d_{qd}=\sqrt{\frac{4fb_{qd}L_{rz}}{\pi W_{qd}}}\times10=\sqrt{\frac{4\times0.66\times0.29\times5.15}{\pi\times450}}\times10mm=0.528mm$$

规格化取 $d_{qd}=0.51mm$，因此校正 b_{qd} 及 R_{qd} 为

$$b_{qd}=\frac{\dfrac{\pi}{4}d_{qd}^2W_{qd}\times10^{-2}}{fL_{rz}}=\frac{\pi\times(0.51)^2\times450\times10^{-2}}{0.66\times5.15}cm=0.27cm$$

$$R_{qd}=\frac{\pi\rho D_p W_{qd}^2}{fL_{rz}b_{qd}}\times10^{-4}=\frac{\pi\times0.01736\times(2.36+0.27)\times(450)^2\times10^{-4}}{0.66\times5.15\times0.27}\Omega=3.16\Omega$$

在 120℃热态时有

$$R_{qd}=3.16\times\frac{\rho_{120}}{\rho_{20}}=3.16\times\frac{0.0242}{0.01736}\Omega=4.4\Omega$$

保持绕组厚度 b_{bc} 为

$$b_{bc}=b-\Delta-b_{qd}-\Delta_{绝}=(1.45-0.03-0.27-0.25)cm=0.9cm$$

式中，$\Delta_{绝}$ 为线圈外层绝厚及为了灌注填充物所留的间隙之和。

保持绕组和起动绕组在 14V 电压下产生所需的吸合磁动势 $(IW)_{xh}=640A$，因此联解式（6-33）及式（6-34）即可求得 W_{bc} 及 R_{bc}，即

$$(IW)_{xh}=\frac{U_{xh}(W_{bc}+W_{qd})}{R_{bc}+R_{qd}}$$

或

$$640=\frac{14(W_{bc}+450)}{R_{bc}+4.4}$$

$$R_{bc}=\frac{\rho\pi(D_2-b_{bc})W_{bc}^2\times10^{-4}}{fL_{rz}b_{bc}}$$

或

$$R_{bc}=\frac{0.0242\times\pi\times(4.7-0.9)W_{bc}^2\times10^{-4}}{0.65\times5.15\times0.9}=0.096\times10^{-4}W_{bc}^2$$

式中，$D_2=d_2-2\Delta_{绝}=(5.2-2\times0.25)cm=4.7cm$，$f$ 取 0.65。

联解以上两式得 $W_{bc} = 2505$ 匝，因此

$$d_{bc} = \sqrt{\frac{4fL_{rs}b_{bc}}{\pi W_{bc}}} \times 10 = \sqrt{\frac{4 \times 0.65 \times 5.15 \times 0.9}{\pi \times 2505}} \times 10\text{cm} = 0.39\text{mm}$$

规格化取 $d_{bc} = 0.38\text{mm}$。

在 20℃ 的冷态下起动绕组的电阻 R_{bc} 为

$$R_{bc} = \frac{\pi \rho_{20} D_p W_{bc}}{d_{bc}^2} \times 10^{-2} = \frac{\pi \times 0.01736 \times 4.7 \times 2505}{0.38^2} \times 10^{-2}\Omega = 44.5\Omega$$

6.3.3 电子控制双绕组线圈

如图 6-16 所示，以往采用辅助常闭触点 K 断开来将保持绕组 W_{bc} 接入，常闭触点 K 断开过早，启动吸力小，相当于启动绕组 W_{qd} 没有充分发挥作用，常闭触点 K 断开过晚，可能会导致辅助触点不能可靠断开，从而烧坏启动绕组，导致电磁铁报废。另外常闭接点在断开时会产生电弧，引起触头磨损，严重时会产生常闭触点粘连，降低接触器可靠性和总体寿命。

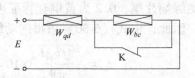

图 6-16　常闭接点控制的双线圈电路

随着电力电子技术的发展，利用功率电子器件及电子控制电路的电子式双绕组线圈控制电路应运而生，如图 6-17 所示。接入直流电源 E，由于电容电压 C_1 不能突变，C_1 电压为 0V，电源电压经 R_2，通过稳压管 VD_4 稳压驱动 MOSFET Q_1 门极，Q_1 导通，启动绕组 W_{qd} 和启动与保持绕组 $W_{bc\&qd}$ 并联均导通。随着电源对电容充电，C_1 与 R_1 的连接端电压降低，Q_1 的门极电压降低，降至 Q_1 的开启电压后关断 W_{qd} 关断，$W_{bc\&qd}$ 作为保持绕组继续工作。

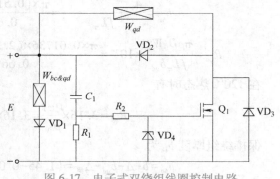

图 6-17　电子式双绕组线圈控制电路

时间常数 $T = R_1 C_1$ 决定了 MOSFET 导通时间也即电磁铁启动时间，通过调整电容 C_1 或 R_1 可以控制启动绕组的工作时间，使得电磁铁可靠吸合，而又不使启动时间长而过多发热。Q_1 关断后通过二极管 VD_2 续流。

6.4　PWM 控制单绕组设计

如前所述，双绕组电磁铁的尺寸和重量主要由长时工作的保持磁动势所决定，也就是保持绕组决定。如果去掉保持绕组，降低启动绕组电压，从而减少电流，使得启动绕组产生的磁动势与保持绕组相同，则可显著减轻绕组的体积和重量。基于 PWM 脉宽控制技术的单绕组电磁系统正是通过电力电子电路，实现对绕组电压和电流在不同工作时段的控制。

从磁动势的角度看，PWM 控制单绕组是利用脉宽调制的方法，利用同一绕组产生起动

和保持阶段所需的两种磁动势，在原理上与 6.3 小节所述的双绕组电磁铁有相似之处。设 PWM 单线圈绕组的绕组匝数为 W_{PWM}，在起动阶段的线圈峰值电流为 I_{peak}，在保持阶段的线圈稳态电流为 I_{hold}，则有

$$I_{peak} W_{PWM} = (IW)_{qd}$$
$$I_{hold} W_{PWM} = (IW)_{bc}$$

式中，$(IW)_{qd}$ 为起动绕组磁动势（见 6.3.1 小节所述）；$(IW)_{bc}$ 为保持绕组磁动势（见 6.3.2 小节所述）。

PWM 控制单绕组线圈常用的一种控制电路是使用 DRV110APWR 芯片及其配套元器件，电路原理图如图 6-18 所示。在线圈两端并联瞬态恢复二极管，提高分闸时线圈电流的下降速度，缩短分闸时间。

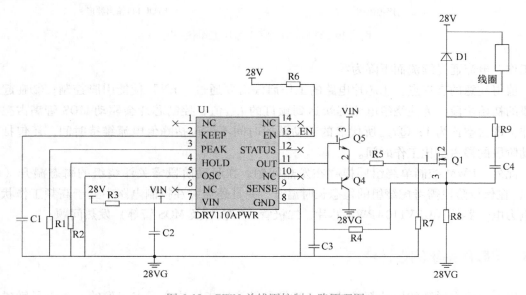

图 6-18　PWM 单线圈控制电路原理图

在实际应用过程中，通过选择外接电容电阻的参数值，来调节线圈中起动电流保持时间、起动电流峰值大小和保持电流值。

$$I_{peak} = \frac{V_{Ref\_peak}}{R_8} = \frac{1\Omega \times 900\text{mA} \times 66.67\text{k}\Omega}{R_1} \times \frac{1}{R_8} \quad (A)$$

$$I_{hold} = \frac{V_{Ref\_hold}}{R_8} = \frac{1\Omega \times 150\text{mA} \times 66.67\text{k}\Omega}{R_2} \times \frac{1}{R_8} \quad (A)$$

$$t_{keep} = C_1 \times 10^5 \quad (s)$$

式中，R_1、R_2 分别为调节峰值电流大小和保持电流大小的阻值（kΩ）；R_8 为反馈电阻阻值（Ω）；C_1 为调节起动阶段时间的电容值（F）；t_{keep} 代表起动阶段时间（s）。

图 6-19 所示为 DRV110APWR 芯片及线圈工作状态图，其中 $I_{solenoid}$ 为线圈电流。

当给工作电路供电后，在给芯片使能瞬间，线圈电流将会逐渐上升到峰值电流 I_{peak} 并保持一定的持续时间 t_{keep}，当时间结束后芯片将会通过给予 MOSFET 器件对应频宽的开关信号，使线圈电流逐渐稳定到保持电流值 I_{hold}。只有停止供电或使能端信号为负，芯片才会停

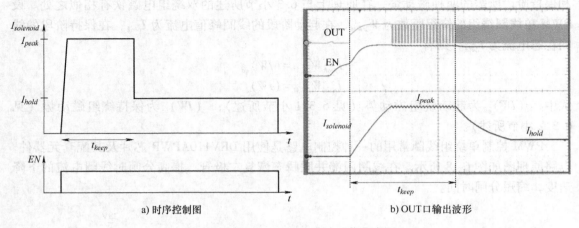

a) 时序控制图　　　　　　　　　　　　　　b) OUT口输出波形

图 6-19　DRV110APWR 芯片工作状态图

止工作，电流通过续流而下降为零。

值得注意的有三点：①芯片电路的工作启停需要通过"EN"使能引脚控制；②在起动阶段的初始阶段，为使绕组电流尽快达到预订的 I_{peak} 值，控制芯片会驱动 MOS 管满占空比工作，即占空比为 1；③t_{keep} 所代表的起动阶段时间不仅包括峰值电流维持时间，还包括了起动阶段的慢占空比工作时间。

此外，PWM 控制单绕组同样存在发热问题，在起动阶段需关注绕组的瞬态温升（ms级），在保持阶段需考虑绕组的稳态长时温升，并且还需关注控制电路中处于高频工作状态的电力电子器件（DRV110APWR 芯片、二极管、三极管及 MOS 管等）发热问题。

6.5　灵敏磁系统的设计特点

以上讨论电磁铁的设计都是从减小其重量经济性指标这个观点出发的。对于灵敏磁系统，设计的着重点不是重量，而主要是线圈的动作功率 P_{dz}（$P_{dz} = I_{xh}^2 R$，I_{xh} 为吸合电流，R 为线圈电阻），因此引出另一个衡量磁系统优化设计的指标，即将单位拟定功所消耗的线圈功率定义为电磁铁的功率经济性指 K_{zj}，即

$$K_{zj} = \frac{P_{dz}}{W_{nd}} \quad (W/(N \cdot m)) \tag{6-36}$$

以下讨论减小该指标的方法。

6.5.1　功率经济性指标的关系式

由式（5-47）可得动作功率 P_{dz} 与吸合磁动势（IW）$_{xh}$ 的关系为

$$P_{dz} = I_{xh}^2 R = \frac{\pi \rho D_p (IW)_{xh}^2}{fLb} \times 10^{-4} \quad (W) \tag{6-37}$$

将该式进行一些转换以便于分析各参数对 P_{dz} 的影响。显然，（IW）$_{xh}$ 与设计点的 F_d 和 δ 有关。若忽略散磁，并用简化的麦克斯韦吸力公式式（3-16）计算吸力，则得

$$F_d = \frac{\Phi_\delta^2}{2\mu_0 S_\delta} = \frac{(IW)_{xh}^2}{2\mu_0 S_\delta K_\Sigma^2 R_\delta^2}$$

式中，$K_\Sigma = (IW)_{xh}/u_\delta$；$\Phi_\delta$、$u_\delta$ 及 R_δ 分别为主工作气隙的磁通、磁位差及磁阻，且

$$\Phi_\delta = \frac{u_\delta}{R_\delta}, R_\delta \approx \frac{\delta}{\mu_0 S_\delta}$$

因此

$$(IW)_{xh}^2 = \frac{2K_\Sigma^2 F_d \delta^2}{\mu_0 S_\delta} \tag{6-38}$$

另外，由尺寸关系得

$$\begin{cases} D_p = (D_1 + D_2)/2 \\ b = (D_2 + D_1)/2 \\ S_\delta = \frac{\pi}{4} D_1^2 \end{cases}$$

式中，D_1 及 D_2 分别为铁心直径及线圈外径。

将式（5-38）及以上尺寸关系代入式（6-37），最后得 P_{dz} 和各参数之间的关系

$$P_{dz} = \frac{8\pi\rho K_\Sigma^2}{\mu_0 f} \frac{W_{nd} \delta (D_2 + D_1)}{D_1^2 (D_2 - D_1) L} \tag{6-39}$$

式中，$W_{nd} = F_d \delta_0$。

若令 $\beta = \frac{8\pi\rho K_\Sigma^2}{\mu_0 f}$，则得功率经济性指标的关系式，即

$$K_{zj} = \frac{P_{dz}}{W_{nd}} = \beta \frac{\delta (D_2 + D_1)}{D_1^2 (D_2 - D_1) L} \tag{6-40}$$

6.5.2　影响功率经济性指标的因素

1. 系数 β

减小系数 β 可以减小 K_{gj}，而 β 与 K_Σ 和 f 有关。填充系数 f 愈大，则 β 就愈小，但 f 的提高是有限的。K_Σ 愈小，则 β 也愈小，而要使 K_Σ 减小就必须降低铁和非工作气隙的磁阻。所以灵敏电磁铁一般都用高磁导率的磁性材料（如铁镍合金）作导磁体，并且在结构上应尽量减小非工作气隙。

灵敏电磁铁导磁体内磁通密度 B_T 的选取也和功率电磁铁不同。前面讲过，对于功率电磁铁，为了减小铁心截面和重量，B_T 应尽量选得大些，一般选取在材料磁化曲线的膝点以上。但是，在灵敏电磁铁中，为了减小导磁体内的磁压降，主要希望磁导率尽可能大，因此 B_T 的选取应该在材料的最大磁导率 μ_m 点附近（或略高一些）。B_T 一般低于功率电磁铁，根据材料的不同，$B_T = 0.3 \sim 0.9\mathrm{T}$。

2. 工作气隙 δ

减小工作气隙 δ 可以减小 K_{gj}，而 δ 为衔铁运动的行程 Δ 和闭合后的剩余间隙 δ_b 之和，即

$$\delta = \delta_b + \Delta$$

衔铁的运动行程 Δ 决定于操作机构的需要，例如在继电器中，该间隙取决于操作常开触头使其具有一定的断开距离和超行程。这些距离都不能任意减小。但是，可以通过增大机构的力臂比 λ（$\lambda = l_{fz}/l_\delta$，$l_\delta$ 为转轴至工作气隙的距离，l_{fz} 为转轴至负载的距离）来减小 Δ，因为

$$\Delta = \Delta_{fz}\frac{1}{\lambda}$$

式中，Δ_{fz} 为操作负载所必需的运动距离。

增大力臂比 λ 也是有限度的，因为增大 λ 就会使尺寸加大，结构复杂，并且 Δ 也不宜太小，否则装配调整比较困难，对于一般灵敏度的继电器，$\Delta = 1.5 \sim 0.4\text{mm}$，而对于高灵敏度的继电器，$\Delta$ 可以做到 $0.05 \sim 0.15\text{mm}$。

衔铁闭合后剩余间隙 δ_b 的大小取决于电磁铁的返回系数 K_{fh}（见第 4 章）。若要求 K_{fh} 值较大，则 δ_b 值就不能太小，这可以由下面的分析看到。由返回系数的定义得

$$K_{fh} = \frac{(IW)_{sf}}{(IW)_{xh}}$$

式中，$(IW)_{sf}$ 及 $(IW)_{xh}$ 分别表示电磁铁的释放磁动势和吸合磁动势。

$(IW)_{xh}$ 与电磁铁的初始吸力 F_{dk} 及打开时的气隙 δ 有关，而 $(IW)_{sf}$ 则与电磁铁释放时的吸力 F_{db} 及闭合时的剩余间隙 δ_b 有关。若忽略铁及非工作间隙的磁阻，即假设 $K_\Sigma = 1$，并先不计剩磁所产生的力，则由式（6-38），得

$$(IW)_{xh}^2 = \frac{2F_{dK}\delta^2}{\mu_0 S_\delta}$$

同样

$$(IW)_{sf}^2 = \frac{2F_{db}\delta_b^2}{\mu_0 S_\delta}$$

当 $F_{dk} \geq F_{fk}$ 时（F_{fk} 为打开时的反力）衔铁吸合，而当 $F_{ab} \leq F_{fb}$（F_{fb} 为闭合时的反力）衔铁释放，

因此

$$K_{fh}^2 = \frac{(IW)_{sf}^2}{(IW)_{xh}^2} = \frac{F_{db}\delta_b^2}{F_{dK}\delta^2} = \frac{F_{db}\delta_b^2}{F_{dK}\delta^2} = K\frac{\delta_b^2}{\delta^2}$$

式中

$$K = \frac{F_{db}}{F_{dK}} \quad （由反力特性所决定）$$

$$\delta = \delta_b + \Delta$$

因此

$$\delta_b = \frac{K_{fh}}{\sqrt{K - K_{fh}}}\Delta \tag{6-41}$$

推导式（6-41）时所作的假设较多，只能作为定性分析或大致估算 δ_b 值时用，由此式可见，若要求一定的返回系数 K_{fh} 值，则必须使 δ_b 值有一定的数值。提高电磁铁的返回系数就要求增大 δ_b 值，也就使 δ 值增大，使灵敏度降低。可见，灵敏度和返回系数这两个要求

是矛盾的。

以上分析并没有考虑剩磁的影响，很容易看出，若考虑剩磁所产生的力 F_{ds}，则 δ_b 就会要求更大，因为衔铁闭合时的吸力为 $F_{db}+F_{ds}$，而当 $F_{db}+F_{ds} \leqslant F_{fb}$ 时衔铁释放，因此 F_{db} 将会比不考虑剩磁时更小。所以，如果要求一定的返回系数，而又同时希望电磁铁灵敏，则应采用剩磁小（H_c 小）的材料作导磁体。

3. 线圈尺寸 L 及 D_2

增大线圈长度 L 及线圈外径 D_2 就可以减小线圈功率和 K_{gj}，并且增大 L 对减小 P_{dz} 更为显著。这也很容易理解，例如若将长度增加一倍，则线圈匝数 W 也将增加一倍，电阻 R 也增加一倍，因此磁动势 IW 并没有改变，但消耗功率 $P(P=U^2/R)$ 却减小了一半。但是，增长 L 将使漏磁和铁磁阻增大，并且使电感增大，所以 L 也不宜太长，一般灵敏继电器的 L/b 可以达到 8。

增大线圈外径 D_2 也可以使 P_{dz} 减小，但是其效果不如增长 L。因为增大 D_2 将使线圈的平均直径 D_2 增大，而由式（6-37）可见，P_{dz} 的减小将受到影响。一般当 $D_2/D_1 > 3$ 以后，再增大 D_2，P_{dz} 的减小就不显著了。

采用双铁心的结构型式（见图 1-6）可以在不增大线圈窗口尺寸 L 和 b 的情况下使线圈平均直径 D_p 减小，因此使 P_{dz} 减小，用铜量也减少。所以目前很多灵敏继电器都采用双铁心的磁系统。

4. 最优 D_1/D_2 值

如果 D_2 和上外廓尺寸一定时，改变 D_1/D_2 的比例，即合理分配铜和铁的比例，可以求得一最优的 D_1/D_2 比值使 P_{dz} 最小。显然，若 $D_1 \rightarrow D_2$，则线圈尺寸趋向于零，那么 P_{dz} 必然很大，而若 $D_1 \rightarrow 0$ 则因铁心极面积很小，所需的磁动势 $(IW)_{xh}$ 必然很大，P_{dz} 也将很大，所以在这之间必然有一个最优的比值使 P_{dz} 最小。为了求得此比值，可以将式（6-39）对 D_1 求导数，并使其等于零，即

$$\frac{\mathrm{d}P_{dz}}{\mathrm{d}D_1} = 0$$

得

$$D_1^2 + D_1 D_2 - D_2^2 = 0$$

解上式得最优 D_1/D_2 比值为

$$\frac{D_1}{D_2} = 0.62 \tag{6-42}$$

将该比值代入式（6-39）及式（6-40）得

$$(P_{dz})_{\min} = \frac{4.26\beta W_{nd}\delta}{LD_1^2} \tag{6-43}$$

$$(K_{gj})_{\min} = \frac{4.26\beta\delta}{LD_1^2} \tag{6-44}$$

6.5.3　灵敏磁系统的设计步骤

具有灵敏度要求的磁系统一般给定下列一些原始数据：反力特性，吸合电压 U_{xh} 及最大

电压 U_{max} 动作功率 P_{dz} 及返回系数 K_{fh}。其设计步骤如下：

1. 确定 F_d 及 δ

由反力特性确定最困难工作点，得 Δ_{fz} 及 F_f。

电磁铁的主工作气隙 $\delta = \delta_b + \Delta$，而

$$\Delta = \Delta_{fz}\frac{1}{\lambda}$$

根据结构设计，选取适当的力臂比 λ，使 Δ 值约为 $0.05 \sim 1.5\text{mm}$。δ_b 则由式（6-41）大致估算（考虑剩磁，δ_b 应比上式求得的略大一些）。

已选定 λ，则 $F_d = \lambda F_f$。根据 F_d 及 δ 值，选择电磁铁的型式。灵敏继电器的磁系统大多选用双铁心拍合式，衔铁为平衡式。

2. 确定铁心直径

导磁体的材料选定后，即可由材料的 B_m 值（此时 μ 最大）选取铁心的磁通密度，（$B_T \approx B_m$ 或略大）。若假设一个漏磁系数 σ（$\sigma = 2 \sim 4$），则可确定气隙磁通密度 $B_\delta\left(B_\delta = \dfrac{B_T}{\sigma}\right)$。因此，由式（6-11）即可确定铁心半径 R_1。

3. 确定线圈外径 D_2 及长度 L

按最优 D_1/D_2 比，已知 D_1，则 $D_2 = D_1/0.62$。线圈长度 L 可由式（6-43）要求的 P_{dz} 值确定。

4. 导磁体其他部分尺寸按等截面原则和结构要求决定

5. 确定线圈电阻 R、匝数 W 及导线直径 d

线圈电阻为

$$R = \frac{U_{xh}^2}{P_{dz}} \quad （\Omega）$$

线圈匝数为

$$W = \sqrt{\frac{RfLb \times 10^4}{\pi \rho D_p}} \quad （匝）$$

导线直径为

$$d = \sqrt{\frac{4fLb}{\pi W}} \times 10 \quad （\text{mm}）$$

6. 复算

由于初步计算是由灵敏度要求设计的，因此除了验算电磁铁的吸合磁动势，动作功率及返回系数等特性外，还要着重验算线圈温升。线圈温升应该由线圈的最大功率验算，值得注意的是对于灵敏电磁铁，其 U_{max} 和 U_{xh} 相差的倍数往往很大。

6.6 电磁铁设计中的相似法

在设计电磁铁时往往碰到这种情况，如果已经有一个设计得比较好的电磁铁，而希望参考它来设计另一个技术要求和它相近的电磁铁，或者新设计的电磁铁已制成模型样品，而发

现某些参数（如吸力或温升）未能达到原定的技术要求，但又相差并不大时，这时就可以应用相似法对模型的某些尺寸和参数作一些修改而无需重新进行设计。

通常情况下两个完全相似的电磁铁是指满足下列三个条件：

1）两个电磁铁相对应的各部分的尺寸（包括气隙）都互成一定的比例，即两个电磁铁具有几何相似性。若 l_0、δ_0、S_0 及 V_0 分别表示已有电磁铁的长度、气隙、面积及体积，而 l_1、δ_1、S_1 及 V_1 表示相似电磁铁的相应数据，则

$$\frac{l_1}{l_0}=K, \quad \frac{\delta_1}{\delta_0}=K, \quad \frac{S_1}{S_0}=K^2, \quad \frac{V_1}{V_0}=K^3$$

式中，K 为比例常数。

2）两个电磁铁的电源条件相同。这里指的是对于电压线圈，两者的电压应相等，而对于电流线圈，两者的线圈电流应相等。此外，两者的结构型式和材料应相同。

3）两个电磁铁的重要物理参数（如磁感应强度 B、温升 τ、线圈功率 P、吸力 F_d 或磁通 Φ）中的某一个参数应相等。至于究竟指定哪一个参数保持相等则需视模型的具体情况决定。

根据以上规定的三个条件可以推导出两个电磁铁其他参数的对应关系。下面以直流电压线圈的磁系统保持 B 不变的情况下推导其相似转换公式，推导中还需假设线圈的散热系数 K、填充系数 f、电阻系数 ρ 以及漏磁系数 σ 都等于常数。

（1）磁压降和磁动势

因为磁压降 $u_\delta=H_\delta\delta$；$u_c=H_c l_c$；$IW=u_\delta+u_c$ 而两个电磁铁各对应处的 H 均相同，因此得

$$\frac{u_{\delta1}}{u_{\delta0}}=K, \quad \frac{u_{c1}}{u_{c0}}=K, \quad \frac{IW_1}{IW_0}=K$$

式中，下标 1 及 0 分别代表已有电磁铁和相似电磁铁的数据，以下同。

（2）磁通

因为磁通 $\Phi=BS$ 而 B 相同，因此

$$\frac{\Phi_1}{\Phi_0}=\frac{S_1}{S_0}=K^2, \quad \frac{\Phi_{\delta1}}{\Phi_{\delta0}}=K^2$$

（3）磁导

因为磁导计算公式为 $G=\dfrac{\Phi}{u_c}$，所以有

$$\frac{G_{\delta1}}{G_{\delta0}}=K, \quad \frac{\mathrm{d}G_{\delta1}}{\mathrm{d}\delta_1}\Big/\frac{\mathrm{d}G_{\delta0}}{\mathrm{d}\delta_0}=1$$

（4）吸力

因为吸力计算公式为 $F_d=-\dfrac{1}{2}u_\delta^2\dfrac{\mathrm{d}G_\delta}{\mathrm{d}\delta}$，所以有

$$\frac{F_{d1}}{F_{d0}}=K^2$$

（5）拟定功和重量经济性指标

因为拟定功 $W_{nd}=F_d\delta$，所以有

$$\frac{W_{nd1}}{W_{nd0}} = K^3$$

因为重量经济性指标 $K_{zj} = \frac{\gamma V}{W_{nd}}$，所以有

$$\frac{K_{zj1}}{K_{zj0}} = 1$$

即电磁铁的 K_{zj} 值不变。

（6）线圈参数

导线直径 $d = 0.2\sqrt{\dfrac{\rho D_p(IW)}{U}}$，而 U 不变，因此有

$$\frac{d_1}{d_0} = K$$

线圈匝数 $W = \dfrac{fLb}{\dfrac{\pi d^2}{4}} \times 10^{-2}$，设 f 不变，则有

$$\frac{W_1}{W_0} = 1$$

线圈功率 $P = \dfrac{\pi \rho_\theta D_P(IW)^2}{FlB} \times 10^{-4}$，设 f 及 ρ_θ 不变，则有

$$\frac{P_1}{P_0} = K$$

线圈温升 $\tau_w = \dfrac{\rho_\theta \times 10^{-4}}{2K_s fb}\left(\dfrac{IW}{L}\right)^2$，设 ρ_θ、f 及 K_s 不变，则有

$$\frac{\tau_{w1}}{\tau_{w0}} = \frac{1}{K}$$

由以上可见，如果参考已有的电磁铁但需要稍微变动一下其吸力和行程，则可应用以上关系式。例如，已有电磁铁的吸力为 F_{d0}，而现在希望设计另一电磁铁使其吸力为 F_{d1}，而 F_{d1} 稍大于 F_{d0} 方法如下：先求其比例常数 K，即 $K = \sqrt{\dfrac{F_{d1}}{F_{d0}}}$，$K>1$。然后，将所有尺寸按 K 的比例放大。此时，因 $\dfrac{\tau_{w1}}{\tau_{w0}} = \dfrac{1}{K}$，所以，温升会略为降低。可见，若保持 B 不变，则铁可以获得和模型相同的利用率，但铜的利用率就会比模型的差。反之，若 $K<1$，则温升会比模型的高。

上例中如果被指定保持不变的参数不是 B 而是温升 τ，则同样可以推导出一系列的相似转换公式，其结果列于表 6-2。表中也列出了保持 P、F_d 或 $\varPhi$ 不变时的相应公式，其中第 1 项至第 7 项对电压线圈或电流线圈都适用，第 8 项至第 11 项只适用于电压线圈，而第 12 项至第 15 项只适用于电流线圈。

表 6-2　直流电磁铁相似转换公式

序号		相似转换量		保持不变的参数				
				B	τ	P	F_d	Φ
1	通用参数	磁感应强度	B_1/B_0	K^0	$K^{0.5}$	$K^{0.5}$	K^{-1}	K^{-2}
2		磁势	IW_1/IW_0	K	$K^{1.5}$	$K^{0.5}$	K^0	K^{-1}
3		磁通	Φ_1/Φ_0	K^2	$K^{2.5}$	$K^{1.5}$	K	K^0
4		吸力	F_{d1}/F_{d0}	K^2	K^3	K	K^0	K^{-2}
5		拟定力	W_{nd1}/W_{nd0}	K^3	K^4	K^2	K	K^{-1}
6		线圈功率	P_1/P_1	K	K^2	K^0	K^{-1}	K^{-8}
7		线圈温升	τ_{w1}/τ_{w0}	K^{-1}	K^0	K^{-2}	K^{-8}	K^{-5}
8	电压线圈	线径	d_1/d_0	K	$K^{1.25}$	$K^{0.75}$	$K^{0.5}$	K^0
9		匝数	W_1/W_0	K^0	$K^{-0.5}$	$K^{0.5}$	K	K^2
10		电阻	R_1/R_0	K^{-1}	K^{-2}	K^0	K	K^3
11		电流	I_1/I_0	K	K	K^0	K^{-1}	K^{-8}
12	电流线圈	线径	d_1/d_0	$K^{0.5}$	$K^{0.25}$	$K^{0.75}$	K	$K^{1.5}$
13		匝数	W_1/W_0	K	$K^{1.5}$	$K^{0.5}$	K^0	K^{-1}
14		电阻	R_1/R_0	K	K^2	K^0	K^{-1}	K^{-8}
15		电压	U_1/U_0	K	K^2	K^0	K^{-1}	K^{-1}

由表 6-2 可见，若保持温升不变，则 $B_1 = K^{0.05}B_0$，当 $K>1$ 时，B_1 将会大于 B_0，若模型的磁感应强度已经较高，则新设计的电磁铁就有可能过于饱和。

由以上讨论可知，如果模型的铜铁材料都已充分利用，则在用相似法设计时，无论采用何种指定条件，不是铜得不到和模型同样的利用率，就是铁得不到和模型同样的利用率。为了保证两者都能接近模型的利用率，K 值的选择应尽可能接近于 1，所以在设计时应做几个方案的比较，即用几种指定不变的条件来计算 K 值，从中选择 K 最接近于 1 的方案。

例 6.4　图 6-20 所示为模型的静吸力特性 $F_d = f(\delta)$。现拟用相似法设计另一电磁铁使其在相同电压下，在 $\delta_1 = 2.5\text{mm}$ 处的吸力 $F_{d1} \geqslant 3.6\text{N}$。试确定其比例常数 K 并选定模型的设计参考点 F_{d0} 及 δ_0。

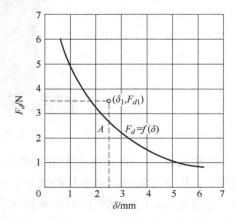

图 6-20　模型电磁铁的静吸力特性

解：

方案 1：设指定条件为保持 B 不变，则可得以下三个方程式：

$$F_{d1} = K^2 F_{d0}$$

$$\delta_1 = K\delta_0$$

$$F_d = f(\delta)$$

其中，模型的 $F_d = f(\delta)$ 特性曲线以及 F_{d1} 和 δ_1 为已知，F_{d0} 而 δ_{d0} 及 K 为待求的未知数。由于 $F_d = f(\delta)$，不能用分析公式表示，求解就只能用试凑法，所得结果为

$$K = 1.11; \quad \delta_0 = 2.25mm; \quad F_{d0} = 2.93N$$

方案 2：设指定条件为保持 τ 不变，则应求解以下三个方程式：

$$F_{d1} = K^2 F_{d0}$$

$$\delta_1 = K\delta_0$$

$$F_d = f(\delta)$$

所得结果为

$$K = 1.087; \quad \delta_0 = 2.3mm; \quad F_{d0} = 2.85N$$

比较以上两个方案的结果可见方案 2 的 K 值更接近于 1，所以应该采用温升不变为指定条件，并选定 $F_d = f(\delta)$ 曲线上的 A 点为设计参考点。

6.7 利用仿真软件进行磁路分析

电磁有限元仿真是一种常用的磁路分析手段，可对复杂拓扑结构磁系统实现动静态电、磁、力、运动特性的解算。本节以某型真空接触器为例（见图 6-21），详细介绍电磁系统的有限元仿真分析过程。

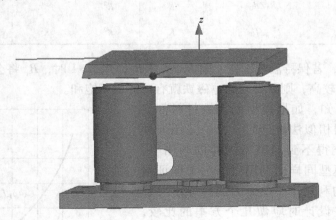

图 6-21 电磁仿真模型

使用 Maxwell 3D 软件作为仿真平台，采用静磁场求解器和瞬态场求解器。在静磁场求解器中，搭建接触器电磁机构的模型，通过设置自变量的方法可以确定力与力矩随衔铁转角而产生的变化。为考虑电流对电磁铁出力的影响，采用瞬态场仿真将电磁铁合闸运动过程中各参数的变化考虑进来。在瞬态场的仿真过程中，需要指定运动区域的边界，因为电磁铁衔铁运动区域并非是规范对称的，在 Maxwell 中难以做好剖分，而考虑到旋转运动和直线运动在一定的条件下具有相似性，因此将电磁场的仿真改用直线运动。为减小误差，将运动系统转动惯量及受力进行折合，折合后运动物体质量 0.4kg，负载由系统插值函数给定，插值函

数是利用 Maxwell 的 Dataset 功能给出的，通过实际计算调取每一阶段的力，然后在 Dataset 中生成曲线，在引入数据时可通过插值函数将其引入计算，插值函数的自变量是运动的位移。

6.7.1　参数的确定与静态电磁场的仿真

1. 电路分析及参数选取

接触器电磁机构的工作过程分为两个部分，在接通电源时，开关是闭合的，电路中只有 1，2 线圈中通过电流，在接触器闭合时同时会使得常闭开关断开，所有线圈均通过电流，维持接触器闭合的状态。

这一设计结合后面对于线圈匝数的测量做如下分析：

1）开关闭合时，虽然电路中流过电流的匝数相对较少，但电流较大，实际上会产生更强大的磁场，这样使得机构能够快速闭合。

2）开关随着接触器的接通同步闭合，这时电流变小了，导致电磁铁对衔铁的吸力减弱，考虑到接触器吸合时对触头之间的压力有一定要求，过小的压力不能保证触头保持吸合的状态，易形成电弧，过大的压力则容易损坏触头，这里为了使接触器保持合适压力，选择了降低电磁机构的吸力。

在电磁线圈外额外添加已知匝数的线圈，借助互感原理加以测量。线圈匝数测量方案如下：

仪器：漆包线、调压器、数字万用表。

实验过程：在其中一个线圈外缠绕 30 匝漆包线，搭建磁路后，给于原线圈一定电压，测量漆包线两端电压。

$$\frac{U_1}{U_2} = \frac{\psi_1}{\psi_2} = \frac{N_1}{N_2}$$

根据上式可以求出原本的线圈匝数。

实验过程中可能存在漏磁，使得实验结果不准确，减小误差的方法如下：

1）在漆包线外额外加一个线圈，通过给一个线圈供电，测量另外一个线圈的电压。

2）从绕制线圈侧加一个电压测定原线圈的感应电压。

测试结果：最终取运动绕组 1800 匝，保持绕组 10800 匝。

2. 静磁场仿真

1）求解器：Magnetostatic。

2）仿真模型：这个模型中是将 Solidworks 中建立的模型导入，在铁心外加通电导体模拟线圈。

材料设置如下：

衔铁、铁心、支架、底座：iron

线圈：copper

求解区域（Region）：air

3）参数设置：设置衔铁绕旋转轴旋转角度为自变量 s，变化范围 $0° \sim 5°$，步长取 $0.5°$。设置求取参数为衔铁所受到的力，以及衔铁绕旋转轴的力矩（虚位移法，Negative）。

4）求解区域：参数设置为 100%，材料是 air。

5）激励加载方法：由电路图的分析过程知道电磁铁的工作过程分为两个部分，第一个部分是运动过程，这时电路电流只有第一个绕组提供，出于对运动过程的简化，假设通过电流为直流电。

实际输入的控制电压是 220V 交流电，经过整流以后电压为

$$U = \frac{100}{\pi} \int_0^{\pi/100} 220\sin(100\pi t)\,\mathrm{d}t$$

经计算电压值应取 198V。线圈电阻合计为 200Ω，因此等价于流过电流值为 0.99A。根据线圈匝数测量结果：1800 匝。因此磁路激励如图 6-22 所示。

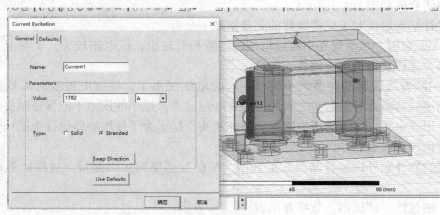

a) 激励源1加载界面

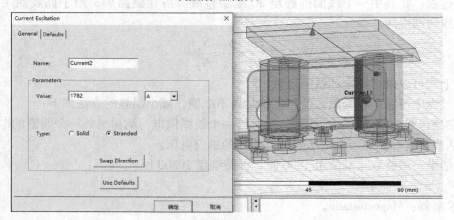

b) 激励源2加载界面

图 6-22　电流源加载界面

6）求解设置如下：

Maximum Number of Passes5

Percent Error：1

Refinement Per Pass：30%

Minimum of Passes：2

Minimum Converged Passes：1

7）静磁场仿真结果：衔铁所受电磁力如图 6-23 所示，所受力矩如图 6-24 所示。

静态电磁场的仿真没有考虑电流变化的影响，但大致确定了受力范围，帮助确定了力臂，为进一步精确瞬态场的仿真奠定了基础，瞬态场的仿真正是对静态场方法的一种优化。

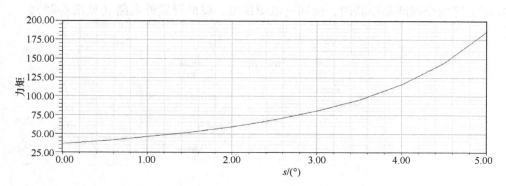

图 6-23　衔铁所受力随角度变换趋势

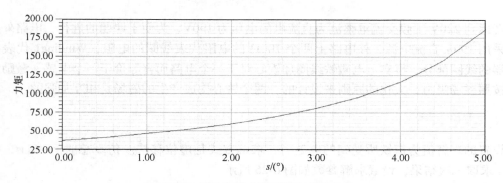

图 6-24　衔铁所受力矩随角度变换趋势

6.7.2　模型参数设置

接触器仿真模型的参数设置如下：

1）衔铁长 81mm，宽 67mm，厚度 6mm，材料为 steel_1008。

2）底座长 92mm，宽 50mm，厚度 5mm，材料为 steel_1008。

3）铁芯内径 8mm，高度 40mm，材料为 steel_1008。

4）线圈材料为 copper，匝数 1800 匝。

5）运动区域以及求解区域均设置为 air。

6）空间求解区域设置为延伸 50%。

实际上在做电磁仿真模型之前先在 SolidWorks 建立了装配模型，而为了便于剖分由在 Maxwell 3D 中直接建立衔铁，铁心以及线圈的模型，铁心/线圈采用 180 面体替代圆柱体，180 面体的面积上和圆已经没有较大差距，但 180 面体剖分更容易，使得仿真容易实现。

6.7.3　激励设置

激励的添加使用的方法是截面法，在线圈直径所在面截取，并向截取面设置输入电流，两线圈输入匝数均为 1800 匝。

实际上这两个线圈是串联的，由同一电源供电，以此设置外电路（见图 6-25）。

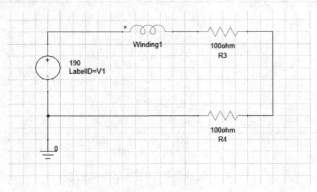

图 6-25　外电路设置方法

考虑到 220V 工频交流电整流为直流电的电压为 190V，为便于课题的进行，电路外接电压源采用 190V 直流电源，外电路上两个 100Ω 的电阻代表线圈的电阻，Winding1 代表接入接触器的线圈部分，事实上电磁铁线圈加铁心对于一个电路而言等价于一个电感。激励的方向是按照磁场吸力最大化的原则来设计的，两个铁心构成产生的磁场是相互加强的。

6.7.4　求解设置

设置的求解值为衔铁所受到的电磁力，求解方式是虚位移法。仿真总时间 40ms，每隔 0.5ms 求取一次结果，设置求解参数如图 6-26 所示。

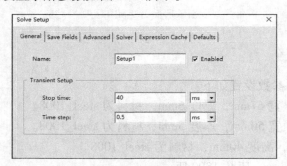

图 6-26　求解器设置：仿真步长

6.7.5　运动区域的设置

考虑到实际衔铁位移不超过 4mm，仿真时近似看作平动，设置运动位移在 4mm 内。加载力 4 是将系统转动惯量等效为质量（0.4kg）受到的等效重力，pwlx（ds1，position）是构造的插值函数 ds1，自变量是 position。运动区域设置如图 6-27 所示。

其中 ds1-position 如图 6-28 所示。

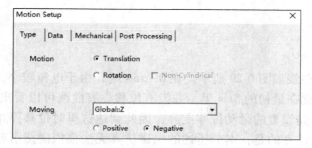

a) 运动类型加载

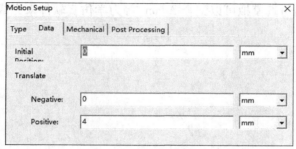

b) 运动区域加载

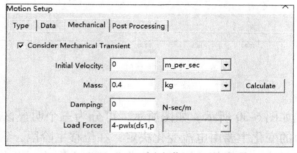

c) 受力加载

图 6-27　运动区域设置

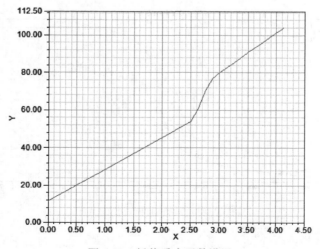

图 6-28　插值受力函数设置

6.7.6 仿真结果

1. 位移随时间的变化

位移随时间变化曲线如图 6-29 所示。在 0~5ms 时，由于电流较小，产生不了足以吸合电磁铁衔铁的力，因此在最初的 5ms 里，并没有位移。有曲线可以看出大约在 19~20ms 里位移到达 4mm。4mm 是设置的运动位移上界，因此到达这里时位移停止，整个合闸过程的时间约为 20ms。值得注意的是，本节所述的电磁仿真无法模拟碰撞引起的形变。但在接触器问题的研究上这一点却变得很重要，任何振动现象都有可能在触点间形成电弧，进而引发熔焊现象，关于振动的仿真模拟可以配合 Adams 等力学仿真软件来完成。

图 6-29 位移随时间变化曲线

2. 力随时间的变化

力随时间变化曲线如图 6-30 所示。如图所示，可分为三个明显区域：最初位移不变以及变化很小的时候，力的变化主要由电流变化决定；在位移主阶段，磁隙的迅速减小使得磁路磁阻减小，力的变大很快；最终停止以后，位移不再产生影响，而电流也趋近于稳定，电磁力逐渐趋近稳定。

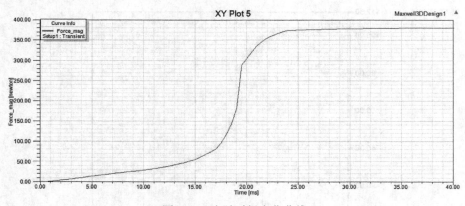

图 6-30 力随时间变化曲线

3. 电流随时间变化

电流随时间变化曲线如图 6-31 所示。

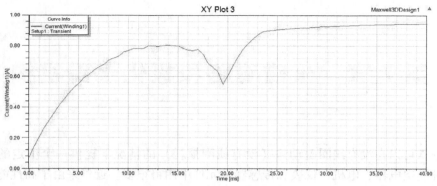

图 6-31　电流随时间变化曲线

小　　结

　　根据用途的不同，衡量电磁铁优化设计的指标以及它的设计原则和步骤也不相同，但是所有电磁铁都有一个基本的要求，就是必须能够克服反力而做一定的有效功 W_{zx}。

　　为了便于设计和比较，引出拟定功 W_{nd} 的概念。设计时应从负载的反力特性选择拟定功最大的工作点（即最困难工作点）作为设计的原始数据。

　　对于要求重量轻、体积小的电磁铁，衡量其设计优劣程度的综合指标为重量经济性指标 K_{zj}，它的表达式如式（6-9），从中可以总结各因素对该指标的影响作为设计时考虑的原则。

　　对于要求灵敏度高的电磁铁，衡量其设计优劣的综合指标为功率经济性指标 K_{gi}，它和各参数的关系见式（6-39）。

　　利用电磁铁的相似法有利于在原始数据略有变动时很快地修改设计。

　　双绕组电磁铁的设计方法基本上和以上讨论的单绕组是一样的，所不同的只是原始数据的确定和绕组的设计。基于 PWM 脉宽控制技术的单绕组电磁系统通过电力电子电路，实现对绕组电压和电流在不同工作时段的控制。

习题与思考题

6.1　若反力特性如图 6-32 所示，最困难工作点在哪里？

6.2　弹簧的反力特性如图 6-33 所示，试问弹簧刚度为多大时 δ_K 不再是最困难工作点了？

6.3　反力特性如图 6-34 所示，试选择电磁铁的型式。

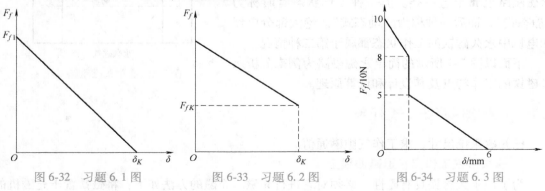

图 6-32　习题 6.1 图　　　　图 6-33　习题 6.2 图　　　　图 6-34　习题 6.3 图

第7章 永磁磁路和极化永磁机构

永久磁铁可以在没有线圈磁动势（没有线圈损耗）的情况下提供一个恒定的磁通。因此，在各种航空电器、电机、仪表和传感器等元件中用得很多。近年来由于高性能永磁材料的不断出现，永磁磁系统的应用范围也愈来愈扩大。

具有永久磁铁的磁路称为"永磁磁路"。永磁磁路的计算有它自己的特点。含有永久磁铁的操作机构在航空电器上通常称为极化机构，而在电力系统驱动断路器的操动机构称为永磁机构。永磁材料的性能和种类在第2章已经介绍，本章主要讨论永磁磁路计算，进而对具有较高灵敏度和较好性能的极化永磁结构进行分析和计算。

7.1 永磁磁路的计算方法

在永磁磁路中，永久磁铁相当于一个磁动势的作用，同时它又具有磁阻。计算时，磁路的基尔霍夫第二定律仍然普遍适用，但要用永磁材料的退磁曲线来进行计算。与一般磁路计算一样，在计算永磁磁路时也有正反两类任务，即：已知工作气隙磁通值，要求选择永久磁铁的材料并确定其尺寸；或者反之，已知各部分的材料和尺寸，要求工作气隙内的磁通值。

根据永久磁铁工作状态的不同，可以分为下列两种情况：①工作过程中磁路内的磁阻是不变的，并且永久磁铁的工作点处于退磁曲线上，永久磁铁是在装配后充磁，并且充磁后不再经受磁性稳定处理；②工作过程中，磁路磁阻是变化的，或者磁路内有其他变化的磁动势。此时，永久磁铁的工作点处于回复线上，如永磁吸铁、极化式继电器、永磁机构、永磁电机、磁电机等。经过磁性稳定处理的永磁磁路也属于这一类。前一种工作状态有时称为"静态式"，而后一种称为"动态式"。绝大部分电器和电机中永久磁铁的工作状态都属于第二种情况。

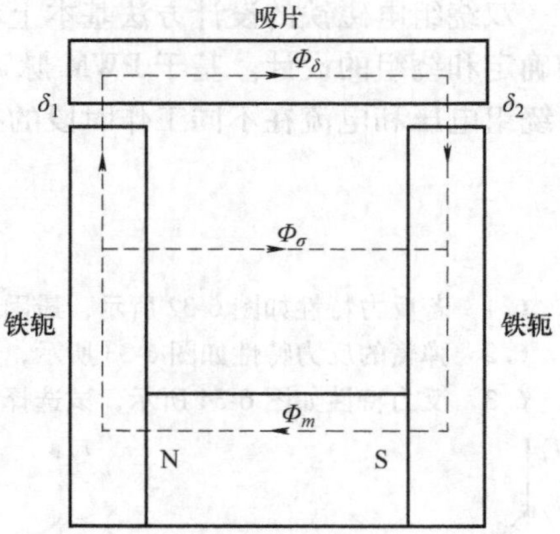

下面以图7-1所示的简单永磁磁路为例来分析永久磁铁的工作特点及其设计和计算原理。

图 7-1 简单永磁磁路系统

7.1.1 永磁磁路第一类任务

已知磁系统尺寸，求工作气隙磁通值。

1. 永久磁铁工作点在退磁曲线上

为了使永久磁铁具有磁性，必须对它进行充磁。充磁的方法如下：将磁铁置于充磁机的磁极间，如图 7-2a 所示。给充磁机的线圈通很大的直流电流或脉冲电流使磁铁磁化至非常饱和，所用的磁化磁场强度应大于材料的饱和磁化磁场强度，一般是材料矫顽力 H_c 的 3~5 倍，然后断开线圈电流。此时，磁铁的工作点在退磁曲线见图 7-3 的 B_r 点。将已充磁的永久磁铁从充磁机上取下来以前，先用一块软磁材料的短路器将它的两个磁极 N 级和 S 极短路，如图 7-2b 所示，使磁铁在取出后的工作点仍在 B_r 附近。另外一个目的是对外基本不显磁性，易于装配，不会吸到铁磁部件上损伤人及零部件。将磁铁装入磁系统后再取去短路器，这时由于工作气隙磁阻的影响，磁铁内的磁通或 B 值将会沿着退磁曲线下降，即其工作点在退磁曲线上。如果将磁铁在未充磁前就装配在磁系统内，然后再充磁，则当磁系统由充磁机上取下后，其工作点和上述方法是一样的。如何确定工作点是要解决的问题。

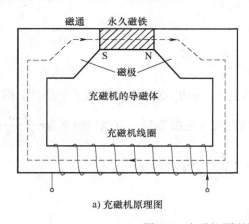

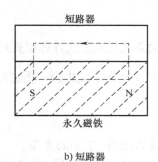

a) 充磁机原理图　　　　　　　　　　　　　b) 短路器

图 7-2　充磁机原理及短路器

B_a 和 H_a 分别表示永久磁铁内的磁通密度和磁场强度，永久磁铁的工作点 (B_a, H_a) 取决于两个条件：

1) 也称为"内部条件"，即 B_a 和 H_a 必须是退磁曲线上的一点，现在讨论的是工作点在退磁曲线上的情况。

2) 也称为"外部条件"，即 B_a 和 H_a 究竟处于退磁曲线上的哪一点，这还要取决于外部磁路的情况，即磁路内气隙磁阻和铁磁阻的大小，磁阻愈大，则磁通（或 B_a）就愈低。下面将由磁路基尔霍夫第二定律证明，B_a 和 H_a 满足下列关系式，即

$$\frac{B_a}{H_a} = -\frac{\sigma}{K_\Sigma}\frac{l}{S}G_\delta \tag{7-1}$$

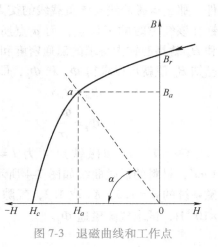

图 7-3　退磁曲线和工作点

式中，G_δ 为工作气隙 δ_1 及 δ_2 的串联磁导（H）；l 为磁铁长度（m）；S 为磁铁截面积（m^2）；σ 为磁系统的漏磁系数，且 $\sigma = \Phi_m/\Phi_\delta$，其中 Φ_m 及 Φ_δ 分别为磁铁及工作气隙内的磁通值；K_Σ 为考虑磁路内非工作气隙和导磁体磁阻上的磁压降的一个系数，即

$$K_\Sigma = \frac{u_\delta + u_c}{u_\delta} \tag{7-2}$$

式中，u_δ 为工作气隙上的磁压降；u_c 为非工作气隙和导磁体铁磁阻上的磁压降。

一般 $K_\Sigma = 1.2 \sim 1.4$。

证明如下：

因为没有线圈磁动势，即 $IW = 0$，所以

$$H_a l + u_\delta + u_c = 0$$

即

$$K_\Sigma u_\delta = -H_a l$$

由于

$$u_\delta = \frac{\Phi_\delta}{G_\delta}$$

而

$$\Phi_\delta = \frac{\Phi_m}{\sigma} = \frac{B_a S}{\sigma}$$

将后面两个关系式代入上式并移项就可以得到 B_a 和 H_a 必须满足的第二个条件，即式（7-1）。

这个条件在 B-H 坐标平面内为一通过原点的直线（见图 7-3），直线的斜率为 $-\dfrac{\sigma}{K_\Sigma}\dfrac{l}{S}G_\delta$，即

$$\operatorname{tg}\alpha = \frac{\sigma}{K_\Sigma}\frac{l}{S}G_\delta \tag{7-3}$$

式中，α 为该直线与 $-H$ 轴的夹角。

该直线也称为"负载线"或"磁导线"。

既然 B_a 和 H_a 必须同时满足以上两个条件，那么退磁曲线与该负载线的交点 a 就是磁铁在该气隙时的工作点，而 a 点所对应的 B_a 和 H_a 就是磁铁内待求的磁通密度和磁场强度。已知 B_a 值就可以求得 Φ_m 和 Φ_δ，即

$$\Phi_m = B_a S$$

$$\Phi_\delta = \frac{\Phi_m}{\sigma}$$

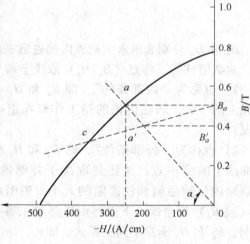

图 7-4 用作图法求磁铁工作点

例 7.1 已知磁铁尺寸为 $l = 2\text{cm}$，$S = 1\text{cm}^2$，材料的退磁曲线如图 7-4 所示，并已知磁系统的 $\sigma = 1.5$，K_Σ 取 1.2，气隙磁导 $G_\delta = 8 \times 10^{-8}\text{H}$，试求气隙磁通 Φ_δ。

解：

$$\operatorname{tg}\alpha = \frac{\sigma}{K_\Sigma}\frac{l}{S}G_\delta = \frac{1.5}{1.2} \times \frac{2\times 10^{-2}}{1\times 10^{-4}} \times 8\times 10^{-8} = 20\times 10^{-6} \quad (\text{Wb/A}\cdot\text{m})$$

做图：由交点 a 得 $B_a = 0.48\text{T}$，$H_a = 24\text{kA/m}$。因此，磁铁中的磁通 Φ_m 为

$$\Phi_m = B_a S = 0.48 \times 1 \times 10^{-4}\text{Wb} = 0.48 \times 10^{-4}\text{Wb}$$

气隙磁通为

$$\varPhi_{\delta}=\frac{\varPhi_{m}}{\sigma}=\frac{0.48\times10^{-4}}{1.5}\mathrm{Wb}=0.32\times10^{-4}\mathrm{Wb}$$

2. 永久磁铁工作点在回复线上

前面已经说过，大多数电器和电机中，永久磁铁的工作点都不在退磁曲线上，而在回复线上，因为工作在退磁曲线上很容易受到外界磁场的干扰而改变其工作点，其原因如下：

若永久磁铁工作在退磁曲线上的 a 点，此时磁通密度为 B_a 值，如图 7-5 所示。如果有一干扰磁场使磁铁退磁，使工作点沿退磁曲线下降至 c 点。然后，当此干扰磁场消失后，磁铁的工作点不会再回到 a 点，而是沿回复线 cL 上升到 a' 点，这时，磁通密度为 B_a'。由此可见，在干扰磁场作用的前后，磁铁的磁通密度将由 B_a 下降为 B_a'，因而使工作气隙中的磁通发生变化。

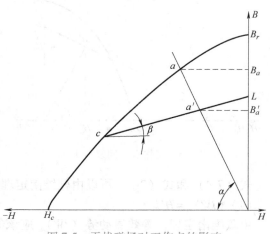

图 7-5　干扰磁场对工作点的影响

为了减少外界干扰磁场对工作磁通的影响，往往在装配后要对电器进行一次所谓"交流退磁"的稳定处理，方法如下：将磁系统放入通有交流电的空心螺管线圈中，并使交流电所产生的磁力线方向顺着磁铁的磁化方向，调节交流电流的大小，使交流退磁 $1\sim$ 2min 后取出时的永磁磁通下降 $7\%\sim10\%$。经过这样处理后，磁铁的工作点将处于回复线上，所以在使用过程中，只要外界干扰磁场强度不大于交流退磁时的磁场强度，磁铁就能稳定地工作在回复直线上，磁通也就不会再有所减少。

如果磁铁不是采用"交流退磁"而是利用本身开路来进行退磁，即磁铁在充磁后不加短路器就直接从充磁机上取下再装配，或者在工作过程中气隙磁阻是变化的，则磁铁的工作点也在回复线上。

当磁铁工作在回复线上时，磁路是线性的，因此在分析和计算磁路时就可以将永久磁铁的作用看成是由一个恒定的磁动势 $(IW)_m$ 和一个线性的磁阻 R_m 串联组成（类似线性电路中的等效发电机原理即戴维南定理，即任何一个线性含源两端网络，就其两个端钮来看，总可以用一个电动势和一个串联电阻来代替）。$(IW)_m$ 及 R_m 可由下列公式求得

$$(IW)_m=H_c'l$$

$$R_m=\frac{l}{\gamma S} \tag{7-4}$$

式中：H_c' 为虚拟的矫顽力，由回复线延长后交于 $-H$ 轴确定，如图 7-6 所示；γ 为对应于 c 点的回复系数，即 $\gamma=\mathrm{tg}\beta=\mu_{rec}$；$l$ 为磁铁长度；S 为磁铁截面积。

此时，图 7-1 的永磁磁系统的等效磁路图就可以画成如图 7-7 所示，图中 $(IW)_m$ 和 R_m 分别为磁铁的等效磁动势和等效内磁阻（见式 (7-4)）；R_1、R_2 及 R_3 为导磁体铁磁阻；$R_{\sigma g}$ 为归化漏磁阻；而 R_δ' 考虑铁磁阻、非工作气隙和漏磁磁路后的等效外磁阻，此处"外"是相对永久磁铁来说，R_δ' 由下式计算：

$$R'_\delta = \frac{K_\Sigma}{\sigma} R_\delta \tag{7-5}$$

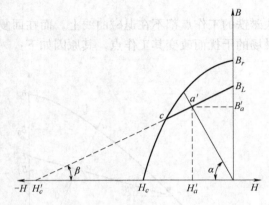

图 7-6 工作点在回复线上

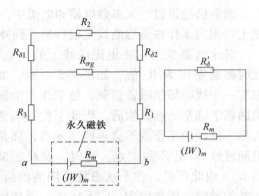

图 7-7 永磁磁系统的等效磁路图

式（7-4）和式（7-5）可以由戴维南定理推导如下：

（1）$(IW)_m = H'_c l$

由戴维南定理，等效磁动势 $(IW)_m$ 应该等于等效磁路图 7-7 中 a 和 b 两端开路时的磁位差。a 和 b 开路也就是 $R'_\delta = \infty$，负载线的斜率 $\mathrm{tg}\alpha = 0$，磁铁的工作点应该沿图 7-6 中的回复线的延长虚线移动到虚拟矫顽力 H'_c 点，因为已经假设磁路为线性，当然应当注意：实际情况是工作点不会沿 cH'_c 下降，而是在下降到 c 点后将沿 cH_c 退磁曲线下降。但是在讨论的范围内工作点不会低于 c 点，所以仍可假设磁路为线性。另外，R'_δ 也不可能为 ∞，因为即使衔铁完全打开，仍然有漏磁存在。根据上面分析，a 和 b 两端的磁位差 $u_{ab} = H'_c l$，因此得

$$(IW)_m = u_{ab} = H'_c l$$

（2）$R_m = \dfrac{l}{\gamma S}$

由戴维南定理，等效内磁阻 R_m 等于开路磁位差 u_{ab} 与短路时的磁通 Φ_{md} 之比。若 ab 两端短路，即假设 $R_\delta = 0$，则磁铁的工作点将沿图 7-6 中的回复线移动到 B_L 点。这时，磁铁内的磁通为 $\Phi_{md} = B_L S$，所以：

$$R_m = \frac{u_{ab}}{\Phi_{md}} = \frac{H'_c l}{B_L S} = \frac{1}{\mathrm{tg}\beta} \frac{l}{S} = \frac{l}{\gamma S}$$

（3）$R'_\delta = \dfrac{K_\Sigma}{\sigma} R_\delta$

由磁铁 ab 两端往外看，$R'_\delta = \dfrac{u_{ab}}{\Phi_m}$，而由式（7-7）$u_{ab} = u_\delta + u_c = K_\Sigma u_\delta$，$\Phi_m = \sigma \Phi_\delta$，所以

$R'_\delta = \dfrac{K_\Sigma}{\sigma} R_\delta$。

由式（7-4）可见，磁铁的等效磁动势 $(IW)_m$ 和回复线的起始点有关，如果材料退磁愈多，起始点就愈低，$(IW)_m$ 也愈小，而磁铁的等效内磁阻 R_m 则和起始点关系不太大，因为一般 γ 值变化不大，$(IW)_m$ 与 R_m 两者都和外磁路的具体参数如 R_δ、K_Σ 及 σ 等没有直接关系。

例 7.2　若例 7.1 的永磁磁系统工作在如图 7-4 所示的回复线上，试求 Φ_δ。

解法一：用作图法，由交点 a' 得 $B_a' = 0.4\text{T}$，则：

$$\Phi_m = B_a'S = 0.4 \times 1 \times 10^{-4}\text{Wb} = 0.4 \times 10^{-4}\text{Wb}$$

而

$$\Phi_\delta = \frac{\Phi_m}{\sigma} = \frac{0.4 \times 10^{-4}}{1.5}\text{Wb} = 0.267 \times 10^{-4}\text{Wb}$$

解法二：用永久磁铁的等效磁动势 $(IW)_m$ 和等效磁阻 R_m 进行计算。

延长回复线得 $H_c' = 120\text{kA/m}$，未在图中表示，因此

$$(IW)_m = H_c'l = 120 \times 10^3 \times 2 \times 10^{-2}\text{A} = 2400\text{A}$$

由回复线的斜率得

$$\gamma = \text{tg}\beta = 4 \times 10^{-6}\text{Wb/A} \cdot \text{m}$$

因此

$$R_m = \frac{l}{\gamma S} = \frac{2 \times 10^{-2}}{4 \times 10^{-6} \times 1 \times 10^{-4}}\text{H}^{-1} = 5 \times 10^7\text{H}^{-1}$$

气隙磁阻

$$R_\delta = \frac{1}{G_\delta} = \frac{1}{8 \times 10^{-8}}\text{H}^{-1} = 1.25 \times 10^7\text{H}^{-1}$$

而

$$R_\delta' = \frac{K_\Sigma}{\sigma}R_\delta = \frac{1.2}{1.5} \times 1.25 \times 10^7\text{H}^{-1} = 1 \times 10^7\text{H}^{-1}$$

因此

$$\Phi_m = \frac{(IW)_m}{R_m + R_\delta} = \frac{2400}{(5+1) \times 10^7}\text{Wb} = 0.4 \times 10^{-4}\text{Wb}$$

而

$$\Phi_\delta = \frac{\Phi_m}{\sigma} = \frac{0.4 \times 10^{-4}}{1.5}\text{Wb} = 0.267 \times 10^{-4}\text{Wb}$$

由上例可见，一般永磁材料的等效内磁阻相当大，是气隙磁阻的 4 倍，气隙磁阻变化对总磁路磁阻影响不大，气隙磁通变化不大，所以具有永磁特性即"恒磁"特性。

7.1.2　永磁磁路第二类任务

已知工作气隙磁通值，要求选择永磁材料，并确定磁铁最优尺寸。

1. 永久磁铁工作点在退磁曲线上

如前所述 B 和 H 乘积称为永磁材料的磁能积，合理选择永磁材料及其长度 l 和面积 S，使磁铁工作点位于所选材料的最大磁能积 $(BH)_{max}$ 对应的 (B_d, H_d) 点上，则磁铁的体积 $V = Sl$ 为最小，其原理如下：

由基尔霍夫第二定律：

$$H_a l + K_\Sigma u_\delta = 0$$

所以

$$l = \frac{K_\Sigma u_\delta}{|H_a|}$$

而

$$S = \frac{\Phi_m}{B_a} = \frac{\sigma \Phi_\delta}{B_a}$$

因此

$$V = Sl = \frac{\sigma K_\Sigma \Phi_\delta u_\delta}{|B_a H_a|} \qquad (7\text{-}6)$$

工作气隙的储能为 $W_{o\delta} = \frac{1}{2}\Phi_\delta u_\delta$，由式（7-6）可见，磁铁体积 V 和 $W_{o\delta}$ 成正比，而和 $|B_a H_a|$ 乘积成反比。工作气隙大小和气隙磁通是设计要求的，因此要使 V 最小就要选择磁铁的工作点使磁能积 $|B_a H_a|$ 接近最大磁能积 $(BH)_{max}$。由式（7-3）可见，若 G_δ 已定，可以通过改变磁铁尺寸比 l/S 来改变负载线的斜率 $\tan\alpha$，从而改变工作点。因此，为使工作点位于 $(BH)_{max}$，S 和 l 应由下式确定

$$S = \frac{\sigma \Phi_\delta}{B_d} \quad (\mathrm{m}^2) \qquad (7\text{-}7)$$

$$l = \frac{K_\Sigma u_\delta}{|H_d|} = \frac{K_\Sigma \Phi_\delta R_\delta}{|H_d|} = \frac{K_\Sigma u_\delta \delta}{|H_d|} \quad (\mathrm{m}) \qquad (7\text{-}8)$$

将式（7-6）进行适当转换即可看到 $|B_a H_a|$ 的物理含意，即

$$\frac{1}{2}|B_a H_a| = \frac{\frac{1}{2}\sigma K_\Sigma \Phi_\delta u_\delta}{V} \qquad (7\text{-}9)$$

而 $\frac{1}{2}\sigma K_\Sigma \Phi_\delta u_\delta$ 代表工作气隙、非工作气隙和导磁体内的储能，因此 $\frac{1}{2}|B_a H_a|$ 就代表单位磁铁体积在此工作点时对外所提供的磁能。$|B_a H_a|$ 乘积愈大也就意味着单位磁铁体积所能提供的磁能愈大。

当然，在磁铁尺寸尚未确定之前，上列公式中的 σ 和 K_Σ 是不知道的，所以设计要采用试探的办法，即先估计一个 σ 和 K_Σ 值，待初步确定尺寸后，再反回来进行校正。

根据上述关系式也可得到选择磁铁材料的原则：如果要求得到较大的气隙磁通值 Φ_δ，由式（7-7）可见，选取具有较大 B_d 值的永磁材料如图 7-8 中 1，就能使磁铁尺寸 S 较小。另外，若工作气隙较大，而磁铁的 l 又不宜太长时，由式（7-8）可见选择具有较大 H_d 值的永磁材料如图 7-8 中的 2 则更为有利。当然，以上原则只是单纯从合理设计尺寸的角

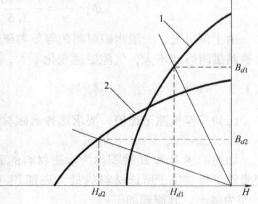

图 7-8　永磁材料的选择原则
1—可选 B_d 较大的永磁材料　2—可选 H_d 较大的永磁材料

度来考虑的，此外，在选择材料时还应考虑材料的加工工艺和价格等因素。

例 7.3　已知 $\Phi_\delta = 3200 \times 10^{-8}\mathrm{Wb}$，$G_\delta = 8 \times 10^{-8}\mathrm{H}$，若选用铝镍钴 13，其磁性能见表 2-4，试求磁铁尺寸。

解：由表 2-4 得
$$B_r = 0.68\text{T}$$
$$H_c = 48\text{kA/m}$$
$$(BH)_{max} = 13\text{kJ/m}^3$$

由式（2-45）和式（2-46）得

$$B_d = \sqrt{\frac{(BH)_{max} B_r}{H_c}} = \sqrt{\frac{13\times10^3\times0.68}{48\times10^3}}\text{T} = 0.43\text{T}$$

$$H_d = -\sqrt{\frac{(BH)_{max} B_c}{H_r}} = -\sqrt{\frac{13\times10^3\times48\times10^3}{0.68}}\text{A/m} = -3.03\times10^4\text{A/m}$$

假设：$\sigma = 1.5$，$K_\Sigma = 1.2$，则由式（7-7）和式（7-8）得

$$S = \frac{\sigma\Phi_\delta}{B_d} = \frac{1.5\times3200\times10^{-8}}{0.43}\text{m}^2 = 1.12\times10^{-4}\text{m}^2 = 1.12\text{cm}^2$$

$$l = \frac{K_\Sigma\Phi_\delta R_\delta}{|H_d|} = \frac{1.2\times3200\times10^{-8}\times\frac{1}{8\times10^{-8}}}{3.03\times10^4}\text{m} = 1.59\times10^{-2}\text{m} = 15.9\text{mm}$$

$$V = Sl = 1.78\times10^{-6}\text{m}^3 = 1.78\text{cm}^3$$

例 7.4　上例中若选用铝镍钴 32，其磁性能见表 2-4 或图 2-22，再求磁铁尺寸。

解：由图 2-22 曲线 6，用作图法求得

$$B_d = 0.94\text{T}$$
$$H_d = -3.40\times10^{-4}\text{A/m}$$

同样，假设 $\sigma = 1.5$，$K_\Sigma = 1.2$，则得

$$S = 0.51\times10^{-4}\text{m}^2 = 0.51\text{cm}^2$$
$$l = 1.41\times10^{-2}\text{m} = 14.1\text{mm}$$
$$V = 0.72\times10^{-6}\text{m}^3 = 0.72\text{cm}^3$$

可见，由于铝镍钴 32 的 $(BH)_{max}$ 是铝镍钴 13 的 2.47 倍，所以磁铁的体积只有上例的 1/2.47。

2. 工作点在回复线上

此时工作点 a' 见图 7-9，为负载线与回复线的交点，它不但与负载线的斜率 $\text{tg}\alpha_2 = \frac{\sigma}{K_\Sigma}\frac{l}{S}G_\delta$ 有关，而且与回复线的起始点 c 有关。因此，在确定最优工作点时就比较复杂，并且不同工作情况，确定最优工作点的方法也不一样。下面介绍磁系统利用本身开路，即将衔铁取走，进行退磁，并假设衔铁装配前后磁系统的归化漏磁导 $G_{\sigma g}$，见图 7-7 中 $R_{\sigma g}$ 的倒数及磁压降系数 K_Σ，见式（7-2），两者均变化不大。因此，起始点 c 由开路时的归化漏磁导所决定，如

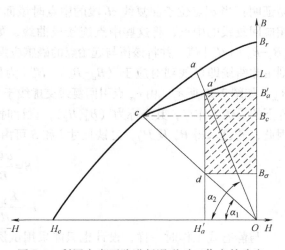

图 7-9　利用本身开路进行退磁时工作点的确定

图 7-9 所示，即

$$\text{tg}\alpha_1 = \frac{1}{K_\Sigma}\frac{1}{S}G_{\delta g} \tag{7-10}$$

通过恰当地选择工作点 (B'_a, H'_a)，使工作气隙内的储能为最大；或者反之，在给定气隙储能的情况下使磁铁体积为最小。

由式（7-9）可知 $\frac{1}{2}|B'_a H'_a|$ 代表的是单位磁铁体积所能提供的磁能，包括工作气隙、非工作气隙及导磁体内的储能，为主要反映工作气隙内的储能，必须从中减去其他部分的储能。工作气隙内的储能 $W_{c\delta}$ 可由下式确定，即：

$$W_{c\delta} = \frac{1}{2}\Phi_\delta u_\delta = \frac{1}{2}(\Phi_m - \Phi_\sigma)u_\delta \tag{7-11}$$

式中，Φ_δ、Φ_m 分别表示气隙内及磁铁内的磁通值；而 Φ_σ 表示漏磁通。

另外

$$\Phi_m = B'_a S$$

$$u_\delta = \frac{|H'_a|l}{K_\Sigma}$$

$$\Phi_\sigma = u_\delta G_{\sigma g} = \frac{|H'_a|l}{K_\Sigma}G_{\sigma g} = |H'_a|S\text{tg}\alpha_1 = B_\sigma S$$

式中，B_σ 为图 7-9 中由 $a'H'_a$ 直线与开路时的负载线 Oc 相交点 d 的 B 值。

将上列关系式代入式（7-11）得

$$W_{c\delta} = \frac{1}{2K_\Sigma}(B_a - B_\sigma)|H'_a|V \tag{7-12}$$

由上式可见，在给定 $W_{c\delta}$ 的条件下，要使 V 最小，就应该适当选择工作点，使乘积 $(B_a - B_\sigma)$ $|H'_a|$ 为最大，而该乘积在图 7-9 中就等于阴影面积 $a'B'_a B_\sigma d$。

前面已经说过，工作点 a' 取决于两个条件：回复线的起始点 c 及 $\text{tg}\alpha_2$。为了求最优点，先固定一个条件，即先假定 c 点不变，而变化 $\text{tg}\alpha_2$ 求面积 $a'B'_a B_\sigma d$ 为最大。由几何关系很容易证明：当 a' 点位于回复线 cL 段的中点时该面积为最大。对应于不同起始点 c 可以求得各相应回复线的中点，将这些中点连接成曲线，如图 7-10 左边虚线曲线所示。求出各中点的 $(B_a - B_\sigma)|H'_a|$ 值，并将该值与起始点的磁感应强度 B_c 的关系画成曲线表示在图 7-10 的右边，则由此曲线即可找到对应于 $(B_a - B_\sigma)|H'_a|$ 为最大值时的起始点 c_m，其相应磁感应强度为 B_{cm}，如图 7-10 所示。由 c_m 点引回复线交虚线于 a'_m 点，而 a'_m 点即为在此种工作情况及假设条件下的最优工作点，其坐标为 (B'_d, H'_d)，设计时应合理选择 l/S 使工作点与 (B'_d, H'_d) 接近，因此，若已求得 B'_d 及 H'_d，磁铁尺寸 l 和 S 可由下式确定

$$S = \frac{\sigma\Phi_\delta}{B_d} \tag{7-13}$$

$$l = \frac{K_\Sigma u_\delta}{|H'_d|} \tag{7-14}$$

与静态式工作时一样，设计也只能采用试探的办法，即先估计一个 σ 和 K_Σ 值，待确定尺寸后，再反回来进行校核是否满足假设的条件。

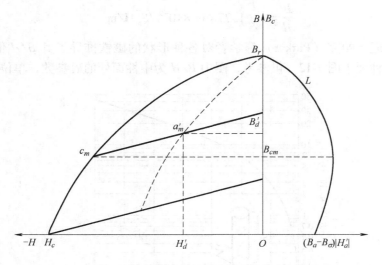

图 7-10 确定最优工作点

7.1.3 永磁磁路开路工作点确定

如果永久磁铁充磁后，不加短路器就从充磁机上取下，利用本身开路进行退磁，这时应该如何来确定其工作点。显然，如果已求得磁铁中性面两侧磁铁表面间的磁导 $G_{\delta K}$，即开路时的磁导，并假设磁铁中各处的 B 和 H 均相等，那么就仍然可以由式（7-1）做出负载线，式中 σ，K_Σ 均等于 1，即

$$\frac{B}{H} = -\frac{l}{S} G_{\delta K}$$

式中，l 和 S 分别为磁铁长度和截面积（见图 7-11）。

但是，实际上 $G_{\delta K}$ 很难计算准确，磁铁各处的 B 和 H 也不相同，因此，使问题变得十分复杂，目前只能作近似的计算。学者埃弗谢德（Evershed）曾根据条形磁铁周围磁力线的分布情况，假设可以将 $G_{\delta K}$ 近似看成是两个带相反磁荷 N 及 S 的圆球状磁极间的磁导，每一个圆球的表面积等于永久磁铁表面积的一半，即如图 7-11 中的 S_b，而两个圆球的中心距 l_c。两圆球间的磁导可以用分析法近似推导求得，即：

图 7-11 永久磁铁的尺寸符号

$$G_{\delta K} \approx 1.77 \times 4\pi \times 10^{-9} \sqrt{S_b} \, \text{H}$$

式中 S_b 的单位为 cm。这个假设在磁铁尺寸 l/R 小于 10 时还是近似可用的。两个圆球的中心距为 l_c 则和磁铁长度以及材料的回复系数 γ 有关，一般只能由实验求得。当 γ 比较小而接近于空气的磁导率 μ_0（即 $\gamma \approx \mu_0$）时，l_c 近似等于 l，而当 $\gamma \geqslant 3\mu_0$，磁铁的 l/R 又较大时（$l/R > 5$）$l_c \approx 0.7l$。已知 $G_{\delta K}$ 和 l_c，则可求得负载线，即

$$\frac{B}{H} = -\frac{l_c}{S} 1.77 \times 4\pi \times 10^{-9} \sqrt{S_b} \, \text{H/m}$$

根据以上原理，帕克（Parker）等学者对各种形状的磁铁推导了其 B/H 值与尺寸间的关系。常用的几种列于图 7-12，供参考，图中 B/H 为中性面处的磁参数，单位为 H/m。

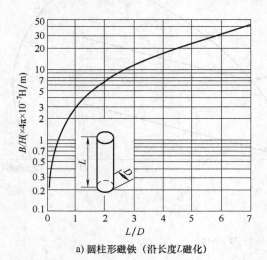

a) 圆柱形磁铁（沿长度 L 磁化）

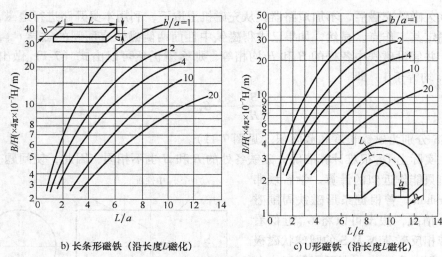

b) 长条形磁铁（沿长度 L 磁化）　　　　　c) U 形磁铁（沿长度 L 磁化）

图 7-12　各种形状磁铁的 B/H 值

7.2　极化电磁机构的作用原理、特点及基本类型

一般电磁铁是没有极性的，也就是说不能反映线圈电流的方向，因为虽然线圈电流反向后，磁通也跟着反向，但是磁通所产生的吸力的方向却总是企图使气隙减小。极化式电磁机构则不同，它的工作气隙内同时作用有两个独立的磁通：①极化磁通；②工作磁通。在大多数情况下，极化磁通是由永久磁铁产生，只有个别特殊情况，极化磁通是用专设的极化线圈所产生，而工作磁通是由工作线圈所产生，其大小和方向取决于工作线圈的电流大小和方

214

向。因此，极化电磁机构能反映工作线圈电压或电流的极性方向。极化电磁机构的种类很多，下面先举一种比较典型的极化继电器的磁系统来说明它的基本作用原理。图 7-13 是极化继电器原理图。

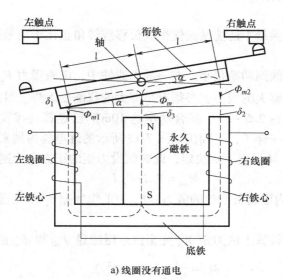

a) 线圈没有通电

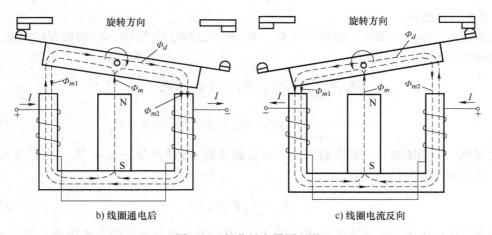

b) 线圈通电后　　　　　　　c) 线圈电流反向

图 7-13　极化继电器原理图

　　当工作线圈没有通电时，只有极化磁通所产生的吸力作用在衔铁上（见图 7-13a），通过转轴处的非工作气隙 δ_3 的极化磁通 Φ_m 分成两部分：通过左工作气隙 δ_1 的磁通 Φ_{m1} 及通过右工作气隙 δ_2 的磁通 Φ_{m2}，$\Phi_m = \Phi_{m1} + \Phi_{m2}$。这时，衔铁只能是当 $\delta_1 < \delta_2$ 停留在左边，使右触点闭合，或者当 $\delta_2 < \delta_1$ 停留在右边使左触点闭合，而不可能停留在中间位置，因为中间位置是不稳定的。现在假设停留在左边，此时 $\Phi_{m1} > \Phi_{m2}$。

　　线圈通电后，若电流 I 的方向如图 7-13b 所示，则产生的电磁磁通 Φ_d 在右气隙 δ_2 内和永磁磁通 Φ_{m2} 方向相同使该气隙的合成磁通增加为 $\Phi_{m2} + \Phi_d$，而在左气隙内和永磁磁通方向相反使合成磁通减少为 $\Phi_{m1} - \Phi_d$。当线圈电流达到某一数值，即等于触动电流时，右气隙的合成磁通大于左气隙的磁通，衔铁将顺时针转动，使左触点闭合。当线圈断电后，衔铁仍然停留在右边，因为在这个位置时，$\Phi_{m2} > \Phi_{m1}$，只有当工作线圈电流反向并达到触动电流时，衔铁才会从右边逆时针转动到左边（见图 7-13c）。

极化电磁机构的主要特点有以下三点：

1. 能反映信号的极性

已如上述。在有些变换器中还能做到使衔铁位移或转角正比于信号的大小。

2. 灵敏度高

也即机构动作所需的线圈功率很小。在一般电磁铁中，电磁吸力 F_d 正比于电磁磁通 Φ_d 的平方，因此，要得到足够大的吸力就必须有足够大的线圈磁动势。目前，对于一般的电磁式继电器，其吸合磁动势达 $2.5 \sim 3A$，吸合功率达 $10mW$ 已经算是很高的灵敏度了。但是，在极化磁系统中情况就不一样了，下面仍以图 7-13 所示的继电器为例来加以说明。

作用于衔铁上的力矩 M 可由下式决定，此时假设力矩的正方向为逆时针，即

$$M_{md} = F_{d1}l - F_{d2}l$$

式中，F_{d1} 为工作气隙 δ_1 内磁通所产生的吸力；F_{d2} 为工作气隙 δ_2 内磁通所产生的吸力；l 为作用的力臂，见图 7-13a。

线圈未通电前作用于衔铁上的力矩 M_m 完全由永磁磁通 Φ_{m1} 和 Φ_{m2} 所产生，即

$$M_m = \frac{l}{2\mu_0 S}(\Phi_{m1}^2 - \Phi_{m2}^2)$$

式中，S 为极面面积。

线圈通电后作用于衔铁上的力矩由 $\Phi_{m1} - \Phi_d$ 和 $\Phi_{m2} + \Phi_d$ 所产生，Φ_d 的正方向如图 7-13b 所示为顺时针方向，因此

$$M_{md} = \frac{l}{2\mu_0 S}[(\Phi_{m1} - \Phi_d)^2 - (\Phi_{m2} + \Phi_d)^2]$$

$$= \frac{l}{2\mu_0 S}[(\Phi_{m1}^2 - \Phi_{m2}^2) - 2\Phi_m \Phi_d] = M_m - M_d \tag{7-15}$$

由上式可见，线圈通电后，就增加了一个由电磁磁通 Φ_d 所产生的力矩 M_d（其正方向为顺时针，负方向为逆时针），而

$$M_d = \frac{l}{\mu_0 S}\Phi_m \Phi_d \tag{7-16}$$

即电磁磁通所产生的力矩正比于永磁磁通 Φ_m，因此为了得到一定的电磁吸力，增大 Φ_m 就可相应地减少 Φ_d，也就可以相应地减少线圈磁动势或功率，因而使极化继电器能获得较高的灵敏度。目前，极化继电器的灵敏度能达到 $5 \sim 10\mu W$，吸合安匝只有 $0.5 \sim 1A$。

3. 动作速度快

由于极化电磁机构的灵敏度很高，因此就可以使得线圈的电时间常数很小，使得线圈尺寸变小，并且使储备系数 K_{cb} 加大。此外，某些极化磁系统中的衔铁可以做得很轻，行程也小。所有这些情况都有利于加快动作时间。某些极化继电器的动作时间只有 $1 \sim 2ms$，而目前，即使动作速度较快的普通电磁式继电器的吸合时间也要 $5 \sim 10ms$。

极化磁系统的型式很多，若按其作用原理来分，主要可分为三类：串联磁路（见图 7-14a）、并联磁路（见图 7-14b）和桥式磁路（见图 7-14c）。

早期的极化磁系统是串联式的。在串联磁路中，极化磁通 Φ_m 和电磁磁通 Φ_d 都通过相

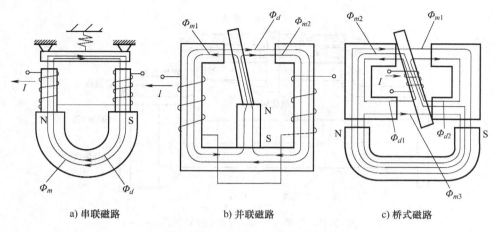

a) 串联磁路　　　　　　b) 并联磁路　　　　　　c) 桥式磁路

图 7-14　各种型式的极化磁系统

同的路径。当工作线圈不通电时，极化磁通所产生的吸力不足以克服反力，因此衔铁处于打开位置。线圈通电后，只有当 Φ_d 的方向和 Φ_m 相同，并且合成磁通所产生的吸力足够大时，衔铁才吸合。串联磁路具有很多缺点：由于电磁磁通必须通过永久磁铁，而磁铁的磁阻又比较大，因此，所需磁动势就比较大，灵敏度不可能很高；此外，磁铁受到电磁磁通的去磁作用会使磁铁的工作点不稳定。目前，这种型式已很少采用。

并联磁路是极化磁系统的进一步发展型式。其作用原理已讨论过。作用于衔铁上的力是左右两个力之差，因此也称为差动式。在并联磁路中，因为永久磁铁磁阻较大，电磁磁通实际上很少通过，所以磁铁工作较稳定，并且也可以提高灵敏度。

桥式磁路是更进一步的发展型式，也是较完善的一种。在桥式磁路中，衔铁也是差动式的，它比并联磁路更有优点，因为通过衔铁的磁通只是不平衡磁通，而当衔铁动作时，该磁通等于零，因此可使灵敏度更高、衔铁更轻、动作更快。

极化电磁铁可以调整到使其衔铁具有双位置式、三位置式以及具有单向偏倚的双位置式这三种型式。双位置式的衔铁，在线圈不通电时，可以停留在两个位置中的任一位置，即衔铁或者停留在左边，或者停留在右边，但不可能停留在中间。

如果将支承衔铁的转轴换成一个挠性轴，使衔铁不论向哪个方向转动时，挠性轴都会产生一个扭转反力使它返回到中间位置，那么当挠性轴的刚度足够大时，衔铁在工作过程中就可以有三个位置，即线圈不通电时停留在中间，线圈通电后，根据电流方向，可以转向左边或者右边。

如果调整图 7-13 磁系统左右工作气隙的大小，使衔铁在其转动范围内的任何位置下 δ_1 均小于 δ_2，则当线圈不通电时，衔铁必然返回到左边，这种情况就称为具有单向偏倚的双位置式。也可以通过调整挠性轴的扭力使衔铁倒向一边；或者另外加一个偏倚磁铁，使它产生一个偏倚磁通，将衔铁吸向一边来达到偏倚的目的。图 7-15 为一种航空用平衡力式接触器的磁系统。两块极化磁铁在左右两个工作气隙 δ_1 和 δ_2 中产生两个极化磁通 Φ_{m1} 和 Φ_{m2}，而另一块偏倚磁铁则产生一个偏倚磁通 Φ_{m3} 串联通过两个气隙。在 δ_1 中极化磁通 Φ_{m1} 和偏倚磁通 Φ_{m3} 方向相同，而在 δ_2 中方向相反，因此使衔铁倒向左边。在这种接触器中完全避免了采用返回弹簧。

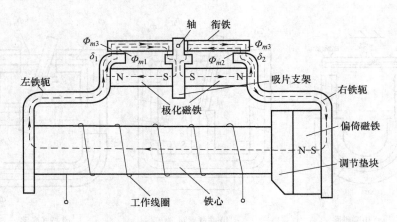

图 7-15　平衡力式航空接触器的磁系统

7.3　极化电磁机构的特性分析

1. 吸力特性

以图 7-14b 所示的并联磁路式极化磁系统为例来分析其吸力特性。为了突出主要问题，分析时忽略漏磁、散磁及导磁体的铁磁阻，并用简化的麦克斯韦吸力公式计算吸力和力矩。因此，其等效磁路图如图 7-16a 所示，图中 $R_{\delta1}$、$R_{\delta2}$、$R_{\delta3}$ 分别表示气隙 δ_1、δ_2、δ_3 的磁阻；Φ_1、Φ_2、Φ_3 分别表示 δ_1、δ_2、δ_3 中的磁通；$(IW)_m$ 和 R_m 分别表示磁铁的等效磁动势和磁阻（磁铁工作在回复线上）；iW 代表工作线圈的磁动势。

首先讨论线圈未通电前的情况，此时，等值磁路如图 7-16b 所示，而永磁磁通 Φ_m、Φ_{m1} 及 Φ_{m2} 如下式所示：

$$\Phi_m = \frac{(IW)_m}{R_{\delta3}+R_m+\dfrac{R_{\delta1}R_{\delta2}}{R_{\delta1}+R_{\delta2}}} \tag{7-17}$$

$$\Phi_{m1} = \Phi_m\frac{R_{\delta2}}{R_{\delta1}+R_{\delta2}} \approx \Phi_m\frac{\delta_2}{\delta_1+\delta_2} \tag{7-18}$$

$$\Phi_{m2} = \Phi_m\frac{R_{\delta1}}{R_{\delta1}+R_{\delta2}} \approx \Phi_m\frac{\delta_1}{\delta_1+\delta_2} \tag{7-19}$$

在推导以上公式时假设 $R_{\delta1}=\dfrac{\delta_1}{\mu_0 S_1}$，$R_{\delta2}=\dfrac{\delta_2}{\mu_0 S_2}$，而 $S_1=S_2=S$。因此，作用于衔铁上的力矩 M_m 为

$$M_m = \frac{l}{2\mu_0 S}(\Phi_{m1}^2-\Phi_{m2}^2) = \frac{\Phi_m^2 l}{2\mu_0 S}\frac{\delta_2-\delta_1}{\delta_1+\delta_2} = \frac{\Phi_m^2 l^2}{\mu_0 S\delta}\alpha \quad (\text{N}\cdot\text{m}) \tag{7-20}$$

式中，l 为力臂（见图 7-13a）；δ 为常数，且 $\delta=\delta_1+\delta_2$；α 为衔铁转角，且 $\alpha\approx\dfrac{\delta_2-\delta_1}{2l}(\text{rad})$，当衔铁处于中间位置即 $\delta_1=\delta_2$ 时，$\alpha=0$，当衔铁逆时针转动时 α 为正值。

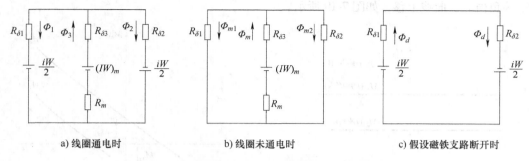

a) 线圈通电时　　　　　　　b) 线圈未通电时　　　　　　　c) 假设磁铁支路断开时

图 7-16　并联磁路式极化电磁铁磁系统的等效磁路图

由式（7-15）可见，若衔铁在不同 α 时 Φ_m 为常数，则永磁磁通所产生的力矩 M_m 正比于 α，其吸力特性 $M_m = f(\alpha)$ 为一条通过零点的直线，如图 7-17 中虚线所示。也就是说，当 $\alpha = 0$ 时，$M_m = 0$；当 $\delta_1 < \delta_2$ 时，M_m 为正值，即吸向左边；而当 $\delta_1 > \delta_2$ 时，M_m 为负值，即吸向右边。所以，衔铁在中间位置是不稳定的，衔铁偏离中间位置愈远，则吸向那边的力矩也愈大。

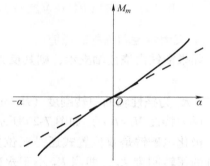

实际的情况是：当衔铁在不同位置时 Φ_m 会有些变化。因为，式（7-17）中右边分母中的 $R_{\delta 1} R_{\delta 2} / (R_{\delta 1} + R_{\delta 2})$ 项不是常数，在中间位置（$\alpha = 0$）时为最大，而当偏离中间位置时则变小，因此使得 Φ_m 在 $\alpha = 0$ 时较小，而在偏离 $\alpha = 0$ 时则较大，所以实际的吸力特性如图 7-17 中的实线所示。但是，由于 $R_{\delta 1} R_{\delta 2} / (R_{\delta 1} + R_{\delta 2})$ 这一项相对于另外两项 $R_{\delta 3} + R_m$ 来说不算很大，因此，Φ_m 的变化并不很大，吸力特性偏离线性也不会很大。

图 7-17　工作线圈未通电时，永磁磁通
所产生的吸力特性 $M_m = f(\alpha)$

按如图 7-13b 电流正方向给线圈通电后，忽略导磁体的铁磁阻，磁路可以看作是线性的，应用线性叠加原理单独求线圈磁动势产生的电磁磁通。为了简化，在求电磁磁通时假设中间支路为开路，因为磁铁磁阻 R_m 一般很大，其等效磁路图如图 7-16c 所示，因此电磁磁通 Φ_d 为

$$\Phi_d = \frac{iW}{R_{\delta 1} + R_{\delta 2}} = iW \frac{\mu_0 S_2}{\delta} \qquad (7\text{-}21)$$

而由 Φ_d 所产生的电磁力矩可由式（7-16）求得，即

$$M_d = \frac{l}{\mu_0 S} \Phi_m \Phi_d = \frac{l}{\delta} \Phi_m iW \quad (\text{N} \cdot \text{m}) \qquad (7\text{-}22)$$

由上式可见，M_d 与衔铁位置 α 无关，因此，若假设 Φ_m 为常数，则在某一线圈磁动势 IW_1 下，电磁力矩 M_{d1} 为常数，即电磁吸力特性为一平行于 α 轴的水平线，如图 7-18 所示。当 iW 增大时 $iW = IW_2$，该特性水平上移，即 $M_{d2} > M_{d1}$；而当 iW 为负值时，即电流反向 $iW = -IW_3$，M_{d3} 也为负值。

线圈通电后，由式（7-15）可见，作用于衔铁上的合成力矩 $M_{md} = M_m - M_d$，因此其吸力特性即相当于将图 $M_m = f(\alpha)$ 平行上移或下移。当 $iW = +IW_1$ 为正值时，曲线下移；而当 $iW =$

$-IW_3$ 为负值时，曲线上移，如图 7-19 所示。

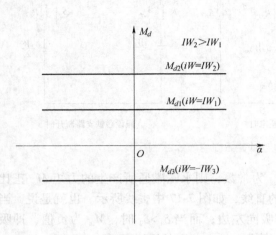

图 7-18 电磁吸力特性 $M_d=f(\alpha)$

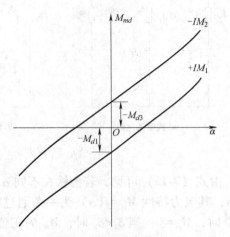

图 7-19 极化磁系统的吸力特性 $M_{md}=f(\alpha)$

2. 反力特性和临界磁通值

如果衔铁由挠性轴支承，则其反力 M_f 可由下式表示，即

$$M_f = -K_T \alpha \qquad (7\text{-}23)$$

式中，K_T 为挠性轴的扭转刚度（N·m/rad）；M_f 的正方向仍规定为逆时针方向。

反力特性 $M_f=f(\alpha)$ 如图 7-20 所示。

极化电磁铁是双位置式还是三位置式取决于挠性轴的扭转刚度 K_T，即当 K_T 小于永磁磁通所产生的吸力 $M_m=f(\alpha)$ 的斜率 $\dfrac{\Phi_m^2 l^2}{\mu_0 S \delta}$（见式（7-20））时，衔铁为双位置式；而当 K_T 大于该斜率时，为三位置式。当 $K_T = \dfrac{\Phi_m^2 l^2}{\mu_0 S \delta}$ 时为临界状态，这时的永磁磁通值称为临界磁通值 Φ_{m0}，而

$$\Phi_{m0} = \frac{1}{l}\sqrt{\mu_0 S \delta K_T} \quad (\text{Wb}) \qquad (7\text{-}24)$$

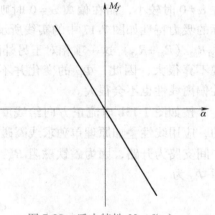

图 7-20 反力特性 $M_f=f(\alpha)$

设计时，为了确保工作状态稳定，必须使永磁磁通 Φ_m 和临界磁通 Φ_{m0} 的差值 $|\Phi_m - \Phi_{m0}|$ 有一定的裕度，例如在 JHA 型极化继电器中 $|\Phi_m - \Phi_{m0}| = 200 \times 10^{-8} \text{Wb}$。

3. 吸力特性和反力特性的配合及吸合磁动势

作用在衔铁上的力矩 M 为电磁合成力矩 M_{md} 和反力矩 M_f 之和，即

$$M = M_{md} + M_f$$

为了判断衔铁的运动，一般习惯将反力特性的负值 $-M_f(\alpha)$ 和吸力特性 $M_{md}(\alpha)$ 画在同一坐标上，即所谓将吸力特性和反力特性进行配合，这样表示直观且易于分析，即将上式改写为

$$M(\alpha) = M_{md}(\alpha) - [-M_f(\alpha)]$$

如图 7-21 所示，图中表示三位置式的情况。

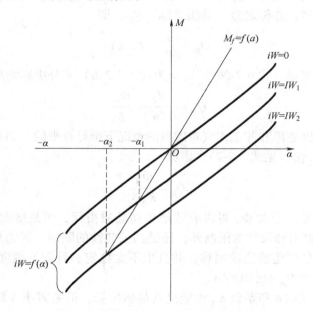

图 7-21　吸力特性和反力特性的配合（三位置式）

由图 7-21 可见，当线圈未通电时 $iW = 0$，作用于衔铁上的力矩 $M = M_{md} - (-M_f)$，在 $+\alpha$ 时为负值，而在 $-\alpha$ 时为正值，所以衔铁停留在中间位置，此时 $M = 0$。同理，当 $iW = IW_1$ 时，衔铁将运动到稳定位置 $-\alpha_1$；而当 $iW = IW_2$ 时（$IW_2 > IW_1$），运动到 $-\alpha_2$（$\alpha_2 > \alpha_1$）。可见，衔铁的位移正比于工作线圈的磁动势（某些线性变换器的工作就是利用这个原理）。当衔铁运动到 $-\alpha_K$（未在图中表示），左触点闭合，该磁动势即称为极化继电器左触点的吸合磁动势 IW_{xh}。IW_{xh} 可根据衔铁的平衡条件 $M(-\alpha_K) = 0$ [或 $M_m(-\alpha_K) - M_d(-\alpha_K) = -M_f(-\alpha_K)$] 并由式（7-20）、式（7-22）及式（7-23）求得，即

$$IW_{xh} = \left(\frac{K_T \delta}{l \Phi_m} - \frac{\Phi_m l}{\mu_0 S}\right) \alpha_K \quad (\text{A}) \tag{7-25}$$

在三位置式极化继电器中，当线圈磁动势为 IW_{xh} 时，触点虽然是闭合了，但这时触点间的压力仍然接近于零，所以接触是很不可靠的。使用中必须使线圈的工作磁动势远大于吸合磁动势，此时 $|M_m - M_d| \gg |M_f|$，而多余的那部分力矩就作用在触点上形成触点压力。

由式（7-25）可见，增大永磁磁通 Φ_m 可以使 IW_{xh} 减少，但是这也有限度，若 Φ_m 很接近于 Φ_{m0}（见式（7-24）），IW_{xh} 将接近于零，继电器的工作将很不稳定。

如果在增大 Φ_m 的同时，增大挠性轴的扭转刚度 K_T，使 IW_{xh} 保持不变，那么就可以在保持继电器灵敏度不变的条件下，提高继电器的返回力，也就是提高了它的断开能力。

理论上三位置式极化继电器的释放磁动势很接近于吸合磁动势，就是说，它的返回系数 K_{fh} 接近于 1，但在实际测量中，由于触点粘接等原因，K_{fh} 仍略小于 1。

4. 品质指标

总结以上分析，为了保证极化电磁机构或其他灵敏度较高的电磁铁能既灵敏又可靠地工

作，最重要的一点就是要提高单位线圈磁动势所产生的电磁吸力。因此，通常用这个指标来评价磁系统设计的优劣，并称之为"品质指标" Q_{fA}，即

$$Q_{fA} = \frac{F_d}{iW} \quad (\text{N/A}) \tag{7-26a}$$

对于极化磁系统来说，式（7-26a）可化为式（7-26b）来分析影响品质指标的因素，即

$$Q_{fA} = \frac{M_d}{l(iW)} = \frac{\Phi_m}{\delta} \tag{7-26b}$$

式（7-22）是在忽略铁磁阻和非工作气隙磁阻的情况下推导得来的，如果考虑这些磁阻，则线圈磁动势须增加 K_Σ 倍，见式（7-2），因此

$$Q_{fA} = \frac{\Phi_m}{K_\Sigma \delta} \tag{7-27}$$

由式（7-27）可见，增大 Φ_m 可以有效地提高品质指标，但是增大 Φ_m 也是有限度的。增大 Φ_m 除了受磁钢材料和尺寸的限制外，还受到工艺性的限制，因为如果 Φ_m 过高，经验证明，电器性能参数的调整就比较困难，并且也不太稳定。目前灵敏度较高的 JHA 型极化继电器的品质指标约为 $Q_{fA} = 0.01\text{N/A}$。

此外，减小工作气隙 δ 和系数 K_Σ 也能提高品质指标，但是减小 δ 就意味着减小衔铁行程，所以一般要求灵敏的磁系统的衔铁行程不宜太大。减小 K_Σ 可以通过采用高导磁合金，并且使工作磁感应强度选择在最大磁导率处，以及尽可能减小非工作气隙等方法来达到。

7.4　永磁机构工作原理及特性分析

7.2 和 7.3 所述的极化电磁机构常用在对灵敏度需求较高的继电器应用场合，永磁产生的吸力较小。随着应用场合的推广，将永磁体用于出力需求大的断路器操动机构上，此类机构称为永磁机构。永磁机构有不同的结构形式，是用永磁体实现合闸保持和分闸保持或分闸辅助保持的一种新型的电磁操动机构。

永磁机构大致分为两类即双稳态和单稳态。双稳态永磁机构合闸操作和分闸操作均为电磁操作，合闸保持和分闸保持均为永磁保持。单稳态永磁机构合闸操作为电磁操作，合闸保持为永磁保持，而分闸操作与双稳态不同为电磁去磁弹簧操动，分闸保持为弹簧保持永磁辅助。从线圈数目上分为双线圈式和单线圈式，一般双稳态永磁机构为双线圈且分别为合闸线圈和分闸线圈，而单稳态永磁机构为单线圈，通过改变电流方向实现合分闸。从外形结构上分为圆形结构和方形结构。

圆形结构和方形结构的工作原理相同，圆形结构中静铁心材料采用电工纯铁，整体加工，加工工艺简单。方形结构中静铁心可以采用硅钢片，在分合闸过程中减少了铁心中涡流，但端面有漏磁，制造工艺复杂，一般而言单稳态永磁机构体积比双稳态永磁机构小。

7.4.1　双稳态永磁机构原理及特性分析

双线圈永磁机构的原理示于图 7-22。静铁心 1 的中部镶着永磁体 4 和 8，两个永磁体的同名磁极向着中心。永磁体的上下方分别安装着分闸线圈 5 和合闸线圈 3。动铁心 2 位于永磁体和静铁心上下磁极之间。动铁心上的驱动杆 10 穿过静铁心。此驱动杆可直接用来驱动

断路器作合分闸运动。

　　动铁心在静铁心中有两个平衡状态：其一为动铁心位于静铁心的下方，动铁心的下端与静铁心的下磁极接触，图 7-22a 的位置为分闸状态；其二为动铁心位于静铁心的上方，动铁心的上端与静铁心的上磁极 1 接触，图 7-22c 的位置为合闸状态。在合闸状态，永磁体通过上部磁路的磁阻很小而通过下部磁路的磁阻因空气隙很大而很大。永磁体的磁通绝大部分通过上部磁路，将动铁心牢固地吸在静铁心的上磁极 1 上。在合闸状态时（见图 7-22c），与分闸状态相反，永磁体通过下部磁路的磁阻很小，磁通集中在下部磁路，动铁心被吸在下磁极 7 上。因此，图 7-22 所示的这种双线圈永磁机构又称作双稳态永磁机构。

　　当双线圈永磁机构处于分闸位置时，永磁体产生的磁力线的分布如图 7-22a 中曲线 I 所示。要使其合闸，要在合闸线圈中通以直流电流，该电流产生的磁力线方向与永磁体在静铁心上端的磁力线方向相同，见图 7-22b 中的回线 II。合闸线圈中的电流所产生的磁场使动铁心向上所受的吸力增加，当此电流增大到一定值时，动铁心所受的吸力之和小于动铁心上的机械负载（如作用在动铁心上的附加弹簧力和重力，其方向与永磁体的吸力相反），这时动铁心就将向上运动。动铁心向上运动，动铁心下端与静铁心下磁极之间就出现了空气间隙，上端的磁阻减小，下端的磁阻增加。静铁心下磁极对动铁心的吸力减小，上磁极对动铁心的吸力增大。动铁心上向上的合力增大，使动铁心加速向上运动。这一过程一直持续到动铁心上端与静铁心的上磁极接触，如图 7-22c 所示，直到完成合闸动作为止。这时，动铁心重新被永磁体吸合，处于稳定状态，即使切断合闸线圈的电流，动铁心也不会恢复到分闸状态。

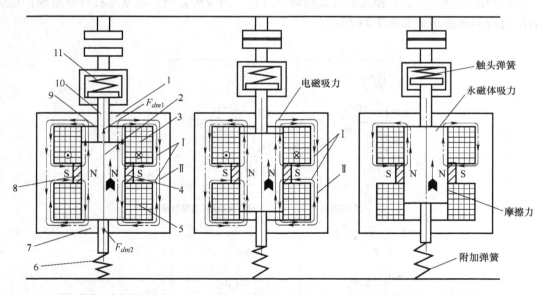

a) 分闸状态，合闸线圈通电　　　b) 合闸过程，刚合　　　c) 合闸线圈失电，合闸状态

图 7-22　双稳态永磁机构合闸操作过程原理图

1—静铁心　2—动铁心　3—合闸线圈　4、8—永磁体　5—分闸线圈
6—附加弹簧　7—下磁极　9—上气隙　10—驱动杆　11—触头弹簧
I—永磁体磁场　II—分闸励磁磁场

　　分闸过程和合闸过程正好相反：在分闸线圈中通电（见图 7-23b），线圈电流在上部间

隙中产生反磁场，动铁心上受到的总吸力减小，当吸力小于动铁心上的机械负荷时动铁心向下运动，最后达到分闸位置，见图 7-23c，动铁心重新为永磁体吸合。切断分闸线圈电流后，动铁心仍然保持在分闸位置，分闸过程结束。

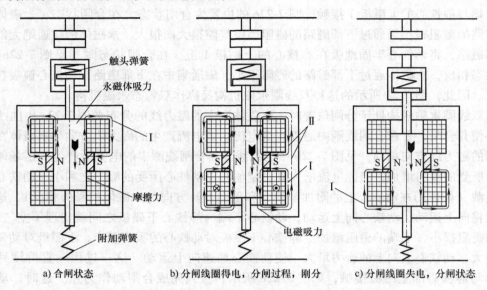

a) 合闸状态　　　　b) 分闸线圈得电，分闸过程，刚分　　　　c) 分闸线圈失电，分闸状态

图 7-23　双稳态永磁机构分闸操作过程原理图

下面采用磁路法分析双稳态永磁机构动作过程，为分析方便，根据左右对称原理，左边分合闸过程等效磁路图如图 7-24 所示。

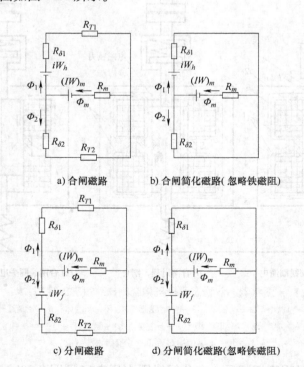

a) 合闸磁路　　　　b) 合闸简化磁路(忽略铁磁阻)

c) 分闸磁路　　　　d) 分闸简化磁路(忽略铁磁阻)

图 7-24　双稳态永磁机构分合闸等效磁路图

1. 双稳态永磁机构合闸过程电磁力分析

合闸过程中，当 $IW_h = 0$ 时，磁路如图 7-25 所示。当 $IW_m = 0$ 时，磁路如图 7-26 所示。

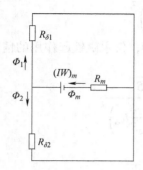

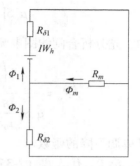

图 7-25　合闸过程 $IW_h = 0$ 时磁路图　　　　图 7-26　合闸过程 $IW_m = 0$ 时磁路图

利用叠加原理，合闸过程中上下磁极磁路磁通分别为

$$\Phi_{1h} = \frac{(IW)_m R_{\delta2}}{R_{\delta1}R_{\delta2} + R_m R_{\delta1} + R_m R_{\delta2}} + \frac{(IW)_h(R_{\delta2} + R_m)}{R_{\delta1}R_{\delta2} + R_m R_{\delta1} + R_m R_{\delta2}}$$

$$= \frac{(IW)_m R_{\delta2} + (IW)_h(R_{\delta2} + R_m)}{R_{\delta1}R_{\delta2} + R_m(R_{\delta1} + R_{\delta2})} \tag{7-28}$$

$$\Phi_{2h} = \frac{(IW)_m R_{\delta1}}{R_{\delta1}R_{\delta2} + R_m R_{\delta1} + R_m R_{\delta2}} - \frac{(IW)_h R_m}{R_{\delta1}R_{\delta2} + R_m R_{\delta1} + R_m R_{\delta2}}$$

$$= \frac{(IW)_m R_{\delta1} - (IW)_h R_m}{R_{\delta1}R_{\delta2} + R_m(R_{\delta1} + R_{\delta2})} \tag{7-29}$$

此时，由于左右对称，所以电磁力为单边的 2 倍，则机构受力情况为

$$F_{dh} = 2F_{dm1} - 2F_{dm2} \tag{7-30}$$

式中，F_{dh} 为电磁力，含永磁和电磁吸力；F_{dm1} 和 F_{dm2} 为上下磁极左半边气隙吸力，吸力计算公式如下：

$$F_{dm1} = \frac{\Phi_1^2}{2\mu_0 S} \tag{7-31}$$

$$F_{dm2} = \frac{\Phi_2^2}{2\mu_0 S} \tag{7-32}$$

将式（7-28）和式（7-29）代入到式（7-31）、式（7-32）和式（7-30），可得到

$$F_{dh} = 2F_{dm1} - 2F_{dm2} = 2\frac{\Phi_1^2}{2\mu_0 S} - 2\frac{\Phi_2^2}{2\mu_0 S} = \frac{\Phi_1^2}{\mu_0 S} - \frac{\Phi_2^2}{\mu_0 S}$$

$$= \frac{[(IW)_h(R_{\delta2} + 2R_m) - (IW)_m(R_{\delta1} - R_{\delta2})][(IW)_h(R_{\delta2}) + (IW)_m(R_{\delta1} + R_{\delta2})]}{\mu_0 S(R_{\delta1}R_{\delta2} + R_{\delta1}R_m + R_{\delta2}R_m)^2} \tag{7-33}$$

由 $R_{\delta1} = \dfrac{\delta_1}{\mu_0 S}$，$R_{\delta2} = \dfrac{\delta_2}{\mu_0 S}$，$d = \delta_1 + \delta_2$，$\delta = \delta_1$，上式变为

$$F_{dh} = \frac{[(IW)_h(R_{\delta2} + 2R_m) - (IW)_m(R_{\delta1} - R_{\delta2})][(IW)_h(R_{\delta2}) + (IW)_m(R_{\delta1} + R_{\delta2})]}{\mu_0 S(R_{\delta1}R_{\delta2} + R_{\delta1}R_m + R_{\delta2}R_m)^2}$$

$$= \frac{\left[(IW)_h \left(\frac{d-\delta}{\mu_0 S} + 2R_m \right) - (IW)_m \left(\frac{\delta}{\mu_0 S} - \frac{d-\delta}{\mu_0 S} \right) \right] \left[(IW)_h \left(\frac{d-\delta}{\mu_0 S} \right) + (IW)_m \frac{d}{\mu_0 S} \right]}{\mu_0 S \left(\frac{\delta}{\mu_0 S} \frac{d-\delta}{\mu_0 S} + \frac{d}{\mu_0 S} R_m \right)^2} \tag{7-34}$$

对双稳态机构，先分析合闸线圈电流为零 $(IW)_h = 0$，仅永磁铁起作用的情况：

$$F_{yc} = \frac{\left(\frac{d-2\delta}{\mu_0 S} \right) (IW)_m^2 \frac{d}{\mu_0 S}}{\mu_0 S \left(\frac{\delta}{\mu_0 S} \frac{d-\delta}{\mu_0 S} + \frac{\delta}{\mu_0 S} R_m + \frac{d-\delta}{\mu_0 S} R_m \right)^2} \tag{7-35}$$

不难分析这是单调下降的函数。

在合闸位置上，$\delta = 0$，代入式（7-35），有

$$F_{ycmax} = \frac{\left(\frac{d}{\mu_0 S} \right) (IW)_m^2 \frac{d}{\mu_0 S}}{\mu_0 S \left(\frac{d}{\mu_0 S} R_m \right)^2} = \frac{(IW)_m^2}{\mu_0 S R_m^2} \tag{7-36}$$

为保证衔铁可靠吸合，要求永磁吸力大于触头终压力与附加弹簧力之和 $F_{ycmin} > F_z + F_2$，此为设计永磁铁的依据。

在分闸位置上，$\delta = d$，代入式（7-35），有

$$F_{ycmin} = - \frac{\left(\frac{d}{\mu_0 S} \right) (IW)_m^2 \frac{d}{\mu_0 S}}{\mu_0 S \left(\frac{d}{\mu_0 S} R_m \right)^2} = - \frac{(IW)_m^2}{\mu_0 S R_m^2} \tag{7-37}$$

比较式（7-36）和式（7-37）得

$$F_{ycmax} = - \left| F_{ycmin} \right| \tag{7-38}$$

下面求永磁力与开距 δ 轴的交点，令 $F_{yc} = 0$，则由式（7-34）得

$$F_{yc} = \frac{\left(\frac{\delta}{\mu_0 S} - \frac{d-\delta}{\mu_0 S} \right) (IW)_m^2 \frac{d}{\mu_0 S}}{\mu_0 S \left(\frac{\delta}{\mu_0 S} \frac{d-\delta}{\mu_0 S} + \frac{\delta}{\mu_0 S} R_m + \frac{d-\delta}{\mu_0 S} R_m \right)^2} = 0 \tag{7-39}$$

得

$$\delta = \frac{d}{2} \tag{7-40}$$

也即在机构行程 δ 的一半，永磁体产生的吸力为 0，F_{yc} 曲线如图 7-28a 所示。

要实现永磁机构合闸，在分闸位置电磁力应大于附加弹簧力与重力之和即

$$F_{dh} \geqslant F_2 + F_g \tag{7-41}$$

由于附加弹簧力与重力相对减小，为分析方便，令 $F_2 + F_g = 0$，由式（7-33），因为 $(IW)_h (R_{\delta 2}) + (IW)_m (R_{\delta 1} + R_{\delta 2}) > 0$

所以

$$(IW)_h (R_{\delta 2} + 2R_m) - (IW)_m (R_{\delta 1} - R_{\delta 2}) = 0$$

即

$$(IW)_h = \frac{R_{\delta 1} - R_{\delta 2}}{R_{\delta 2} + 2R_m}(IW)_m \qquad (7\text{-}42)$$

在分闸位置 $R_{\delta 2}=0$，整理上式可得到 $\dfrac{(IW)_h}{R_{\delta 1}} = \dfrac{1}{2}\dfrac{(IW)_m}{R_m}$，该式表明合闸的临界条件是合闸励磁安匝产生的磁通 Φ_1 至少达到总磁通 Φ_m 的 1/2。

如果附加弹簧力与重力之和不可忽略，则由式（7-41）求出 $(IW)_h$ 代入式（7-33）便可求得静态电磁吸力曲线如图 7-28 所示。双稳态合闸磁力特性和弹簧反力特性曲线如图 7-28a 所示，合闸过程中阴影面积反映了电磁力克服机构反力做功，使得机构产生动能。

2. 双稳态永磁机构分闸过程电磁力分析

双稳态双线圈的分闸过程与合闸过程的分析方法相同，分闸过程中磁路计算可由永磁磁路和分闸线圈磁路两个磁路单独作用，根据磁路的叠加定理得到。永磁磁路单独作用时，即 $IW_f=0$ 时，磁路与合闸状态 $IW_h=0$ 时相同，如图 7-25 所示。当 $IW_m=0$ 时，仅有分闸线圈激磁作用时，磁路如图 7-27 所示。

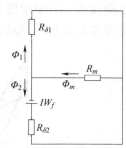

图 7-27　分闸状态 $IW_m=0$ 时的磁路图

分闸过程中的中上下磁极磁路磁通分别为

$$\Phi_{1f} = \frac{(IW)_m R_{\delta 2}}{R_{\delta 1}R_{\delta 2}+R_m R_{\delta 1}+R_m R_{\delta 2}} - \frac{(IW)_f R_m}{R_{\delta 1}R_{\delta 2}+R_m R_{\delta 1}+R_m R_{\delta 2}}$$
$$= \frac{(IW)_m R_{\delta 2} - (IW)_f R_m}{R_{\delta 1}R_{\delta 2}+R_m(R_{\delta 1}+R_{\delta 2})} \qquad (7\text{-}43)$$

$$\Phi_{2f} = \frac{(IW)_m R_{\delta 1}}{R_{\delta 1}R_{\delta 2}+R_m R_{\delta 1}+R_m R_{\delta 2}} + \frac{(IW)_f(R_{\delta 1}+R_m)}{R_{\delta 1}R_{\delta 2}+R_m R_{\delta 1}+R_m R_{\delta 2}}$$
$$= \frac{(IW)_m R_{\delta 1} + (IW)_f(R_{\delta 1}+R_m)}{R_{\delta 1}R_{\delta 2}+R_m(R_{\delta 1}+R_{\delta 2})} \qquad (7\text{-}44)$$

与合闸过程类似，由于左右对称，所以电磁力为单边的 2 倍，则分闸过程机构受力情况为

$$F_{df} = 2F_{dm1} - 2F_{dm2} \qquad (7\text{-}45)$$

式中，F_{dm1} 和 F_{dm2} 的计算公式见式（7-31）和式（7-32）。

将式（7-43）和式（7-44）代入到式（7-31）、式（7-32）和式（7-45）可得到

$$F_{df} = \frac{\left[(IW)_m(R_{\delta 2}-R_{\delta 1})-(IW)_f(R_{\delta 1}+2R_m)\right]\left[(IW)_m(R_{\delta 1}+R_{\delta 2})+(IW)_f(R_{\delta 1})\right]}{2\mu_0 S(R_{\delta 1}R_{\delta 2}+R_{\delta 1}R_m+R_{\delta 2}R_m)^2} \qquad (7\text{-}46)$$

与合闸过程相同，由

$$R_{\delta 1}=\frac{\delta_1}{\mu_0 S},\quad R_{\delta 2}=\frac{\delta_2}{\mu_0 S},\quad d=\delta_1+\delta_2 \text{ 和 } \delta=\delta_1，上式变为$$

$$F_{df} = \frac{\left[(IW)_m(R_{\delta 2}-R_{\delta 1})-(IW)_f(R_{\delta 1}+2R_m)\right]\left[(IW)_m(R_{\delta 1}+R_{\delta 2})+(IW)_f(R_{\delta 1})\right]}{\mu_0 S(R_{\delta 1}R_{\delta 2}+R_{\delta 1}R_m+R_{\delta 2}R_m)^2}$$

$$= \frac{\left[(IW)_m\left(\frac{\delta_2}{\mu_0 S}-\frac{\delta_1}{\mu_0 S}\right)-(IW)_f\left(\frac{\delta_1}{\mu_0 S}+2R_m\right)\right]\left[(IW)_m\left(\frac{\delta_1}{\mu_0 S}+\frac{\delta_2}{\mu_0 S}\right)+(IW)_f\left(\frac{\delta_1}{\mu_0 S}\right)\right]}{\mu_0 S\left(\frac{\delta_1}{\mu_0 S}\frac{\delta_2}{\mu_0 S}+\frac{\delta_1}{\mu_0 S}R_m+\frac{\delta_2}{\mu_0 S}R_m\right)^2} \tag{7-47}$$

在分闸线圈得电时，当 $F_{df}\le F_z+F_g+F_2$ 时机构开始分闸，其静态电磁力特性如图 7-28b 所示，其中永磁吸力与 F_{yc} 曲线和图 7-28a 相同。求出 $(IW)_f$ 代入式（7-47）便可求得静态电磁吸力曲线如图 7-28 所示。分闸过程中阴影面积反映了使机构产生分闸动能的大小，相较与合闸过程，分闸动能要大得多，会造成机构强烈的撞击，影响结构性能、减少寿命，这是双稳态永磁机构的缺点，由此出现了单稳态永磁机构。

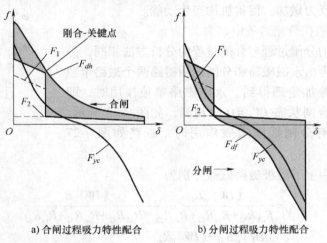

a) 合闸过程吸力特性配合　　　b) 分闸过程吸力特性配合

图 7-28　双稳态永磁机构合分闸吸力特性和弹簧反力特性曲线

7.4.2　单稳态永磁机构原理及特性分析

单稳态永磁机构一般是单线圈驱动，合闸过程线圈通正向电流电磁力驱动实现合闸操作，永磁保持在合闸状态。而分闸过程线圈通反向电流是电磁去磁，主要由触头弹簧和分闸弹簧驱动，实现分闸操作，以给断路器动触头提供开断时所必需的运动速度，分闸状态主要由弹簧保持，永磁辅助保持。单线圈体积小是其优点，但断路器分闸和合闸过程中的负载特性是不同的，要求的速度特性也是不同的，单独一个线圈由于匝数一定，需要改变电压值以满足分闸和合闸操作特性。合分闸电流方向变化，使得控制回路的设计也比较复杂。

单稳态永磁机构有多种形式。由于分闸弹簧可以提供分闸位置时的保持力，单稳态永磁机构的设计中，在分闸位置可以不用永磁保持，这就成为永磁机构真正意义上的单稳态。圆形结构由于有上下端盖，也即上述图中的上下磁极，下磁极材料改铝或其他非导磁材料，永磁体产生的磁通无法通过下磁极，就不可能在下磁极形成吸力。也可在原电工纯铁下磁极中加非导磁材料垫片（见图 7-29 中 5 非导磁体对应气隙 δ_3），以增加下端位置的气隙，减小永磁体在下端的吸力，其优点是可以减少合闸时的操作功。方形结构的静铁心为硅钢片，由于结构的原因一般无法更换端盖，但可以加垫片。单稳态永磁机构一般是一个线圈，通过改变电流方向实现合分闸。

当单稳态永磁机构处于合闸位置时（见图7-29a），由于永久磁铁的作用，动铁心保持在上端。分闸时，在操作线圈中通以特定方向的电流，该电流在动铁心上端产生与永磁体磁场相反方向的磁场，使动铁心受到的磁吸力减小。当动铁心受到的向上合力小于触头弹簧和分闸弹簧的拉力时，动铁心向下运动，实现永磁机构的分闸。当处于分闸位置（见图7-29d），在操作线圈中通以与分闸操作时方向相反的电流。这一电流在静铁心上部产生与永磁体磁场方向相同的磁场，在动铁心下部产生与永磁体磁场方向相反的磁场，使动铁心下端所受的磁吸力减小。当操作电流增大到一定值时，向上的电磁合力大于下端的吸力与弹簧的反力，动铁心便向上运动，实现合闸，并给触头弹簧和分闸弹簧贮能。

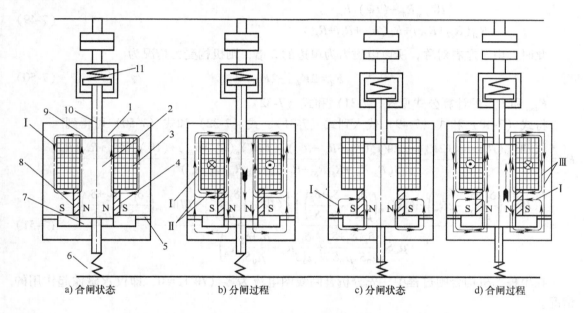

图 7-29 单稳态永磁机构操作过程原理图

1—静铁心 2—动铁心 3—操作线圈 4、8—永磁体 5—非导磁体 6—分闸弹簧

7—下气隙 9—上气隙 10—驱动杆 11—触头弹簧

Ⅰ—永磁体磁场 Ⅱ—分闸励磁电流磁场 Ⅲ—合闸励磁电流磁

单稳态单线圈永磁机构的等效磁路如图 7-30 所示。

根据磁路的叠加定理，磁路计算可由以下两个磁路单独求解后相加得到。单线圈分合闸状态，当 $IW_d = 0$ 时，磁路如图 7-31 所示。当 $IW_m = 0$ 时，磁路如图 7-32 所示。

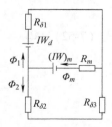

图 7-30 单稳态单线圈永磁机构等效磁路

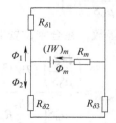

图 7-31 $IW_d = 0$ 时的磁路图

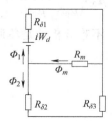

图 7-32 $IW_m = 0$ 时的磁路图

磁通表达式与双稳态合闸过程类似，区别是气隙 δ_2 多串联了固定气隙 δ_3

$$\Phi_1 = \frac{(IW)_m(R_{\delta2}+R_{\delta3})}{R_{\delta1}(R_{\delta2}+R_{\delta3})+R_mR_{\delta1}+R_m(R_{\delta2}+R_{\delta3})} + \frac{(IW)_d\left[(R_{\delta2}+R_{\delta3})+R_m\right]}{R_{\delta1}(R_{\delta2}+R_{\delta3})+R_mR_{\delta1}+R_m(R_{\delta2}+R_{\delta3})}$$

$$= \frac{(IW)_m(R_{\delta2}+R_{\delta3})+(IW)_d(R_{\delta2}+R_{\delta3}+R_m)}{R_{\delta1}(R_{\delta2}+R_{\delta3})+R_m(R_{\delta1}+R_{\delta2}+R_{\delta3})} \tag{7-48}$$

$$\Phi_2 = \frac{(IW)_mR_{\delta1}}{R_{\delta1}(R_{\delta2}+R_{\delta3})+R_mR_{\delta1}+R_m(R_{\delta2}+R_{\delta3})} - \frac{(IW)_dR_m}{R_{\delta1}(R_{\delta2}+R_{\delta3})+R_mR_{\delta1}+R_m(R_{\delta2}+R_{\delta3})}$$

$$= \frac{(IW)_mR_{\delta1}-(IW)_dR_m}{R_{\delta1}(R_{\delta2}+R_{\delta3})+R_m(R_{\delta1}+R_{\delta2}+R_{\delta3})} \tag{7-49}$$

此时，由于左右对称，所以电磁力为单边的 2 倍，则机构受力情况为

$$F_d = 2F_{dm1}-2F_{dm2} \tag{7-50}$$

F_{dm1} 和 F_{dm2} 的计算公式见式（7-31）和式（7-32）。

将式（7-48）和式（7-49）代入到式（7-31）、式（7-32）和式（7-50）可得到

$$F_d = \frac{\left[(IW)_d(R_{\delta2}+R_{\delta3}+2R_m)-(IW)_m(R_{\delta1}-R_{\delta2}-R_{\delta3})\right]\left[(IW)_d(R_{\delta2}+R_{\delta3})+(IW)_m(R_{\delta1}+R_{\delta2}+R_{\delta3})\right]}{\mu_0 S(R_{\delta1}R_{\delta2}+R_{\delta1}R_{\delta3}+R_{\delta1}R_m+R_{\delta2}R_m+R_{\delta3}R_m)^2}$$

$$= \frac{\left[(IW)_d\left(\dfrac{\delta_2+\delta_3}{\mu_0 S}+2R_m\right)-(IW)_m\left(\dfrac{\delta_1}{\mu_0 S}-\dfrac{\delta_2+\delta_3}{\mu_0 S}\right)\right]\left[(IW)_d\left(\dfrac{\delta_2+\delta_3}{\mu_0 S}\right)+(IW)_m\left(\dfrac{\delta_1}{\mu_0 S}+\dfrac{\delta_2+\delta_3}{\mu_0 S}\right)\right]}{\mu_0 S\left(\dfrac{\delta_1}{\mu_0 S}\dfrac{\delta_2+\delta_3}{\mu_0 S}+\dfrac{\delta_1}{\mu_0 S}R_m+\dfrac{\delta_2+\delta_3}{\mu_0 S}R_m\right)^2} \tag{7-51}$$

在单稳态机构合闸过程中，先分析合闸线圈电流为零 $(IW)_h = 0$，即仅永磁铁起作用的情况。

$$F_{yc} = \frac{\left[(IW)_d\left(\dfrac{\delta_2+\delta_3}{\mu_0 S}+2R_m\right)-(IW)_m\left(\dfrac{\delta_1}{\mu_0 S}-\dfrac{\delta_2+\delta_3}{\mu_0 S}\right)\right]\left[(IW)_d\left(\dfrac{\delta_2+\delta_3}{\mu_0 S}\right)+(IW)_m\left(\dfrac{\delta_1}{\mu_0 S}+\dfrac{\delta_2+\delta_3}{\mu_0 S}\right)\right]}{\mu_0 S\left(\dfrac{\delta_1}{\mu_0 S}\dfrac{\delta_2+\delta_3}{\mu_0 S}+\dfrac{\delta_1}{\mu_0 S}R_m+\dfrac{\delta_2+\delta_3}{\mu_0 S}R_m\right)^2}$$

$$= \frac{\left(\dfrac{d+\delta_3-2\delta}{\mu_0 S}\right)(IW)_m^2\dfrac{d+\delta_3}{\mu_0 S}}{\mu_0 S\left(\dfrac{\delta}{\mu_0 S}\dfrac{d-\delta+\delta_3}{\mu_0 S}+\dfrac{\delta}{\mu_0 S}R_m+\dfrac{d-\delta+\delta_3}{\mu_0 S}R_m\right)^2} \tag{7-52}$$

不难分析这是单调下降的函数，在合闸位置上，$\delta=0$，代入式（7-52），得

$$F_{ycmax} = \frac{\left(\dfrac{d+\delta_3}{\mu_0 S}\right)(IW)_m^2\dfrac{d+\delta_3}{\mu_0 S}}{\mu_0 S\left(\dfrac{d+\delta_3}{\mu_0 S}R_m\right)^2} = \frac{(IW)_m^2}{\mu_0 SR_m^2} \tag{7-53}$$

对比式（7-36），其与双稳态永磁机构合闸位置吸力相等。

为保证衔铁可靠吸合，要求永磁吸力大于触头终压力和分闸弹簧力，即 $F_{ycmin} > F_z + F_f$，此为设计永磁铁的依据。

在分闸位置上，$\delta = d$，代入式（7-52）得

$$F_{ycmin} = \dfrac{\left(\dfrac{d+\delta_3-2d}{\mu_0 S}\right)(IW)_m^2 \dfrac{d+\delta_3}{\mu_0 S}}{\mu_0 S\left(\dfrac{d}{\mu_0 S}\dfrac{d-d+\delta_3}{\mu_0 S} + \dfrac{d}{\mu_0 S}R_m + \dfrac{d-d+\delta_3}{\mu_0 S}R_m\right)^2}$$

$$= -\dfrac{(d^2-\delta_3^2)(IW)_m^2}{\mu_0 S\left(\dfrac{d}{\mu_0 S}\delta_3 + dR_m + \delta_3 R_m\right)^2} \tag{7-54}$$

通过设计 $\delta_3 < d$，比较式（7-53）和式（7-54）可得

$$\left| F_{ycmin} \right| < F_{ycmax}$$

下面求永磁力与开距 δ 轴的交点，令 $F_{yc} = 0$

则由式（7-52）

$$F_{yc} = \dfrac{\left(\dfrac{d+\delta_3-2\delta}{\mu_0 S}\right)(IW)_m^2 \dfrac{d+\delta_3}{\mu_0 S}}{\mu_0 S\left(\dfrac{\delta}{\mu_0 S}\dfrac{d-\delta+\delta_3}{\mu_0 S} + \dfrac{\delta}{\mu_0 S}R_m + \dfrac{d-\delta+\delta_3}{\mu_0 S}R_m\right)^2} = 0 \tag{7-55}$$

得到

$$d + \delta_3 - 2\delta = 0$$

即

$$\delta = \dfrac{d}{2} + \dfrac{\delta_3}{2}$$

可见永磁吸力特性过零点比双稳态过零点 $d/2$ 靠右，若 $\delta_3 = d$，则过零点为 d，即永磁吸力在 $0 \le \delta \le d$ 始终大于 0，即真正的单稳态。一般设 $\delta_3 < d$，这样在 $\delta = d$ 时，永磁吸力为一个小的负值，起到使结构可靠保持在分闸状态的作用，如图 7-33 所示。

1. 单稳态永磁机构合闸过程电磁力分析

要实现永磁机构合闸，在分闸位置 $\delta = d$ 时电磁力应大于分闸弹簧力与重力之和，即

$$F_{dh} \ge F_f + F_g \tag{7-56}$$

代入式（7-51）求出 $(IW)_d = (IW)_h$，再由式（7-51）便可求得静态电磁吸力曲线如图 7-33a 所示，合闸过程中阴影面积反映了电磁力克服机构反力做功，使得机构产生动能。

2. 单稳态永磁机构分闸过程电磁力分析

在分闸线圈得电时，当 $F_{df} \le F_z + F_g + F_f$ 时机构开始分闸，代入式（7-51）求出 $(IW)_d = -(IW)_f$，此时分闸励磁电流为负值，即去磁。

再由式（7-51）便可求得静态电磁吸力曲线如图 7-33a 所示，分闸过程中阴影面积反映了电磁力克服机构反力做功，使得机构产生动能。与双稳态分闸过程相较，分闸动能要小得多，造成机构撞击程度小，提高了操动机构寿命，这便是单稳态永磁机构的优点。

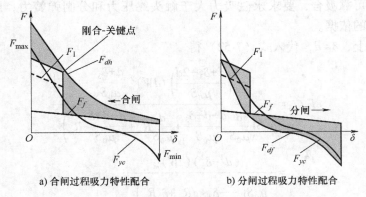

a) 合闸过程吸力特性配合　　　　　　b) 分闸过程吸力特性配合

图 7-33　单稳态永磁机构分合闸磁力特性和弹簧反力特性曲线

小　结

本章主要讨论了四个问题，即永磁材料、永磁磁路计算、极化永磁机构和永磁机构。

衡量永磁材料的主要指标为其最大（BH）乘积（BH）$_{max}$。早期的永磁材料（如碳钢、钨钢等）其（BH）$_{max}$ 只有几个 kJ/m^3，而目前的稀土永磁材料已达 300kJ/m^3 以上。随着材料性能的大大提高，永磁机构的应用也就愈来愈广。永磁材料充磁后应经过人工"老化处理"使其磁性能保持稳定。

永磁磁路的计算主要是确定永久磁铁的工作点（B_a, H_a），它取决于两个条件：

1）内部条件，即工作点是位于退磁曲线上还是局部磁滞回线（或回复线）上。绝大部分电器的永久磁铁都是工作在回复线上，因此这种情况比较稳定。

2）外部条件，即磁路内的磁阻和漏磁情况，工作点必须位于一条通过原点而和 $-H$ 轴成 α 角的"负载线"上（见式（7-7）或式（7-9））。

因此，负载线与回复线（或退磁曲钱）的交点就确定了工作点（见图 7-8 和图 7-11）。退磁曲线只有一条，但是回复线却因其起始点 c 的不同而为近似平行的很多斜线。

如果永久磁铁工作在回复线上，则可以将其在磁路中的作用看成是由一个恒定的磁动势 $(IW)_m$ 和一个线性的磁阻 R_m 串联组成（见式（7-10）），这样就可以使磁路计算大大简化。

设计永久磁铁时应该根据所选永磁材料的磁性能合理确定其长度 l 和截面积 S，使其工作点恰好位于最大（BH）乘积点（B_d, H_d）（静态式）或（B'_d, H'_d）（动态式），见式（7-13）及式（7-14）或式（7-19）及式（7-20）。

极化电磁机构的主要特点是能反应信号的极性，其灵敏度很高，动行速度也较快，常用的磁系统型式为并联式及桥式（见图 7-19）。根据其吸力特性和反力特性斜率的配合情况可以适当调整永磁磁通或挠性轴的扭转刚度使电磁铁为双位置式、三位置式或单向偏倚的双位置式。衡量极化电磁铁灵敏度的一个重要指标为品质指标，即单位线圈磁势所能产生的电磁吸力。增大永磁磁通可以有效地提高品质指标，但也受到调整困难的限制。

永磁机构与电磁机构不同，其仅在合分闸过程中需要励磁电流，因此节能。因零部件少可靠性高，随着电子功率控制技术的不断提高，其应用更加普遍。单稳态永磁机构和双稳态永磁机构合闸过程特性基本相同。分闸过程中单稳态永磁机构比双稳态永磁机构电磁吸力与反力特性配合好，分闸动能小，造成机构撞击程度小，可提高操动机构寿命。双稳态永磁机构的线圈磁场在永磁体上与永磁体自身磁场总是同方向的，所以不存在退磁的危险。而单稳态永磁机构在分闸过程中线圈磁场与永磁体自身磁场的方向相反，需要合理设计，以避免退磁。

习题与思考题

7.1　某磁铁形状如图 7-34a 所示。磁铁平均长度为 15cm，截面积为 $1cm^2$，气隙 $\delta = 2mm$，材料为钴钢，退磁曲线如图 b 曲线 1。若将磁铁充磁后，求气隙磁通（已知漏磁系数 $\sigma = 1.5$）。

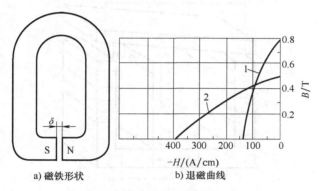

图 7-34　习题 7.1 图
1—钴钢　2—铝镍合金

7.2　若上题中，材料改为 $(BH)_{max}$ 值更高的铝镍合金，其退磁曲线如图 7-34b 曲线 2，磁铁形状和尺寸不变，再求气隙磁通，并与上题结果作比较，讨论其结果。

7.3　若采用上两题中的两种材料，如何分别修改磁铁尺寸使它们的体积均为最小（仍保持气隙尺寸和气隙磁通如习题 7.1 的值）？已知钴钢的 $B_d = 0.52T$，$H_d = 87.7A/cm$，$(BH)_{max} = 4.56kJ/m^3$；铝镍合金的 $B_d = 0.3T$，$H_d = 240A/cm$，$(BH)_{max} = 7.2kJ/m^3$。

7.4　图 7-35a 为某极化继电器磁系统原理图，图中吸片为一块永久磁铁，其 N 极向下，试绘出其等效磁路图（永久磁铁工作点在回复线上）。

若吸片材料为铝镍钴合金，其退磁曲线及回复系数如图 7-4 所示尺寸如图 7-35b（图中尺寸单位为 mm），并已知该吸片充磁后取下时没有加短路器，此时测得磁铁中间的磁感应强度为 0.4T，试求当将此吸片装入磁系统后，等效磁路图中的 $(IW)_m$ 和 R_m 之值为多少？

7.5　某极化继电器的结构如图 7-36 所示，永久磁铁材料为铝镍钴合金，尺寸如图（图中尺寸单位为 mm），退磁曲线如图 7-4 所示，回复系数 $\gamma = tg\beta = 4 \times 10^{-6} Wb/(A \cdot m)$。该磁铁充磁后，由充磁机上取下时没有加短路器，此时测得的磁感应强度为 0.2T，然后装入磁系统。

1) 试问当线圈未通电前，δ_2 和 δ_3 中的磁通各为多少？（计算时忽略铁磁阻，并且已经求得 $G_{\delta 1} = 59 \times 10^{-8}H$，$G_{\delta 2} = 142 \times 10^{-8}H$，$G_{\delta 3} = 17 \times 10^{-8}H$ 及漏磁系数 $\sigma = 1.4$）。

2) 线圈通电后，要使吸片吸向 δ_3，试问线圈电流的方向？线圈磁动势多大？（不计漏磁并忽略导磁体铁磁阻，但要考虑磁铁的磁阻）。

7.6　试分析图 7-13 双位置式极化继电器（吸片由挠性轴支承）的吸力特性、反力特性及其配合，并推导吸合磁动势的计算公式。

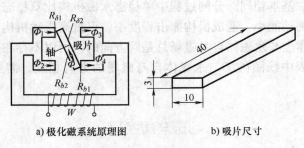

a) 极化磁系统原理图   b) 吸片尺寸

图 7-35   习题 7.4 图

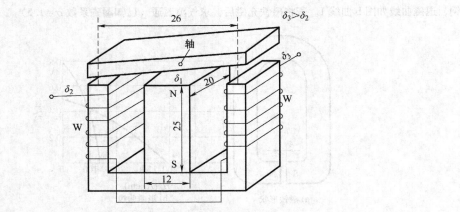

图 7-36   习题 7.5 图极化继电器磁系统

7.7 试分析图 7-15 所示的平衡力式磁系统的吸力特性，并推导吸力计算公式。

7.8 试分析为什么单稳态永磁机构分闸磁动势比双稳态永磁机构小？

第8章 交流磁系统

交流磁系统为用交流电源激磁的磁系统，其电压、电流及磁感应强度等参数均为时间的函数，导磁体饱和与否取决于磁感应强度的幅值 B_m。按交流磁系统工作时导磁体的磁状态，可将其归结为两类：①在整个交流周期中导磁体均未饱和，即 $B_m < B_s$；②在整个交流周期中的某段时间内导磁体出现了饱和，即 $B_m \geq B_s$，这里 B_s 为导磁体的饱和磁感应强度。交流电磁铁和电感传感器等属于前者，而利用铁磁饱和现象工作的器件或系统，如饱和电抗器和磁性逻辑元件等属于后者。本章主要讨论前者的等效磁路及电磁吸力的特点。

8.1 交流磁系统的特点

8.1.1 磁链守恒

在直流电磁铁中，当施加于线圈两端的电压确定时，线圈中的电流是确定的，线圈的磁动势也是确定的，它们与磁路的状态，即衔铁的位置无关。此时磁路的磁通仅取决于磁路的磁阻。显然，衔铁闭合后的磁通及电磁吸力一般远比衔铁打开时的大。然而，在交流磁系统中相关物理量却符合另一种规律。

在图 8-1 所示磁系统中，假设施加于线圈两端的交流电源电压为 $u(t) = U_m \cos\omega t$，其中 U_m 为电压幅值，ω 为角频率，t 为时间，则电路的电压平衡方程可写为

$$u = iR + \frac{\mathrm{d}\psi}{\mathrm{d}t} \tag{8-1}$$

式中，R 为线圈的电阻；i 为线圈中的电流；ψ 为与线圈交链的磁链。

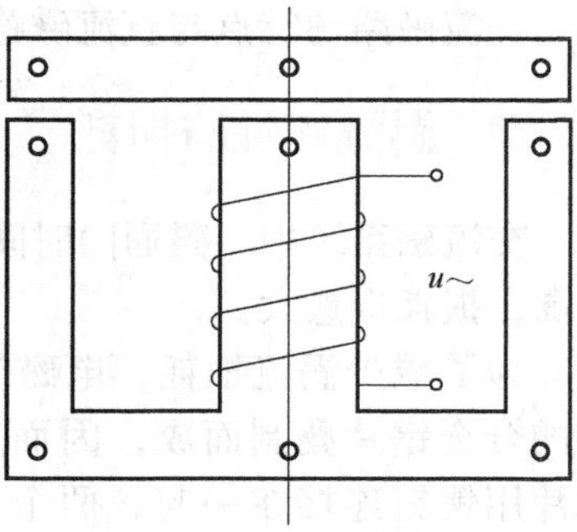

通常线圈电阻上的压降远小于电感上的压降，即 $u \approx \mathrm{d}\psi/\mathrm{d}t$，故

$$\psi \approx \int u\, \mathrm{d}t = \int U_m \cos\omega t \mathrm{d}t = \frac{U_m}{\omega}\sin\omega t \tag{8-2}$$

若与每匝线圈交链的磁通 Φ 都相同，则与 W 匝线圈交链的总磁链为 $\psi = W\Phi$，磁通可表示为

$$\Phi = \Phi_m \sin\omega t \tag{8-3}$$

式中，Φ_m 为磁通的幅值，且 $\Phi_m \approx \dfrac{U_m}{\omega W}$。

若交流电压用有效值 U 表示，$U = \dfrac{U_m}{\sqrt{2}}$，则

图 8-1 交流磁系统示意图

$$\Phi_m \approx \frac{U}{4.44fW} \quad \text{(Wb)} \tag{8-4}$$

式中，f 为交流电源的频率。

由上述分析可得出以下结论：

1）交流磁路中磁通的大小取决于电源电压，当电压为正弦变化时，磁通也为正弦变化；磁通的幅值 Φ_m 与电压的有效值 U 成正比。

2）线圈总磁链 ψ 与磁路磁阻无关，因而衔铁处于不同位置时，工作气隙中的磁通和吸力基本保持不变。

3）在任一时刻，线圈电流或磁动势与磁通的关系仍由磁路欧姆定律确定，即线圈电流与磁路磁阻成正比。因此，在磁通保持不变的情况下，线圈电流将随着工作气隙的增大而增大。当衔铁处于打开位置时线圈电流最大。

若交流磁路为线性磁路，则当电压或磁通为正弦变化时，线圈电流也为正弦变化，其有效值 I 可表示为

$$I = \frac{\Phi_m R}{\sqrt{2}\,W} \tag{8-5}$$

式中，R 为磁路磁阻。

若考虑导磁体的非线性，即其磁阻为非线性，则线圈电压和电流或铁心中的磁通和磁场强度不可能同时都为正弦量。当电压或磁通为正弦变化时，电流或磁场强度不为正弦变化，反之亦然。通常情况下，当磁系统不饱和即 $B_m < B_s$ 时，由非线性引起的波形畸变不大，磁路中的各物理量均可视为正弦变化。类比于交流电路的分析，交流磁路同样可利用相量法分析。

以上讨论主要针对电压线圈。对于电流线圈，由于线圈电流并不取决于电磁铁本身，因此，交流磁路的特点与直流磁路相似，即当工作气隙变化时，电流不变而磁通改变。

8.1.2 涡流和磁滞损耗

交流磁系统中，磁通随时间周期性变化，此时会在导磁体中引起涡流和磁滞损耗。频率愈高，损耗也愈大。

为了减少涡流损耗，电磁铁的导磁体一般都采用硅钢片、铁铝合金片或其他电阻率较高的合金钢片叠制而成，因而其截面大都为矩形。电源的频率愈高，钢片的厚度愈薄。钢片用铆钉连接在一起，两个侧面的钢片较厚以增加机械强度。铆钉尽可能沿一条磁力线排列，使两个铆钉之间没有磁通穿过，避免在铆钉和端片所形成的环路内产生感应电流。

8.1.3 电磁吸力脉动现象

虽然交流电磁体中的磁通是交变的，但是作用在衔铁上的电磁吸力方向是不变的，总是朝着一个方向使衔铁吸向铁心。在某一时刻的电磁吸力大小取决于气隙磁通值，因此，电磁吸力将在零和最大值之间周期性地脉动。假设工作气隙中的磁通为

$$\Phi_\delta = \Phi_{\delta m} \sin\omega t$$

利用简化麦克斯韦吸力公式计算吸力，可得

$$F_d = \frac{\Phi_\delta^2}{2\mu_0 S} = \frac{1}{2\mu_0 S}\Phi_{\delta m}^2 \sin^2\omega t = F_{dm}\sin^2\omega t \tag{8-6}$$

式中，S 为极面面积。

吸力与时间的变化关系如图 8-2 所示。若将 $\sin^2\omega t$ 项展开，则可将吸力分解成两个分量，即

$$F_{dp} = \frac{F_{dm}}{2}(1-\cos 2\omega t) = F_{dp} + F_{dj} \tag{8-7}$$

式中，F_{dp} 为平均吸力，且 $F_{dp} = \frac{F_{dm}}{2}$；$F_{dj}$ 为吸

力的交变分量，且 $F_{dj} = -\frac{F_{dm}}{2}\times\cos 2\omega t$。

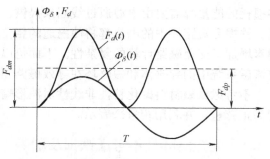

图 8-2　交流电磁吸力

由式（8-7）可见，交流磁系统的吸力由两部分组成：①不变的平均吸力 F_{dp}，其只有最大吸力的一半；②以两倍于磁通变化频率而变化的交变分量 F_{dj}。

然而，如图 8-1 所示的交流磁系统并不能作为交流电磁铁使用，因为其吸力在每一周期内有两次降到零值。当吸力下降到小于反作用力时，衔铁开始返回，经过极短的时间，吸力过零点后又逐渐增大，使衔铁再次吸合，因此衔铁出现振动现象，不能正常工作。

为了避免交流磁系统吸力过零，通常在铁心极面上加装一个短路环，又称分磁环，如图 8-3 所示。短路环采用良导体，例如铜或铜合金制成。由于短路环中感应出的涡流的阻尼作用，使得 Φ_δ 分成两个相位不同的磁通 $\Phi_{\delta1}$ 和 $\Phi_{\delta2}$，分别通过 δ_1 和 δ_2，实现了衔铁上的吸力不过零。值得注意的是，加了短路环后平均吸力将会进一步减小（详见 8.4 节），并且环内的感应电流产生电阻损耗，将使短路环发热。通常短路环的温度比较高，机械寿命也不高，是交流电磁铁的一个薄弱环节。

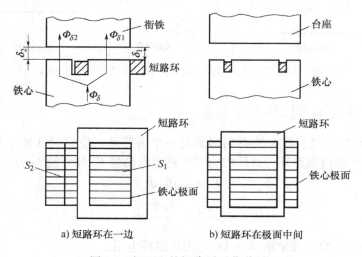

a) 短路环在一边　　　　b) 短路环在极面中间

图 8-3　极面上的短路环（分磁环）

8.2 交流磁系统的等效磁路图

交流磁系统中存在铁损，即涡流和磁滞损耗。有短路环时，短路环中也将消耗能量。这些损耗的能量都需要由电源通过线圈来提供，即线圈磁动势中包含补偿这些损耗的分量。并且，铁损和短路环中的电流都将使磁通的相位发生变化，导致磁通和磁动势不再同相。上述因素增加了交流磁路计算的复杂性。下面仍以拍合式交流磁系统为例，由简到繁，逐步说明交流磁系统中的导磁体和短路环在等效磁路图中的表示方法。

不考虑铁磁材料磁化特性非线性对波形畸变的影响，交流磁系统中的磁通和磁动势都可视为正弦量，并利用相量来表示。

8.2.1 无短路环且不考虑铁损及漏磁

交流磁系统在无短路环且不考虑铁损及漏磁的情况下，磁通 $\dot{\Phi}$ 和磁势 ($\dot{I}_1 W_1$) 同相，其中 $\dot{I}_1$ 和 W_1 分别为线圈电流和匝数，此时磁系统的交流等效磁路图与直流时完全相同，磁路各部分均可用磁阻表示，如图 8-4 所示，图中 $R_{\delta 1}$ 和 $R_{\delta 3}$ 分别表示工作气隙和楞角气隙的磁阻，R_0、R_1、R_2、R_3 分别表示导磁体各部分的磁阻。磁动势和磁通的关系用相量表示为

$$\dot{I}_1 W_1 = \dot{\Phi} \sum R \tag{8-8}$$

式中，$\dot{I}_1$ 及 $\dot{\Phi}$ 均为有效值；$\sum R$ 为磁路的总磁阻，即 $\sum R = R_{\delta 1} + R_{\delta 3} + R_1 + R_2 + R_3 + R_0$。

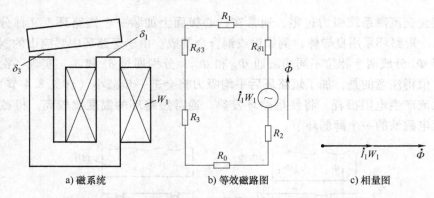

a) 磁系统　　　　　　b) 等效磁路图　　　　　　c) 相量图

图 8-4　无短路环且不考虑铁损及漏磁的等效磁路图及相量图

8.2.2 有短路环且不考虑铁损及漏磁

考虑一种特殊的情况，即在铁心端部套上一个短路环，使它套住整个极面，如图 8-5a 所示，由于磁通 $\dot{\Phi}$ 通过短路环，该环内将产生感应电动势 $\dot{E}_2$ 和电流 $\dot{I}_2$ 为

$$\dot{E}_2 = -j\omega W_2 \dot{\Phi} \tag{8-9}$$

$$\dot{I}_2 = \frac{\dot{E}_2}{r_{dl}} = -\frac{j\omega W_2}{r_{dl}} \dot{\Phi} \tag{8-10}$$

式中，W_2 为短路环匝数，通常取 $W_2 = 1$；r_{dl} 为短路环电阻。

$\dot{I}_2$ 将产生磁势 ($\dot{I}_2 W_2$)，由全电流定律可得

$$\dot{I}_1 W_1 + \dot{I}_2 W_2 = \dot{\Phi} \sum R \qquad (8\text{-}11a)$$

或

$$\dot{I}_1 W_1 = \dot{\Phi} \sum R - \dot{I}_2 W_2 = \dot{\Phi} \sum R + (-\dot{I}_2 W_2) \qquad (8\text{-}11b)$$

其相量图如图 8-5c 所示，由图可见，磁路内的磁通 $\dot{\Phi}$ 将落后于线圈内的电流 $\dot{I}_1$ 相位角 φ，此时等效磁路图不再只是磁阻回路。

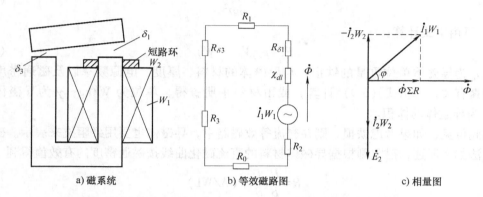

a) 磁系统　　　　　b) 等效磁路图　　　　　c) 相量图

图 8-5　有短路环且不考虑铁损及漏磁的等效磁路图及相量图

对于式（8-11b），可将线圈磁动势（$\dot{I}_1 W_1$）分为两部分：一部分降落在磁阻上（$\dot{\Phi} \sum R$）；另一部分为短路环引起的磁动势消耗量（$-\dot{I}_2 W_2$），它在相位上超前磁通 $90°$，可以看成磁抗压降（$\dot{\Phi} \mathrm{j} \chi_{dl}$），类似于电路中的电抗压降，即

$$-\dot{I}_2 W_2 = \dot{\Phi} \mathrm{j} \chi_{dl} \qquad (8\text{-}12)$$

式中，χ_{dl} 为考虑短路环的作用而引入的磁抗。

因此，式（8-11b）可改写为

$$\dot{I}_1 W_1 = \dot{\Phi} (\sum R + \mathrm{j} \chi_{dl}) = \dot{\Phi} \dot{Z} \qquad (8\text{-}13)$$

式中，$\dot{Z}$ 为磁阻抗。

由式（8-11）~式（8-13），可得短路环引起的磁抗 χ_{dl} 的计算公式为

$$\chi_{dl} = \frac{\omega W_2^2}{r_{dl}} \quad (\mathrm{A/Wb}) \qquad (8\text{-}14)$$

式中，r_{dl} 为短路环电阻。

磁路中的磁阻和磁抗与电路中的电阻和电抗有相似的一面，但意义不同。电路中的电抗阻止电流的变化，使电流落后于电压，所以称之为"抗"，而磁路中的磁抗阻止磁通的变化，使磁通落后于磁动势。从这一点来说，两者相似。但在电路中，电阻是消耗功率的，电抗并不消耗功率，而在磁路中恰恰相反，磁阻并不消耗功率，磁抗却代表了短路环内感应电流所消耗的功率 P_{dl} 即

$$P_{dl} = \frac{E_2^2}{r_{dl}} = \frac{\omega^2 W_2^2 \Phi^2}{r_{dl}} \qquad (8\text{-}15)$$

将式（8-14）代入上式，可得

$$P_{dl} = \omega \Phi^2 \chi_{dl} \qquad (8\text{-}16)$$

8.2.3　导磁体的铁损

导磁体内的铁损也消耗功率，因而在等效磁路中也相当于磁抗。如果某段导磁体的铁损为 P_c，则磁抗 χ 可由式（8-16）求得，即

$$\chi = \frac{P_c}{\omega \Phi^2} \tag{8-17}$$

铁损 P_c 可由下式计算：

$$P_c = p_c \gamma V_c \quad (\text{W}) \tag{8-18}$$

式中，p_c 为导磁体单位重量的铁损，与导磁体的材料、厚度、电源频率以及磁通密度的幅值等因素有关，可由式（5-9）计算，或由材料手册查得，单位为 W/kg；γ 为导磁体的比重；V_c 为导磁体的体积。

由此可见，如果考虑铁损，则在交流等效磁路中，导磁体也要用磁阻抗来表示。磁抗的计算方法如上所述，磁阻则根据导磁体材料的直流磁化曲线按磁通密度的有效值得到

$$R = \frac{H}{B} \frac{l}{S} \quad (\text{A/Wb}) \tag{8-19}$$

式中，B 为磁通密度的有效值；H 为由 B 查磁化曲线得到的磁场强度；l 为导磁体长度；S 为导磁体截面积。

8.2.4　等效磁路图

拍合式交流磁系统完整的等效磁路图如图 8-6 所示。由于短路环只套住了一部分极面，将工作气隙分为两部分，被短路环套住的部分 δ_1 及没有被套住的部分 δ_2。因此，在等效磁路图中工作气隙部分的磁路为两个支路的并联，其磁阻抗分别为 $R_{\delta 1} + j\chi_{dl}$ 和 $R_{\delta 2}$。

磁系统的漏磁通用并联在铁心和铁轭端部的集中归化漏磁阻来表示，即 $R_{\sigma g} = 1/G_{\sigma g}$，其中 $G_{\sigma g}$ 为归化漏磁导。在交流磁系统中归化漏磁导的计算方法和直流磁系统中的不同。在直流电磁铁中，为了使等效前后总的漏磁通相等，集中的归化漏磁导 $G_{\sigma g}$ 可由公式（2-93）计算，即

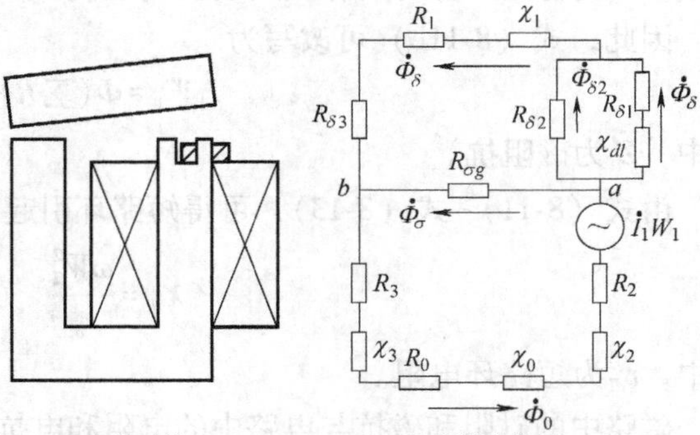

$$G_{\sigma g} = \frac{1}{2} G_\sigma$$

图 8-6　拍合式交流电磁铁的等效磁路图

式中，G_σ 为铁心与铁轭间总的漏磁导。

而在交流电磁铁中，当电源电压一定时，线圈的总磁链 ψ 是确定的（见 8.1 节），而总磁链 ψ 是由工作磁通或主磁通所产生的磁链 ψ_δ 和漏磁通所产生的漏磁链 ψ_σ 所组成，即 $\psi = \psi_\delta + \psi_\sigma$，因此，只有使等效前后的漏磁链相等才能使工作磁链或磁通基本相同。为使漏磁链相等，借鉴第 2 章中推导漏磁通等效情况下的归化漏磁导公式，可导出磁链等效时的归化漏磁导为

$$G_{\sigma g} = \frac{1}{3} G_{\sigma} \tag{8-20}$$

如果在交流电磁铁中仍然采用漏磁通等效，即 $G_{\sigma g} = G_{\sigma}/2$，则虽然等效前后的漏磁通相等，但却不能保证漏磁链相等，也就不能保证工作磁通相等。

将分布的漏磁通用一个集中的漏磁通 Φ_{σ} 表示后，导磁体便可按其通过的磁通不同分为两部分：衔铁部分和导磁体其他部分，其磁阻和磁抗分别为 $R_0 \sim R_3$ 和 $X_0 \sim X_3$，如图 8-6b 所示。如果铁心、铁轭和底铁的材料和截面积相同，等效磁路图中可简化为用一个磁阻和磁抗表示。

8.3　交流磁路计算

交流磁系统的等值磁路计算类似于非线性交流电路，可以用相量法。计算时，磁路的欧姆定律和基尔霍夫定律仍然适用，且均为相量形式。

欧姆定律

$$\dot{\Phi} = \frac{\dot{I}W}{\dot{Z}} 或 \dot{U} = \dot{\Phi}\dot{Z}$$

基尔霍夫第一定律

$$\sum \dot{\Phi} = 0$$

基尔霍夫第二定律

$$\sum \dot{I}W = \sum \dot{\Phi}\dot{Z}$$

式中，磁通 $\dot{\Phi}$、磁势（$\dot{I}W$）、磁位差 $\dot{U}$ 及磁阻抗 $\dot{Z}$ 均为相量形式。

下面以图 8-6a 所示的拍合式电磁铁为例说明交流磁路两类任务的计算方法：第一类任务为已知工作气隙磁通求线圈磁动势及电压；第二类任务为已知线圈磁动势或电压求工作气隙磁通。

8.3.1　第一类任务的计算

已知磁系统各部分的尺寸、材料以及通过衔铁的磁通 Φ_{δ} 均为已知量，则图 8-6b 等效磁路图中的 $R_{\delta 1} \sim R_{\delta 3}$，$X_{dl}$，$R_1$，$X_1$ 和 $R_{\sigma g}$ 均可求得，但 R_0，R_2，R_3，X_0，X_2，X_3 未知，因为它们和通过铁心的磁通 Φ_0 有关，而 Φ_0 未知，可利用下面的方法计算：

1）已知 Φ_{δ}，可求得 a 和 b 两点间的磁位差 $\dot{U}_{ab}$ 为

$$\dot{U}_{ab} = \dot{\Phi}_{\delta} \dot{Z}_d$$

式中，$\dot{Z}_d$ 为端部总的磁阻抗，即

$$\dot{Z}_d = \frac{R_{\delta 2}(R_{\delta 1} + \mathrm{j}X_{dl})}{R_{\delta 2} + R_{\delta 1} + \mathrm{j}X_{dl}} + R_{\delta 3} + R_1 + \mathrm{j}X_1 = R_d + \mathrm{j}X_d$$

2）已知 $\dot{U}_{ab}$，可求得漏磁通 $\dot{\Phi}_{\sigma}$ 为

$$\dot{\Phi}_{\sigma} = \dot{U}_{ab} G_{\sigma g}$$

3）已知 $\dot{\Phi}_{\delta}$ 及 $\dot{\Phi}_{\sigma}$，可求得通过底铁的磁通 $\dot{\Phi}_0$ 为

$$\dot{\Phi}_0 = \dot{\Phi}_{\delta} + \dot{\Phi}_{\sigma}$$

4）已知 $\dot{\Phi}_\delta$ 及 $\dot{\Phi}_0$，可求得底铁中的磁通密度及铁心和铁轭中的平均磁通密度，进而可求得 R_0，R_2，R_3，χ_0，χ_2，χ_3。

5）由磁路基尔霍夫第二定律求线圈磁动势 $\dot{I}_1 W_1$ 为

$$\dot{I}_1 W_1 = \dot{U}_{ab} + \dot{\Phi}_0 [R_2 + R_3 + R_0 + j(\chi_2 + \chi_3 + \chi_0)]$$
$$= \dot{U}_{ab} + \dot{\Phi}_0 (R + j\chi)$$

值得注意的是，由于漏磁通实际上是分布的，铁心和铁轭内的磁通并不是常数，因此用以上公式计算会有一定误差。

6）求线圈电压 $\dot{U}$ 为

$$\dot{U} = \dot{I}_1 R_1 - \dot{E}_1$$

式中，R_1 为线圈电阻；$\dot{E}_1$ 为线圈内由 $\dot{\Phi}_0$ 产生的自感电动势，即 $\dot{E}_1 = -j\omega W_1 \dot{\Phi}_0$。

以上相量计算过程对应的相量图如图 8-7 所示。

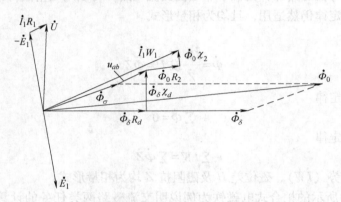

图 8-7　交流磁路计算的相量图

8.3.2　第二类任务的计算

与直流磁路计算相同，由于铁磁阻的非线性，这一类问题只能采用猜试方法，即先估计一个磁通值，用计算第一类任务的步骤求得所需磁动势，并与给定的磁动势作比较，根据结果修正磁通值，重复上述步骤，直到误差在允许的范围以内。

对于电压线圈，由于 $\dot{U} \approx \dot{E}_1$，因此，由式（8-4）大致估计磁通值作为猜试的依据。

例 1　某交流电磁铁导磁体部分的尺寸如图 8-8 所示（图中尺寸的单位均为 mm），导磁体用厚度为 0.35mm 的 D41 号硅钢片叠成，导磁体的总厚度为 15mm，试求当衔铁吸合时，工作气隙磁通幅值 $\Phi_{\delta m} = 2 \times 10^{-4}$ Wb 时所需的线圈磁动势（假设线圈沿铁心长度均匀分布）及短路环损耗的功率。已知闭合时的剩余气隙为 $\delta_1 = \delta_2 = 0.05$mm，短路环电阻为 $r_{dl} = 6.7 \times 10^{-3}\,\Omega$，

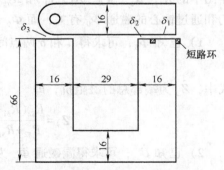

图 8-8　交流电磁铁导磁体尺寸图

楞角气隙 δ_3 的磁导为 $G_{\delta 3} = 2 \times 10^{-6}$H，钢片的叠压系数为 0.9，电源频率为 400Hz。

解：交流磁系统的等效磁路图如图 8-6b 所示，因为铁心与铁轭的材料、截面积和长度

相同，可由一个磁阻 R_2 和磁抗 χ_2 表示。

1）求 $R_{\delta1} \sim R_{\delta3}$，$\chi_{dl}$，$R_1$，$\chi_1$ 和 $G_{\sigma g}$ 等参数。

计算主工作气隙磁导 $G_{\delta1}$ 和 $G_{\delta2}$ 时忽略散磁，可得

$$G_{\sigma1} = \frac{\mu_0 S_1}{\delta_1} = \frac{1.25 \times 10^{-6} \times 10 \times 15 \times 10^{-6}}{0.05 \times 10^{-3}} \text{H} = 3.75 \times 10^{-6} \text{H}$$

$$R_{\delta1} = \frac{1}{G_{\sigma1}} = 2.67 \times 10^5 \text{A/Wb}$$

$$G_{\sigma2} = \frac{\mu_0 S_2}{\delta_2} = \frac{1.25 \times 10^{-6} \times 5 \times 15 \times 10^{-6}}{0.05 \times 10^{-3}} \text{H} = 1.88 \times 10^{-6} \text{H}$$

$$R_{\delta2} = \frac{1}{G_{\sigma2}} = 5.32 \times 10^5 \text{A/Wb}$$

已知 $G_{\sigma3} = 2 \times 10^{-6} \text{H}$，则

$$R_{\delta3} = \frac{1}{G_{\sigma3}} = 5 \times 10^5 \text{A/Wb}$$

χ_{dl} 由式（8-14）求得

$$\chi_{dl} = \frac{\omega W_2^2}{r_{dl}} = \frac{2\pi \times 400}{6.7 \times 10^{-3}} \text{A/Wb} = 3.75 \times 10^5 \text{A/Wb}$$

衔铁部分的铁磁阻 R_1 可由式（8-19）求得，其中导磁体截面积为

$$S = 15 \times 16 \times 10^{-6} \times 0.9 \text{m}^2 = 2.16 \times 10^{-4} \text{m}^2$$

衔铁内磁通密度为

$$B_1 = \frac{\Phi_{\delta m}}{\sqrt{2} S} = \frac{2 \times 10^{-4}}{\sqrt{2} \times 2.16 \times 10^{-4}} \text{T} = 0.655 \text{T}$$

查第 2 章图 2-18a 磁化曲线 3，可得衔铁内的磁场强度 $H_1 = 90 \text{A/m}$，故

$$R_1 = \frac{H}{B} \frac{l_1}{S} = \frac{90 \times 61 \times 10^{-3}}{0.655 \times 2.16 \times 10^{-4}} \text{A/Wb} = 0.4 \times 10^5 \text{A/Wb}$$

衔铁部分的磁抗 χ_1 可由式（8-17）求得，而式中 P_c 可由式（8-18）求得，单位重量铁损由第 5 章式（5-9）求得，式中 σ_h 和 σ_f 通过查表 5-1 可得：$\sigma_h = 2.4$，$\sigma_f = 0.6$；又取 $\gamma = 7.6 \times 10^3 \text{kg/m}$，则

$$p_c = \left[\sigma_H \left(\frac{f}{100} \right) + \sigma_f \left(\frac{f}{100} \right)^2 \right] B_m^2 = [2.4 \times 4 + 0.6 \times 16](0.655 \times \sqrt{2})^2 \text{W/kg} = 16.5 \text{W/kg}$$

$$P_c = 16.5 \times 7.6 \times 10^3 \times 2.16 \times 10^{-4} \times 61 \times 10^{-3} \text{W} = 1.65 \text{W}$$

$$\chi_1 = \frac{2P_c}{\omega \Phi_{\delta m}^2} = \frac{2 \times 1.65}{2\pi \times 400 \times 4 \times 10^{-3}} \text{A/Wb} = 0.33 \times 10^5 \text{A/Wb}$$

归化漏磁导 $G_{\sigma g} = \frac{1}{3} gl$，式中 g 可由第 2 章表 2-5 中序号 4 公式求得，即

$$g = \mu_0 \frac{\pi}{\ln\left[\dfrac{h + \sqrt{h^2 - \dfrac{4}{\pi} a^2}}{\dfrac{2}{\sqrt{\pi}} a} \right]} = 1.25 \times 10^{-6} \frac{\pi}{\ln\left[\dfrac{45 + \sqrt{45^2 - \dfrac{4}{\pi} 15.5^2}}{\dfrac{2}{\sqrt{\pi}} 15.5} \right]} \text{H/m} = 2.46 \times 10^{-6} \text{H/m}$$

故

$$G_{\sigma g} = \frac{1}{3}gl = \frac{1}{3} \times 2.46 \times 10^{-6} \times 50 \times 10^{-3}\,\mathrm{H} = 4.1 \times 10^{-8}\,\mathrm{H}$$

2）求 $\dot{U}_{ab}$。

$$\dot{U}_{ab} = \dot{\Phi}_\delta Z_d$$

$$Z_d = \frac{R_{\delta 2}(R_{\delta 1} + \mathrm{j}x_{dl})}{R_{\delta 2} + R_{\delta 1} + \mathrm{j}X_{dl}} + R_{\delta 3} + R_1 + \mathrm{j}X_1$$

$$= \frac{5.32 \times (2.67 \times \mathrm{j}3.75)}{5.32 + 2.67 + \mathrm{j}3.75} \times 10^5 + (5 + 0.4) \times 10^5 + \mathrm{j}0.33 \times 10^5\,\mathrm{A/Wb}$$

$$= (7.81 + \mathrm{j}1.70) \times 10^5\,\mathrm{A/Wb}$$

$$\dot{U}_{ab} = \frac{2 \times 10^{-4}}{\sqrt{2}}(7.81 + \mathrm{j}1.70) \times 10^5 = (110.5 + \mathrm{j}24.0)\,\mathrm{A}$$

3）求 $\dot{\Phi}_\sigma$ 及 $\dot{\Phi}_0$。

$$\dot{\Phi}_\sigma = \dot{U}_{ab}G_{\sigma g} = (110.5 + \mathrm{j}24.0) \times 4.1 \times 10^{-8}\,\mathrm{Wb} = (0.0453 + \mathrm{j}0.00984) \times 10^{-4}\,\mathrm{Wb}$$

$$\dot{\Phi}_0 = \dot{\Phi}_\delta + \dot{\Phi}_\sigma = \frac{2 \times 10^{-4}}{\sqrt{2}} + (0.0453 + \mathrm{j}0.00984) \times 10^{-4}\,\mathrm{Wb} = (1.46 + \mathrm{j}0.00984) \times 10^{-4}\,\mathrm{Wb}$$

4）求 R_2 及 X_2。

由于 Φ_σ 很小，可以近似认为铁心、铁轭及底铁内的磁通都等于 Φ_0，因此

$$B_2 = \frac{\Phi_0}{S} = \frac{1.461 \times 10^{-4}}{2.16 \times 10^{-4}}\,\mathrm{T} = 0.676\,\mathrm{T}$$

查 $B\text{-}H$ 曲线得

$$H_2 = 92\,\mathrm{A/m}$$

因此

$$R_2 = \frac{H_2 l_2}{B_2 S} = \frac{92 \times 161 \times 10^{-3}}{0.676 \times 2.16 \times 10^{-4}}\,\mathrm{A/Wb} = 1 \times 10^5\,\mathrm{A/Wb}$$

$$p_c = (2.4 \times 4 + 0.6 \times 16)(0.676 \times \sqrt{2})^2\,\mathrm{W/kg} = 17.6\,\mathrm{W/kg}$$

$$P_c = 17.6 \times 7.6 \times 10^3 \times 2.16 \times 10^{-4} \times 16.1 \times 10^{-3}\,\mathrm{W} = 4.65\,\mathrm{W}$$

因此：

$$X_2 = \frac{P_c}{\omega \Phi_0^2} = \frac{4.65}{2\pi \times 400 \times (1.461)^2 \times 10^{-8}}\,\mathrm{A/Wb} = 0.867 \times 10^5\,\mathrm{A/Wb}$$

5）求线圈磁动势（$\dot{I}_1 W_1$）。

$$\dot{I}_1 W_1 = \dot{U}_{ab} + \dot{\Phi}_0(R_2 + \mathrm{j}X_2) = (110.5 + \mathrm{j}24.0) + (1.46 + \mathrm{j}0.00984)(1 + \mathrm{j}0.867) \times 10\,\mathrm{A}$$

$$= (125 + \mathrm{j}36.7)\,\mathrm{A} = 130 \angle 16.4°\,\mathrm{A}$$

6）求短路环损耗的功率 P_{dl}。

通过短路环的磁通 $\dot{\Phi}_{\delta 1}$ 为

$$\dot{\Phi}_{\delta 1} = \Phi_\delta \frac{R_{\delta 2}}{(R_{\delta 1} + \mathrm{j}X_{dl}) + R_{\delta 2}} = \frac{2 \times 10^{-4}}{\sqrt{2}} \times \frac{5.32}{2.67 + \mathrm{j}3.75 + 5.32}\,\mathrm{Wb} = 0.8515 \times 10^{-4} \angle -25.1°\,\mathrm{Wb}$$

因此，根据式（8-16），可得

$$P_{dl} = \omega \Phi_{\delta 1}^2 \chi_{dl} = 2\pi \times 400 \times (0.8515)^2 \times 10^{-8} \times 3.75 \times 10^5 \text{W} = 6.83\text{W}$$

8.4　交流电磁铁的吸力

由 8.1 节可知，交流电磁铁的平均吸力只有最大吸力的一半，而最大吸力受导磁体饱和磁通的限制，因此，在给定的吸力和衔铁行程要求下，交流电磁铁所需的铁心截面积为直流电磁铁的两倍，其导磁体的重量也比直流电磁铁大得多。另外，交流电磁铁必须采用叠片式结构和短路环，其结构工艺性和工作可靠性都比较差。短路环要消耗较大的功率，降低了电磁铁的效率。交流电磁铁的寿命也远不如直流电磁铁。因此目前飞机上很少采用。例如，用以操作交流电路的航空交流接触器，其电磁铁仍然是由直流控制的；某些保护及控制继电器，当需要它们反映交流电参量时也往往用整流器将交流转变为直流后再接入继电器的线圈中[3]。

但是，交流电磁铁由于具有恒磁链的特点，其静吸力特性要比直流电磁铁平坦，在起始行程上便可以获得较大的吸力，虽然其初始起动电流也比较大，但一旦吸合后，剩余工作气隙极小，线圈的工作电流较小，通常这两个电流的比值能达到 6~10 倍。所以，对于交流电网能短时提供足够大的起动电流且不会对其他用电设备产生不良影响的场合，直接使用交流电磁铁非常方便。因此，交流电磁铁在一般工业用电设备中得到了广泛应用，只是在使用时要注意，当接通电源后不可让衔铁长期处于打开位置，否则线圈就有被烧坏的危险。另外，交流电磁铁也不能过于频繁地操作，否则线圈发热也比较严重。

交流电磁铁可以采用单相、两相或三相励磁。单相励磁的交流电磁铁结构比较简单，对电源没有特别的要求，因此应用较多。但是单相电磁铁的吸力是脉动的，加上短路环（见图 8-3）后虽然能使最小吸力不为零，但是仍然不能消除脉动现象。在设计电磁铁时，重要的是电磁铁的平均吸力，它决定了电磁铁能否带动负载可靠吸合，而当衔铁吸合后，吸力的最小值也很重要，它必须大于吸合时的反力，否则衔铁就可能发生振动。

交流电磁铁的结构型式较多，基本型式如图 8-9 所示。交流电磁铁的吸力特性利用衔铁所受的平均吸力 F_{dp} 与工作气隙 δ 的关系表示。在电磁铁重量、工作制和励磁线圈温升均相同的条件下，图 8-10 给出了各种型式的电磁铁的静吸力特性。

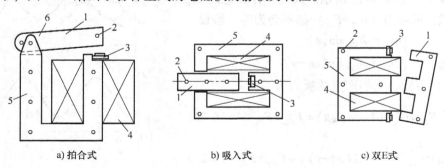

a) 拍合式　　　　　b) 吸入式　　　　　c) 双E式

图 8-9　交流电磁铁的型式

1—衔铁（拍合式及双E式）或铁心（吸入式）　2—铆钉
3—短路环　4—线圈　5—铁轭　6—轴

245

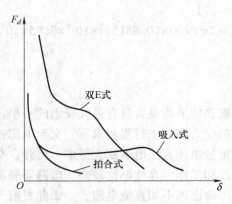

图 8-10 交流电磁铁的静吸力特性

交流电磁铁的导磁体因采用叠片式结构只能做成棱柱形,线圈的截面也只能是矩形。为了减少铁心发热对线圈的影响,线圈的长厚比 λ 不能太大,导致线圈的平均匝长增加,用铜量增加。

下面进一步讨论短路环对吸力的影响及其设计特点,以及三相交流电磁铁的吸力。

8.4.1 加短路环后的吸力

短路环套在部分磁极面上,如图 8-3 所示。它将工作气隙中的磁通 Φ_δ 分成两部分:$\Phi_{\delta 1}$ 为通过被短路环所包围的极面 S_1 的磁通;$\Phi_{\delta 2}$ 为通过没有被短路环包围的极面 S_2 的磁通。由于短路环中的感应电流总是阻止与其相匝链的磁通的变化,所以 $\Phi_{\delta 1}$ 和 $\Phi_{\delta 2}$ 在时间上将不再同相。$\Phi_{\delta 1}$ 落后于 $\Phi_{\delta 2}$ 相位角 γ(见图 8-11)

$$\tan\gamma = \frac{\chi_{dl}}{R_{\delta 1}} \qquad (8-21)$$

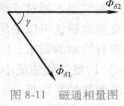

图 8-11 磁通相量图

式中,χ_{dl} 为短路环引起的磁抗;$R_{\delta 1}$ 为气隙 δ_1 的磁阻。

$\Phi_{\delta 1}$ 和 $\Phi_{\delta 2}$ 不会同时过零,由它们所产生的吸力 $F_{d1}(t)$ 和 $F_{d2}(t)$ 也不会同时为零,在时间上它们也有一个相角差,如图 8-12 所示。因此,在任意时刻,作用在衔铁上的吸力($F_{d1}+F_{d2}$)都不会为零。假设

$$\begin{cases} \Phi_{\delta 2} = \Phi_{\delta 2m}\sin\omega t \\ \Phi_{\delta 1} = \Phi_{\delta 1m}\sin(\omega t - \gamma) \end{cases}$$

由式(8-7)可知,它们产生的吸力为

$$F_{d2} = \frac{F_{d2m}}{2}(1-\cos 2\omega t) = F_{d2p}+F_{d2j} \qquad (8-22)$$

$$F_{d1} = \frac{F_{d1m}}{2}\left[1-\cos 2(\omega t-\gamma)\right] = F_{d1p}+F_{d1j} \qquad (8-23)$$

式中

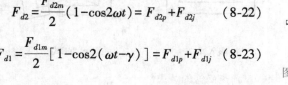

图 8-12 有短路环时磁通和吸力的变化

$$F_{d2m} = \frac{\Phi_{\delta 2m}^2}{2\mu_0 S_2} \qquad\qquad F_{d1m} = \frac{\Phi_{\delta 1m}^2}{2\mu_0 S_1}$$

$$F_{d2p} = \frac{F_{d2m}}{2} \qquad\qquad F_{d1p} = \frac{F_{d1m}}{2}$$

$$F_{d2j} = -\frac{F_{d2m}}{2}\cos 2\omega t \qquad F_{d1j} = -\frac{F_{d1m}}{2}\cos(2\omega t - 2\gamma)$$

由式（8-23）可见，两个气隙中的吸力交变分量 F_{d2} 和 F_{d1} 都以 $2f$ 的频率变化，但 F_{d1j} 落后于 F_{d2j} 相位角 2γ（图 8-13）。合成吸力 F_d 为

$$F_d = F_{d1} + F_{d2} = (F_{d1p} + F_{d2p}) + (F_{d1j} + F_{d2j}) \qquad (8\text{-}24)$$

合成吸力 F_d 的平均值 F_{dp} 和交变分量 F_{dj} 分别为 F_{d2} 和 F_{d1} 两个吸力的平均值和交变分量之和。两个平均吸力可以直接相加，而两个以相同频率交变的吸力之和仍为交变量，即

$$F_{dj} = -F_{djm}\cos(2\omega t - 2\theta) \qquad (8\text{-}25)$$

式中，F_{djm} 为合成吸力交变分量的幅值；2θ 为合成吸力交变分量的相位角。

F_{djm} 及 2θ 可以利用矢量相加的方法求得，如图 8-13 所示。

求得 F_{dp} 和 F_{djm} 后便可求出最小吸力值 F_{d0} 为

$$F_{d0} = F_{dp} - F_{djm} \qquad (8\text{-}26)$$

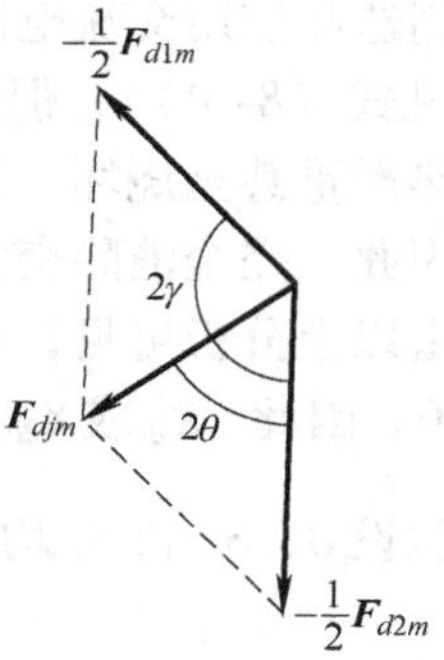

现在讨论短路环的影响。

图 8-13 用矢量相加的方法求合成吸力的交变分量

1. 对平均吸力的影响

设工作气隙的磁压降为 $\dot{u}_\delta$，则在没有短路环时的气隙磁通幅值 $\Phi_{\delta m0}$ 和平均吸力 F_{dp0} 为

$$\begin{cases} \Phi_{\delta m0} = \dfrac{U_{\delta m}\mu_0(S_1 + S_2)}{\delta} \\[3mm] F_{dp0} = \dfrac{\Phi_{\delta m0}^2}{4\mu_0(S_1 + S_2)} = \dfrac{U_{\delta m}^2\mu_0(S_1 + S_2)}{4\delta^2} \end{cases} \qquad (8\text{-}27)$$

式中，$U_{\delta m}$ 为磁压降的幅值；δ 为工作气隙长度，设 $\delta = \delta_1 = \delta_2$；$(S_1 + S_2)$ 为磁极面积。

加上短路环后，使 u_δ 和 $\delta = \delta_1 + \delta_2$ 保持不变，则两部分磁通的幅值 $\Phi_{\delta 1m}$ 和 $\Phi_{\delta 2m}$ 分别为

$$\begin{cases} \Phi_{\delta 2m} = \dfrac{U_{\delta m}\mu_0 S_2}{\delta} \\[3mm] \Phi_{\delta 1m} = \dfrac{U_{\delta m}}{\sqrt{R_{\delta 1}^2 + X_{dl}^2}} = \dfrac{U_{\delta m}\mu_0 S_1\cos\gamma}{\delta} \end{cases}$$

代入式（8-22）和式（8-23）求得 F_{d1p} 及 F_{d2p} 后，可得平均吸力 F_{dp} 为

$$F_{dp} = F_{d1p} + F_{d2p} = F_{dp0}\frac{S_2 + S_1\cos^2\gamma}{S_1 + S_2} \qquad (8\text{-}28)$$

式中，F_{dp0} 为没加短路环时的平均吸力（式（8-27））。

由于 $\cos\gamma$ 一般小于 1，因而 F_{dp} 总是小于 F_{dp0}，即加上短路环后，电磁铁的平均吸力减小，最小吸力 F_{d0} 不等于零。但是在电磁铁设计中更重要的是使吸合后的电磁吸力最小值 F_{d0} 大于反力，因为在打开位置时由于 $R_{\delta 1} \gg X_{dl}$，短路环的作用不明显。

2. 对吸力交变分量的影响

加上短路环后最小吸力值 F_{d0} 明显提高，但吸力仍呈脉动变化。在电磁铁设计中总是希望吸力的脉动越小越好。

由图 8-13 可以看出，如果使 $F_{d1m}=F_{d2m}$ 且相角 $2\gamma=180°$，则合成吸力的交变分量 $F_{dj}=0$，即没有脉动现象。然而，这两个条件不可能同时满足。要使 $\gamma=90°$，即 $\tan\gamma=X_{dl}/R_{\delta 1}\to\infty$，则 $R_{\delta 1}\to 0$ 或 $X_{dl}\to\infty$，这两者在实际中很难做到。一方面，要使 $R_{\delta 1}\to 0$，必须使剩余气隙 $\delta_1\to 0$。在制造交流电磁铁时一般要用磨床磨平极面，使闭合后两个极面贴合得尽可能紧密，但是不可能使 δ_1 等于零，一般 $\delta_1=0.025\sim 0.05\text{mm}$。另外，在使用过程如果磁极端面生锈或粘有灰尘等都将使 δ_1 增大，使得交流电磁铁的吸力脉动加剧，造成衔铁振动，产生噪声，这在制造和使用交流电磁铁时必须予以注意。另一方面，减小短路环的电阻 r_{dl} 可以使 X_{dl} 增大（见式 (8-14)），但是这会使短路环消耗的功率 P_{dl} 大大增加（见式 (8-16)），导致短路环发热严重甚至烧坏。另外，当 X_{dl} 很大时，$\Phi_{\delta 1}$ 和 F_{d1} 很小，又不可能满足 $F_{d1m}=F_{d2m}$ 这个条件。因此，完全消除交流电磁铁吸力的脉动现象是不可能的，实际上也没有必要。

由以上分析可见，当 $X_{dl}\to\infty$ 时，$\Phi_{\delta 1}\to 0$，$F_{d0}\to 0$；当 $X_{dl}\to 0$，即没有短路环时，同样有 $F_{d0}\to 0$。因此，X_{dl} 或 $X_{dl}/R_{\delta 1}$ 存在一个最优值，此时 F_{d0} 最大。

假设 δ、S_1 和 S_2 均为定值，令 $\dfrac{\mathrm{d}F_{d0}}{\mathrm{d}\left(\dfrac{X_{dl}}{R_{\delta 1}}\right)}=0$，则可求得当

$$\frac{X_{dl}}{R_{\delta 1}}=\sqrt{1+\frac{S_1}{2S_2}} \tag{8-29}$$

时，F_{d0} 为最大值，此时

$$(F_{d0})_{\max}=F_{dp0}\frac{2S_1 S_2}{(S_1+4S_2)(S_1+S_2)} \tag{8-30}$$

可见，$(F_{d0})_{\max}$ 与 S_1 和 S_2 的值有关。令 $S=S_1+S_2$，对应于不同的 S_1/S，$(F_{d0})_{\max}$ 不同。对于两个极端情况：$S_1=0$ 和 $S_2=0$，$(F_{d0})_{\max}$ 都等于零，所以在这两个值之间可以找到使 $(F_{d0})_{\max}$ 为最大值的 S_1/S 值。令 $\dfrac{\mathrm{d}(F_{d0})_{\max}}{\mathrm{d}(S_1/S)}=0$，则可求得当

$$\frac{S_1}{S}=\frac{2}{3} \tag{8-31}$$

时，$(F_{d0})_{\max}$ 为最大值，此时

$$(F_{d0})_{\max}=\frac{2}{9}F_{dp0} \tag{8-32}$$

$$F_{dp}=\frac{5}{9}F_{dp0} \tag{8-33}$$

综上所述，为使短路环的效果最佳，在电磁铁设计中应注意以下几点：

1）短路环所套极面的面积 S_1 应占总极面积的 2/3。

2）δ_1 应尽可能小以减小 $R_{\delta 1}$，减小 $R_{\delta 1}$ 对降低短路环的损耗有利；

3）短路环的电阻 r_{dl} 应使 $\dfrac{X_{dl}}{R_{\delta 1}}=\sqrt{1+\dfrac{S_1}{2S_2}}=\sqrt{2}$。

8.4.2　三相交流电磁铁的吸力

在三相交流供电系统中常常采用三相交流电磁铁，如图 8-14a 所示。在 E 形铁心的每个铁心柱上都绕有一个线圈，接上三相对称交流电源后，三个铁心柱中的磁通也是对称的，如图 8-14b 所示。

记

$$\begin{cases} \Phi_1 = \Phi_m \sin\omega t \\ \Phi_2 = \Phi_m \sin(\omega t - 120°) \\ \Phi_3 = \Phi_m \sin(\omega t + 120°) \end{cases}$$

式中，$\Phi_m \approx \dfrac{U}{4.44 Wf}$，$U$ 为相电压有效值；W 为线圈匝数；f 为电源频率。

三个铁心柱中的磁通产生的吸力均可由式（8-7）求出。作用在衔铁上的合力为

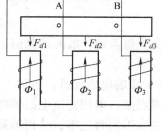
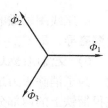

a）三相交流磁铁　　　　b）磁通

图 8-14　三相交流电磁铁

$$F_d = F_{d1} + F_{d2} + F_{d3} = \frac{F_{dm}}{2}\{3 - [\cos2\omega t + \cos(2\omega t - 240°) + \cos(2\omega t + 240°)]\}$$

$$= \frac{3}{2}F_{dm} \tag{8-34}$$

式中，$F_{dm} = \dfrac{\Phi_m^2}{2\mu_0 S}$；$S$ 为单相的极面积。

由式（8-34）可见，三相交流电磁铁中作用在衔铁上的合力是不随时间变化的常数（见图 8-15），但这个合力在衔铁上的作用点并不是固定在衔铁的中间，而是以两倍于电源频率在 A 和 B（见图 8-14a）两点之间周期性地移动，A、B 两点恰在两个磁极的中间。

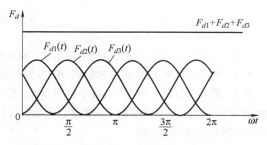

图 8-15　三相交流电磁铁的吸力特性

小　　结

由交流电源激磁的磁系统称为交流磁系统。交流磁系统中磁通随时间交变，具有下列特点：

1）导磁体中存在涡流。为了尽量减小涡流和磁滞造成的损耗，采用电阻率高的软磁材料和叠片结构。

2）由于铁磁材料磁化曲线的非线性，使得磁感应强度和磁场强度不可能同时为正弦量。交流磁系统的导磁体饱和与否由 B_m 值决定，不饱和时可近似认为 B 和 H 均为正弦量。

3）交流磁路的磁通主要取决于加在线圈两端的电压而与气隙大小无直接关系，而励磁电流与气隙大小成正比。

4）由于涡流对磁通变化的阻滞作用，使得交流磁路中磁通和励磁电流之间以及导磁体各截面磁通之间不同相。磁阻和磁抗均产生磁压降，其中磁抗与铁损成正比。磁阻和磁抗构

成磁阻抗:

$$Z = R + jX$$

5）交流磁系统的导磁体不饱和时磁通和磁动势为正弦量。交流磁路计算方法可类似于交流电路。磁路基尔霍夫定律用相量形式表示为

$$\sum \dot{\Phi} = 0$$

$$\sum \dot{\Phi} Z = \sum \dot{I} W$$

电压线圈励磁的交流磁系统，线圈的磁链不随气隙的改变而改变，应采用磁链等效的归化漏磁导，即 $G_{\sigma g} = G_\sigma / 3$。

6）交流电磁铁是常用的电磁元件。磁通的交变使电磁吸力在零与最大值之间周期性变化。为了消除吸力过零现象，单相交流电磁铁在部分极面上套有短路环。短路环的移相作用使得衔铁上的两部分磁通不同时过零，从而消除了吸力过零现象，但短路环中的感应电流使其功率损耗增大。

三相交流电磁铁的合成吸力不随时间变化，作用点随时间周期性移动。

7）与直流电磁铁相比，交流电磁铁的静吸力特性比较平坦。在最大磁通相等的条件下，交流电磁铁不加短路环时，平均吸力只有直流电磁铁的 1/2。加上短路环后，平均吸力进一步减小。短路环的参数应使最小吸力值尽可能大。取最佳参数，即 $S_1/S_2 = 2/3$ 和 $X_{dl}/R_{\delta l} = \sqrt{2}$，平均吸力只有不加短路环时的 5/9。

习题与思考题

8.1 交流电磁铁中若保持线圈电压不变，减少线圈匝数，试问其磁通、吸力和电流如何变化？

8.2 如果交流电磁铁为电流线圈，保持线圈电流不变，试问若减少线圈匝数，磁通和吸力如何变化？

8.3 第 8.3 节例 1 中若衔铁处于打开位置，此时 $\delta_1 = 5\text{mm}$，$\delta_2 = 4\text{mm}$，$G_{\delta 3} = 1.5 \times 10^{-6}\text{H}$，试求当工作气隙磁通幅值 $\Phi_{\delta m} = 2 \times 10^{-4}\text{Wb}$ 时，所需的线圈磁势（计算时忽略散磁，并假设工作气隙 δ_1 和 δ_2 内为均匀磁场），并求短路环内的损耗。

8.4 交流磁路计算中能否使用直流磁化曲线，为什么？

8.5 交流电磁铁的短路环是否必须装在磁极端部？是否可套住整个磁极，为什么？

8.6 交流电磁铁从电源中获取的无功功率为 EI（E 为线圈的感应电动势，I 为线圈电流，均为有效值），证明电磁铁由打开位置运动到闭合位置时所做的机械功 ΔW 与无功功率的变化成正比。

第9章 电接触与电动力理论

电接触是指可以通过电流的导体连接，亦泛指其中产生的物理化学现象。电接触理论正是研究在电接触的产生、维持和消除过程中，导体接触面产生的物理化学过程的学科。在电器设计中，通常希望在满足一定经济利益的前提下，提高电接触的工作可靠性和工作寿命。

电动力是指载流导体间的作用力。由于电器的导电部分由多个导体构成，各导体之间电动力不尽相同，因此在设计电器过程中，常常需要对这些电动力进行计算和分析，以保证电器的工作性能。

9.1 电接触种类

按照导体连接方式的不同，电接触可以分为三大类：

1) 固定接触——导体对之间的连接是固定不可分离的，如螺钉、螺纹、铆钉等压紧的连接方式。

2) 滑动接触——导体对的一边是固定的，另一边可以沿一定轨道滑动。在滑动中滑动部分可能保持与一个固定导体块的接触，亦可能分别与若干个固定导体块轮流接触和分离，如地铁高铁导电弓、开关电器中间触头和电动机换向器等。

3) 可分接触——必要时可以分开的电接触，如开关电器就是利用可分电接触实现对电路通、断的控制的。

直接实现电接触的一对导体称之为触头。本书只研究可分电接触的工作原理和现象，但其基本原理亦适用于其他两类接触方式。触头是开关电器的重要组成部分，在大量的电气设备和电气网络中，它都是控制电路通、断的关键环节。虽然触头的构造一般并不复杂，工作原理简单而直观，但它们都是各种电气设备中工作可靠性最差的环节之一，而且，触头故障所引起的后果，往往是很严重的。在电气设备故障中，大部分是电接触故障，其中某些故障造成的后果十分严重。因此，深入学习和研究电接触中的各种现象是非常必要的。

触头都经历四种工作状态：

1) 闭合状态：应保证被控电路电流顺利通过。

2) 断开状态：应保证被控电路在任何环境条件下都形不成通路。

3) 关合过程：由断开状态到闭合状态的过渡。

4) 开断过程：由闭合状态到断开状态的过渡。

触头在上述四种工作状态中，经历了许多物理与化学的变化，这些变化在一定条件下，就会破坏触头的正常工作状态造成故障。可将这些现象归纳在以下三个问题中：①接触电阻；②气体放电；③触头的磨损。

本章主要介绍第一个问题"接触电阻"，第二和第三个问题将在第10章进行介绍。

触头的结构形式虽是多种多样的，但若按其接触形式划分，只有三种：点接触、线接触和面接触（见图9-1）。点接触多用于电流较小、压力不大或电压较低的触头；面接触多用于相反情况；线接触则介于二者之间。

触头的结构参数，除去触头高度、直径等外形尺寸之外，还有以下四个主要参数：

1）触头开距——指断开状态时动、静触头间的最小距离（见图9-2a中的Δ）；

2）触头超行程——在关合过程中动、静触头开始接触后，传动机构继续运动，直到其终点。若动触头不受静触头的阻碍，它会从开始接触的位置起继续随传动机构运动一段距离 δ_c（见图9-2c），这段距离称为触头的超行程（亦称跟随行程或备用行程）。

3）触头初压力——动、静触头刚接触时，触头间的压力（超行程之前的触头压力）。

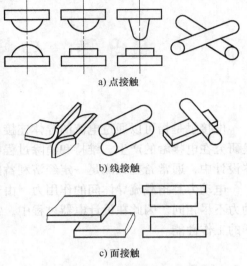

a) 点接触

b) 线接触

c) 面接触

图 9-1　触头接触形式

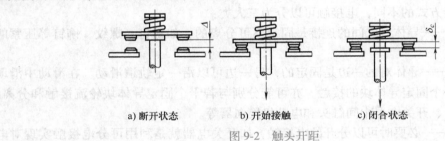

a) 断开状态　　　b) 开始接触　　　c) 闭合状态

图 9-2　触头开距

4）触头终压力——带动触头的传动机构运动到终点之后，触头间的压力（超行程之后的触头压力）。

适当地选择这些参数，才能保证触头可靠地工作。

9.2　接触电阻

9.2.1　接触电阻物理本质

电接触使得接触部位电阻增加，所增加的这一部分电阻称为接触电阻。通过显微镜仔细观察和分析接触处的表面就会发现：

1）无论接触表面加工得如何平整光滑，从微观看它仍是凸凹不平的（见图9-3）。实际上只有几个点在接触。如果以 A_a 表示名义上的接触面积（见图中，$A_a = \pi d^2/4$），称为视在接触表面积，以 A_b 表示实际承受压力的接触面积，则 A_b/A_a 这个比值是一个很小的数字，往往在千分之几以内。

这样，当电流流过触头时，电流线在接触点附近向接触头收缩如图9-3b所示。就相当于在接触头附近导体有效的导电截面大大缩小，因而造成电阻增加。这部分由于电流线收缩

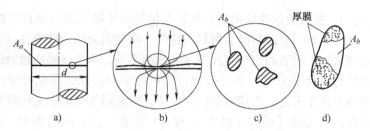

图 9-3　接触表面情况

而增加的电阻，称之为收缩电阻，用 R_s 表示。

2）接触表面不可能是完全清洁的，总会存在一些杂质，如尘埃、氧化物或其他化合物等，在表面形成一层膜。即使是刚加工好的触头，表面也不是完全清洁的。除去可能附着在上面的油污或其他杂质之外，其表面还会吸附一层薄薄的气体分子，这就是物理学中讲过的吸附现象。

电流流过接触表面的杂质和膜结时造成阻力。当膜比较厚时（暗膜），它可能使电路实际上完全不通，或者使实际导电的接触面积（图 9-3d 中的 A_b）减少，使收缩电阻加大。如果膜较薄（薄膜），电流可以通过，但它使接触电阻又增加了一个成分——膜电阻，用 R_m 来表示。

触头间总的接触电阻 R 为

$$R = R_s + R_m \qquad (9\text{-}1)$$

9.2.2　收缩电阻

收缩电阻 R_s 主要取决于触头材料与接触点附近的电流线分布状况。这与接触点的形状、数目、相互间隔、实际接触面积等一系列因素有关，而这些因素都会因每对触头的具体情况不同而不同。因此，精确地计算 R_s 是很困难的。

下面进一步分析收缩电阻的影响因素。先取一个接触点由图 9-4 来分析。

设此接触点的面积是半径为 a 的圆，触头材料是均质的，接触点上下的导体与接触点面积相比可视为是无限大，这样的接触面附近的电流线与等位线的分布如图 9-5 所示。

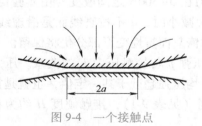

图 9-4　一个接触点　　　　　　　图 9-5　接触面附近的电流线与等位线

根据电流场理论，接触面一侧的收缩电阻 R_{s0} 为

$$R_{s0} = \frac{\rho}{4a} \qquad (9\text{-}2)$$

接触点的收缩电阻为

$$R_{s1} = 2R_{s0} = \frac{\rho}{2a} \qquad (9\text{-}3)$$

由式（9-3）可知，接触点的收缩电阻与接触点接触面半径以及材料的电阻率有关。在一定的接触压力下，触头材料的变形与触头材料的特性、接触表面的曲率半径以及表面的粗糙程度有关。即使经过精密加工的表面也会有几微米的凹凸不平，两个接触面接触时总会有一个高点先接触，继续压紧时又会有另外一些点接触。接触点中有弹性变形也有塑性变形。一般来说，无法用一种简单方式来表达。为使分析问题简单，先分析接触表面是纯弹性变形的情况。

假定两个局部球面的表面（曲率半径为 r_1 与 r_2）压在一起，压力为 F，材料的弹性系数为 E_1 与 E_2，材料的泊松系数为 v_1 与 v_2，则接触面的半径为

$$a = \sqrt[3]{\frac{3}{4}F\left(\frac{1-v_1^2}{E_1}+\frac{1-v_2^2}{E_2}\right)\left[\frac{1}{\frac{1}{r_1}+\frac{1}{r_2}}\right]} \tag{9-4}$$

若两个接触面的材料相同即 $E_1 = E_2 = E$，且令 $v_1 = v_2 = v = 0.3$，$r_1 = r_2 = r$，则

$$a = 0.88\sqrt[3]{\frac{Fr}{E}} \tag{9-5}$$

若接触的是曲率半径 r 的球面与平面，则

$$a = \sqrt[3]{\frac{Fr}{E}} \tag{9-6}$$

由此可见，弹性变形下接触面的半径 a 与接触压力的立方根成正比。

当接触点的压强超过材料屈服强度就会出现塑性变形。压强很大，接触面的极大部分是塑性变形时，接触点的平均压强才可视为常数，这个平均压强称为触头材料的接触硬度 H。接触硬度与布氏硬度 H_B 不同。布氏硬度 H_B 是在一定压力下的测量方法下，根据受压点塑性变形的程度来确定的；而接触硬度 H 与接触压力 F、接触面的半径 a 之间的关系可表示为

$$F = H\pi a^2 \text{ 或 } a = \sqrt{\frac{F}{H\pi}} \tag{9-7}$$

图 9-6 是在不同布氏硬度 H_B 下，实际接触面半径 a 与接触压力 F 之间的关系，这些关系是在半径为 6.3mm 的铜触头、平面接触、接触压力在 0~300N 之间改变时由实验得出的。由图 9-6 可知，当 F 增大时，a 也增大；但当 F 由大减小时，a 不按直线而是沿虚线下降。这一情况说明，当压力下降时，弹性变形部分能及时恢复而塑性变形部分仍将保留。

图 9-7 表示不同布氏硬度 H_B 下，接触点的平均压强 p 与接触压力 F 的关系。压力增加时，平均压强增加较快，当压力增大到一定值后，平均压强趋近于某一定值，也就是接触硬度 H。不同布氏硬度的材料，其接触硬度 H 也不相同（见表 9-1），接触硬度 H 约为布氏硬度 H_B 的 60%~80%。

表 9-1　布氏硬度 H_B 与接触硬度 H

$H_B/(\text{N/mm})$	560	580	800
$H/(\text{N/mm})$	320	380~400	480
H/H_B	0.57	0.66~0.69	0.6

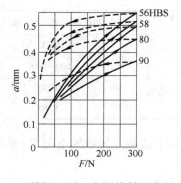

图 9-6 不同 H_B 下，实际接触面半径 a 与
接触压力 F 的关系

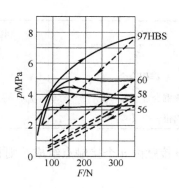

图 9-7 不同 H_B 下，接触点压强 p 与
压力 F 的关系

式（9-7）适用于纯塑性变形的情况。实际接触中总会有一部分弹性变形存在，因此接触面积要比用式（9-7）计算所得的面积大。考虑这一情况，可在式（9-7）中乘以修正系数 ξ

$$a = \sqrt{\frac{F}{\xi H \pi}} \tag{9-8}$$

ξ 值可取 $1/3 \sim 1$，压强大时，ξ 可取得大一些。由式（9-8）可知，在塑性变形下，接触面半径 a 与接触压力 F 的平方根成正比。

根据式（9-4）、式（9-6）、式（9-8）及式（9-3）即可求得单个接触点的收缩电阻 R_{s1} 为
在弹性变形下

$$R_{s1} = \frac{\rho}{2.22} \sqrt{\frac{E}{Fr}} \text{（球面与平面接触）} \tag{9-9}$$

或

$$R_{s1} = \frac{\rho}{1.82} \sqrt{\frac{E}{Fr}} \text{（球面与球面接触）} \tag{9-10}$$

在塑性变形下为

$$R_{s1} = \frac{\rho}{2} \sqrt{\frac{\xi H \pi}{F}} = \frac{\rho}{1.13} \sqrt{\frac{\xi H}{F}} \tag{9-11}$$

触头材料的电阻率 ρ 与布氏硬度 H_B 的数据见表 9-2。

表 9-2 材料的电阻率 ρ 与布氏硬度 H_B

材料	电阻率 $\rho/(10^{-6}\Omega \cdot m)$	布氏硬度 $H_B/(N/mm^2)$
铝	0.029	200~350
铜	0.017~0.018	350
黄铜	0.07~0.08	500~1700
银	0.016	250
锡	0.113	50

（续）

材料	电阻率 $\rho/(10^{-6}\Omega\cdot m)$	布氏硬度 $H_B/(N/mm^2)$
钨	0.053	3500
硅铝合金	0.039	500~1000
钨铜合金（W80%）	0.06	2200
钨银合金（W70%）	0.037	1750

若电接触由 n 个接触点组成，则收缩电阻 R_s 相当 n 个接触点的收缩电阻 R_{s1} 并联，即

$$R_s=\frac{R_{s1}}{n}=\frac{\rho}{2an} \tag{9-12}$$

考虑到 n 个接触点时，每个接触点上的压力为 F/n，代入式（9-9），式（9-10）和式（9-11）后可得收缩电阻 R_s。

在弹性变形下为

$$R_s=\frac{\rho}{2.22}\sqrt{\frac{E}{nFr}}（球面与平面接触） \tag{9-13}$$

或

$$R_s=\frac{\rho}{1.82}\sqrt{\frac{E}{nFr}}（球面与球面接触） \tag{9-14}$$

在塑性变形下为

$$R_s=\frac{\rho}{1.13}\sqrt{\frac{\xi H}{nF}} \tag{9-15}$$

例 9.1　点接触银触头，其触头压力 $p=0.1N$，求其收缩电阻 R_s。

解：查出银的电阻率：$\rho=0.016\times10^{-6}\Omega\cdot m$

$$H_B=250N/mm^2$$

取 $\xi=0.3$，代入式（9-11）得

$$R_s=\frac{0.016\times10^{-6}}{1.13}\sqrt{\frac{0.3\times250\times10^6}{0.1}}\Omega=0.388\times10^{-3}\Omega$$

例 9.2　触头同例 9.1，但 $p=2N$，求其收缩电阻 R_s

解：取 $\xi=0.7$，代入式（9-11）得

$$R_s=0.132\times10^{-3}\Omega$$

例 9.3　计算例 9.1 和例 9.2 中的接触面半径 a。

解：接触硬度 H 与常用的布氏硬度 H_B 虽略有不同，但十分相近。工程中计算完全可以用 H_B 来取代 H，只要注意它的量纲就可以了，使用 N/mm^2。

由式（9-8）得

例 9.1 中 $a=\sqrt{\dfrac{0.1}{3.14\times0.3\times250}}mm=2.06\times10^{-2}mm$

例 9.2 中 $a=\sqrt{\dfrac{2}{3.14\times0.7\times250}}mm=6.03\times10^{-2}mm$

9.2.3　膜电阻

触头之间出现杂质或触头表面上生成膜，使接触电阻大大升高，甚至于造成触头不通，这种现象叫作触头的污染。对于小负荷触头，污染是造成接触故障的主要原因之一。

根据表面膜的导电性质的不同，可分为暗膜和薄膜两种。它们之间的差异仅仅在于膜的厚度。当厚度大于某一界限值（约为 5~10nm）之后，导电是由暗膜中的电子或空穴的移动而实现的，其电阻相当于绝缘电阻。这种膜称之为暗膜，暗膜电阻 R_{m1} 的计算公式与一般绝缘电阻相同，即

$$R_{m1} = \frac{\rho_m d}{\pi a^2} \tag{9-16}$$

式中，ρ_m 为膜的电阻率，取决于膜的性质；d 为膜的厚度。

薄膜则是指厚度低于界限值的膜。此时，由于触头两金属面相距很近，在某一金属中不断运动的电子，可能直接穿越两金属之间由于逸出功所造成的位垒，进入另一金属，形成电子导电，这种现象称之为隧道效应。显然这时电子能够穿过位垒的概率，与位垒高度（即逸出功）φ 以及膜厚度 d 有关。φ 越高，d 越大，则电阻越大。其计算公式为

$$R_{m2} = \frac{\sigma}{\pi a^2} \tag{9-17}$$

式中，σ 为隧道电阻率，是位垒高度 φ 和膜厚度 d 的函数。

隧道效应的电阻远低于按一般概念计算的电阻。也就是说按式（9-17）计算出的数值，远低于按式（9-16）计算的结果。譬如某一金属，当其表面的膜只有 0.5nm 厚时，按式（9-17）算出其膜电阻为 $R_{m2} = 1.8 \times 10^{-3} \Omega$。但是当膜的厚度增加 20 倍之后，按式（9-16）计算其电阻，就得到 $R_{m1} \approx 3000\Omega$，增加约 1.6×10^6 倍。

上述数字还表明，薄膜的存在只会使接触电阻加大，使之不稳定，而暗膜则可能完全破坏触头的正常工作。表面膜对触头工作的影响，还与膜的成分有关。按其成分不同，表面膜可分为以下几种：

1）尘埃膜。它由附着在触头表面上的团体微粒构成。微粒可能是灰渣、尘土、纺织物纤维等触头周围介质中的杂质，亦可能是产品表面的剥落物以及电弧燃烧所形成的固体微粒。尘埃膜既可以是低电阻的薄膜也可以是高电阻的厚膜。由于尘埃与金属触头之间是借分子的静电引力联系（物理吸附），极易脱落，因而由此引起的接触故障或阻值的变化具有断续和随机的特点。

2）吸附膜。它是气体分子或水分子在触头表面的吸附层。吸附膜厚仅几个分子层，在高压力强度下可以减少到 1~2 个分子层（约 0.5~1nm），但很难用机械方法将它完全去除。因此所有触头材料，包括全部贵金属在内，其触头表面都有吸附膜存在。

吸附膜是薄膜，因此它在一般情况下是无害的，仅使接触电阻有所上升，但当压力很小时，吸附膜可能使接触电阻严重不稳定（阻值在很大的范围内波动）。正是由于这个原因，即使对于金、铂等贵金属材料，触头压力在任何情况下也不应小于 1~2gf（克力）$^\ominus$。

3）碳的附着层。由于摩擦与电弧的作用，使触头附近的含碳物质分解，沉积在触头表

$\ominus$ 1g 物体所受重力，$1\text{gf} \approx 0.0098\text{N}$，后同。

面上，造成碳的附着层。这种附着层的电阻随压力而改变。对触头压力较小的触头，它使接触电阻大大上升（可达几欧姆以上）。但是对触头压力较大的触头，它造成的影响较小。

4）无机膜。它是触头表面生成的各种无机化合物，主要是氧化物和硫化物。在潮湿的环境中，触头表面还会出现电解腐蚀，而形成化合物的膜。因此无机层的形成取决于触头材料对氧、硫的化学亲合力和它的化学电位。金、铂等金属以及以它们为主的合金，一般不会形成无机膜。但银以及各种非贵金属都存在无机膜的问题。

铜以及一部分铜合金具有良好的导电性能，但是用它们做触头时，表面会生成较厚的、导电性能较差的（半导体）无机膜。在高温、高湿的环境下尤为严重。实验证明，清洁的铜触头在 70℃ 的环境条件下放置 36 天后，接触电阻加大 15000 倍。

银的氧化膜具有一定的导电性能，而银又是贵金属中最便宜的一种，因此银和银合金是目前应用最广泛的触头材料。但银的硫化膜是不导电的，因此银触点不能用于含硫化物的环境中。

5）有机膜。从绝缘材料或其他有机化合物中排出的有机蒸气，会在金属表面上形成一种粉末状的聚合物。如果这些聚合物附着于触点表面，就成了一种不导电的膜——有机膜。用铂族（铂、铱、钯等）金属制成的触头，最易形成有机膜，其中最严重的是钯。环境中的水蒸气会加速这种膜的形成。有机膜的击穿强度很高，因此它对触头的危害最为严重。

为防止触头污染造成的危害，目前有以下几种措施：

1. 破坏已生成的表面膜

以下几个因素可以使表面膜破坏：

1）机械压力。在大的压强作用下，某些不坚固的暗膜会发生断裂。裂缝处清洁的金属表面接触在一起。

增加触头压力还可扩大接触面积，减薄吸附层。这些因素都使接触电阻下降，并且使电接触稳定可靠。以镍棒接触电阻发生变化的情况为例，触头压力最初由 25gf 增加到 85gf 时，接触电阻由 0.055Ω 下降到 0.01Ω 以下，而压力在 25~85gf 间反复变化 50 次的过程中，接触电阻仅在 0.01Ω 的上下波动，远低于原来的 0.055Ω 这个数值。最后将压力加大到 190gf，并且在 85~190gf 之间波动 40 次，情况与前类似，而且接触电阻的数值和变化范围都更小些、更稳定。

经验证明，为保证触头可靠工作，其压力必须大于某一最低限度的数值。如钢为 300gf，银约为 5~15gf，金、铂等贵金属为 1~2gf。这个数值还与对触头在可靠性方面的要求有关。当要求触头的失效率（出现故障的概率）很低时，这个数值应显著增大。

对压力小或工作电压很低的触头，尽可能采用点接触形式，并且触头的曲率半径不宜过大，以提高接触面上的压强。

2）机械摩擦。摩擦可以使暗膜破坏，也可以在一定程度上驱使触头表面吸附的气体分子脱离摩擦面。因此它也是破坏表面膜的最有效的方法之一。许多触头设计成具有相对滑动或滚动的结构。对中等负荷以上的触头来说，这种结构是不难实现的。

3）电场击穿。膜具有一定的击穿强度，如 Cu_2O 为 $0.35 \times 10^6 V/cm$。因此当触头两端电压达到一定数值，使电场强度高于膜的击穿强度时，表面膜被电击穿。击穿后形成导电的金属桥，使接触电阻急剧下降。对于厚度只有数 nm 厚的薄膜，击穿电压只有数十至上百 mV。而对厚达数十至数百 nm 的暗膜（无机膜）击穿电压大约在几 V 至几十 V 之间。有机膜的击穿电压比上述数值大约还要高十倍。一般工业用的开关电器，其工作电压都是几百 V，因此只要采取适当的措施，膜的危害相对较小。而对于低电压系统（包括航空的直流供电系统），表面膜对触头的工作就是一个很大的威胁。对于低电平电路（指工作电压在几十 mV 以下，工作电流在 μA 数量级的电路）表面膜则是妨碍触头可靠工作的根本症结所在，是目前开关电器生产的重大技术难题之一。

4）其他。电弧的灼烧亦可使表面膜破坏。接触点的发热，降低了材料的硬度，也有助于破坏表面膜。

2. 防止和限制触头污染

对于敞开工作的触头，其工作环境的净化自然是很重要的。不过触头的污染不仅来自于外部环境，同时也来自电器的内部。这一点对密封的开关电器尤为重要。

事实上，触头在其生产过程中已被污染。这些污染物是来自空气中的尘埃（据测量，在一般"清洁"的房间中，每升空气中含有数万颗大小不同的尘埃微粒）、由操作者身上以及由工卡具、零件表面脱落下的各种东西、多余的焊剂等。电器工作过程中，由于机械摩擦、电弧灼烧等因素，也会形成很多磨损物。对于密封的电器来说，绝缘材料中含有大量水分，有机物含有大量挥发物，金属表面也吸附有一定数量的氧气和水蒸气等。这些有害的成分在触头工作过程中会不断地挥发出来，使触头表面产生各种膜。微粒状的杂质，在触头电场的作用下，也极易往触头表面集中。因此要使触头完全不受污染是十分困难的。

目前防止和限制触头污染的主要办法，可以分成以下几方面：

1）生产工艺方面。包括净化生产环境（如建设超净工作台、超净工作间以至超净车间等）、零件和半成品的反复冲洗、烘焙排气、推广无焊剂或少焊剂的焊接工艺等。

2）材料方面。采用不易形成无机膜或有机膜的触头材料。采用耐高温、不易挥发的绝缘材料。

3）结构设计方面。必要时可将电器密封，甚至将触头单独密封。

9.2.4 接触电阻的经验公式

在工程上常用以下经验公式来计算接触电阻

$$R = \frac{K}{(0.102F)^m} = \frac{K}{(0.102)^m F^m} \tag{9-18}$$

式中，K 为与触头材料的物理化学性质以及接触表面状况有关的系数，见表 9-3；m 为与接触形式、压力范围和实际接触面的数目等因素有关的指数，实验说明，在压力不是太大的范围内，对于点接触 $m=0.5$；对于线接触 $m=0.7$，对于面接触 $m=1$；F 为触头终压力（N）。

表 9-3 系数 K

触 头 材 料	K
银-银（未氧化）	24~120
铜-铜（未氧化）	80~140
黄铜-黄铜（未氧化）	670
铝-铜（未氧化）	980

（续）

触头材料	K
铝-黄铜（未氧化）	1900
镀锡的铜-镀锡的铜（未氧化）	100
$AgCdO_{12}$-$AgCdO_{12}$（未氧化）	170
$AgCdO_{12}$-$AgCdO_{12}$（氧化）	350
钨-钨	3600~24000
金-金	36~48
金-镍合金（含镍5%）	30
铂-铂	48~240

式（9-18）很简单，使用起来也很方便。它表达了接触电阻 R 与压力、触头材料、接触表面状态等因素的关系，所以得到广泛的应用。然而它所给的系数都是在一定条件下做试验求出来的，局限性很大。实际的触头状况与试验条件不会完全一致，因此计算结果往往有很大误差。

式（9-18）给出的是室温条件的接触电阻。当触头通过电流而发热时，其接触电阻按下列公式变化：

长期负荷造成的发热

$$R=R_0\left(1+\frac{2}{3}\alpha\tau\right) \tag{9-19}$$

短时负荷造成的发热

$$R=R_0\left[1+\frac{1}{5}\ln(1+\alpha\tau)\right] \tag{9-20}$$

式中，R_0 为触头在室温下的接触电阻（Ω）；α 为触头材料的电阻温度系数（1/℃）；τ 为触头的温升（对室温）（℃）。

9.3 触头的发热和熔焊

电流通过触头时，由于导体电阻和接触电阻上的电能损耗，使触头温度上升。过高的温度会使触头局部熔化，并焊接在一起，使触头无法继续工作。这种故障称之为触头的熔焊。

9.3.1 触头的温升

以触头的长期稳定发热为例。触头的稳定温升取决于它的发热与散热之间的热平衡。这与包括触头在内的整个载流体的结构尺寸有关。计算一般电器触头的温升往往都是很复杂的。用一个简化的例子来说明有关触头温升的一些重要概念。

图9-8所示为一对触头，与其相连的载流体是一对等截面的长直导体。触头发热的热源有二：①电流在导体中的能量损耗 W_1；②电流在接触电阻上的能量损耗 $W_2=I^2R$。这些热量都通过导体表面散出。

通过求解热平衡方程，可求出接触区与导体区交界处的温升

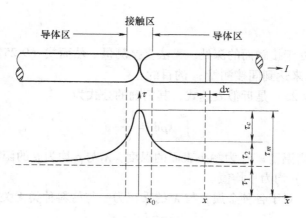

图 9-8　触头的温升

$$\tau = \frac{I^2 \rho}{Kmq} + \frac{U_c I}{2\sqrt{Km\lambda q}} \tag{9-21}$$

式中，ρ、λ 为导体的电阻系数（$\Omega \cdot cm$）和导热系数（$W/(K \cdot cm)$）；K 为导体的散热系数（$W/(cm^2 \cdot K)$）；m、q 为导体的周长（cm）和截面积（cm^2）；I、U_c 为触头电流（A）和触头压降（V）。

公式的第一项，为可以看成由导体中能量损耗所引起的温升，

$$\tau_1 = \frac{I^2 \rho}{Kmq} \tag{9-22}$$

第二项可以看成是由于接触电阻上能量损耗在导体中的传输和散发，在接触区与导体区的交界处造成的温升，为

$$\tau_2 = \frac{U_c I}{2\sqrt{Km\lambda q}} \tag{9-23}$$

触头的最高温升要高于式（9-21）所表示的交界处的温升，这是因为接触面上以及收缩区内的热量要向外传送，接触区内又造成一个热的"压降"。因此触头的最高温升是

$$\tau_m = \tau_c + \tau_1 + \tau_2 \tag{9-24}$$

式中，τ_c 为触头最高温升点相对于触头接触区的温度差。

通过对接触区内电流场和温度场的分析，可以找出一个 τ_c 的近似表达式为

$$\tau_c = \frac{U_c^2}{8\lambda \rho} \tag{9-25}$$

对于不同的触头，式（9-24）中的三项温升之间的比例也不相同。如在大电流的断路器和接触器中，触头压力很大，使 U_c 很小，τ_c 一项占比例不大。而这种电器产品导体截面是按发热条件决定的，电流密度一般较大，因此 τ_1 一项占比例较大。对于小电流的继电器触头则相反，其导体截面是按一些机械性能的要求决定的，电流密度很低，τ_1 很小。而这种产品往往出于对灵敏度的要求，触头压力很低，U_c 较大，使 τ_c 在总温升中占了主要地位。

式（9-24）虽然是从一个特殊例子中推导出来的，但它所代表的概念，适用于其他形式的触头。

9.3.2 接触压降

触头的最高温升处于接触面的深处，无法直接测量。然而式（9-25）提供的关系，可以通过测量接触压降 U_c 来达到间接测量 τ_c 的目的。

前面提到，式（9-25）是近似表达式，其精确的公式为

$$\int_{\theta_0}^{\theta_c} \lambda\rho\,\mathrm{d}\theta = \frac{U_c^2}{8} \tag{9-26}$$

式中，θ_c 为触头的最高温度；θ_0 为触头表面的温度；λ 与 ρ 均为 θ 的函数。

式（9-25）中 λ、ρ 均为平均值。

固体物理中说明，对于各种金属 ρ 与 λ 的乘积为一与材料种类无关的常量，即

$$\lambda\rho = LT \tag{9-27}$$

式中，T 为热力学温度（K）；L 为洛伦兹系数，当 $T>200\mathrm{K}$ 时，$L=2.4\times10^8\mathrm{V}^2/\mathrm{K}^2$。

将式（9-27）代入式（9-26）的左边即得

$$\int_{\theta_0}^{\theta_c} \lambda\rho\,\mathrm{d}\theta = \int_{T_0}^{T_c} LT\,\mathrm{d}T = \frac{1}{2}L(T_c^2 - T_0^2)$$

式（9-26）就变为

$$L(T_c^2 - T_0^2) = \frac{U_c^2}{4} \tag{9-28}$$

式中，T_c 为用热力学温度表示的触头最高温度（K）；T_0 为用热力学温度表示的触头表面温度（K）。

而 $T_c = \tau_c + T_0$，因此有

$$T_c = \sqrt{\frac{U_c^2}{4L} + T_0^2}$$

$$\tau_c = \sqrt{\frac{U_c^2}{4L} + T_0^2} - T_0$$

$$L(\tau_c + 2T_0)\tau_c = \left(\frac{U_c}{2}\right)^2$$

由于在通常情况下 $\tau_c = 2T_0$，上式变为

$$\tau_c = \frac{U_c^2}{8LT_0} \tag{9-29}$$

式（9-29）充分说明，接触压降 U_c 与触头温升 τ_c 之间具有基本上是完全固定的对应关系，与材料种类无关，由此可知触头表面温度。由于触头接触压降极易测量，因此 U_c 成为触头在闭合状态下最主要的参数之一。

通过对 U_c 的测量和观察，完全可以看出触头的工作情况。譬如，用一对清洁触头通过电流，改变电流值，测量接触压降 U_c 及对应的接触电阻 R，得到如图 9-9 所示的曲线。

随 U_c 上升，最初 R 上升。这是因为触头材料具有正温度系数的原因。但当 U_c 到达一定数值（曲线 B 点）之后，R 开始下降，这是由于触头达到软化温度，接触面扩大的结果。到 D 点后，接触面积已扩大到了极限的程度，因而 R 又增加。到达 E 点后，触头熔化，触

头两边的金属熔在一起，使接触电阻急剧下降。R 下降又导致 $U_c = IR$ 的下降，使工作点变化到 G 点。这时触头已熔焊在一起了。

　　所有清洁的金属触头，都具有与图 9-9 类似的曲线，但是它们具有不同的软化点（B 点）与熔点（E 点）。分别用 U_{c1} 与 U_{c2} 来表示这两个参数。U_{c1} 与 U_{c2} 对触头来说是很重要的参数。正常触头的 U_c 应在 U_{c1} 的范围之内，才能保证它可靠工作。

　　几种触头材料的 U_{c1} 与 U_{c2} 以及它们的电阻系数 ρ、导热系数 λ 和布氏硬度 H_B 列于表 9-4。

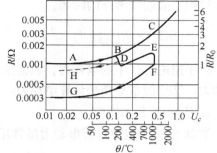

图 9-9　清洁金属触头的 R 随 U_c 的变化曲线

表 9-4　触头材料的若干参数

材　　料	软化点		熔化点		ρ (20℃)/ $(\Omega \cdot mm^2 \cdot m^{-1})$	λ/ $(W/(℃ \cdot cm))$	H_B/ (N/mm^2)
	温度/℃	电压 U_{c1}/V	温度/℃	电压 U_{c2}/V			
金	100	0.08~0.14	1063	0.45	0.022	3.1	196~686
银	150~200	0.09	960	0.35	0.0159	4.16	216~686
钯	540	0.25	1773	0.70	0.107	0.71	392~980
钨	1000	0.4	3400	1.0	0.056	1.7	2842~3920
铜	190	0.12	1083	0.43	0.0168	4.1	343
铂		0.22~0.40	1773	0.7	0.40	0.70	392~882
钯银（含银60%）			1330	0.5	0.123	0.27	1176~1715
金镍（含镍5%）			1000	0.4	0.245	0.31	980~1666
铂铱（含铱10%）		0.14~0.17	1780	0.88	0.023	3.5	1078~1764
银氧化镉（含氧化镉12%）	250						333

　　检查触头的接触压降 U_c 还可以发现触头污染情况。清洁的触头 U_c 不会超过 U_{c2} 的数值。而且通常暗膜的 $R\text{-}U_c$ 曲线一般都具有下降的特性，与清洁触头的 $R\text{-}U_c$ 曲线的形状是不相同的。试验条件：两根清洁的铜棒交叉接触在一起，触头压力为 2gf。

　　图 9-9 中 BC 段是按式（9-26）计算获得的理想曲线，未考虑材料的软化。

9.4　电器电动力

　　由于电流产生磁场，因此，载流导体之间受到力的作用，这种力称为电动力。这个力企图改变回路的形状，以使环绕的磁通增大。电动力的大小和方向与电流所流经回路的形状及大小、与回路的相互位置有关，与回路之间的介质有关，也与相互作用的电流大小、种类及方向有关。

　　当短路电流通过触头时，触头间还会出现一种触头电动力，其作用方向是将触头推开。因此，触头电动力导致触头间压力减少，甚至可能使触头完全分离而形成电弧。在压力严重减少的情况下，通过大电流以及形成电弧这两种情况，都会使触头局部熔化。短路电流被切除之后，电动力消失，熔化的触头重新闭合在一起，极易造成严重的熔焊故障。这也是电器设计过程中必须要考虑的问题。

9.4.1 通电导体电动力

对于通电导体中的电动力，通常采用两种常用的计算方法：①用毕奥-萨伐尔定律计算电动力；②用能量平衡法计算电动力。

1. 毕奥-萨伐尔定律

毕奥-萨伐尔定律计算电动力最常用的方法，其表达式为

$$d\boldsymbol{F} = id\boldsymbol{l} \times \boldsymbol{B} \tag{9-30}$$

其含义为：当载有电流 i 的导体处于磁场 $\boldsymbol{B}$ 的空间时，在长度元 $d\boldsymbol{l}$ 一段导体上所受的电动力为 $d\boldsymbol{F}$。

式中，i 为导体中的电流；$\boldsymbol{B}$ 为 $d\boldsymbol{l}$ 处的磁感应强度矢量；$d\boldsymbol{l}$ 为导体长度矢量，取向与流方向相同；$d\boldsymbol{F}$ 的方向可由左手定则决定，垂直于 $d\boldsymbol{l}$ 与 $\boldsymbol{B}$ 两个矢量所形成的平面。其数量关系为

$$dF = iB\sin\beta dl \tag{9-31}$$

式中，β 为 $\boldsymbol{B}$ 与 $d\boldsymbol{l}$ 之间的夹角。

对式（9-31）沿导体 $d\boldsymbol{l}$ 全长积分，就可求得 $d\boldsymbol{l}$ 全长上所受的总电动力 $\boldsymbol{F}$，即

$$F = \int iB\sin\beta dl = I\int B\sin\beta dl \tag{9-32}$$

由式（9-32）可知，要计算电动力 $\boldsymbol{F}$，首先应知道导体上的磁感应强度 $\boldsymbol{B}$ 的分布情况。

如图 9-10 所示的两细长直导体（忽略截面对电动力的影响），在空气（或磁导率相同介质）中的同一平面内做任意布置，计算其间的电动力。

设载流导体 l_1 在载流导体 l_2 产生的磁场中，取 l_1 导体上的元长度 dx，则根据式（9-32）l_1 导体上所受电动力为

$$F = I_1 \int_{l_1} B_x\sin\beta dx \tag{9-33}$$

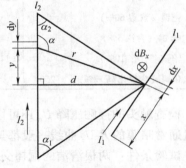

图 9-10　直载流导体产生的磁场计算示意图

取导体 l_2 上的元长度 dy，元电流 I_2dy 在 dx 处产生的磁感应强度 dB_x 为

$$dB_x = \frac{\mu_0}{4\pi}\frac{I_2dy}{r^2} \times r^0 \tag{9-34}$$

式中，r 为 dy 到 dx 间的距离，r^0 为 r 的单位矢量，方向从 y 指向 x。

整个导体 l_2 在 x 处产生的磁感应强度为

$$B_x = \frac{\mu_0}{4\pi}I_2\int_{l_2}\frac{dy}{r^2} \times r^0 \tag{9-35}$$

其数量关系为

$$B_x = \frac{\mu_0}{4\pi} I_2 \int_{l_2} \frac{\sin\alpha}{r^2} dy \qquad (9\text{-}36)$$

式中，α 为 dy 与 $\boldsymbol{r}^0$ 的夹角。

由图 9-10 可知

$$B_x = \frac{\mu_0}{4\pi} I_2 \int_{\alpha_1}^{\pi-\alpha_2} \frac{\sin\alpha}{d} d\alpha = \frac{\mu_0 I_2}{4\pi} \frac{(\cos\alpha_1 + \cos\alpha_2)}{d} \qquad (9\text{-}37)$$

则导体所受电动力为

$$F = \frac{\mu_0}{4\pi} I_1 I_2 \int_{l_1} \frac{(\cos\alpha_1 + \cos\alpha_2)}{d} \sin\beta dx \qquad (9\text{-}38)$$

因为两导体在同一平面上，B_x 的方向垂直与导体 l_1，$\beta = \pi/2$，$\sin\beta = 1$，得

$$F = \frac{\mu_0}{4\pi} I_1 I_2 \int_{l_1} \frac{(\cos\alpha_1 + \cos\alpha_2)}{d} dx \qquad (9\text{-}39)$$

令 $C = \int_{l_1} \frac{(\cos\alpha_1 + \cos\alpha_2)}{d} dx$，称之为回路系数，是一个无量纲的系数，则电动力计算公式可表示为

$$F = \frac{\mu_0}{4\pi} I_1 I_2 C \qquad (9\text{-}40)$$

对不同的情况，回路系数会有所不同，常见导电系统的回路系数公式，见表 9-5。

表 9-5　回路系数 C

序号	总 体 布 置		C
1		两无限长平行导线，线段 l 上的电动力	$C = \dfrac{2l}{a}$
2		两有限长平行导线间的电动力	$C = \dfrac{2l}{a}\left(\sqrt{1+\left(\dfrac{a}{l}\right)^2} - \dfrac{a}{l}\right)$ 当 $\dfrac{a}{l} < 0.2$，则 $C = \dfrac{2l}{a}\left(1 - \dfrac{a}{l}\right)$
3		两不等长平行导线间的电动力	$C = \dfrac{(d_1+d_2)-(s_1+s_2)}{a}$

（续）

序号	总 体 布 置		C
4		两不平行对称导体间的电动力	当 $\alpha<90°$ $C=\dfrac{1+\cos\alpha}{\sin\alpha}\ln\dfrac{(d+d')(d-d'')}{(s_1+s')(s_2-s'')}$ 当 $\alpha>90°$ $C=\dfrac{1+\cos\alpha}{\sin\alpha}\ln\dfrac{(d-d')(d+d'')}{(s_1+s')(s_2+s'')}$
5		L形导体水平部分的电动力	$C=\ln\left[\dfrac{2ah}{r(h+\sqrt{h^2+a^2})}\right]$
6		U形导体水平部分的电动力	$C=2\ln\left[\dfrac{2ah}{r(h+\sqrt{h^2+a^2})}\right]$
7		触头间的收缩电动力	$C=\ln\dfrac{r_2}{r_1}$
8		玫瑰触头每瓣触指上的电动力 n——触指数	$C=\dfrac{2l}{nb}\left(1-\dfrac{r_2}{b}\ln\dfrac{r_1}{r_2}\right)$
			$C=\dfrac{4l}{3n(r_1^2-r_2^2)}\left(r_1-\dfrac{2r_2^2}{r_1+r_2}\right)$

（续）

序号	总体布置		C
9		铁磁体附近长度为 l 的导体上的电动力	当铁磁材料的磁导率很大时 $C = \dfrac{l}{a}$
10		铁磁体附近长度为 l 的导体上的电动力	当铁磁材料的磁导率很大时 $C = 2\pi \dfrac{l}{a}$

例 9.4　对于三相航空接触器导电铜排，两两之间存在电动力，对于两片相邻的平行导电铜排，其间距为 25mm，长度均为 40mm，试计算流过 1100A 电流时的电动力。

解：由表 9-5 可知，可归纳为两有限长平行导线电动力问题，由于 $a/l = 25/40 = 0.625 > 0.2$，因此，回路系数为

$$C = \frac{2l}{a}\left[\sqrt{1+\left(\frac{a}{l}\right)^2} - \frac{a}{l}\right] \tag{9-41}$$

将实际尺寸以 mm 为单位带入，得 $C = 1.77$，则每片导电铜排受电动力为

$$F = \frac{\mu_0}{4\pi}I_1 I_2 C = 1 \times 10^{-7} \times 1.77 \times 1100^2 \, \text{N} = 0.21\text{N}$$

例 9.5　试计算玫瑰触头流过 75kA 电流时每瓣触头所受的电动力。

解：由表 9-5 可知

$$C = \frac{4l}{3n(r_1^2 - r_2^2)}\left(r_1 - \frac{2r_2^2}{r_1 + r_2}\right) \tag{9-42}$$

将实际尺寸以 cm 为单位带入，得 $C = 0.36$，则每瓣触头所受的电动力为

$$F = \frac{\mu_0}{4\pi}I_1 I_2 C = 1 \times 10^{-7} \times 0.36 \times (75 \times 10^3)^2 \, \text{N} = 203\text{N}$$

2. 能量平衡法

在几个载流导体系统中，如果只有一个导体因受电动力的作用在某一方向产生元位移，则根据能量平衡原理，当外电源提供的能量为零时，此导体所做的功应等于系统储能的变化，即

$$\partial W = F\partial x \tag{9-43}$$

式中，∂W 为系统中储能的变化；∂x 为导体在受电动力的作用在 x 方向产生的元位移。

因此，作用在某一导体上的电动力为

$$F = \frac{\partial W}{\partial x} \tag{9-44}$$

如图 9-11 所示，导体 l 在 AB 位置时磁能为 W_1，在电动力 F 作用下，l 移动到 $A'B'$ 位置，磁能为 W_2，而磁能的变化 $\partial W = W_2 - W_1$，位置的变化为 ∂x。

在两个耦合导体系统中，设其中流过的电流为 i_1 和 i_2，则系统中储能为

$$W = \frac{1}{2}L_1 i_1^2 + \frac{1}{2}L_2 i_2^2 + M i_1 i_2 \tag{9-45}$$

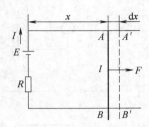

式中，L_1、L_2 分别为回路 1 和回路 2 的自感系数；M 为两回路间的互感系数。

设产生元位移 ∂x 时，流过系统中的电流不变，则导体在位移方向 x 所受的电动力 F 为

$$F = \frac{\partial W}{\partial x} = \frac{1}{2}i_1^2 \frac{\partial L_1}{\partial x} + \frac{1}{2}i_2^2 \frac{\partial L_2}{\partial x} + i_1 i_2 \frac{\partial M}{\partial x} \tag{9-46}$$

图 9-11　导体受电动力
作用示意图

当只有第一导电系统存在时（$i_2 = 0$），有

$$F = \frac{1}{2}i_1^2 \frac{\partial L_1}{\partial x} \tag{9-47}$$

当只有第二导电系统存在时（$i_1 = 0$），有

$$F = \frac{1}{2}i_2^2 \frac{\partial L_2}{\partial x} \tag{9-48}$$

如果 L_1 和 L_2 与 x 的变化无关，而 $i_1 \neq 0$，$i_2 \neq 0$，则系统中相互作用的电动力为

$$F = i_1 i_2 \frac{\partial M}{\partial x} \tag{9-49}$$

由此可见，如果能够计算出 L 和 M 的导数，则电动力即可求得。

9.4.2　触头电动力

触头上电流线的收缩，是造成触头电动力的原因所在。图 9-12 中看出，接触点附近的电流在其附近建立一个磁通 Φ，其方向示于图中。弯曲的电流线（如 ab 与 gh）处于此磁场的作用之下。按左手定则可求出这些作用力的方向（在图中用 F_{dd} 表示）。很明显这些作用力是企图使触头分离的。

通过理论分析，可求出这个电动力（N）的大小为

$$F_{dd} = \frac{\mu_0}{4\pi}I^2 \ln\frac{D}{A} \tag{9-50}$$

式中，I 为通过触头的电流（A）；A 为实际接触表面的直径；D 为触头的外径（与 a 取同样单位）。

由于电流线收缩对于任何一个触头来说都是不可免的，因此任何一个触头都存在着电动力这个问题。但是由于 F_{dd} 与电流的二次方成正比，只是在大电流的情况下 F_{dd} 才可能上升到可以与触头终压力相比拟的数值。

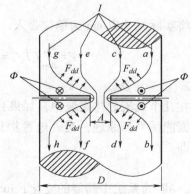

图 9-12　触头的电流线收缩
引起电动力

用一个例子来说明这个问题：铜触头，终压力 $F = 300N$，$D = 2.5cm$，求得其 $2a = 0.1cm$。如果短路电流 $I = 32000A$，求出其电动力 $F_{dd} = 329.3N$。这时 $F_{dd} > F$，触头已经跳开。但是，如果短路电流 $I = 3200A$，则电动力就下降为 $F_{dd} = 3.293N$，显然它一般不会对触头产生严重的影响。

除去触头上的电流线收缩现象会引起电动力之外，与触头相连的、通过大电流的导体，在一定的布置下，亦可能在触头上引起电动力。以图 9-13 所示的结构为例。触头下面垂直的两段导体中的电流，在动触头附近建立的磁场为 Φ。动触头中的电流在这个磁场中受到一个使触头分离的电动力 F_{dd}。

后面将讨论到，电动力可以帮助熄灭电弧，这一点与避免触头熔焊的要求常常是相互矛盾的。

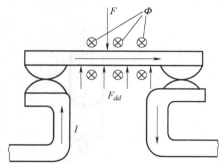

图 9-13　触头结构所引起的电动力

小　结

1）电接触指可以通过电流的导体连接，亦泛指其中的现象。直接实现电接触的导体对，称之为触头。

2）由于存在电接触，电路增加的一部分电阻称之为接触电阻。

造成接触电阻的原因有二：①由于实际接触表面远小于视在接触表面，使电流线在接触点附近收缩，这一部分附加电阻称之为收缩电阻；②由于接触表面上存在一些杂质或膜，这部分附加电阻称之为膜电阻。总的接触电阻为收缩电阻与膜电阻之和。

收缩电阻主要与触头压力、材料电阻率和材料硬度有关，还与触头表面状态（接触点的数目、形状以及电流收缩区域的大小）有关。

膜电阻的数值往往是不稳定的，能破坏表面膜的主要因素是触头压力、相对摩擦、电击穿和电弧的灼烧。解决表面膜根本出路在于防止触头污染。

3）触头发热的热源来自触头接触电阻上的以及导体电阻上的电能损耗。触头温升的最高点在触头的接触点处。最高温升可以看成由三部分组成，即距触头一段距离以外的导体温升、触头表面对远处导体的温升及接触点对触头表面的温升。

4）造成触头电动力的主要原因有二：①触头附近电流线的收缩现象；②触头系统的结构和导体布置。电动力与电流的二次方呈正比关系，因此仅在电流十分大的情况下，触头电动力的危害才明显表现出来。

习题与思考题

9.1　一铜棒电阻（见图 9-14）为 R_d。将它折断后又用压力 F 把它压紧在一起。试问铜棒的电阻将如何变化，为什么？是否有可能使它恢复或接近原来的电阻值？

9.2　已知习题 9.1 中铜棒直径为 1cm，总长为 $l = 0.1m$，压力 $F = 10N$。试估算其折断后的电阻值；另外估算一下至少需要多大的压力 F，才可使折断后的电阻不超过原来铜棒电阻的 1.2 倍。

9.3 某电器产品的触点系统如图 9-15 所示。触点材料为银，导电弹簧片的材料为青铜（$\rho = 0.1\Omega \cdot mm^2/m$）。当它通过 0.5A 的电流时，由弹簧片左边两端测得的电压为 0.04V。试求触头的接触电阻。

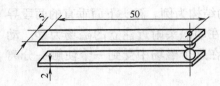

图 9-14 习题 9.1 图　　　　图 9-15 习题 9.3 图

9.4 某一触头系统通过一电流而引起发热，试问如何估计出它的最高温升 τ_m？（允许测量和计算）。

9.5 求出习题 9.3 中，触点的接触压降 U_c 及温升 τ_c。

9.6 设计大电流触头时应该使其在通过额定电流时，接触压降 U_c 远小于材料的软化点 U_{c1}。现已知 MZJ-50A 航空接触器的额定电流为 50A，触点材料为含氧化镉 12% 的银氧化镉，其 $U_{c1} = 0.14V$，设选取安全系数为 $\eta\left(\text{即 } U_c < \dfrac{U_{c1}}{\eta}\right)$，试求所需的触头终压力（接触电阻可用式（9-18）计算，式中，$K = 1.67\times10^{-2}$，$m = 0.7$）。

第 10 章　电器电弧理论

在大气中开断电路时，如果被开断的电流超过 0.25~1A，电路开断后加在触头上的电压超过 12~20V，则在触头间隙（以后简称弧隙）中通常会产生一团温度极高、发出强光和能够导电的近似圆柱形的气体——这就是电弧。电弧具有温度高和发强光的性质，被广泛用于焊接、熔炼和强光源等各个技术领域。但是，在开关电器中，电弧的存在却具有两重性：一方面它可给电路中磁能的泄放提供场所，从而降低电路开断时产生的过电压；另一方面它延迟电路的开断、烧损触头，在严重的情况下甚至可能引起开关电器的着火和爆炸。因此，在电器技术科学中研究电弧的目的，不在于如何利用电弧稳定燃烧的特性为生产服务，而在于采取怎样的措施使其存在的时间尽量缩短，以减轻其危害，或者说，研究电弧的目的是为了尽快地熄灭电弧。

所谓航空电弧，泛指航空供电环境下产生的电弧。航空电弧在机理上与通常意义上的"地面电弧"并无显著区别，但其电弧产生的供电体制和所在的气压环境具有航空特点，也导致其电弧特性有一定区别，其中航空直流供电电压可到 270V/540V；航空交流供电电压达到 230V/400V，频率变化范围达到 360~800Hz。

10.1　气体放电的物理基础

弧隙中气体由绝缘状态变为导体状态、使电流得以通过的现象，叫作气体放电。电弧是气体放电的一种形式。为了弄清电弧的性质，首先应了解气体放电的物理过程。

10.1.1　游离和激励的概念

通常的空气以及其他一些常见的气体（例如氧、氢、氮、二氧化碳以及各种惰性气体）都是很好的绝缘体。它们的原子和分子都是中性的。然而在气体放电过程中，放电通道上的气体，显然已由绝缘状态变为导电状态，或者说气体已经"游离"。

物质的原子由原子核和若干电子构成。电子沿一定轨道围绕原子核旋转，电子可能运行的轨道有若干条，具有不同的能级。靠近原子核者，能级较低，远离者较高。正常状态下，电子按一定规律分布在较低能级的轨道上。

当原子受到外来能量（光、热、碰撞等）作用时，其外层轨道上的电子可能吸收这些能量，跳到更外层的、更高能级的轨道上去。处于较高能级轨道上的电子是不稳定的，常因受到原子核的引力而跳回较内层的、较低能级的轨道。跳回时以量子辐射形式放出多余的能量。

若外加于电子的能量相当大，电子可能跳出原子核引力的作用范围。这种电子就成为自由电子。余下的原来为中性的原子或分子（统称中性粒子），就变成带正电荷的离子——正离子。这种现象称为游离。

显然，游离的气体是导电的，因为含有带电的粒子——电子与正离子。气体导电性能的好坏，与其中带电粒子的含量有关。将带电粒子在气体总粒子中所占的比例称之为游离度。游离度愈高，气体的电导率愈大。

游离所必需的能量叫作游离能。通常通过游离电位 V_y 来表示游离能 W_y

$$W_y = eV_y \tag{10-1}$$

式中，W_y 为游离能（J）；e 为电子的电荷量，$e = 1.6 \times 10^{-19}C$；V_y 为游离电位（V）。

游离电位的物理意义如下述：一个初速为零的电子在电场作用下运动，当它获得足以使中性粒子游离的动能时，它在电场中经过的电位差即等于此中性粒子的游离电位。

由于游离电位所表达的含义实质上是一能量，所以将其单位由原来的（V）改为（eV）。1eV（电子伏）表示一电子经过 1V 电位差所获得的能量。譬如，氢原子的游离电位为 13.54eV，其含义即为氢的游离能为 $W_y = eV_y = 13.54 \times 1.6 \times 10^{-19}J$。

一些气体和金属蒸气的游离能和激励能见表 10-1。括号内的数字表示从一些更低能级的轨道上拉出电子所需的能量。

表 10-1　气体和金属蒸气的游离能和激励能

元素		游离能/eV	激励能/eV
氢	H	13.54	10.2
	H_2	15.4	11.2(12.2)
氧	O	13.62(35.1,55.1,77.3,114)	7.9
	O_2	12.5	—
氮	N	14.55(29.5,47.6,77.4,97.9)	6.3
	N_2	15.8	
氟	F	17.4(34.5,62.6,87.1,114)	—
氦	He	24.5(54.2)	19.8(20.6)
铂	Pt	8.96	
金	Au	9.22	
铱	Ir	9.2	
钯	Pd	8.33	
银	Ag	7.57	
钨	W	7.98	
铜	Cu	7.72	
镉	Cd	9.0(16.9)	3.95(5.35)
镍	Ni	7.63	
铑	Rh	7.7	
汞	Hg	10.4(19,35,72)	4.86(6.67)

若加于电子的能量较少，不足以使其脱离原子核的引力，而只能使电子跳到较外一层的轨道上，从而使中性粒子的能量增加，这种现象就称为激励。激励所需的能量称为激励能，

其单位亦用 eV。一个电子可以有几个激励能，对应于几条不同的外层轨道。一些气体和金属蒸气的激励能同样列于表 10-1。括号中的数字表示第二激励能。

已被激励的中性粒子比较容易游离，因为此时所需的游离能已显著减少。这种经过激励状态再游离的现象叫作分级游离。激励状态是一种不稳定的状态。大多数被激励的中性粒子能够以光量子的形式释放出能量，自动返回到正常状态。

10.1.2 游离方式与去游离方式

按带电粒子的来源不同，游离方式可分为两大类：表面发射（电子由电极表面注入放电间隙）和空间游离（放电间隙中的中性粒子游离成带电粒子）。

1. 表面发射

按电极表面发射电子的原因，又可分为以下几种：

1）热电子发射：当金属表面温度升高时，其表面的自由电子可能获得足够高的动能，使其有可能越过金属表面的位垒而逸出金属，这种现象叫热电子发射（亦称热发射）。一个电子逸出金属所需的能量称之为逸出功 W_{yc}，其单位也是 eV（见表 10-2）。

热电子发射可能获得的最大电流密度，取决于材料的沸点。

表 10-2　金属元素的逸出功

元素	碳	钨	银	铜	铁	汞	镍	铬
W_{yc}/eV	4.4	4.5	4.7	4.6	4.77	4.53	5.03	4.6

2）强电场发射：当金属表面存在较高的电场强度（大于 10^6V/cm）时，金属表面位垒的厚度将减小，以致自由电子有可能在常温下穿过位垒而逸出金属（即所谓隧道效应），这种现象称之为强电场发射（亦称场致发射或冷发射等）。

3）光发射：各种光线（红外线、可见光、紫外线、宇宙射线以及其他各种射线）照射到金属表面时，也可能引起电子从金属表面逸出，这种现象称之为光发射。光的波长愈短，引起发射的作用愈强，并且电子从金属表面逸出的速度愈高。波长较长的光量子，其能量不足以直接造成电子发射，但它们可以被金属吸收，使自由电子运动加速，其中最快者就更容易逸出金属。

4）二次电子发射：在电场作用下，正离子以高速撞击阴极或电子以高速撞击阳极，都可能使金属表面发射电子，这种现象称之为二次电子发射。二次电子发射的强弱与带电粒子撞击表面时的能量以及电极的材料有关。通常阴极表面电场较强，所以阴极表面的二次电子发射在气体放电中起着重要的作用。

2. 空间游离

按游离的原因，可分为下列几种：

（1）光游离

由于光线的作用，中性粒子可能被游离。这种现象称之为光游离。

产生光游离的条件是

$$h\nu \geqslant W_y \tag{10-2}$$

式中，h 为普朗克常数，$h=6.626\times10^{-34}$J·s；ν 为频率（Hz）；W_y 为游离能（J）。

因此，频率较高的光线和射线（如 X 射线、α、β、γ 射线和宇宙射线）均具有较强的光游离作用，紫外线次之而可见光和红外线几乎不能使气体游离。

（2）电场游离（或称碰撞游离）

气体中的带电粒子（由光游离产生的或者由于表面电子发射而产生的）在电场作用下被加速，从而获得动能 $mv^2/2$。带电粒子在其运动中不断与气体的中性粒子发生碰撞。当一个动能大于 W_y 的带电粒子，与一中性粒子碰撞时，带电粒子的动能就可能传送给中性粒子的外层电子，使它脱离原子核的引力作用范围，成为自由电子，也就是说使这个中性粒子游离。这种现象称之为电场游离或碰撞游离。

带电粒子与中性粒子的碰撞，远不是每次都能使后者游离，而是存在一定的概率。碰撞是否会引起游离主要取决于带电粒子在两次碰撞之间是否能聚集足够的动能。这主要与两个因素有关：电场强度 E 与带电粒子的平均自由行程 λ。

带电粒子在电场中受到的作用力为

$$F = Ee \tag{10-3}$$

它在此力作用下获得动能，其数值等于电场对它做的功。若假设带电粒子是沿电场方向运动，则两次碰撞间它所获得的动能为

$$W = F\lambda = eE\lambda \tag{10-4}$$

若 $W \geqslant W_y$，则中性粒子游离，即游离的条件为

$$eE\lambda > W_y \tag{10-5}$$

记 $\Delta U = E\lambda$，它表示自由行程 λ 上的电位降，则上式变成

$$e\Delta U \geqslant W_y \tag{10-6}$$

即得 $\Delta U \geqslant U_y$

或者也可写成

$$\lambda \geqslant \lambda_y \tag{10-7}$$

式中，$\lambda_y = U_y/E$ 为可能发生游离的最小自由行程。

带电粒子中，电子的尺寸小，平均自由行程较长。因此在碰撞中，电子游离的概率远大于离子，所以电子在碰撞游离中起主要作用。速度较小的电子，也可通过碰撞使中性粒子处于激励状态，再一次碰撞时就可能发生游离，这就是分级游离。有时电子与中性粒子碰撞后，既不使之游离，也不使之激励，而是附在中性粒子上面，构成带负电荷的离子——负离子。

（3）热游离

在高温条件下，高速运动的气体中性粒子，在相互碰撞中亦会游离。这种现象称之为热游离。只是当温度超过 3000~4000K 时，气体才会出现明显的热游离。图 10-1 所示为金属蒸气与气体的游离度 χ 随温度 T 变化的关系，由图可见，在相同的温度下，金属蒸气比一般气体具有更大的游离度。这是由于金属蒸气的游离电位小于一般气体的游离电位（见表 10-1）。因此，当气体中混有金属蒸气时，其电导率会明显加大。

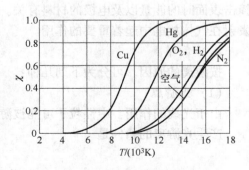

图 10-1　热游离与温度的关系

实际问题中空间游离往往不会是单一形式的，而是光、热、碰撞几种游离形式的综合表现。游离现象总伴随着一个相反的过程——去游离。游离气体中带电粒子自身消失或者失去电荷变为中性粒子，这种现象称之为去游离（或消游离）。去游离过程通过两种方式完成：复合与扩散。

（1）复合

两个带异号电荷的粒子相遇后，均失去电荷，这种现象称之为复合。

复合存在于电极表面，如电子进入阳极、正离子接近阴极时由阴极获得电子等，也存在于金属表面，如当带电粒子接近金属表面时，金属表面上会感应出相反的电荷，从而把带电粒子吸到金属表面上；如绝缘体也会被带电粒子感应而极化，从而产生类似金属表面的复合情况，这些统称为表面复合。

放电间隙也存在复合现象，称之为空间复合。正离子与电子相遇，可直接结合成中性粒子，这称为直接复合；电子黏合在中性粒子上，再与正离子相遇而复合，这称为间接复合。

带电粒子复合的速度，即单位时间内离子密度的减少量，可用下式计算

$$-\frac{\mathrm{d}N_+}{\mathrm{d}t}=-\frac{\mathrm{d}N_-}{\mathrm{d}t}=\alpha_f N_+ N_- \tag{10-8}$$

式中，N_+ 为游离气体中正离子的密度；N_- 为游离气体中负离子和电子的密度；α_f 为复合系数，它与温度、气压、气体种类等因素有关。

表 10-3 列出了在一个大气压下、20℃时，若干气体的复合系数。

表 10-3　复合系数 α_f

气体	空气	O_2	CO_2	H_2	H_2O（100℃）	SO_2	CO
$\alpha_f \times 10^6/(\mathrm{cm}^3/\mathrm{s})$	1.71	1.61	1.67	1.44	0.86	1.43	0.82

影响复合系数 α_f 的因素很多，其中最显著者是温度。因此冷却是加强复合的决定性因素。

复合过程总是伴随着能量的释放。释放出的能量成为加热电极、金属、绝缘物以及气体的热源，同时也通过光量子的形式向四周空间辐射。

（2）扩散

由于热运动，游离气体的带电粒子，由浓度高处向浓度低处运动，这种现象称之为扩散。由于扩散的结果，游离气体的带电粒子不断减少，因此它也属于去游离的方式之一。

游离和去游离是一个矛盾对立的双方。它们是相依而存，又是相互矛盾的。不断地游离和不断地去游离，保持放电电路中有一定电流通过。游离的加强，必然导致带电粒子浓度的增加，从而导致去游离的加强，使放电现象在一个新的较大的放电电流状态下又获得新的平衡。这个问题反过来说，就是稳定放电的条件是游离的速度等于去游离的速度。

10.1.3　固定间隙气体放电的几个阶段

设有如图 10-2 所示的直流电路，电源电势为 E，电路电阻为 R，电极 1 和 2 构成气体放电间隙。如果开始逐渐增大 E、然后逐渐减小 R 以增大流过放电间隙的电流，则间隙两端的

电压 U 和流过其中电流 I 的关系（所谓伏安特性）如图 10-3 所示。按照放电性质的不同，它可分为下列两个阶段。

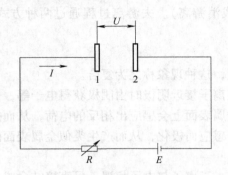

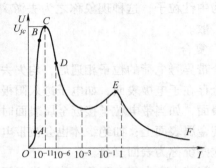

图 10-2　气体放电间隙试验电路　　　　图 10-3　气体放电间隙的伏安特性

1. 非自持放电阶段 *OC*

这一阶段又可分为 *OA*、*AB* 和 *BC* 三个区域。在 *OA* 区，因为此时电压过低，间隙中电场强度过小，由于宇宙射线等外加电离因素产生的带电粒子不能全部到达阳极，I 随着 U 的增加而增加。在 *AB* 区，因为此时加到电极上的电压在间隙中产生的电场强度较小，不足以产生高电场发射和电场电离，间隙中带电粒子仅由宇宙射线等外界电离因素所产生，由于电压的数值超过 *A* 点，它们全部到达阳极，因此呈现电流 I 大小几乎与电压 U 数值无关的特性。在 *BC* 区，因为电压数值较高，间隙中的电场强度较大，自由电子在此电场作用下运动时，已足以产生电场电离。由此产生的正离子在电场作用下向阴极运动，并在到达阴极时轰击阴极使之产生二次发射。发射出的电子进入气体间隙，再继续进行电场电离，因而随着 U 的升高，I 增长较快。由于在 *OC* 这个阶段中，间隙中最初的自由电子是由外加电离因素产生的，如果除去外加电离因素，则间隙中无自由电子存在，不能进行导电，亦即放电停止，所以 *OC* 这一阶段称为非自持放电阶段。

2. 自持放电阶段 *CF*

当 U 升到 *C* 点时，由高电场发射和二次发射产生的电子数已足够多，此时即使除去外加电离因素，也能由电子通过电场电离产生正离子，再由正离子通过二次发射产生电子这一往复作用维持间隙的放电，所以 *CF* 阶段称为自持放电阶段。*C* 点附近的 *BCD* 区，因为汤姆逊最早对它进行研究，故常称为汤姆逊放电区。*C* 点对应的电压称作击穿电压 U_{jc}，U_{jc} 与气体压强和间隙长度的乘积有关，也称作巴申曲线，高气压部分如图 10-4 所示，低气压部分如图 10-5 所示。

巴申曲线可用游离理论进行解释。间隙的击穿主要决定于电场游离，而后者取决于电子在其自由行程 λ_e 中是否能够获得足够的能量 $W=eE\lambda_e$。这里有两个因素：电场强度 E 与电子的自由行程 λ_e。在均匀电场中 $U=Ed$，为获得同样的电场强度 E，间隙 d 愈大，需要的电压 U 愈高。电子的平均自由行程 λ_e 与气体压力 p 呈反比。因此，电子在运动中可能获得的能量 $W=eE\lambda_e \propto 1/(pd)$。这就粗略地说明为什么 U_{jc} 是 pd 的函数，而且为什么在图 10-4 中以及图 10-5 的右半部分，U_{jc} 随 pd 增加而上升。

当 pd 很小时，情况有所不同。此时电子的平均自由行程 λ_e 与电极的距离 d 相比，已不是很小的数值。个别电子的自由行程可能已超过电极的距离 d。这就是说，这些电子在整个

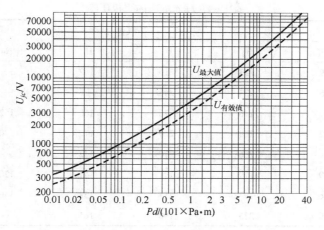

图 10-4　均匀电场下的击穿电压（高气压部分）

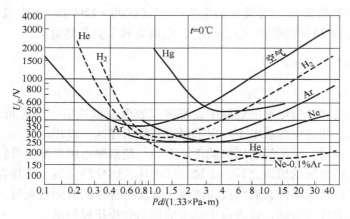

图 10-5　均匀电场下的击穿电压（低气压部分）

行程中都没有获得与中性粒子碰撞的机会，因此使游离反而更困难，U_{jc} 反而上升。

U_{jc} 的最低点，代表间隙最容易被击穿的情况。必须指出，巴申曲线的左侧只适用于低气压和高真空的气体，因为在大气条件或接近大气的条件下，左侧部分对应的间隙 d 已在微米或微米以下的数量级上。这时间隙中的电场强度极高，因而出现另一种电子发射形式——场致发射，使击穿电压大大降低。

巴申曲线只给出均匀电场的击穿电压。实际电器产品中，电场均不是完全均匀的。这时的击穿电压一般均低于巴申曲线上的数值。

在 DE 区，气体呈现辉光，称为辉光放电区。此时间隙中气体的电离方式仍主要是电场电离。辉光放电的特征为放电通道的温度为常温，电流密度较小（约 $0.1A/m^2$），阴极压降较高（几百伏），见表 10-4。如果辉光放电是在稀薄的气体中进行的，那么放电的同时会在放电的通道上引起明亮的、鲜艳夺目的光辉，但并不造成明显的发热。随着气体的性质不同，发光的颜色也就不同。辉光放电这名字就是由此而得的。常见的霓虹灯就是利用这个原理制成的。

表 10-4　辉光放电的阴极压降　　　　　　　　　　　　　　（单位：V）

阴极材料	气体					
	空气	N_2	H_2	He	Ne	Ar
银　Ag	279	233	216	162	—	131
金　Au	285	233	246	—	—	131
铂　Pt	277	216	276	160	152	131
铜　Cu	252	208	214	177	220	131
汞　Hg	—	266	270	142	—	—
铝　Al	229	179	191	141	120	100
镍　Ni	226	197	211	158	140	131
铁　Fe	269	215	198	161	—	131

当电流增大到 *EF* 区域时，放电形式转为弧光放电，即间隙中产生电弧。弧光放电的特征为放电通道有明显的边界，通道中的温度极高（6000～15000K），电流密度很大（可达 $10^7 A/m^2$ 数量级），阴极压降很小（几十伏），电离方式主要是热电离。

10.1.4　电弧的物理特性

1. 开断电路时电弧的产生过程

触头在开断电路和关合电路的过程中，都常有放电现象发生。与前面讨论的情况不同，触头在开断电路时，间隙中的放电不一定都经过间隙击穿这一过程。

当触头开始分离前，触头间的压力就逐渐下降，使接触电阻逐渐上升，触头的温升不断提高。当温度上升到金属的熔点之后，金属局部熔化。熔化的金属，桥接在两触头之间，成为电流的通道。这种现象叫作金属桥或叫液桥。金属桥存在的时间很短暂，它或者由于局部温度上升达到汽化温度而折断，或者由于触头的运动而被机械拉断。

金属桥断裂之后，可能出现三种情况：

1）对于直流电路，若被开断电路的电流以及开断后加在触头间隙的电压都超过极限燃弧参数（燃弧电流 I_{rh} 与燃弧电压 U_{rh}），则触头间直接生成电弧。不同触头材料的极限燃弧参数列见表 10-5；当开断交流电路时也有类似情况。但产生电弧的最小电流随电压不同而变化，其数据列见表 10-6。

表 10-5　不同触头材料在不同介质条件下的极限燃弧参数

材　料	介 质 条 件	U_{rh}/V	I_{rh}/A
银	湿度 45% 的空气	12	0.3～0.4
银	纯净而干燥的氮气	13	0.8
银	含氧 1% 的氮气	12	0.32
银	120℃ 时	12	0.25
银-铜-10（含铜 10%）		12	0.25
铂		15～17.5	0.7～1.0
铂-铱-10（含铱 10%）		20	0.8～1.1

（续）

材　料	介质条件	U_{rh}/V	I_{rh}/A
铂-铱-7（含铱7%）		—	2.5
钯		14	0.6~0.8
金		11.5~15	0.38
金-镍-5（含镍5%）		15	0.4
铑		13	0.8
钨	空气中	15~17.5	1.0~1.4
铜	空气中	12.3	0.4~0.6
铜	氢气中	18~32	1.3
铜	氮气中	14	0.6
汞		22	3.0

表 10-6　不同触头材料在不同交流电压时产生电弧的最小电流　　（单位：A）

材料	电压有效值/V			
	25	50	110	220
碳	—	5	0.7	0.1
钨	12.5	4	1.8	1.4
铜	—	1.3	0.9	0.5
银	1.7	1	0.6	0.25
青铜	—	0.7	0.4	0.3
锌	0.5	0.5	0.5	0.5
铁	—	1.5	1.0	0.5

　　由金属桥到电弧的转变有两方面的原因：①当触头开始做分离运动时，接触的面积逐渐减小，接触处的电流密度逐渐增大，此处的金属强烈发热，先是熔化，形成液态的金属桥，然后一部分变成蒸气进入触头间隙中，高温金属蒸气的热游离，使间隙中出现大量带电粒子，炽热的金属表面加剧了电子的热发射；②在金属桥断裂后的一刹那，在触头间隙还不足 $10^{-5} \sim 10^{-6} \mathrm{cm}$ 的时候，间隙中的电场强度极高，造成电场发射。这两种发射使得大量电子从阴极表面进入弧隙，它们在电场作用下，通过电场电离使弧隙中产生更多的电子和大量的正离子。电子进入阳极与正电荷复合并放出能量加热阳极表面。正离子走向阴极，一方面在阴极附近产生高的电场和轰击阴极，一方面从阴极取得电子进行复合并释放能量加热阴极以维持电子的热发射。另外，一部分正离子和电子在弧隙空间复合，放出的能量以光的形式进行辐射或增加气体粒子的热运动。结果弧隙中气体温度迅速升高，热电离越来越起主要作用，气体中带电粒子越来越多，气体的电导率越来越高，因而弧隙两端的电压降（所谓电弧电压）越来越小。直到弧隙中单位时间内产生的带电粒子数和通过复合与扩散作用消失的带电粒子数相等时，过程进入稳定状态，此时电弧稳定燃烧，从而形成电弧。

　　2）在开断电流小于 I_{rh} 的情况下，金属桥断裂后电流就中断。但如果此时在触头间隙上出现较高的电压，高于巴申曲线的最低点 $U_{jc \cdot \min}$（270~330V），则触头间隙将被击穿。随之而来的是一种所谓"火花放电"。

在开关与触头这个领域中，火花放电的概念很狭窄，它是指触头间隙击穿以及其后的短暂的放电现象，但是其放电电流在燃弧电流以下。因此，火花放电具有辉光放电的主要特征如下：①放电电流在 10^{-1} A 的数量级上下；②间隙电压在 $270 \sim 330$V 以上，或者更确切地讲，间隙电压超过表 10-4 中所列的阴极压降数值；③具有与辉光放电相同的电位分布，其主要游离方式是碰撞游离和二次电子发射。

但辉光放电一般是在稀薄气体中获得的，其电流密度很低，阴极温度很低（冷阴极）。而火花放电通常在一般较高气压的条件下生成，因此它的电流密度较高且伴随有高温而会使触头烧损，并且一般不会持续很长时间。这些都区别于一般的辉光放电。

应该指出，火花放电（或称电火花）这个名称在很多地方都可以听到。譬如机械加工中应用的电火花加工、汽车和飞机发动中用来点火的电火花、高电压工程中的火花放电（其中包括雷电现象）等。但是在这些领域中它的含意有所不同。大体上讲，它是指在较高气压（接近或超过 1atm$^{\ominus}$）条件下，气体间隙的击穿以及随后产生的短暂的、过渡状态的放电过程，其放电电流可以从零点几安到几万安以上。当电源容量足够大时，放电会立即转变为电弧。

3）在开断电流小于 I_{rh} 的情况下，如果金属桥断裂后触头间隙上的电压不超过巴申曲线的最低点 $U_{jc \cdot min}$，则电路就立即被切断。不过，在金属桥断裂后的一刹那，当触头的距离不足 $10^{-5} \sim 10^{-6}$cm 时，同样存在场致发射。其持续时间极其短促，称之为短弧。这种短弧现象在电弧与火花发生之前都是存在的。有两种"短弧"的概念。在高压电器中，按电弧的弧柱压降 U_z 在整个电弧压降中所占的比例不同，将电弧分成长弧（$U_z > U_0 = U_c + U_a$，U_c 和 U_a 分别为阴极和阳极压降）和短弧（$U_z < U_0 = U_c + U_a$）两种。这里所指的"短弧"与此无关，完全是另一个概念。

触头在关合过程中亦存在放电现象。首先，在两个触头接近到相距只有 $10^{-5} \sim 10^{-6}$cm 以下的距离时，也会出现短弧放电，随即触头就闭合。触头的闭合并不意味着关合过程已经完毕，因为关合时动触头以一定的速度撞击静触头，常常引起"回跳"现象，好像一个钢球落在水泥地上会弹起来一样。触头的回跳往往要重复若干次。如果回跳的幅度较大，已闭合的触头会重新分离，此时往往又重新形成电弧或者其他放电。触头回跳过程中的电弧放电是十分有害的，它不仅会加剧触头的磨损，更主要的是出现电弧后触头又立即关合在一起，熔化的金属将迅速凝结。这就把触头焊接在一起，这种现象叫触头的合闸熔焊。

在下列条件下最容易出现合闸熔焊：

1）接通短路电流、起动电动机或者使电动机反接。此时触头中的电流是它额定电流的数倍、十几倍或者更高。

2）接通灯丝负载。钨丝灯的冷态电阻为其热态的 1/10 以下，所以起动电流很大。

3）触头上并联有较大的电容。触头关合时电容放电电流通过触头。

影响触头回跳的主要因素有：动、静触头在关合时的相对速度、动触头系统的质量（或转动惯量）、触头的初压力以及触头的材料等。

2. 电弧近极区和弧柱区的特性

如图 10-6 所示，电弧在阴极和阳极之间稳定燃烧，弧柱中心的温度最高，通常在 6000～

$\ominus$ 1atm = 101.325kPa，后同。

15000K，离开中心越远温度越低。高温使大量的气体分子热游离，因此弧柱具有很好的导电性。电流越大，温度就越高，游离的程度也就越高，弧柱的电阻也就越小。所以电弧具有当电流增加时电压下降的特性。

电弧压降沿弧长并非均匀分布，而是如图 10-7 所示分成三个区域：近阴极区、近阳极区和弧柱区。

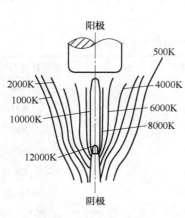

图 10-6　电弧温度分布

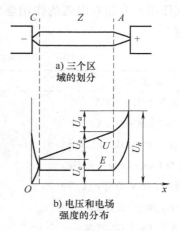

a) 三个区域的划分

b) 电压和电场强度的分布

图 10-7　电弧特性

（1）近阴极区

该区域的长度约等于电子的平均自由行程（小于 10^{-4}cm）。在此区域内聚集着大量的正离子，形成正空间电荷，因而电位有一急剧的改变——即所谓阴极压降 U_c，此处电场强度很高（平均达 $10^6 \sim 10^7$V/m），这对加速正离子向阴极运动、轰击阴极表面以产生二次发射和形成高电场发射起着重要的作用。阴极压降的数值随阴极材料和气体介质而不同，见表 10-7，由此表可见，它大约等于阴极材料蒸气的电离电位。如果阴极材料有很高的沸点，则阴极压降大约等于气体介质的电离电位，用于金属蒸气或气体介质游离，成为正离子。

表 10-7　几种电极材料的阴极压降

电 极 材 料	气体	电流范围/A	阴极压降/V
铜	空气	1~20	8~9
铁	空气	10~300	8~12
碳	空气	2~20	9~11
汞	真空	1~1000	7~10

（2）近阳极区

此区域的长度约为阴极区的几倍。在此区域内聚集着大量的电子，形成负的空间电荷，另外，由于阳极金属导热好，冷却了等离子体，需要电位有一个急剧的增加，即阳极压降 U_a 来加热等离子体，其数值随阳极材料不同而不同，对铜和铝为 $10 \sim 11$V，对铁为 $6 \sim 9$V，其数值与阴极压降相近而长度比阴极区域长，所以电场强度不大。

阴极压降和阳极压降在电弧稳定燃烧期间，基本不随电弧电流变化，可以认为是一个常数。

(3) 弧柱区

近阴极区和近阳极区之间的区域，在自由状态下近似呈圆柱形，称为弧柱区。此区域内的电离气体中，正负带电粒子数相等，故此处气体亦称为等离子体。由于不存在空间电荷，弧柱区的特性就类似一金属电阻，即每一单位长度上的电压降基本相等，弧柱中的电场强度 E 沿弧长可以看成是一常数。E 的大小与许多因素有关，例如电极材料、电流大小、气体介质种类、气压以及介质对电弧的作用强烈程度等。表 10-8 中列出了在不同条件下测得的 E 的大致数值。

表 10-8　不同条件下弧柱电场强度 E 的参考数值

试 验 条 件	电流范围 I/A	电场强度 E/(V/m)
在空气中自由燃弧	200	800
在横吹磁场中熄弧	200	4000
在每厘米长有两块隔板的灭弧栅中	200	5000
在缝宽为 1mm 的窄缝灭弧室中	200	8500
在缝宽为 0.5mm 的窄缝灭弧室中	200	1000
在变压器油中自由燃弧	<10000	12000~20000
在变压器油中自由燃弧	>10000	9000~12000

用弧柱电阻 R_z 来表示其特性，即

$$R_z = \frac{U_z}{I_h} \tag{10-9}$$

式中，U_z 为弧柱电压降；I_h 为流过电弧的电流。

综上所述，电弧电压 U_h 可用下式表示

$$U_h = U_c + U_a + U_z = U_0 + El \tag{10-10}$$

式中，U_0 为称为近极压降，且 $U_0 = U_c + U_a$；E 为弧柱电场强度；l 为电弧长度（近似等于极间距离）。

10.2　直流电弧

10.2.1　直流电弧的伏安特性

从电路的角度看，电弧是一个非线性电阻。它的阻值是一个随着电流以及其他一些因素变化的量，它的电压-电流关系叫作电弧的伏安特性。

电弧的伏安特性与下列因素有关：

1) 当电弧长度不变时，稳定燃烧的电弧电压 U_h 随电流 I 的增加而减少，如图 10-8 所示。这是因为弧柱压降 U_z 随电流增加而下降。代表稳定燃烧条件下电弧电压-电流关系的曲线，叫作电弧的静态伏安特性。特性上电流 I 趋近于零时的电压即为间隙的击穿电压 U_{jc} 如图 10-3 所示。

2) 在同样电流下，电弧电压 U_h 与电弧长度 L 有关。这是因为当电流相同时，弧柱电

压降 U_z 随 l 增加而加大，使电弧的静态伏安特性也增高。

　　只是在电流不大，且触头开距很小的情况下电弧长度 L 才大体上等于触头间隙。一般情况下，电弧被电动力或其他吹弧措施所拉长。另一方面，电弧与介质之间产生相对运动，或者迫使电弧与熄弧室壁接触，这些都使电弧加速冷却，从而使弧柱电阻加大。因此，通常实际电弧的伏安特性均高于与它触头间隙相当的静态伏安特性。

　　3）当电弧长度为 $L_0 \to 0$ 时，静态伏安特性随着电流的增加而趋近于一条水平线，对应的电压为近极压降 U_{rh}，U_{rh} 为阴极压降 U_c 与阳板压降 U_a 之和，即 $U_{rh} = U_c + U_a$。

　　当电弧电流减少到燃弧电流 I_h 时，电弧就不能维持下去（熄灭或转变为火花放电。对应于图 10-8 上的 E 点，其延长线交于纵轴 U_{dr}，无实际意义）。银触头在不同触头间隙下的电弧静态伏安特性示于图 10-9。在高空条件下气体稀薄，电弧的弧柱压降明显降低，使得伏安特性低于正常大气压条件下的特性，这是高空电弧难以熄灭的主要原因之一。

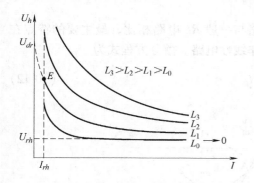

图 10-8　直流电弧的静态伏安特性

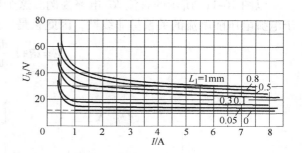

图 10-9　银触头的静态伏安特性

　　4）电弧电压还与电流的变化速度 di/dt 以及电弧本身的热惯性有关。

弧柱电阻 R_z 的大小取决于气体热游离的程度，也就是取决于弧柱的温度。在稳态条件下（即 $di/dt = 0$ 时），电流 I 愈大温度就愈高，R_z 愈小。

　　如果电流很快由电流 I_1（图 10-10 上的 a 点）下降为 I_2，这时 $di/dt < 0$，弧柱中的温度和游离程度都来不及下降到新的数值（这就是电弧的热惯性），所以电弧电压 U_h 不会按静态伏安特性变化到 b 点，而是变化到较低的 b' 点。同样，如果电流由 I_1 迅速增

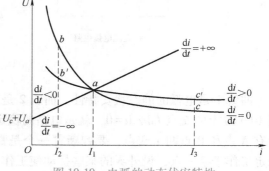

图 10-10　电弧的动态伏安特性

加到 I_3，由于电弧的热惯性，电弧的温度来不及随之上升，因而电弧电压 U_h 将变化到高于静态伏安特性 c 点上的 c' 点。

　　$di/dt \neq 0$ 时电弧的伏安特性称之为电弧的动态伏安特性。当 $di/dt > 0$ 时，动态伏安特性高于静态；当 $di/dt < 0$ 时，动态低于静态，并且 di/dt 愈大或电弧的热惯性愈大，则动态与静态的差别就愈大。在极限情况下，当 $di/dt = \pm\infty$ 时，弧柱电阻 R_z 将保持原始的数值不变（来不及变化），动态伏安特性就变为一条直线，其斜率代表弧往电阻 R_z，与纵坐标的交点

等于阴极压降和阳极压降之和，$U_0 = U_c + U_a$。

有很多种表达直流电弧静态伏安特性的经验公式。从理论分析的角度看，下面一种公式比较方便

$$U_h = U_0 + \frac{Cl}{I^n} \quad (\text{V}) \tag{10-11}$$

式中，U_0 为电弧阴极压降与阳极压降之和，$U_0 = U_c + U_a$；l 为电弧的长度；n 与 C 为常数，其中 $n = 0.25 \sim 0.6$（0.25 对应大电流，0.6 对应 $1 \sim 20\text{A}$ 的小电流）；而 C 与介质性质和冷却条件有关。

这个公式基本上表达了前面阐述的电弧静态伏安特性的全部特点。

10.2.2 直流电弧的稳定燃烧与熄灭

1. 直流电弧的稳定燃烧点

以图 10-11a 所示的直流 RL 电路为例。这个电路与一般 RL 电路相比，最主要的特点在于电弧电压随电流的关系呈非线性，因此它是一个非线性电路。微分方程式为

$$E = iR + L\frac{\text{d}i}{\text{d}t} + U_h \tag{10-12}$$

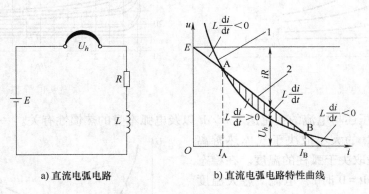

a) 直流电弧电路　　　　　b) 直流电弧电路特性曲线

图 10-11　直流电弧电路的过渡过程

曲线 1 是电弧的静态伏安特性。曲线 2 是直流电路静态负载线 $E = iR + u$。这两条曲线在图 10-11b 上的交点 $L\text{d}i/\text{d}t = 0$，就是电路的稳定工作点，也就是电弧的稳定燃烧点。然而图中有 A 点和 B 点两个交点，要判断哪一个是真正的稳定燃烧点。判断的原则是：假想电路稳定工作于某一点，设外界的某些扰动使工作点略向左或向右偏移，看扰动消除后工作点是否能恢复原位。

先以 A 点为例。若有扰动使工作点向左偏移，由图 10-11b 上可以看出此时 $L\text{d}i/\text{d}t < 0$，则电流会进一步减小直到为 0 熄灭。若有扰动使工作点向右偏移，由图 10-11b 上可以看出此时 $L\text{d}i/\text{d}t > 0$，则电流会进一步增加直到 B 点。由此可见 A 点为不稳定点。再看 B 点，若有扰动使工作点向左偏移，由图 10-11b 可以看出 $L\text{d}i/\text{d}t > 0$，则电流会增加而回到 B 点。若有扰动使工作点向右偏移，由图 10-11b 上可以看出此时 $L\text{d}i/\text{d}t < 0$，则电流会减小也回到 B 点。由此可见 B 点为稳定点。

2. 直流电路熄弧原理及开断过程

如上分析要使直流电弧熄灭，就必须消除稳定燃烧点 B，不能有两个交叉点，临界状态仅有一个交叉点，即曲线 1、曲线 2 相切，如电弧的静态伏安特性在直流电路静态负载线 $E=iR+u$ 之上，则不会稳定燃烧。

在设计开关触头或选择使用触头时，不仅要保证它能够开断电弧，而且希望它能够尽快地开断电弧，以减少触头上的烧损（称之为电磨损）。所以要分析一下触头在开断直流电路时电路中的过渡过程，分析出现的现象，找到影响这个过程的各种因素。

开断过程中的电弧比起静态稳定燃烧的电弧要复杂得多。这是因为在开断电路的过程中有三种不同的物理过程联系在一起：

1）触头的分断首先是一个机械运动过程。触头的间隙由零逐渐加大，因此间隙是一个变量。这样就不可能用一条伏安特性来表示电弧，而必须用一组在不同间隙下的伏安特性。

2）从触头开始分离起，到电弧熄灭以后的一段时间为止，电路一直处于过渡状态。电路过渡过程的变化规律除与 U_h 的变化有关以外，还决定于电路的其他参数。例如在图 10-11a 的直流 RL 电路中，电路的过渡过程取决于电路的时间常数 $T=L/R$。

3）由于电弧具有热惯性，在电流变化时，即 $\mathrm{d}i/\mathrm{d}t \neq 0$ 时，U_h 按动态伏安特性变化。而动态伏安特性又与 $\mathrm{d}i/\mathrm{d}t$ 的数值大小有关。在要讨论的开断过程中，电流是不断变化的，所以动态伏安特性基本上是无法事先知道的。

鉴于以上情况，目前还不能用理论分析的方法准确求解这一过程，而主要借助于实验。

10.2.3　直流电弧的灭弧机理

对直流电弧熄灭过程进行近似的理论分析仍然是很有意义的。通过分析，可以找出开断过程中各种参数的变化规律。这对于理解和分析实验结果、找出影响开断过程的各种因素，都是非常必要的。

现在来讨论式（10-12）的数值解法。首先将式（10-12）改写为

$$\frac{\mathrm{d}i}{\mathrm{d}t}=\frac{1}{L}(E-iR-U_h)$$

并且令

$$f(i,t)=\frac{1}{L}(E-iR-U_h) \tag{10-13}$$

则得

$$f(i,t)=\frac{\mathrm{d}i}{\mathrm{d}t} \tag{10-14}$$

式（10-13）中的 U_h 是与电流 i 与触头开距 Δ 有关（近似认为 $\Delta=l$）的函数，即

$$U_h=U_h(i,\Delta) \tag{10-15}$$

若已知 Δ 随时间的变化规律，即

$$\Delta=\Delta(t) \tag{10-16}$$

以及 $t=0$ 时的初始条件

$$\begin{cases} \Delta(0)=0 \\ i(0)=I \end{cases} \tag{10-17}$$

就可采用求解微分方程组的某种标准数值计算方法（譬如龙格-库塔法）解出微分方程组 [式 (10-14)]。

对强电感的电路来说，即使电源的电压很低，以至于电路的伏安特性完全不能与任何一条电弧的伏安特性相交，电弧照样会燃烧，过电压照样会很高。电弧由哪里取得维持它燃烧所必须的能量？

电弧消耗的功率为 $U_h i$。在整个燃弧时间 t_{rh} 以内，电弧所消耗的能量为

$$W = \int_0^{t_{rh}} U_h i \mathrm{d}t$$

而

$$U_h = E - iR - L\frac{\mathrm{d}i}{\mathrm{d}t}$$

因此

$$W = \int_0^{t_{rh}} \left(E - iR - L\frac{\mathrm{d}i}{\mathrm{d}t} \right) i \mathrm{d}t$$

积分后得到

$$W = \int_0^{t_{rh}} E i \mathrm{d}t - \int_0^{t_{rh}} i^2 R \mathrm{d}t + \frac{LI^2}{2} \tag{10-18}$$

式 (10-18) 第一项代表 0 到 t_{rh} 时间内电源输出的全部能量，第二项代表这段时间内在电阻 R 上消耗掉的能量。第一项减去第二项代表在这段时间内电源送给电弧的能量。第三项代表在电路断开之前储存于电感中的能量。

由此可以看出，在燃弧过程中除去电源向电弧供应一部分能量之外，原来储存于电感中的能量 $LI^2/2$，在这段时间内都要送给电弧，并且通过电弧把它全部消耗掉。为此在电感上的感应电动势始终为电弧提供维持燃烧所必需的电压，直到这部分能量消耗干净为止。这也就是当电源电压很低时，开断电感电路仍出现电弧的原因所在，也是触头上出现过电压的原因所在。

虽然在开断直流强感性负载时，出现电弧与过电压都是不可免的，然而燃弧时间与过电压的数值却是可以改变的。下面分别讨论这两个问题：

(1) 影响燃弧时间 t_{rh} 的因素

由式 (10-12) 得

$$t_{rh} = \int_0^I \frac{L}{U_h - E + iR} \mathrm{d}i \tag{10-19}$$

由这个公式中看出，t_{rh} 取决于三个因素：L、I 和 $U_h - E + iR$。

这里 L、I 是电路参数。在电源电压一定时，电流 $I = E/R$。很明显，L 愈大或 R 愈小时，t_{rh} 愈长。如果用电路时间常数 $T = L/R$ 表示，则更简单些，即 T 愈大则 t_{rh} 愈大。

当电路参数给定时，提高 $U_h - E + iR$ 是缩短 t_{rh} 的主要途径之一，这不外乎有以下几方面：

1) 加速触头运动。

2) 提高静态伏安特性，如加大触头间隙、吹弧等。

3）减少电弧的热惯性以提高动态伏安特性，主要办法是降低触头温度，如强迫电弧端点运动等。

（2）触头过电压

由分析看出，在开断电感负载的过程中，在触头两端会出现远远高于电源电压现象。这个过电压不仅是加在触头上，而且也加到与触头相连的电气设备的一端，如图 10-12 所示（图中的 R、L 一般是代表一些电气设备）。如果过电压的数值很高，就会使这些设备的绝缘击穿，使设备损坏。因此有必要研究影响过电压的各种因素。

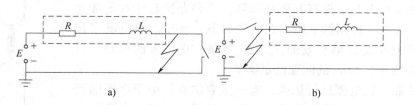

图 10-12　R、L 电路开断过程中的过电压

1）产生过电压的根本原因在于储存于电感中的能量。如果不采取措施消耗掉这一部分能量，那么在开断电感电路时，过电压是不可避免的现象。

2）联系到前面对燃弧时间 t_{rh} 的讨论可以看出，降低过电压与缩短燃弧时间是相互矛盾的。对于直流电路的开断过程来说，一切加强熄弧、缩短燃弧时间的措施都必然导致过电压的上升。

这个矛盾的根源在于储存于电感中的磁能。在电路参数给定时，磁能 $LI^2/2$ 是个定值。在开断过程中，如不采取特殊措施，这部分能量都要通过电弧放电释放出来。因此，燃弧时间如果长一些，放电的功率 $U_h i$ 就可以小一些，过电压就低一些。相反，如果强迫电弧在很短的时间内熄灭，其放电功率必然增加，自然就导致过电压的升高。因此在设计触头和熄弧装置时，必须统一考虑燃弧时间与过电压的两个参数要求。

如果能够采取一些措施使电感中的能量不是通过触头中的电弧，而是通过其他途径全部或部分地消耗掉（见后面），那么降低燃弧时间与降低过电压这一对矛盾就可以从根本上加以解决。在讨论电弧伏安特性时曾提到过，在电弧伏安特性中没有把辉光放电的区域表示出来。因此在开断过程曲线中看不出火花放电区域。

实际上在开断较强的感性直流负载时，电弧的工作点轨迹已接近于电弧的静态伏安特性，当电流减少到极限燃弧电流 I_{rh} 以下时，触头电压 U_h 往往可以满足火花放电的条件（即 $U_h > 330\text{V}$），因此在开断强感性直流负载时，在开断过程的末期电弧常常转变为火花放电，如图 10-13 所示。

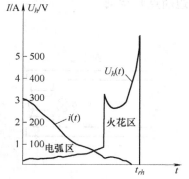

图 10-13　由电弧放电转变为火花放电

10.2.4　直流电弧的熄弧方法

直流电弧的熄弧措施，原则上可分为两类：

1）强迫冷却电弧，提高其散热功率，也就是提高其伏安特性，使电弧不能维持稳定燃烧。它又可以细分为两小类：利用加大阴极压降和阳极压降来提高伏安特性以及利用增加弧柱压降来提高伏安特性。

2）采用附加的电路（通常叫作熄火花电路或熄弧电路）将被开断电路中的电感能量消耗掉。这样可以使电路不形成放电现象，或者使放电过程大大缩短，过电压大大降低。

1. 拉长电弧

最简单的熄弧方法就是拉长电弧（见图 10-14）。拉长电弧主要是增加电弧的弧柱散热，提高其弧柱压降。这种办法对于在正常大气压条件下工作的、控制低电压（几十伏以下）和中、小电流（几十安以下）的触头是足够有效的。例如，开断 40V 2A 的电路，只需把触头间隙拉开 0.1mm 的间隙就足够了。

单纯地依靠拉长电弧进行熄弧，有一重要缺点：由于电弧端点不运动，触头温度很高，烧伤严重。所以这种措施一般在电流较大时都不单独使用。

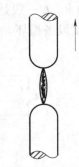

图 10-14　拉长电弧

2. 横吹电弧

如果能使电弧运动，冷却条件会大大改善，触头烧损就会减轻。在运动中电弧的弧柱也会大大加长。在低压电器和航空电器的触头中，经常采用磁场来驱使电弧运动。磁场的建立有两种方法：利用被开断的电流本身的磁场（电动力）吹弧和利用外加磁场吹弧。

图 10-15a 所示是继电器中常用的一种结构。电流在触头间隙处建立的磁场为 B，其方向按右手定则决定。触头间隙中的电弧电流 I 在这个磁场中受到一个力 P 的作用，因此电弧就向外运动。

图 10-15b 是接触器中的一种结构。在这种结构中动触头中的电流线 I_2 与静触头的电流线 I_1、I_3 之间有一个夹角 φ。动静触头中的电流线在水平方向的投影是同方向的，因此它们在触头间隙中建立的磁场相互抵消。但是它们在垂直方向的投影是反方向的，与图 10-15a 中的情况相同。因此电流线的垂直分量产生一个电动力，使电弧向上（左边断点）和向下（右边断点）运动。

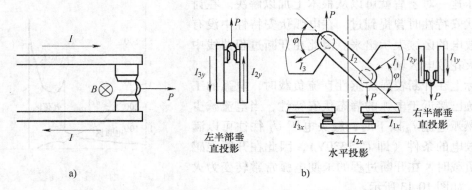

图 10-15　利用电流本身的磁场（利用电动力）吹弧

由于磁场是电流本身产生的，电动力的大小正比于电流的二次方。也就是说，在小电流时电动力可能是微不足道的，但在大电流时则可能是十分大的数值。这样就出现两个问题：

（1）电流较小时，电动力的数值可能不足以推动电弧运动

因此这时这种熄弧措施是无效的。只有当电流大于某一临界值之后，电动力才开始起作用。

实验证明，在不同的电流下触头熄灭电弧所需的时间 t_{rh}（触头开距一定时）以及开断电弧所必需的最小开距 Δx 是按图 10-16 的规律变化的。即电流很小，$I<I_{lj}$（临界电流）时，电动力推不动电弧，主要依靠拉长电弧来熄弧。此时随 I 增加，t_{rh} 增加（间隙一定时），开断电弧所必需的最小间隙 Δx 也增加。

当 $I>I_{lj}$ 以后，电动力已能推动电弧运动，并且电流越大，电动力也越大，因此相应的 t_{rh} 和 Δx 反而随 I 的增加而减小。很明显，$I=I_{lj}$ 是电弧最难熄灭的情况。I_{lj} 的数值随触头的结构不同而不同，一般在 3~30A 之间变化。

（2）开断大电流时，电动力很大

虽然从原则上讲熄弧应是不困难的，但是却会出现另一个十分严重的问题，就是电弧喷出的区域（喷弧区）很大。例如有人试验过，用这种原理开断 500V、90kA 的短路电流时，燃弧时间只有 0.01~0.015s，但喷弧区的范围达 1~1.3m。

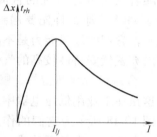

图 10-16　利用电动力熄弧时，燃弧时间 t_{rh} 以及最小熄弧间隙 Δx 随电流变化的规律

喷弧区扩大是一个十分危险的问题，它可能造成电路短路，甚至造成火灾和人身事故，这一点在航空中是绝对不允许的。航空产品尺寸都很紧凑，喷弧区扩大所造成的危害就更大。对于有金属外罩的电器产品，喷弧现象常常导致被开断电路通过电弧与外罩相连而接地，因而形成短路现象。正是由于这个原因，对于大电流触头（例如接触器）一般必须用耐弧的绝缘材料制成的外罩将触头部分罩住。

根据以上分析可以看出，对于有电动力效应的触头来说，有两种状态是比较危险的：①当 $I=I_{lj}$ 时，这时所需的触头间隙最大，燃弧时间也最长；②开断最大电流时喷弧区最大。

利用外加磁场吹弧，可以在一定程度上解决上述矛盾。如果用一块永久磁铁放在触头附近，就可以在触头间隙中产生一个磁场。由于这种磁场不随电流大小而变化，所以电弧所受到的作用力就与电流成正比。只要适当地选择磁场强度，就可以使触头的临界电流下降，同时又使喷弧区下降。但是这种方法使触头结构复杂，体积、重量加大，因此目前很少采用。

拉长电弧与横向吹弧都是用来加大弧柱压降的。在航空电器中，属于这一类的措施还有不少，例如采用隔弧罩或隔弧室。它一方面可防止电弧喷出，另一方面可迫使电弧与绝缘物接触，以加强散热和去游离作用。又如，将产品（或单独将触头）密封，可以保证产品在低气压条件下工作时，电弧仍在较高的气压下燃烧，保证它有足够的弧柱压降等。

依靠增加弧柱压降来提高伏安特性，其效果是很有限的。例如在正常大气压下，开断 40V、2A 的电路，只需要 0.1mm 的间隙；而开断 220V、5A 的电路，就要把间隙增加到 10mm 以上。在低气压的条件下，问题更加严重，甚至无法开断。

3. 双断点触头

双断点触头（见图 10-17）是利用阴极压降来提高伏安特性的。在开断电路时，双断点触头上形成两个串联的电弧，在同样条件、同样的电流下，阴极压降和阳极压降都为单断点

触头的两倍。因此，它可以在较小的间隙下，获得较高的伏安特性。

这种办法对于开断具有几十伏电压的直流电路特别有效，因为此时阴极压降和阳极压降（每个断点的阴极压降和阳极压降之和都在十几伏以上）在整个电弧电压中占有较大的比例。

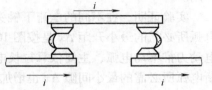

传统航空直流系统是28V。采用双断点措施之后，触头的熄弧能力已经足够，其他措施都只起辅助作用了。随着飞机电源系统的直流额定电压不断提高，如270V、540V，那么首先要遇到的问题之一，就是开关和触头，它们的熄弧能力是不能满足要求的，还需在灭弧室内充置伏安特性较高的气体介质（如氢气、氮气等），具体见10.2.5节。

图 10-17　双断点触头原理图

4. 金属栅片熄弧室与金属销钉熄弧室

这是在工业用低压电器中广泛使用的熄弧措施，都是利用阴极压降来提高电弧伏安特性的，图10-18所示为它们的作用原理。触头断开电路时，利用电动力或磁场对电弧的作用力，将电弧吹入金属栅片或金属销钉中。电弧被栅片或销钉分割成许多段。每段电弧都有自己的阴极压降和阳极压降，因此电弧伏安特性被大大提高。

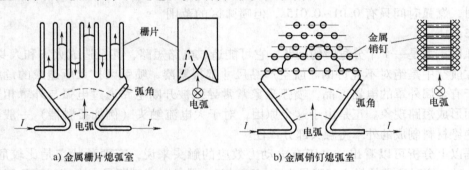

a) 金属栅片熄弧室　　　　　　　　b) 金属销钉熄弧室

图 10-18　阴极压降法

5. 直流电弧附加电路熄弧

采用附加的电路（通常叫作熄火花电路或熄弧电路）将被开断电路中的电感能量消耗掉。这样可以使电路不形成放电现象，或者使放电过程大大缩短，过电压大大降低。

前面已经分析过，对于带电感负载的触头，在开断过程中电感中储存的能量必须通过电弧或火花放电把它消耗掉。这是造成触头燃弧时间长、磨损大、过电压的主要原因。因此，熄弧的理想措施是通过其他途径将这部分能量消耗掉。可以为这一部分能量提供一个放电回路。

可以有很多方法构成这种放电回路。譬如在负载上或在触头上并联一个电阻 r 而形成放电回路（见图10-19）。触头开断后，电感电流可以继续通过 r 而形成放电回路，把电感能量逐渐消耗在 r 和 R 之中。这样就大大地减轻了触头的负担。

以图10-19a线路为例。分析证明，在开

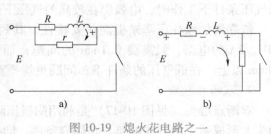

图 10-19　熄火花电路之一

断过程中触头上的最高电压为

$$U_0 = E\left(1 + \frac{r}{R}\right) \tag{10-20}$$

当 $I < I_{rh}$ 时，只要适当选择 r 数值，就可以使 U_0 不超过 270～330V，也就是可以保证触头上不会出现火花放电现象。

当 $I > I_{rh}$ 时，如果能够做到 $U_0 < U_{rh}$ 就不会形成电弧。

熄火花电路主要用于小电流，用来消除火花放电，它的名称也是这样来的，但是熄火花电路绝不是只限于消除火花放电。从原则上讲，在一定条件下它也可以用来消除电弧或减少电弧所造成的触头磨损，降低过电压和缩短燃弧时间。所以有时也称它为熄弧电路。

图 10-19 的线路是最原始的线路，它具有不少不完善的地方。譬如 10-19a 中为了降低 U_0 就必须减少并联电阻 r。但是 r 减少后会使触头中的电流增加，在一定的条件下反而会加重触头的负担。图 10-19b 中的 r 使负载电路不可能完全断开。

出现上述缺点关键在于附加电路改变了电路的稳定工作状态，若只希望熄火花电路在开断电路的过渡过程中起作用。可以有不少办法解决这一矛盾，以图 10-20 中的几种线路为例，略加讨论。

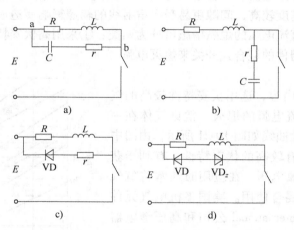

图 10-20 熄火花电路之二

图 10-20a 中采用了一个电容器 C，将附加的熄火花电路在稳态时切断。在电路开断过程中，电感电流可以通过熄火花电路 r、C 流通，形成一个衰减振荡回路。电感中的磁能，以及电容器中的电能就在这个振荡回路里逐渐消耗掉。电路在刚开断时，触头间隙极小，只要 U_0 达到 270～330V 就会立即形成火花放电。但这时由于电容器上电压不能跃变，所以触头上不会立即出现很高的过电压。等到振荡回路中 a、b 两点的电压达到峰值时，触头已运动了一段时间，触头开距已增加，已具有较高的绝缘强度。这样就可以避免火花的出现。

图 10-20b 与 a 相类似。图 10-20c 中采用了一个整流二极管 VD，使得稳态时熄火花电路不通。在开断过程中电感上的感应电动势使整流管导通，从而起到了消耗电感能量的作用。上述三种电路都存在一个共同的问题：在触头开断后 R、L 中的电流不是迅速下降到零，而是需要延迟一段时间。如果负载电路对开断过程在时间上没有要求或要求不高，则问题不大。但如果 R、L 代表一个快速电磁铁或快动作的继电器线圈，那么加入上述熄火花电路

后，就会使电磁铁或继电器的释放时间延长。

图 10-20d 中用一个稳压管 VD_z 代替电阻 r，并且在选择稳压管的电压 U_z 时，使 $E+U_z$ 低于 270~330V。这样可以在保证不出现火花放电的条件下使电感上的感应电动势 $L|di/dt|$ 最大，也就是保持了尽可能高的电流衰减速度 $|di/dt|$，使熄火花电路对负载动态过程的影响降低到最低限度。

*10.2.5 航空直流电弧的灭弧问题

为了适应更高的发电、输电及用电功率，飞机的直流供电系统也经历了从低压直流（6V，12V，28V）到高压直流（270V），甚至更高（540V）的发展过程。在交流变频供电系统中，也会采用高压直流供电技术，如 B787，接近 50% 的供电功率都是将交流电能整流后由 270V 高压直流母线进行分配和供电。

而在 270V 高压直流电力系统下，亟需解决的问题是由电路的切换和控制而产生的灭弧问题。一方面，航空环境下，敞开式灭弧系统的分断能力会受高空低气压的限制影响，并且触头部位也易受环境因素影响而失效（温差大、湿度大、盐雾等）；另一方面，由于供电功率的不断提升，目标分断电流和所在电压等级不断提高，对介质恢复能力也是极大的考验。此外，由于飞机飞行高度较高，间隙更易受宇宙射线的辐照影响而造成击穿。为解决上述难题，目前，航空高压直流电弧的熄弧措施可分为两类：①采用高伏安特性的气体介质进行灭弧；②结合功率电子器件的混合式开关来熄灭电弧。

1. 气体灭弧

结合 10.2 节所讲内容，选用伏安特性较高的气体介质有利于航空直流电弧的熄灭，常见气体在一个大气压下的伏安特性曲线如图 10-21 所示，由图中可知，氢气（H_2）具有较高的伏安特性，有利于获得燃弧期间较高的电弧电压。在应用时通常将氢气（H_2）和氮气（N_2）混合使用。美国飞机电气元件和设备制造商 Leach International 公司和高压继电器制造商 GIGAVAC 公司联合开发了一种 270V 充氢气的高压直流接触器，据介绍无人机（UAV）采用了这种直流接触器，同时向军机拓展。

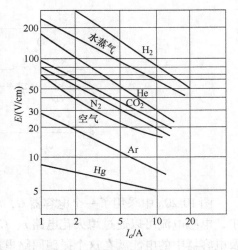

图 10-21 常见气体在 1atm 下的伏安特性曲线

此外，由巴申曲线高气压部分可知（见图 10-4），将灭弧气体的气压提高是一种有效的提升介质恢复速度，降低弧后击穿概率的手段，但该方法也对航空开关电器整体的密封性提出了更高的要求，对于体积重量严格限制的航空电器设计制造而言，实现起来难度较大。

可见，获取灭弧气体在不同气压下灭弧特性对于航空电器设计十分重要，常见的氢气电弧实验系统如图 10-22 所示。回路中电容 C_1 作为直流电源，主回路主要由电容 C_1、晶闸管 VT_1、可拆气体开关：包括可拆灭弧室与操动机构、电流测量电路：包括霍尔电流传感器 HR_1 与电流测量电阻 R_3（利用具有低电阻温度系数的康铜丝多股并联制成，电阻为 $2.4m\Omega$）和负载电阻 R_L 组成。经测量线路电感 $L \approx 7\mu H$，C_2 与 R_1 构成调频回路，用于调节恢复电压参数，为了保证实验的安全性，晶闸管 VT_2 和电感 L_1 构成保护回路。数字示波器记录开关触头两端的电压和回路电流，控制系统用来控制产生各信号的时序，PC 和高速摄像机用于拍摄电弧图像。

为了保证氢气混合气体开关中的气体纯度和安全性，设计了氢气混合气体开关充气系统，如图 10-22b 所示（忽略了充气管道）。气体瓶出口安装减压阀，然后将气体充入开关样机中；在开关样机灭弧室的上端开两个圆孔，其中一个安装逆止阀和气压表，另一个连接真空排气泵用以排除空气，并用以充氢气和氮气。充满气体后密封容器，设置压力表，用以确定压强，灭弧室实验气体压力在 $1\sim5\text{atm}$ 间可调。

灭弧室结构如图 10-22c 所示，采用桥式双触头结构灭弧室，属于与图 10-17 所示的双断点结构。触头片及触指材料为无氧铜，触头直径为 18mm，开距为 1.5mm，触头片厚度为 1mm。氢气混合气体灭弧室内气体压力为 0.5MPa。

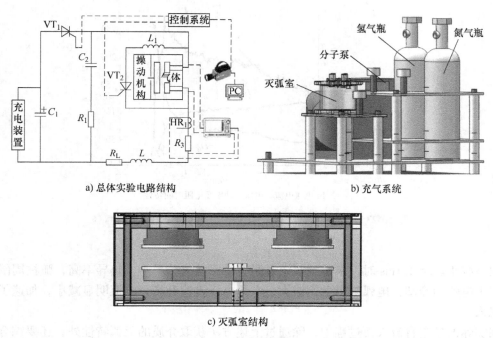

a) 总体实验电路结构　　　　　　　　b) 充气系统

c) 灭弧室结构

图 10-22　常用的氢气电弧实验系统

利用以上实验系统进行 270V、135A 电弧开断实验，电弧演变过程、电弧电压、电弧电流及电弧电阻特性如图 10-23 所示。

图 10-23a 中两个竖直标记线为两个触头的中心位置。$t=0\text{ms}$，观察到左侧触头之间电弧仅为小亮点，右侧触头之间电弧很明显。$t=0.03\text{ms}$，图 10-23b 中左侧电压波形为起弧阶段电压的放大图，可以看到电弧电压出现两个台阶，这是由于在触头打开过程中，两个断点近极压降先后产生导致的。第一台阶处电压值约为 15V，第二台阶处电压为 34V，铜的近极压降为 15V 左右，因而推断出这两个阶段产生了金属相电弧。随着触头的打开，电弧拉长，电弧电压升高，根据气相转换的特点，推断出之后金属相电弧转换为气体相电弧。随后，灭弧室温度升高，灭弧室的气压增大。$t_1=1.9\text{ms}$ 时，电弧电阻快速增大。进入"熄弧"过程，电弧开始减弱趋于熄灭，观察图像可得 $t=2.0\text{ms}$，电弧弧光明显变弱，电弧

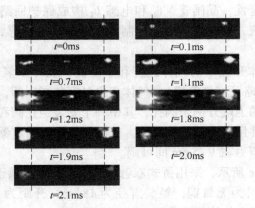

a) 触头结构及氢气混合气体电弧图像

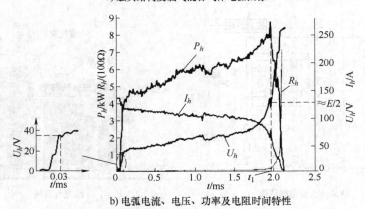

b) 电弧电流、电压、功率及电阻时间特性

图 10-23　5atm、电流 135A、电压 270V 时直流氢气混合气体
电弧电压、电流、电阻特性曲线的实验结果

直径明显减小。$t = 2.1$ms 时，未达到额定开距，由于氢气分子小，热导率高，弧柱周围的氢气有利于电弧的冷却：电弧电阻急剧增大，电弧电压迅速升高，电流明显减小，加速了电弧逐渐熄灭。

在实际的航空直流灭弧过程中，除通过上述方法获取介质的灭弧特性外，还要综合考虑航空开关所处的环境条件及开关自身的重量体积限制，确定灭弧介质的组分、压力及触头材料、栅片材料及产气材料的种类，优化灭弧室结构，使其在最小的重量体积下，不仅满足高空环境的绝缘要求，同时具备最佳的熄弧能力。

2. 混合开关灭弧

利用功率机械开关和电力电子器件组成的混合式开关灭弧是另一种开断 270V 直流系统电弧的方法，包括混合式功率接触器及强迫分断开关等。

1）常见的混合式功率接触器的原理图及同类型实物产品如图 10-24 和图 10-25 所示。混合式功率接触器的工作情况大致如下：在接通主电路时，首先使晶体管 V 导通，在 V 接通主电路若干毫秒之后，再接通触头 K，这样避免了触头在关合过程中的放电和烧损，触头 K 闭合后承担通过大电流的任务，这样又避免了晶体管饱和压降所造成的功率损耗；需要开断主电路时，也是首先使 V 导通，触头 K 分断主电路时，负载电感中的能量通过晶体管 V

的回路，消耗在电阻 R 上，适当的选择 R 的数值，使 V 与 R 上的压降不大于燃弧电压 U_{rh}，触头上就不能产生持续的电弧。

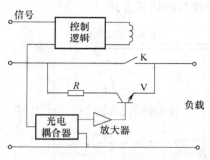

图 10-24　混合式功率接触器原理图

图 10-25　混合式功率接触器实物

2）更高电压等级，如地铁、舰船上（数千伏以上）的直流电路，如果容量很大，而且具有感性负载，用常规的方法去开断它往往是十分困难的。这种情况下，可以采用一种特殊的方法即反向阻断型或称强迫分断型功率接触器，也称 ZCS：将通过触头的电流先变成交流，等交流电流自然过零时，再将电弧熄灭。本质上是指利用外加电路向触头注入反向电流，使电弧电流逐渐减小至过零，具体原理如图 10-26 所示。

强迫换流支路包含预充电电容 C_1，电感 L_1 与晶闸管 VT_1。当晶闸管 VT_1 导通时，忽略线路电阻的影响，强迫支路的输出电流为

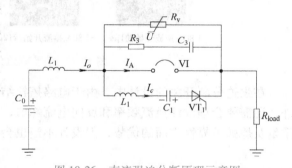

图 10-26　直流强迫分断原理示意图

$$I_c(t) = I_{cmax} \sin(2\pi f_c t) > 0$$

式中，I_{cmax} 为强迫支路振荡电流的最大峰值。f_c 为换流频率，由强迫支路电容和电感值决定，计算公式如下：

$$f_c = \frac{1}{2\pi \sqrt{L_1 C_1}}$$

由上式可知，频率越高，L_1 和 C_1 值越小，越有利于直流开关的小型化设计，但也会提高换流阶段的 $\mathrm{d}i/\mathrm{d}t$，使得分断直流电弧更困难，因此合理选取换流频率十分重要。

如前文所述，为使强迫支路的输出电流能够使流过触头的电流过零，强迫支路的输出电流峰值 I_{cmax} 应大于预分断电流 I_o。根据正弦函数的特征可知，在强迫支路可输出的半波正弦电流波形中，存在两个时刻 t_1、t_2 使得强迫支路电流等于流过触头的电流，如下式所示

$$I_o = I_{cmax} \sin(2\pi f_c t_1) = I_{cmax} \sin(2\pi f_c t_2)$$

$$t_1 = \frac{1}{2f_c} - t_2$$

基于上述分析，在直流强迫分断过程中，触头内电流至多存在两个过零点，也即有两次机会使得开关熄灭电弧。当经过两个过零点后，触头间隙的电弧仍未熄灭，开断失败。

图 10-27 为典型的强迫分断实验波形，开断电流等级为 1.8kA，换流频率 10kHz，开距 3mm，电弧在第一个电流过零点重燃，在第二个电流过零点熄灭。因此，从这一方面来看，利用强迫分断原理分断直流电弧，是一种熄弧成功率较高的熄弧方式。

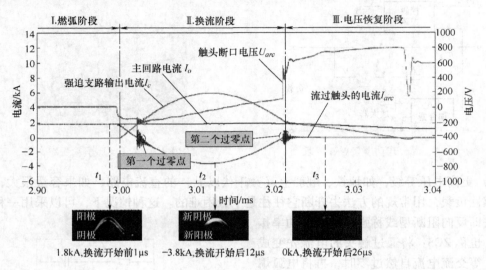

图 10-27　直流强迫分断原理示意图

在强迫分断开关的设计中，由于电路拓扑结构的特点，除需考虑和气体灭弧一样的因素外，还需要合理设计换流频率和反向电流峰值，尽管较高的频率和反向电流峰值会带来体积重量及熄弧可靠性方面的优势，但设计不当也会导致电弧重燃。

10.3　交流电弧

10.3.1　交流电弧的伏安特性

交流电弧与直流电弧有所不同，交流电流的瞬时值一直在随时间变化，并且每个周期内两次通过零点。因此交流电弧一直处于动态过程之中，并且当电流过零时电弧会自己熄灭，以后又重燃。这样可以看出，交流电弧是一个不断熄灭又不断重燃的动态电弧。

下面分析一下在电弧长度一定并且电路处于稳态时的交流电弧的伏安特性。以图 10-28 中的 RL 电路为例，从电流由负值增加到零时开始分析。电流过零时电弧熄灭。但是熄灭后电源很快就迫使电流向正方向流通，也就是说电源这时在触头上建立了一个正方向的、逐渐增长的电压企图使电流沿正

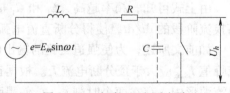

图 10-28　交流 RL 电弧电路

方向通过。当触头电压上升到点燃电压 U_{dr} 时，触头间隙重新击穿，电弧又重燃。由于触头间隙中的电弧只熄灭了很短一段时间（称之为零休），间隙仍残存有导电的粒子，因此交流电弧的 U_{dr} 比直流静态伏安特性上的 U，要低得多。电弧重燃后电流逐渐增加，也就是 $\mathrm{d}i/\mathrm{d}t>0$，因此电弧电压沿一个动态伏安特性下降（图 10-29 中 ab 段）。当电流到达峰值后，电流开始

下降，也就是 $di/dt<0$，电弧电压这时就沿另一条动态伏安特性变化（图 10-29 中 bc 段）。很明显，根据前面的分析，由于电弧的热惯性，$di/dt<0$ 时的特性应低于 $di/dt>0$ 时的特性。当电流减少到零时电弧熄灭，这时电弧电压为 U_x。按同样道理 $U_x<U_{dr}$。

电流过零后又在反方向重燃。情况与前半个周期完全一样。

交流电弧的伏安特性与下列因素有关：

1）与电弧长度、电极材料、电弧的冷却条件等因素有关。很明显，长度和冷却条件决定了电弧的弧柱压降，而电极材料决定了电弧的阴、阳极压降。

2）与电弧的热惯性有关。热惯性大的电弧，如热阴极电弧，伏安特性的回环宽度就大，而 U_r 就低。

3）与电源频率有关。这也是由于电弧的热惯性造成的。很明显，频率高就是 di/dt 高，如对变频供电系统 360～800Hz，其 di/dt 是工频的 5～16 倍。因此回环宽度随频率增加而加大；U_r 则随频率加大而减小。

图 10-30 是在示波器上看到的不同电极材料的交流伏安特性的图形。试验条件：$E=500V$、$I=3.6A$、$f=50Hz$。

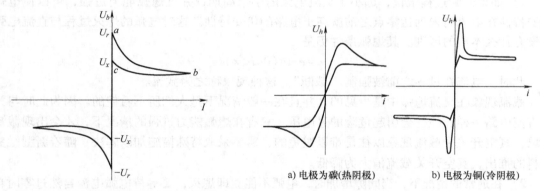

图 10-29　交流电弧的伏安特性

a) 电极为碳(热阴极)　　b) 电极为铜(冷阴极)

图 10-30　不同电极材料的交流伏安特性

注：图 a 与图 b 的 Y 轴比例不同。如果用同样比例，图 b 波形将大大高于图 a 波形。

根据交流电弧的伏安特性，可以分析出纯阻性负载电路稳态的电流波形和触头上的电压波形，如图 10-31 所示。

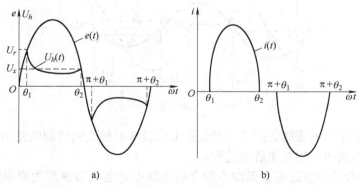

图 10-31　具有电弧的交流纯阻性电路的稳态过程波形

从图 10-31 可看出，在一段不短的时间内（$\theta_2 < \omega t < \theta_1 + \pi$），电弧电流一直为零，称之为"零休"。

实际的带有交流电弧的 RL 电路的波形（见图 10-32）与纯阻性负载电路中的波形有些不同。首先，电流滞后于电源电压一个相角 $\varphi = \arctan[L/(R+R_h)]$（$R_h$ 代表电弧的等效电阻）。电流过零时，电源电压不是零，它的绝对值等于 $E_m \sin\varphi$。其次，当电流过零时，触头上的电压由熄弧电压 U_x 迅速变化到反方向的燃弧电压 U_r，变化速度高于纯阻性负载电路。因此零休的时间很短促，在图上表示不出来。最后电流的波形很接近于正弦波，它的波形畸变比纯电阻负载时小得多，只是在电流过零前后的一小段中才可以观察得出来。

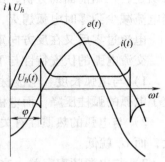

图 10-32　带有交流电弧的 RL
电路的稳态过程波形图

10.3.2　交流电弧的熄灭与重燃

1. 交流电弧熄灭的两种情况

1）如果开断过程很快，远小于交流电弧的半个周期，并且熄弧能力过强，可以使电弧伏安特性在电流尚未到达零点之前就高于电路的伏安特性。这时电弧的熄灭过程与直流电弧就没有什么本质的区别。其熄弧条件仍是

$$u = e - iR \quad (0 < i < \infty)$$

此时，电流在过零之前被强制"截断"。这种现象称之为截流。

截流现象在交流熄弧中是少见的，并且在一般情况下是人们所不希望的。因为此时与开断直流电路一样，往往会引起危险的过电压。只有在熄弧能力过强的情况下，才会出现截流现象，真空开关中截流现象以往是难以避免的，需要采取特殊措施加以解决，随着新型触头材料的推出，真空开关截流值大为降低。

2）在通常的情况下，当间隙增加时，电弧不能立即熄灭，要等待电弧电流自然过零时自然熄灭。如果这时间隙足够大，或者有适当的熄弧措施，就可以使电弧不重燃（见图 10-33 中电流经过第三个零点时的情况）。

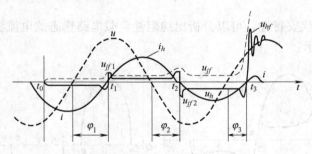

图 10-33　交流电弧熄灭过程

为保证电弧过零后不重燃必须进一步分析电弧过零时触头间隙和电路中的一些现象。电流自然过零后，出现两个相互矛盾的过程：

1）弧隙中的介质恢复过程：弧隙中的介质逐渐由导电状态恢复为原来的绝缘状态，其绝缘强度迅速增大。

2）弧隙上的电压恢复过程：电流过零后，电弧电阻突然增大，使电路出现一过渡过程。以图 10-33 为例（线路图见图 10-28），弧隙上的电压由反向的电弧电压迅速向电源电压过渡（图 10-33 中 u_{hf} 波形），表现为一衰减振荡。这个迅速增长的弧隙电压，总是企图将弧隙击穿，使它再次成为导电的通道。电流自然过零后电弧是否会重燃，将取决于这两个过程的发展。

下面分别讨论这两个过程。

2. 弧隙中的介质恢复过程

由 10.1 节中得知，从电弧内部过程看，电弧是否能够维持住，取决于两条：①阴极压降区是否能够连续地提供足够的电子流；②弧柱区能否保持高度的热游离状态，以保证其低电阻。在介质恢复过程中，两个区域的情况都有所改变。

（1）阴极压降区的介质恢复过程

电流过零时，弧隙两电极改变极性。原来的阴极变为阳极。原阴极压降区的大量正电荷，在新阳极的排斥下向新的阴极运动。这样原有的阴极压降区就消失了，新的阴极附近开始堆积正电荷，但是在较低的电压下不能形成场致发射所必需的高电场。因此阴极的电子发射暂时中止，使电弧不能再产生。这样弧隙在电流过零后的瞬间，立即就获得相当高的耐压强度，这一现象叫作阴极效应。电流过零后弧隙所能立即承受的电压，叫作介质初始恢复强度，用 U_{jq0} 表示。

实验证明，铜的冷电极（例如驱使电弧沿圆筒形铜电极迅速移动）的 $U_{jq0} \approx 250\mathrm{V}$。如果电极较热，$U_{jq0}$ 下降为 160V。进一步的实验证明 U_{jq0} 与电极温度关系很大。随电弧电流增大（显然电极的温度也上升），U_{jq0} 明显下降。

表 10-9 列出铜电极在短间隙情况下测得的 U_{jq0} 与电流 I 的关系。U_{jq0} 随 I 增加而下降这一现象，说明电流过零后的电子发射中，热电子发射也起着重要的作用。

表 10-9　铜电极的 U_{jq0}（在短间隙下测得）

I/A	5	20	30	43	68	82	123	265	344	525	840
U_{jq0}/V	340	261	210	190	180	170	142	98	65	43	30

阴极效应在低电压的交流电路的熄弧中有很重要的意义。

（2）弧柱区的介质恢复过程

在电流过零之前，由于电流不断下降，输入电弧的功率不断减少，弧柱温度已开始降低。在"零休"期间，电源基本上停止送入功率，这时温度下降更为显著。然而，由于电弧的热惯性，电弧的温度和弧柱电阻都不会发生跃变。如果在零休期间弧柱温度仍保持在 3000~4000K 以上，弧柱中依然存在明显的热游离，则此时弧柱电阻 R_z 不会上升到无穷大。只要在弧柱上再出现电压 U_h，就会有电流通过，从而重新又给电弧输入能量，其功率为 U_h^2/R_z。一旦这个功率能够达到或超过弧柱散发的功率，弧柱温度又会重新升高，电弧就会重燃。这种情况称之为弧柱的热击穿。

若在零休期间弧柱温度已下降到 3000~4000K 以下，弧柱中的热游离现象就已基本停止。弧隙中的介质只不过是一团温度较高的中性气体，此时只有在高电场作用下造成电场游离才能使间隙击穿，这种情况称之为电击穿或冷击穿。

无论是电击穿还是热击穿，弧柱区的介质恢复强度一般都是随时间（电流过零后的时间）而不断加大的。弧隙的介质恢复过程是阴极压降区与弧柱区上述过程的综合结果。经分析，在电流过零后的 $0\sim300\mu s$ 内，弧隙的介质恢复强度特性可用下式表示：

$$U_{jq} = U_{jq0} + K_{jq}t \qquad (10\text{-}21)$$

式中，U_{jq} 为弧隙的介质恢复强度（V）；U_{jq0} 为过零瞬间弧隙的介质恢复强度（V）；K_{jq} 为弧隙介质恢复强度的上升速度（V/μs）；t 为从电流过零瞬时起算的时间（μs）。

图 10-34 绘出 U_{jq} 随时间变化的典型实例。

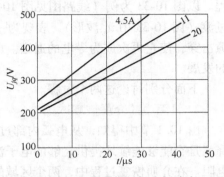

图 10-34　电流过零后触头间隙中
介质恢复强度变化过程（400Hz）

3. 弧隙上的电压恢复过程

电压恢复过程中加于弧隙上的电压称之为恢复电压。由于电压恢复过程是电路的一个过渡过程（暂态过程），所以恢复电压一般都具有两个分量：稳态分量与暂态分量。稳态分量通常与电源电压具有相同的频率（图 10-35 中它就等于电源电压 e 的频率），此时称之为工频恢复电压。在另外一些情况，稳态分量可能由工频恢复电压与某一直流电压所组成（譬如下面就要讨论的，开断电容性负载时就是这样）。暂态分量通常又称暂态恢复电压，它的波形和数值与电路的很多参数有关。

弧隙上的恢复电压与被开断电路的负载性质有关。图 10-35 所示为开断三种不同性质负载时的恢复电压情况。开断阻性负载时（见图 10-35a），由于电源电压与电流同相，两者同时过零，所以电弧熄灭后，弧隙电压随电源电压一道由零按正弦规律上升。恢复电压中没有暂态分量，而稳态分量就是工频电压。

开断感性负载时（见图 10-35b），电流落后于电源电压 90°。电流过零时，电源电压正处于反向最大值。若过零后电弧熄灭，则弧隙电压必然要由过零前的电弧电压迅速过渡到电源电压的反向最大值。由于弧隙两端总会存在电容（寄生电容），所以这一过程通常为一衰减振荡。由此可见，开断单相电感负载时，恢复电压的稳态分量就是它的工频恢复电压，就等于电源电压（恢复电压中还有一个上升速度很快的暂态分量）。

开断电容性负载时（见图 10-35c），电流超前电源电压 90°。电流过零时，电源电压也处于最大值。但是在电弧过零熄灭后，电容 C 中的电荷无处泄放，一直保持为电源电压的最大值。电流过零瞬时弧隙电压为零，以后随电源电压变化而逐渐上升，半周后达到最大值即两倍的电源电压幅值。由此可见，开断电容性负载时，弧隙上的恢复电压不含暂态分量。其稳态分量为一直流电压与工频恢复电压之和，最大值等于工频恢复电压幅值的两倍。

由于在实际情况中，电器的触头大多数用于切换非容性负载，而开断电感性负载又是三种负载中要求最严者，同时一般短路电流的性质也都是电感性的，因此除一些特殊情况外，电器触头及相应的灭弧装置的设计和实验，都以开断电感性电路为准。

下面以开断电感性负载为例，分析弧隙上的电压恢复过程：它的工频恢复电压和暂态恢复电压。工频恢复电压：因为电压恢复过程历时甚短（数百微秒之内），并且对于电弧重燃起作用的一般都是这一过程的前面部分，而在此时间内，工频电压变化甚微，所以我们只关心电流过零瞬时的工频恢复电压 U_{g0}，并且认为在整个电压恢复过程中工频恢复电压为一常数。

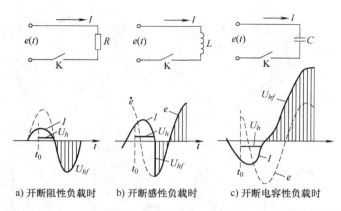

a) 开断阻性负载时　　b) 开断感性负载时　　c) 开断电容性负载时

图 10-35　开断三种不同性质负载时的恢复电压稳态分量的波形

前面已讨论了单相纯感性负载电路的开断情况。在电流过零时，对应的工频恢复电压 $U_{g0}=E_m$。一般情况下的 U_{g0} 可用下列公式计算

$$U_{g0}=U_{gm}\sin\varphi=\sqrt{2}EK_x\sin\varphi \tag{10-22}$$

式中，U_{gm} 为工频恢复电压的最大值；E 为电源相电压的有效值；φ 为被开断电路的电流与工频恢复电压之间的相位差；K_x 为线路系数。

K_x 的数值与被开断电路的相数以及弧隙在电路中所处地位有关。对于开断单相电路的弧隙（见图 10-36a），$K_x=1$。对于单弧隙开断两相的情况（见图 10-36b），$K_x=1.732$。对于两弧隙开断两相的情况（见图 10-36c），当两弧隙的触头同时分开，而且工作情况完全一致时，$K_x=1.732/2=0.866$。但实际上两个弧隙的工作情况不可能完全一致，每一弧隙所承受的工频恢复电压不可能完全相等，因此在这一情况下 K_x 处于 $0.866\sim1.732$ 之间。对于如图 10-36d 所示的三个弧隙开断电源中点不接地的三相电路的情况，当三相电路负载平衡时，由于各相电流之间相差 120°，必有一相（设为 A 相）电流先过零。此时另两相弧隙仍处于燃弧状态，B、C 两相通过弧隙与负载仍连在一起。这样，最先电流过零的 A 相弧隙触头两端，一端和 A 相电源电压同电位，另一端和 B、C 相的中点（见图 10-36e 上的 m 点）同电位。而 0 和 m 间电压的数值，恰为电源相电压的一半。所以在此情况下 A 相的 $K_x=1.5$。由于开断电路过程中不能事先确定哪一相首先电流过零熄弧，因此三相都应按 $K_x=1.5$ 进行考虑。

暂态恢复电压：仍以图 10-35 线路为例。首先分析理想状态，假设：

1）弧隙电阻 R_h 在电流过零前为零，过零后为无穷大。

2）电路是纯感性负载，$R=0$，$\sin\varphi=1$。因此电流过零瞬间的工频恢复电压 $U_{g0}=U_{gm}=\sqrt{2}K_xE$。

3）认为在电压恢复过程期间电源电压为一常数，其数值等于 U_{gm}。

在这些条件下，分析的问题已成为一个纯 LC 电路的过渡过程。它可用下述微分方程加以表达为

$$U_{gm}=LC\frac{\mathrm{d}^2U_c}{\mathrm{d}t^2}+U_c$$

断口两端的等效电容为 C，由于电容 C 上的电压，就是弧隙上的恢复电压 U_{hf}，故有

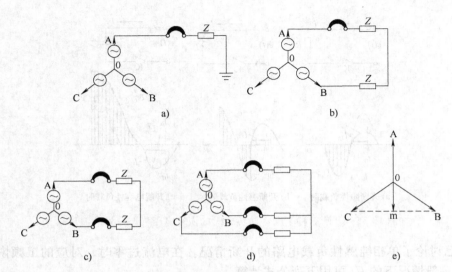

图 10-36 不同情况下线路系数

$$U_{gm} = LC \frac{d^2 U_{hf}}{dt^2} + U_{hf}$$

方程的初始条件为

1）$t = 0$ 时 $U_{hf} = U_c = 0$（因电流过零前电弧电阻 $R_h = 0$）；

2）$t = 0$ 时 $I_0 = I_L = I_c = 0$（过零前 $I_L = 0$，过零后 $R_h = \infty$，I_L 不能跃变）。

由于 $dU_c/di = dU_{hf}/dt = 1/CI_c$，因此 $dU_{hf}/dt = 0$。求解后得到

$$U_{hf} = U_{gm}(1 - \cos\omega_0 t) \tag{10-23}$$

式中，$\omega_0 = 1/\sqrt{LC}$ 为触头断开后电路的固有振荡角频率，它决定于负载电感 L 与线路电容 C（包括折算到弧隙两端的线间电容、线路对地电容以及电源绕组之间的寄生电容等）。

式（10-23）表明恢复电压 U_{hf} 由两部分组成：稳定分量 U_{gm}，暂态分量 $U_{gm}\cos\omega_0 t$，由于忽略线路电阻，后者是一个不衰减的高频振荡。如图 10-37 所示，实际上，因存在电阻高频振荡是衰减的。

以上是一特例。在一般情况下 U_{hf} 的波形比此情况要复杂得多，不可能一一详尽分析。通常采用以下两个参数来表示暂态恢复电压的特征：

1）振幅系数 γ。其定义为

$$\gamma = \frac{U_{hfm}}{U_{gm}} \tag{10-24}$$

式中，U_{hfm} 为恢复电压最大值，参见图 10-37。

2）平均恢复速度 $(dU_{hf}/dt)_p$（V/μs）。其定义为

$$\left(\frac{dU_{hf}}{dt}\right)_p = \frac{U_{hfm}}{t_m} \times 10^{-6} \tag{10-25}$$

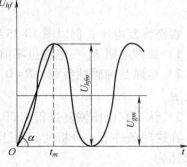

图 10-37 恢复电压随时间变化关系

式中，t_m 为由电弧电流过零起，到 U_{hfm} 为止所经历的时间（s）。

对于上例情况可求出

$$\gamma = \frac{\left(\dfrac{\mathrm{d}U_{hf}}{\mathrm{d}t}\right)_p}{2f_0 U_{gm}} \times 10^6$$

式中，f_0 为触头断开后电路的固有振荡频率，且 $f_0 = \dfrac{1}{2\pi\sqrt{LC}}$。

这是电压恢复过程最严重的情况。由于上例的假设条件不完全满足，实际的 γ 与 $\left(\dfrac{\mathrm{d}U_{hf}}{\mathrm{d}t}\right)_p$ 均低于此数据。

另外，由于 $\left(\dfrac{\mathrm{d}U_{hf}}{\mathrm{d}t}\right)_p \propto f_0$，也可用 f_0 表示电压恢复速度。

4. 交流电弧的熄灭与重燃

电流过零之后，弧隙中的介质恢复过程与弧隙上的电压恢复过程是同时进行的，并且相互有影响。电弧是否重燃取决于两个过程的竞赛。

图 10-38a 所示是介质恢复强度 $U_{jq}(t)$ 上升缓慢的情况。一段时间之后，恢复电压 $U_{hf}(t)$ 就达到并超过了它，使间隙击穿，电弧重燃，触头两端电压如 U_k 快速下降。图 10-38b 中情况不同，由于 $U_{jq}(t)$ 曲线很高，恢复电压 $U_{hf}(t)$ 一直不能达到 $U_{jq}(t)$ 的数值，间隙一直不能击穿，所以电弧就熄灭了。

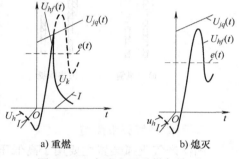

a) 重燃　　　　　　　b) 熄灭

图 10-38　交流电弧重燃与熄灭

10.3.3　交流电弧的熄弧方法

1. 金属栅片（去离子栅）灭弧

利用栅片（铁板镀锌）对电弧的吸引作用及磁吹线圈的作用将电弧引入栅片中，栅片将电弧分割成许多串联的短弧。栅片灭弧方法既适用于前述熄灭直流电弧，也适用于熄灭交流电弧。在熄灭交流电弧时，金属栅片的作用如下：

当熄灭直流电弧及交流电流过零时，产生近阴极效应，其初始介电强度为 150~260V。若有几个短弧，则提高弧隙初始介电强度多倍。若被开断电压小于此值，电弧就熄灭了。并且金属栅片在电流过零前可使电弧加强冷却及具有表面复合作用，也可加强去游离，使电弧电压升高，减小电弧电流幅值，减小电弧电流与电源电压的相位差，从而降低电流过零时的工频恢复电压的瞬时值，使瞬态恢复电压的最大值减小和平均电压恢复速率减小。

栅片灭弧目前广泛用于低压开关电器中，其主要缺点为栅片中电阻、磁滞和涡流引起损耗，灭弧室温度容易升高，从而引起灭弧条件恶化，因此不适用于过分频繁操作的场所。

2. 弧罩与纵缝灭弧装置

为限制弧区扩展并加速冷却以削弱热电离，常采用陶土或耐弧塑料（如三聚氰胺与 MP-1 塑料）制造的灭弧室。有些灭弧室还设有狭窄的纵缝，使电弧进入后在与缝壁的紧密接触中被冷却。

纵缝灭弧装置有单纵缝、多纵缝和纵向曲缝等数种（见图 10-39）。为克服电弧进入宽度略小于其直径的狭缝的阻力，有时还需磁吹配合。

纵缝多采取下宽上窄的形式，以减小电弧进入时的阻力。多纵缝的缝隙甚窄，且入口处宽度是骤变的，故仅当电流甚大时卓有成效。纵向曲缝兼有逐渐拉长电弧的作用，故其效果尤佳。这种灭弧方式多用于低压开关电器，也可用于 3~10kV 的高压开关电器。

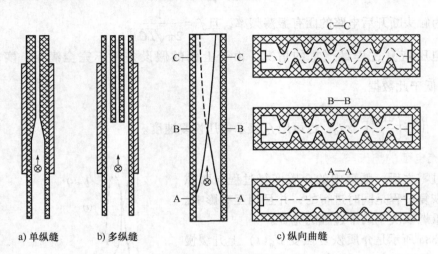

a) 单纵缝　　　b) 多纵缝　　　　　　c) 纵向曲缝

图 10-39　纵缝灭弧装置

3. 固体产气灭弧装置

固体产气灭弧装置主要用于高低压熔断器，利用固体绝缘材料作绝缘管和灭弧室，石英砂充填在绝缘管内作为灭弧介质。电路发生短路时，熔体窄部迅速熔化和汽化，形成若干串联短弧，产生的金属蒸气为石英砂所限无法自由扩散，遂形成高压气体，使电离了的金属蒸气扩散于石英砂缝隙内，在该处冷却并复合，产生压强达数 MPa 的含氢高压气体。这种装置灭弧能力强，截流作用显著。电弧在近阴极效应和高压气态介质共同作用下很快熄灭，有时甚至能在短路电流尚未达到预期值之前就截流，提前分断电路，也就是限流熔断器。但分断小倍数过载电流时，可能因熔体稳态工作温度较高而将石英砂熔解，形成液态玻璃，并与金属熔体作用生成绝缘性能差的硅酸盐，以致发生稳定燃弧现象，导致开断失败。

4. 真空灭弧装置

以真空作为绝缘及灭弧手段。当灭弧室真空度在 1.33×10^{-3} Pa 以下时，电子的自由行程达 43m，发生碰撞电离的概率极小，因此绝缘强度很高。开关断开时电弧产生机理与在空气中差不多，但真空电弧是靠电极蒸发的金属蒸气电离生成的，应属于金属蒸气电弧，电弧电压很低燃弧期间能量很低，若电极材料选用得当，且表面加工良好，金属蒸气就既不多又易扩散，待真空电弧电流过零后，等离子体及金属蒸气迅速扩散，其交流灭弧效果比其他方式都要强得多。但不能用于直流电弧的开断。真空开关有纵磁触头、横磁触头、平板触头及曲面触头等多种形式。

真空灭弧具有下列优点：触头开距小（航空 230V 下开距为 1.5mm，电网 10kV 电压等级仅需约 10mm），故灭弧室小，所需操作力也小，动作迅速；燃弧时间短到半个周期左右，且与电流大小无关；介质强度恢复快；防火防爆性能好；触头使用期限长，尤适宜于操作频率高的场合。以往缺点是截流能力过强，灭弧时易产生甚高的过电压。现在出现了低截流值高开断能力的触头材料，如 Cu-W-WC、Ag-W-WC 和 CuCr。目前，高低压电器均发展了采用真空灭弧装置的工业产品，在 12kV 电压等级断路器中，真空断路器占有量最大。

5. 六氟化硫（SF_6）气体灭弧装置

SF_6 气体为共价键型的完全对称正八面体分子结构的气体，故具有强负电性，极为稳定。它无色、无臭、无味、无毒，既不燃也不助燃，一般无腐蚀性。在常温常压下 SF_6 的密度是空气的 5 倍，分子量也大，故其热导率虽逊于空气，但热容量大，总的热传导仍优于空气。

SF_6 气体化学上很稳定，仅在 100℃ 以上才与金属有缓慢作用；热稳定性也很好，150～200℃ 以上开始分解。从 1727～3727℃，它逐渐分解出 SF_4、SF_3、SF_2、SF 等气体分子，高于此温度则分解出 S 和 F 单原子和离子。在电弧的高温作用下，少量 SF_6 气体会分解产生 SOF_2、SOF_4 和 SO_2F_2 等有毒物，其含量随含水量的增大而增大。因此，通过干燥、提高纯度、设吸附剂和采取安全措施可降低有毒物含量，况且它们在温度降低后只需数十微秒又可化合为 SF_6 气体。由于分解物不含 C 原子，SF_6 的介质恢复过程极快；且又因分子中不含偶极矩，对弧隙电压的高频分量也不敏感。SF_6 分子具有较强的电子亲和性，易俘获自由电子形成低活动性的负离子，后者自由行程小，行动缓慢，不易参与碰撞电离，复合概率高。总之，SF_6 气体的绝缘和灭弧性能均非常好。

概括起来，SF_6 气体作为灭弧介质具有下列优点：它在电弧高温下生成的等离子体电离度很高，故弧隙能量小，冷却特性好；介质强度恢复快，绝缘及灭弧性能好，有利于缩小电器的体积和重量；基本上无腐蚀作用；无火灾及爆炸危险；采用全封闭结构时易实现免维修运行；可在较宽的温度和压力范围内使用；无噪声及无线电干扰。SF_6 气体的主要缺点是易液化（-40℃ 时，工作压力不得大于 0.35MPa；-35℃ 时不得大于 0.5MPa），而且在不均匀电场中其击穿电压会明显下降。

目前，SF_6 气体灭弧装置已广泛用于高压断路器，同时此气体还广泛用于全封闭式高压组合及成套设备中作为灭弧和绝缘介质，但因体积大，不适用于低压开关。

当 SF_6 气体被排放在大气中时，作为高度稳定的温室效应气体，虽然不会破坏臭氧层，但对全球气候变暖有特别大的影响。其单位重量温室效应是 CO_2 的 24000 倍，但由于目前排放量比 CO_2 小得多，其影响比 CO_2 要小。据估计按目前 SF_6 气体排放量到 2100 年使温度增加 0.02℃，与此相对应，由 CO_2 气体产生的温室效应到 2100 年时使温度增加 2～5℃，其影响约是 CO_2 的 1%。目前被《京都议定书》列为限制性使用气体。

6. 压缩空气灭弧装置

它也是用于高压电器。开断电路时，以管道将预储的压缩空气引向弧区猛烈吹弧。一方面带走大量热量，降低弧区温度；另一方面则吹散电离气体将新鲜高压气体补充空间。因此这种灭弧装置既能提高分断能力、缩短燃弧时间，又能保证自动重合闸时不降低分断能力。它虽无临界电流，但仍有极限分断能力。且噪音大、体积大，需要空压机等，由于种种原因，压缩空气灭弧装置近年来用得较少。

7. 油吹灭弧装置

油吹灭弧装置以变压器油为介质。产生电弧后，它会使油气化为含氢量达 70%～80% 的气体，后者与占总体积约 40% 的油蒸气共同形成油气泡，使电弧在其中燃烧。油吹灭弧主要是利用氢气的高导热性和低黏度以加强对弧柱的冷却作用，利用油气为四周冷油所限不能迅速膨胀而形成的0.5~1MPa高压以加强介质强度，以及利用因气泡壁各处油的气化速度不同产生的压力差使油气作紊乱运动，将刚生成的低温油气引至弧柱以加速其冷却。油吹灭弧的燃弧时间有一最大值，与之对应的电流称为临界电流，其值因灭弧装置结构而异。

油吹灭弧装置曾在高压断路器中占重要地位，但由于结构复杂且效果不甚理想，有燃烧爆炸的危险，已被其他形式的灭弧装置所取代。

8. 无弧分断

实现无弧分断一般有两种方法：①在交变电流自然过零前分断电路，同时以极快的速度使动静触头在电流过零时分离到足以耐受恢复电压的距离，使电弧时间很短；②给触头并联晶闸管等电力电子器件，并使之承担电路的通断，而触头仅在稳态下工作。

（1）同步开关

图10-40所示为带真空灭弧装置的同步开关原理结构。其工作原理是使开关在电流将自然过零时（如1ms前）分断，并加速触头运动，使之在电流过零时已有一定间距。这样，灭弧就能在电流甚小、燃弧时间甚短、弧隙介质恢复强度甚高的条件下进行。

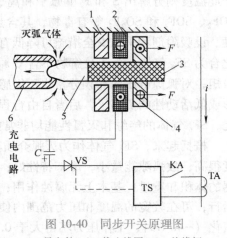

图 10-40　同步开关原理图
1—导向件　2—静止线圈　3—绝缘杆
4—金属盘　5—动触头　6—静触头

正常工作时，电容器 C 由充电电路充电。若运行中发生短路，过流继电器 KA 触头闭合，接通饱和电流互感器 TA 的二次电路。当一次电路（即待分断电路）电流甚大时，TA 铁心处于饱和状态，其二次绕组几乎无输出；而当电流自然减至一定值时，铁心转入非饱和状态，二次绕组有输出。于是，同步触发装置 TS 给出触发脉冲，令晶闸管导通，而电容器 C 经 VS 对静止线圈放电。该线圈电流产生强大的磁通，使金属盘出现感应电流。它与线圈电流互相作用，产生轴向电动斥力 F，使金属盘连着动触头一起右移。同时，压缩空气亦吹向弧隙，使其介质强度于电流过零后迅速恢复。这就实现了无弧分断或在很弱的电弧下分断。

同步分断结构复杂，故仅少量用于高压电器。

（2）交流混合式开关

与直流混合式开关有相通之处，前者单向导通，后者双向导通，以混合式交流接触器为例，它有电压触发式和电流触发式两类（见图10-41）。就前者而论，在断开状态，由于继电器触头 KA 是断开的，虽然晶闸管 VT_1、VT_2 均有外施电压，但是门极无触发信号，故都是截止的；在运行时，又因 a、b 两点间的电压是接触器主触头 KM 的电压降，它小于晶闸管导通电压，虽有门极触发信号，晶闸管仍截止。但在接通过程中 KA 先于 KM 闭合，故晶闸管先导通，主触头后闭合；而在分断过程中，KA 比 KM 后断开，使晶闸管因被加上电源电压而导通，并承担全部负载。待 KA 分断后，晶闸管亦因无门极信号随即截止，切除负载。这样，就基本上实现了无弧通断。电流触发式线路的工作原理，读者可自行分析。其中 TA 为电流互感器。

混合式开关虽然具有很长的使用寿命，但结构复杂，成本高，其使用仍未普及。

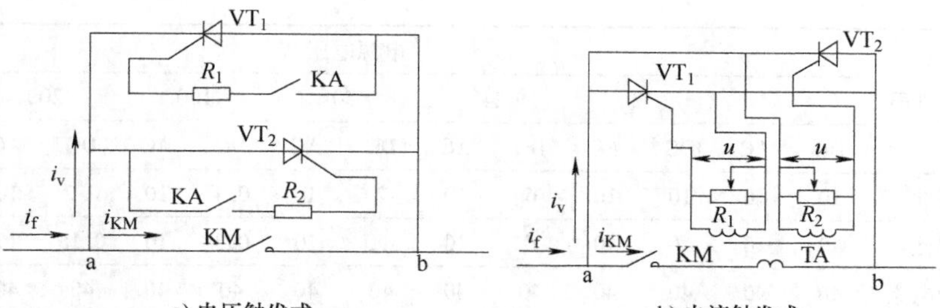

a) 电压触发式　　b) 电流触发式

图 10-41　混合式开关原理图

10.3.4　交直流触头系统工作条件比较

综合分析交流电弧的熄弧过程，可以发现它具有以下几个主要的特点：

1）交流电弧的熄灭主要发生在电流自然过零的时刻，熄弧作用只在于防止过零后电弧的重燃。

2）由于电弧是在电流自然过零时熄灭，所以电弧上消耗的能量一般都小于直流电弧。从数学上看，半波内电弧的能量为

$$W=\int_0^{\pi/\omega}U_h i\mathrm{d}t=\int_0^{\pi/\omega}\left(e-iR-L\frac{\mathrm{d}i}{\mathrm{d}t}\right)i\mathrm{d}t$$

$$=\int_0^{\pi/\omega}(e-iR)i\mathrm{d}t-\int_0^0 Li\mathrm{d}i$$

因此 $W=\int_0^{\pi/\omega}(e-iR)i\mathrm{d}i$。

就是说电感中的能量没有进入电弧，而是返回到电源中去了。实际上，电感中的能量正比于电流二次方。因此在零点熄弧时，电感中基本上没有能量来供给电弧。

由于以上原因，交流电弧比直流电弧更容易熄灭，并且不会引起很高的过电压。触头上的过电压就是本节讨论过的恢复电压，它可能达到的最大数值仅为 $2U_{gm}$。

表 10-10 中列举了日本某公司出品的几种电磁式继电器的触头负载能力，在不同电源电压和负载性质的条件下，对比了交流和直流两种情况。由表可以看出在 12V 以下（燃弧电压以下），触头的交、直流负载能力基本上是相同的。当电压到达 24V（超过了阴、阳极压降之和）后，触头的交流负载能力就开始大于直流，并且电源电压愈高，差别愈大。

表 10-10　不同条件下电磁式继电器触头的负载能力　　（单位：A）

型号	负载性质	电源电压/V													
		6		12		24		50		100		200		400	
		DC	AC	DC	AC	DC	AC	DC	AC	DC	AC	DC	AC	DC	AC
MM-2	阻性	15	15	15	15	10	15	3	15	0.6	15	0.3	15	/	3
	感性①	15	15	15	15	10	15	2	15	0.4	15	0.2	15	/	2.5
	启动电流	60	60	60	60	60	60	60	60	60	60	60	60	/	30

（续）

型号	负载性质	电源电压/V													
		6		12		24		50		100		200		400	
		DC	AC	DC	AC	DC	AC	DC	AC	DC	AC	DC	AC	DC	AC
MM-4	阻性	10	10	10	10	6	10	2	10	0.4	10	0.2	10	/	2.5
	感性	10	10	10	10	6	10	1.5	10	0.3	10	0.15	10	/	2
	启动电流	40	40	40	40	40	40	40	40	40	40	40	40	/	20
611[2]	阻性	15	15	10	15	8	15	1.5	15	0.5	15	0.25	15	/	5
	感性	15	15	6	15	5	15	1	15	0.3	15	0.15	15	/	5
	启动电流	30	30	30	30	30	30	30	30	30	30	30	30	/	15

① 功率因数 $\cos\varphi = 0.4$。

② 611 启动电流是指常闭触头的。

对于直流负载而言，触头承担感性负载的能力又低于阻性负载。

我国航空电器，在同样触头负载电流下，直流用于 28V，交流可提高到 220V 使用。

3）由于电弧是在自然过零时熄灭，所以要求交流电弧的熄弧装置只是在电流过零时有较强的冷却作用，以保证有较高的介质恢复强度。在电流自然过零前，并不希望冷却太强，因为强的冷却条件有可能使电弧在电流自然过零前被强迫熄弧，而引起很高的过电压。

在交流电弧的熄弧措施中，利用冷阴极的阴极压降是很有效的措施。只要保证触头的温度不致过高（保证是冷阴极），在电流过零时触头的每个断点上就可以保证有 160～250V 的介质恢复强度。

实验证明在大气条件下，一个单断点的间隙为 0.5mm 的触头可以顺利断开交流 220V 几十安的电感电路。在电流加大时只需要采取用电动力吹弧的措施，保证电弧端点在触头上不断运动（以保证冷阴极的条件），仍然可以使电路可靠开断。由表 10-10 中也可以看出，在200V 以内触头可以承担的交流电流数值都是一样的（它是由热稳定的条件决定的）。只是在 400V 时，交流电流数值才开始下降。

4）从电路的角度看，影响交流熄弧过程的主要参数有：

① 电源电压 E。E 愈大，工频恢复电压愈高，熄弧愈困难。

② 电路稳定工作电流 I。I 愈大，电弧功率愈大，熄弧愈困难。

③ 功率因数角 φ。φ 愈大（即电路中电感比例愈大），则恢复电压愈大，熄弧愈困难。

④ 振幅系数 γ。$\gamma = U_{hfm}/U_{gm}$ 即恢复电压的最大值与电流过零时的工频恢复电压之比。振幅系数 γ，一般在 1～2 之间，决定于电路电阻 R 与 $2\sqrt{L/C}$ 之比。R 愈小，$2\sqrt{L/C}$ 愈大，则恢复电压的振荡过程衰减愈慢，γ 就比较大；R 比较大时，γ 就减少。当 $R < 2\sqrt{L/C}$ 时，恢复电压已不再是一个振荡过程了，因此 $\gamma = 1$。显然 γ 愈大，熄弧愈困难。

⑤ 电路的自振频率 $f_0 = 1/(2\pi\sqrt{L/C})$。f_0 愈大则恢复电压恢复速度快，因此电弧容易重燃。

对交流触头进行试验，考核其开断能力时，必须考虑上述五个参数的情况，使试验条件中这些参数不低于实际中可能遇到的数值。

5）交流电弧的燃烧时间，在交流电路中，由于触头可能在电流半波中的任何一个时刻开始分离，而交流电弧的熄灭一般都在电流过零时，因此交流电弧的燃弧时间具有较大的分散性。例如触头需要用 t_1 的时间才能运动到保证熄弧所必须的间隙。如果触头的分离时刻距电流过零瞬间略大于 t_1（见图 10-42），则电弧可以在第一次电流过零时熄灭。其燃弧时间为 $t_{rh} = t'_{rh} \approx t_1$，如果触头的分离时刻距电流零点略小于 t_1，则电弧要拖到第二个电流零点时才能熄灭，其燃弧时间为 $t_{rh} = t''_{rh} \approx t_1 + 1/(2f)$，$f$ 为交流电的频率。

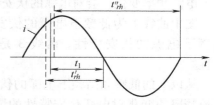

图 10-42　交流电弧的燃弧时间

这说明在同样的条件下，由于触头分离时间的分散性，可能使交流电弧的燃弧时间相差半个周期。加上电弧本身也是不稳定的，因此燃弧时间的分散性还要比半个周期大些。

*10.3.5　航空交流电弧特性

在多电/全电技术快速发展的大趋势下，变速变频（Variable Speed Variable Frequency，VSVF）成为飞机交流电源系统的主流发展趋势，频率变化范围达到 360～800Hz。对于变频电源系统，变化的电流频率使得电弧开断面对更多的挑战。并且对电弧能量、截流值、电弧伏安特性、"零休"时间及恢复电压均产生不同影响。

1. 电流频率对电弧能量的影响

在半个周波内，交流电弧中能量为

$$W = \frac{1}{2f} I_m U_a \tag{10-26}$$

式中，I_m 为电弧电流幅值；U_a 为电弧电压；f 为电源频率。

从式（10-26）中看出，电弧能量与电源频率成反比例关系。如果电流第一次过零时电弧熄灭，则频率高时电弧能量比频率低时能量小。变频电源系统的频率范围是 360～800Hz。频率为 800Hz 时能量为 400Hz 时的 50%，而 360Hz 时电弧能量是 400Hz 时电弧能量的 90%。仅从能量角度考虑，800Hz 时电弧比 360Hz 燃弧能量更小。

2. 电流频率对开断时截流值的影响

当开断小电流时，由于灭弧装置的作用，在电流没有到达自然零点时，电弧熄灭，电流就被突然降至零点，这就是截流现象。由于电流被截断，电感负载上剩余的电磁能就会引起过电压。

所开断电流过零前的 dI/dt 会影响开断电流的截流。

有人用两种波形的电流进行了截流值的测量：第一种波形是电流和频率值改变，但保持熄弧时的 dI/dt 为常数，测得截流值几乎不变；第二种波形频率相同，但幅值不同，截流值变化。这说明电流过零前 dI/dt 影响截流值，电流幅值的变化对截流值的影响也是通过影响 dI/dt 而实现的。

任取电流波形的后 1/4 周波的一点，看成一个直流电流，对于这个直流值有一个相应的平均电弧寿命。如上文所述，当这个寿命小于到达自然过零点的时间时，电流将在自然过零点前熄灭。如果电流的频率变大，电流的 dI/dt 变大，使得此点到达电流自然过零点的时间变小，从而提高了电弧的稳定性，进而使电流在幅值更小的时刻熄灭，降低了截流值。

3. 电流频率对电弧伏安特性的影响

电流频率变化，会对电弧的伏安特性产生很大的影响，如图 10-43 所示。

图中曲线 1 为低频下电弧的伏安特性，曲线 2 为高频下电弧的伏安特性。曲线 3 是电弧的静态伏安特性。

从以上的低频和高频下电弧的伏安特性可以看出，电流频率的变化对电弧伏安特性的影响非常大，在中频（360~800Hz）下，电弧的伏安特性会产生很大的变化。

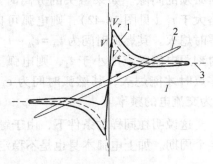

图 10-43　电弧伏安特性

电弧的伏安特性可以反映弧柱的热惯性与电弧熄弧时间的关系以及弧隙电压恢复过程和介质恢复过程的关系，其对开关器件的开断能力产生的影响很大。在电流频率变化而其他条件不变时，弧柱的热惯性不变，弧柱区等离子体扩散的速度是一定的。

4. 电流频率对"零休"时间的影响

当弧隙两端的电压不断减小，当小到最小起弧电压时，电弧熄灭，零休开始。电流过零前零休时间的长短，对电弧的熄灭过程有很大的影响。在这期间零休时间的增长，意味着在电流过零前较长一段时间内，弧柱输入功率接近于零。这样在电流过零时和过零后，弧柱将更冷、更细，更有可能产生弧柱消失、弧隙中气体转变成绝缘状态等现象。显然，零休对于防止电弧重燃有利。

当电流的频率增大，考虑电源电压的波形不变，则达到最小起弧电压的电角度是不变的，零休的电角度不变，零休的时间变短，不利于熄弧。因此从该角度分析，频率升高不利于电弧的开断。

5. 电流频率对恢复电压的影响

由 10.3.2 小节可知恢复电压平均电压恢复速度为

$$\left(\frac{\mathrm{d}u_{hf}}{\mathrm{d}t}\right)_{pj}=\frac{U_{hfm}}{t_m}\times10^{-6}=\frac{\omega U_{gm}\left(1+\mathrm{e}^{-\frac{\pi\delta}{\omega}}\right)}{\pi}\times10^{-6}\quad(\mathrm{V}/\mu\mathrm{s})\qquad(10\text{-}27)$$

式中，$\omega=\sqrt{\dfrac{1}{LC}}$，$L$ 为电感；C 为电容。

上式可以直接的表述交流电弧中电压过零以后弧隙电压恢复过程。在振荡回路中 L 为电路中的电感，C 为整个电路中的电容的等效值。由于弧隙的电容很小，当其与充电电容串联后，其值近似等于弧隙电容，很小且不随电流频率的变化而变化，即 ω 不受电流频率的影响；U_{gm} 为接触器开断时的电容电压，其数值不随着电流频率的变化而变化，而是和回路的功率因数有关；式中 $\delta=1/(2RC)$，其与电流频率无关，平均电压恢复速度与电流频率无关。这说明电压恢复过程与电流频率无关。

6. 电流频率对开断能力的影响

Yanabu 对不同直径的纵磁真空触头电极进行了大量实验，并总结了纵磁真空触头开断能力的影响因素及函数关系如下：

$$I_{\text{limit\_rms}} = \frac{k_B T_a}{\pi G_e \omega d^2 s}\left(1 + C_i \frac{R}{L_g}\right)^2 \qquad (10\text{-}28)$$

式中，$I_{\text{limit\_rms}}$ 为极限开断电流的有效值；k_B 为玻尔兹曼常数；T_a 为弧柱内金属蒸气粒子温度；G_e 为腐蚀率；ω 为电流角频率；d 为金属蒸气的原子直径；R 为触头半径；L_g 为触头开距；C_i 为触头表面的调节系数；s 为 1~2 之间的常数。

通过该公式可知，随着频率的提高，纵磁真空触头开断能力呈下降趋势。

频率提高后，半波能量减小，利于灭弧，但 $\mathrm{d}i/\mathrm{d}t$ 提高，不利于等离子体扩散，减低了开断能力。综合两种因素，对真空电弧而言，频率提高，降低了开断能力。

面向航空供电系统的变频交流分断任务，充分考虑频率变化带来的影响，一种满足航空变频交流灭弧功能及小型化需求的真空灭弧室结构，如图 10-44 所示。由于真空灭弧室以真空为灭弧介质，具有密封腔体，不受飞机高度变化引起的气压变化影响，充分保证了接触器触头系统的分断性能。设计时采用紧凑式结构，单体重量为 60g，可实现 3625A 航空变频过载电流的成功开断。

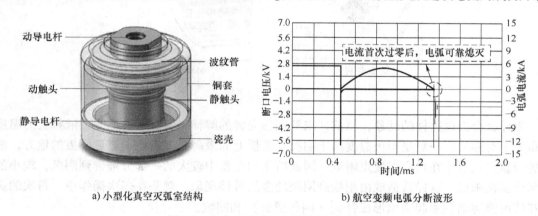

a) 小型化真空灭弧室结构   b) 航空变频电弧分断波形

图 10-44 航空变频电弧分断方式及波形

10.4 触头的磨损及材料选择

10.4.1 触头磨损的几种形式

触头在工作过程中，由于机械的撞击和摩擦，或者化学的腐蚀以及由于电弧、火花的灼烧，都会造成触头金属的损失或转移（由一个电极转到另一个电极），这种现象叫作触头的磨损。

由于机械原因造成的磨损叫作机械磨损，由于化学原因造成的磨损叫作化学磨损，由于电的原因造成的磨损叫作电磨损。如果触头控制的电路只有十分微弱的功率，并且触头的寿命很长（$10^7 \sim 10^{10}$ 次），这时触头的机械磨损是主要的。在一般情况下，触头的磨损主要是电磨损。

触头的磨损造成触头表面破损、变形，从而使触头压力、接触电阻、超行程、间隙等参数发生变化，甚至使得触头无法正常工作。触头常常是由于严重的电磨损而不能正常工作的。对于高寿命和大容量的触头，触头的磨损都是一个重要问题。造成触头电磨损的原因主要是开断过程和关合过程中触头之间的放电现象。同时在开断和关合过程中出现的液桥现象，亦是造成电磨损的原因之一。下面分几种类型讨论触头的电磨损：

1. 液桥磨损

液桥现象主要发生在开断过程中触头分离之前。它是由于接触点压力降低，接触电阻上升而引起的高温使触头金属局部熔化而产生的。

其次，如果触头表面不平或者表面上存在着导电的污染物，在触头关合时，首先是这些微小的凸起部分先接触在一起。电流通过这些凸起的部分也可能引起液桥。

实验证明，由于液桥的作用，触头在多次操作之后，其阳极金属减少，形成凹坑；而阴极金属增多，形成针尖，如图 10-45 所示。这种现象亦称为金属转移。

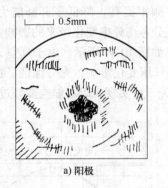 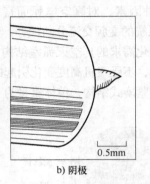

a) 阳极　　　　　　　　　　b) 阴极

图 10-45　液桥磨损情况

为什么会出现这样的现象，目前还未见到很完善的解释。但有实验证明，液桥上的温度分布是不对称的，一般是阳极温度高于阴极。液桥上的最高温度点位于靠近阳极的地方，液桥的断裂点就发生在最高温度点附近。因此熔化的金属中较大的一部分被带到阴极，较小的一部分留在阳极，这样就造成由阳极到阴极的金属转移现象。触头在多次操作中，每次的金属转移可能逐渐积累起来而形成针尖（叫作成针）和凹坑。

实验证明，开断过程中当电流大于 I_0（大约为 10mA），电源可以提供给触头的电压超过对应于金属熔点的触头压降 U_{c2}（见表 9-4）时，就会出现液桥。在一次开断过程中由于液桥造成的触头金属磨损量 $G_0\uparrow$（以金属的体积计算）大体上可以用下列公式表示

$$G_0\uparrow =\beta(I-I_0)^{\alpha}\quad(\text{cm}^3)\tag{10-29}$$

式中，α 与 β 都是取决于材料性质的磨损系数，详见表 10-11。

表 10-11　不同材料的磨损系数

材料	α	$\beta/(10^{-12}\text{cm}^3)$	$\gamma_1\uparrow/(10^{-6}\text{cm}^3/\text{C})$	$\gamma_2\uparrow/(10^{-6}\text{cm}^3/\text{C})$	$\gamma_3\uparrow/(10^{-6}\text{cm}^3/\text{C})$	$\gamma_3\downarrow/(10^{-6}\text{cm}^3/\text{C})$	成针难易[①]
Cu	2.1	0.24	0.8	3.5	2.0	6	0~1
Ag	2	0.4	0.4	0.7~2.2	10	6~18	2~3
Au	—	0.6	1.1	2.8	1.5	18	3
Pt	2	0.1	1.2	2.1	6	6	3
Pd	2	0.004~0.3	0.5	—	—	—	1
W	2	0	0.04	0.4	0.35	4	0~1
C	—	0	2~6	21	15	0.8	0

① 0、1、2、3 表示成针的难易程度，其中 0 表示不成针，3 表示成针很严重。

关合过程的液桥磨损量与触头表面状态有很大的关系，对于 Ag、Au 和 Pt 的触头有一个经验公式，代表其平均的一次磨损量 $G_0\downarrow$。

$$G_0\downarrow = 8\times10^{-1}3I^{1.5} \quad (cm^3) \tag{10-30}$$

虽然一次关合中液桥磨损的数量不是很大，但是当触头控制的电路不够燃弧条件，也不构成火花条件时，液桥磨损就成为主要磨损形式。当触头工作 $10^5 \sim 10^9$ 次以后，液桥磨损可能积累成为可观的数量，而形成不小的针尖，以致使触头间隙降低到无法正常工作的程度。

2. 电弧磨损与火花磨损

电弧与火花放电时，正离子或电子对电极的轰击使触头温度升高，使金属局部熔化和气化、金属蒸气的扩散和金属液体的溅射就是造成这种磨损的主要原因。

有三种不同情况：

（1）弱弧（指 $I<I_q$，I_q 约 20A）与火花放电时

这时的磨损主要是正离子对阴极的轰击所引起的，因此是阴极磨损。又因为此时触头间隙不大，电弧的温度不是特别高，开断过程由阳极扩散出的金属蒸气和溅射出的金属液体多数都聚集到阳极去了。因此磨损也具有金属转移的性质。以 $G_1\uparrow$ 代表这种磨损的一次磨损量。

（2）强弧（指 $I>I_q$）时

由于开断过程电弧温度极高，触头间隙一般又比较大，并且一般都有较强的电动力吹弧，可将电弧吹到间隙之外，所以这时的磨损情况与弱弧时不同。由于这时电弧的阳极温度比阴极高，所以阳极磨损是主要的。但是由于高温、大间隙、吹弧等原因金属扩散和飞溅到四周空间去的比例很大，因此阴极也有磨损，以 $G_2\uparrow$ 代表这种磨损的一次磨损量（指阳极的）。

（3）短弧（指间隙 $<10^{-5}\sim10^{-7}$cm 时的电弧）时

短弧出现在开断过程的初期和关合过程的末期，触头回跳期间亦将出现短弧，在 $I<I_{rh}$ 时也出现短弧。但是由于这种电弧只在极短的间隙下出现，所以在开断与关合过程中它的持续时间都是极小的。

短弧放电时，主要是电子对阳极的轰击，因此是阳极磨损。磨损也具有金属转移的性质。分别以 $G_3\uparrow$ 与 $G_3\downarrow$ 代表开断与关合过程中的短弧磨损。

三种情况中无论哪一种磨损，都是由于电荷对电极的轰击引起的，因此实验证明任何一种情况下的一次磨损量均与放电过程中通过触头的电荷量成正比。即

$$G=\gamma q \tag{10-31}$$

式中，γ 为决定于材料和磨损形式的系数，它可能是正数，表示是阳极磨损（对 G_2 与 G_3），也可以是负数，表示是阴极磨损（对 G_1）；q 为代表放电过程中通过触头的电荷量，$q=\int_0^t idt$，即等于放电过程中电流曲线 $i(t)$ 对时间的积分。

不同情况下不同材料的 γ 数值列于表 10-11。

10.4.2 触头电磨损的综合分析

某一种形式的电磨损都是在一定条件下才出现的。触头在一个工作循环（关合一次、开断一次）中可能要经过好几种不同的条件。譬如开断一个电路时，一开始在触头分离之

前可能有液桥出现；触头刚刚分离时可能出现短弧；间隙增加后随电路参数不同或者出现火花弱弧或者出现强弧。关合过程也是一样。

我们所关心的是在一定电路条件下触头的磨损情况，即已知触头上的电压和电路中的稳定工作电流，要求知道在触头一个工作循环中究竟出现哪几种磨损？哪一种（或哪两种）是主要的？

为此先把前面分析过的各种磨损出现的条件加以整理，见表 10-12。

表 10-12　不同形式磨损出现的条件

磨损形式	间隙	工作电流	触头上的电压
1. 液桥磨损		$I>I_0$	$U_{rh}>U_c>U_{c2}$
2. 短弧		$I>I_0$	U_{dr0}[①]$>U_c>U_{rh}$
3. 弱弧	$\Delta<10^{-5}\sim10^{-6}\,cm$	$I_{rh}<I<I_q$	$U_c>U_{rh}$
4. 强弧		$I>I_q$	$U_c>U_{rh}$
5. 火花		$I<I_{rh}$	$U_c>U_{dr0}$[①]

① U_{dr0} 为最低点燃电压（形成火花放电的最低电压），为 270~330V，它等于巴申曲线最低点的电压 $U_{fc\cdot min}$。

根据这些条件，考虑触头在一个工作循环中所经历的各种状况，那么也可反过来，根据已知的触头电压和电流，找出触头在一个工作循环中出现哪几种磨损。这个结果见表 10-13。

表 10-13　触头磨损区域划分

区域	条件		存在哪种形式磨损		主要磨损的电极
	触头电压	工作电流	开断过程	关合过程	
1. 无磨损区	$U_c<U_{dr0}$ 或 $U_c<U_{c2}$	$I<I_0$ 或任意	—	—	—
2. 液桥区	$U_{c2}<U_c<U_{rh}$	$I>I_0$	液桥	液桥	阳极
3. 短弧区	$U_{rh}<U_c<U_{dr0}$	$I_{rh}>I>I_0$	液桥+短弧	液桥+短弧	阳极
4. 火花区	$U_c>U_{dr0}$	$I<I_{rh}$	液桥+短弧+火花	液桥+短弧	阴极
5. 弱弧区	$U_c>U_{rh}$	$I_q>I>I_{rh}$	液桥+短弧+弱弧	液桥+短弧	阴极
6. 强弧区	$U_c>U_{rh}$	$I>I_q$	液桥+短弧+强弧	液桥+短弧	阳极

表 10-13 的数据可以用图形加以形象表示：以纵坐标表示触头上的电压，以横坐标表示触头中的工作电流，那么图上的任意一点都可表示触头的一个工作状态。图上画出临界伏安特性，临界伏安特性以下的一块面积表示电弧不能稳定燃烧（即可以熄弧）的区域。

用 I_0、I_{rh}、I_q 和 U_{c2}、U_{rh}、U_{dr0} 这六个参数画三条垂直线和三条水平线，就可以把临界伏安特性以下的区域分成六个区域（见图 10-46）。在每个区域中磨损情况大体上是类似的。例如在弱弧区 "5" 内（$U_0>U_{rh}$、$I_{rh}<I<I_q$），开断过程中存在有液桥 $G_0\uparrow$、短弧 $G_3\uparrow$ 和弱弧 G_1 三种磨损，在关合过程中则有短弧 $G_3\downarrow$ 和液桥 $G_0\downarrow$。这样在一个循环中总的磨损量就等于这些磨损量的代数和，即

$$G=G_0\downarrow+G_0\uparrow+G_3\downarrow+G_3\uparrow+G_1\uparrow \tag{10-32}$$

只要电压不是很接近于 U_{rh}，电流不是很接近于 I_{rh}，在这些种磨损中弱弧磨损 $G_1\uparrow$ 是主

要磨损形式。

式（10-32）中各种磨损量可能具有不同的符号，说明磨损的电极不同。但是除去在强弧区之外，其他形式的磨损均具有金属转移的特征：阴极金属减少多少，阳极金属就增加多少。因此在应用式（10-32）时，一定要取代数和。

还须要强调指出一点：图上和表上的电压都是表示触头电压，而不是电源电压。只有在纯电阻负载时这两个数值才是一致的。在感性负载的开断过程中，触头电压均大大超过 U_{rh}，甚至超过 U_{dr0}。因此只要电感量不是很小，一般感性负载电路的开断过程均会出现电弧或火花。

由于交流电弧不断改变方向，因此 $I < I_q$ 时金属转移现象就表现不出来了。控制交流电路的电器触头一般不会出现尖锋和凹坑的现象。触头的磨损只表现为触头表面状况的恶化。触头金属的损失量远小于控制直流电路的电器触头。但是当 $I > I_q$ 时，交流触头的磨损也是比较严重的。

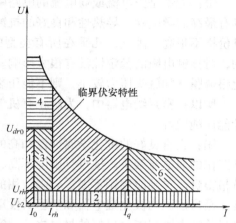

图 10-46 触头的磨损区域划分
1—无磨损区 2—液桥区 3—短弧区
4—火花区 5—弱弧区 6—强弧区

目前解决触头磨损的主要措施有以下几种原则：

1）采用 I_{rh} 和 U_{rh} 均较高并且是高熔点的材料做触头，尽可能避免成电弧和形成液桥。

2）在贵金属中加入少量非贵金属如 Ni、Cu 等，或者它们的氧化物 CdO、CuO 等。这样可以利用非贵金属的氧化膜来避免磨损材料的连续积累。

3）在主要是液桥磨损时，采用不同的两种金属配成触头对，以导电导热较好的作为易磨损的阳极，导电导热较差的为阴极。如金为阳极、铂为阴极或银为阳极、铂/铟为阴极等。利用阴极材料导电导热较差的特点，有意地提高阴极的温度，从而使最高温度点移到阴极附近。触头在开始工作时是阴极磨损，但当有一定数量的阴板材料转移到阳极之后，阳极温度亦相应提高，最高温度点向阳极移动，最后两极温度会自动调节到中心点。这时磨损量最小。

4）加强熄弧和熄火花措施以减少 q 或者缩短燃弧时间 t_{rh}。

5）采用有相对摩擦的触头结构，防止磨损物的积累。

6）保证足够的触头间隙和超行程，使触头磨损不致严重影响其正常工作。

10.4.3 触头材料的选择

正确地选用触头材料可以提高电器的工作可靠性和寿命。各种电器由于转换电路条件、触头断开容量的不同，触头受到的电腐蚀类型和程度也不相同。在设计选用触头材料时，要考虑到这些要求，另外也要尽量采用我国产量丰富的金属材料。

对于触头材料总的要求是导电导热性好、电阻率低、接触电阻稳定、不易生成对导电不利的各种膜、抗电磨损性好、极限燃弧参数（U_{rh}、I_{rh}）高、加工工艺性好、价格便宜等。现有的航空继电器触头一般用银，密封的用银镀金（或银合金），弱电流的用铂铱合金。接触器触头多用银-氧化镉或银-氧化铜。

1. **常用触头材料**

将常用触头材料介绍如下：

银：无论是强电流或弱电流的电路中，银都是很重要的触头材料。银触头接触电阻小，具有最高的导电性、导热性和良好的抗蚀性。银的工艺性好，可以制成各种形状的触头，并且价格不很高。因此，几乎在所有类型的继电器中，都得到广泛应用。银的氧化物是导电的，对接触电阻的稳定性没有很大影响。缺点是受硫化氢作用时，表面产生一层电阻大的硫化银薄膜，如触头压力较小，则不能压裂薄膜，就会造成接触不可靠。

所以在密封继电器中，为防止有机气体对触头腐蚀，在银触头上镀 $8 \sim 10\mu$ 的金，电气性能比纯银好。

铂：它有良好的抗化学腐蚀性和高的熔点，有较高工作可靠性。可用它制造在繁重条件下工作的弱电流触头。缺点是硬度不高、导电和导热性低。铂和钯都容易形成有机膜，另外价格很贵。单独应用铂不多，较多应用的是铂铱合金，它保存了铂的原有优点，又提高了硬度，是目前国内极化继电器和活塞式发动机的高压点火磁电机触头的主要材料。铂钉合金也是目前抗电磨损能力最好的材料之一，实验证明它具有金属转移少、接触电阻小等优点，适合于频繁动作的苛刻工作条件，是能取代铂铱合金的更好的材料。

钯：它的性质与铂相似，虽然抗化学腐蚀性较低，但是价格较铂便宜。除了用纯钯制继电器触头外，也还采用钯银合金（含银40%）、钯铱合金（含铱10%）和钯铜合金（含铜40%）制造继电器触头。

铑：它用作弱电流触头的电镀层（镀层厚 $2.5 \sim 50\mu m$），因为它具有很高的硬度和耐磨性，以及很好的化学稳定性。但由于不能进行机械加工，没有单独用作触头材料的。

金：金在空气中不氧化，接触电阻很小，一般用它制造小触头压力和低电压下工作的继电器触头和作电镀用。金的电弧极限特性参数不高，易产生电磨损和熔焊。含镍5%的金镍合金无论硬度和耐磨损能力都比纯金高，在低温时抗腐蚀能力不比纯金差，并且在小触头压力时触头接触电阻也非常小，缺点是有"冷焊"现象。金铂合金（30%铂）具有高的抗大气腐蚀性，适用低压测量仪器中用的电器。钯-银-金合金，具有最好的抗化学腐蚀性。

最近十几年以来由于发现铂族金属极易生成有机膜，严重影响触头工作的可靠性，因此在弱电流触头中出现以金和金合金代替铂的趋势。

钨：钨的硬度高，熔点高，所以耐电磨损。在动作次数多而断开电流又较大的情况下采用钨触头。但钨在电弧作用下容易产生氧化膜，接触电阻也较大，故要求触头的接触压力要大，不宜作高灵敏的继电器触头。

2. **航空电器触头材料**

目前在航空电器中使用最广泛的材料还是银合金。

银镁镍：具有优良的导电性能和接触性能，并且经过适当的热处理（内氧化处理）之后，具有较好的弹性。由于它兼有导电、接触和弹性三方面的优点，可使电器的导电片、触头簧片合为一体，使触头系统的结构与工艺都大大简化，因此它是目前小负荷（10A以下）密封电器中使用最广泛的触头材料与簧片材料。

银-氧化镉：这是一种金属陶瓷材料。它具有耐电磨损、抗熔焊和接触电阻低而且稳定等特点。广泛应用于中等负荷（几十安）以上的触头中。其寿命大大高于纯银和银镍合金。

银-氧化镉之所以具有上述特点，是由于弥散于银中间的氧化镉粒子，起到如下的作用：

1）在电弧作用下，氧化镉分解，发生剧烈的蒸发，起吹弧作用，并且起到清理金属表面的作用，因而减少了电磨损，并保持低的接触电阻。

2）金属蒸发和分解吸收大量热量，有利于电弧的冷却和熄灭。

3）弥散的氧化镉粒子能增加熔融材料的黏度，减少金属飞溅的损失。

4）蒸发的镉，部分与氧重新结合，形成固态的氧化镉，沉积于触头表面，可阻止触头间的熔焊。

目前国外正大力研究在银-氧化镉材料中加入少量添加元素，进一步提高它的性能。

银氧化镉材料有一重要的缺点，就是镉的蒸气和氧化物微粒，对有机物是中毒性物质。这些有毒物质散发出去，会造成严重的环境污染，对人体危害极大。国内外开始研究银-氧化锌，银-氧化锡。

触头材料的另一个发展趋势是采用复合材料，即将两种具有不同性质的材料压制在一起，使它兼有两种材料的优点。一般来说，两种材料中的基体材料，具有良好的力学性质（如弹性、强度）和导电性能，而复层材料则具有良好的电接触性能和抗电磨损性能。推广使用复合材料，可使触头系统的结构与制造工艺大大简化。

采用压制成的复合材料，远比在基体材料上电镀复层材料（例如在银接点上镀金）来得优越。因为镀层表面是多孔的、不平滑的，且易于脱落，常因此造成触头性能不稳定。

我国新研制的复合材料 AgInCo/CuAg 已经在继电器上进行过初步试验，达到了长寿命高可靠的要求。其他几种复合材料如 CuW-WC，AgW-WC，CuCr 合金也正在研究试验之中。

3. 真空开关触头材料

对于真空触头材料而言，有其独特性。

按合金元素大致可分为三大类，即铜铋系、铜铬系和铜钨系。早期开发的纯铜、纯钨及镶嵌型的低容量触头目前已失去其实用价值而陶汰了。下面对它们作以简单介绍。

（1）铜铋系触头材料

以铜为基加入 0.5%~1.5% 的 Bi 及其它添加元素的合金为铜铋系合金，常见的有铜铋铝、铜铋银、铜铋铈，这类合金触头材料一般用于 10kV 及其以下等级的真空断路器。这类材料是目前我国真空灭弧室用得最多的一种触头材料，通常是用真空冶炼而成，因而它有很低的含气量，低熔点元素铋的加入使触头的抗熔焊性得到很大的提高。因为铋几乎不溶解于铜，它只能均匀地分布于基金属铜的晶界和晶内，在触头工作时，由于触头温度的升高，铋就扩散到触头表面，逐渐在触头表面形成一层极薄的铋金属膜。由于这层铋的熔化温度和强度远低于基金属，所以在开关开断时就能防止触头的熔焊；这类材料的缺点就在于性能上硬、脆，在关合时弹跳严重；另外材料本身的均匀性差，所以电腐蚀也很严重。

（2）铜铬系触头材料

铜铬系合金通常以粉末冶金技术制造而成，常用的有熔渗法和混粉法，互溶性极小的有 CuCr50、CuCr25、CuCrZr 等，被广泛应用的是 CuCr50。

这类材料的研制成功为真空灭弧室开断高电压、大电流提供了条件，目前用这种触头材料制成的真空灭弧室适用于 10kV~110kV 电压等级的真空断路器，最大开断电流可达到 50kA。

铜铬触头材料中的铜和铬的作用可简单地介绍如下：

铜的作用：①高的导电性和导热性，有利于提高载流能力；②较低的熔化温度使粉末冶金的工艺得到简化；③真空工艺性能好，有利于真空灭弧室制造过程中的钎焊和除气；④良好的加工性能和合适的机械强度有利于零件的加工。

铬的作用：①高的熔点（1890℃）和机械强度，保证合金的耐压强度和耐电磨损；②高的蒸气压，有利于截流值的下降；③铬的固溶度低（在1073℃时只有0.3%的铬溶解于铜，在室温时只有0.03%溶解于铜），所以这两者几乎是互不相溶的一种机械混合物，这样就能充分发挥各自的特点；④有良好的吸气性能，因铬与氧的亲和力很大；⑤铜能很好地浸润于铬，所以烧结和溶渗时铜铬合金有很高的烧结密度，同样也对触头座的钎焊工艺是很有利的。

铜铬触头的特点如下：①工作时成分变化的同步性：由于它们的蒸气压相接近，如在 1.3×10^{-2} Pa 时，铜和铬的蒸发温度分别是1035℃和1992℃；它们的沸点温度分别是2336℃和2567℃，这就保证了铜铬触头在真空状态下、高温工作时成分变化的同步性，由此保证了性能方面从工作开始到寿命终了能保持不变；②介质强度恢复快：由于铜和铬蒸气压和电子逸出功小，在合金中没有低熔点元素，所以真空灭弧室在开断时电弧中电离性粒子很少，大大地提高了介质强度的恢复；③触头电损小：工作时能长期保触头工作后的平整，有利于耐压强度的提高；④触头吸气能力大：铬与氧有很大的亲和力，同时也能大量地吸 CH_4、CO、N_2 和 H_2，实践证明它的吸气能力大于放气能力，这也是为什么铜铬触头材料允许铜系触头材料有大很多的含气量，而且用此类触头材料制造的真空灭弧室在使用和存放过程中能长期保持高的真空度的原因；⑤铜铬触头材料目前的成本比铜铋系高出数倍，但和断路器总体价格相比，所占比例不大。

（3）铜钨系触头材料

这类触头材料也是以粉末冶金技术制造而成，主要成分是70%的钨和30%的铜，有的还有少量的添加元素。常用的钨铜系触头有 WCu30，WCCu，WCuAg，WCuSb，WCuAlTe 等，它们广泛地应用于功率较小的真空接触器上的真空灭弧室。这类触头材料的特点是使用寿命长，介电强度适中、抗熔焊性好但载流值低；同样也可用于负荷开关上，这类材料一般适用于电压等级 6kV 以下，工作电流为 1000A 以下的场合。

10.5 触头系统参数设计

触头的尺寸和参数主要都是依靠经验数据确定的。而且随材料的更新、电器工作原理与结构工艺的改进以及产品使用条件的变化，这些经验数据又在不断修正。因此，很难给出一套完整的设计公式与设计程序，下面仅就触头设计中的一些共同规律讨论如下：

1. 触头开距

如果触头电流很小（小于或接近于 I_{rh}），开断电路时不产生电弧或者电弧很微弱，则触头的开距由触头应承受的试验电压决定。

标准规定：36V 以下的电器，电气绝缘强度应承受交流 500V，频率 50Hz 的试验电压；36~115V 时，应承受 1000V 电压；工作电压高于 115V 时，为 1500V。

根据试验电压，按巴申曲线就可查出对应的、刚刚可以击穿的间隙。譬如，试验电压 500V，查曲线图 10-4 得知，在大气条件下 500V 时的击穿间隙为 0.06mm。为安全起见，触头开距一般应取 0.1~0.15mm。

对于快速动作及高灵敏继电器、极化继电器，触头间的耐压一般均适当降低（通常降低到 350V），开距可适当缩小。

1~2A 以上的触头，其间隙主要由熄弧要求决定。此时触头开距一般随工作电流的增加而略有加大。

2. 触头终压力

1~2A 以下的触头，其终压力主要决定于它的可靠性。因为此时触头上的各种膜，主要依靠压力把它破坏。图 10-47 所示为触头故障几率与触头压力的关系，由图中看出，增加压力后可靠性可大大提高。

实际在决定这种触头的终压力时，主要是参考经验数据。

对于 2A 以上的触头，终压力主要决定于触头发热的要求。通常要求触头在工作电流下的接触压降，远低于触头材料的软化点 U_{c1}，即

$$U_c = \frac{U_{c1}}{3 \sim 7} \qquad (10\text{-}33)$$

式中，U_c 可通过计算接触电阻而求出。

公式中取了很大的安全系数，这是考虑到触头可能短时间通过更高的过载电流以及触头工作一段时间后，接触情况会逐渐恶化，终压力会有所降低。

亦可用经验公式估计触头的终压力 F_z，如

$$F_z = CI_e \qquad (10\text{-}34)$$

式中，I_e 为额定电流（A）；C 为常数，对银-氧化镉触头，$C = (0.4 \sim 0.5) \times 10^{-2} \times 9.8 \text{N/A}$。

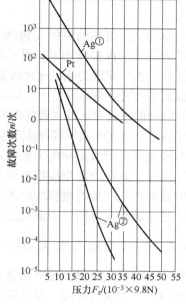

图 10-47　一百万次动作中，触头故障率随压力变化曲线
① 单接点
② 双接点

3. 触头初压力

触头初压力的作用有：①减轻关合过程中触头碰撞所造成的回跳，从而可以减小触头的电磨损和触头熔焊的可能性；②缩短触头分离过程中，触头在小压力下接触的时间，从而可以减少金属桥所造成的电磨损。

适当地提高初压力，触头弹簧可以更多地吸收碰撞能量，从而缩短碰撞后的回跳时间。但是过大的初压力往往使动触头与电器的整个运动部分更加紧固地连在一起，导致整个运动部分参与碰撞，撞击的动能大大增加，反而使回跳时间加长。

通常触头初压力 F_c 都是按经验数据决定，取

$$F_c = (0.4 \sim 0.7) F_z \qquad (10\text{-}35)$$

产品试制后，再根据试验情况适当修正。

4. 触头超行程

触头的超行程主要决定于触头在其整个寿命中可能出现的电磨损，以及由于弹簧老化、运动部分机械磨损所造成的触头压力的降低，它应保证触头在其整个服务期内可靠地接触。此外，只有在存在超行程的条件下，在动、静触头的接触过程中，才有可能产生相对滑动或滚动，以破坏表面的各种有害膜，而在它们的开断过程中，才有可能产生一些冲击力，使得

有轻微熔焊（或冷焊）的触头，可以正常分开。

确定超行程的大小完全要凭经验数据和试验。

10.6　故障电弧的检测与分析

本章前文所讲述的电弧（包括航空电弧），通常情况下为瞬时性的，不会持续存在，在断路器等开关的保护作用下，可实现对电弧产生和熄灭的可靠控制，不会影响线路和设备的正常工作。当线路因为绝缘老化或者短路等原因而引起的预想外的线路电弧称为故障电弧。在住宅或商业电气线路和设备中，如电气布线、插座、家用电器内部的电线或电器的电源线等，由于长时间的过负荷运行或者存在不良的电气连接等情况，电线的绝缘层出现老化、绝缘效果降低或者绝缘层发生破损都可能产生故障电弧，电弧火花将可能引燃线路造成火灾的发生。

故障电弧是严重影响电力系统正常工作可靠性的因素之一，包括串联型故障电弧和并联型故障电弧。其中串联型故障电弧是由电缆电气连接部位出现松动、接触不良或断裂等引起电路时通时断而产生的电弧放电现象，并联型故障电弧是由于导线的绝缘出现刺穿、磨损、受潮、受污和老化等缺陷引起短路而产生的电弧放电现象。

10.6.1　交直流故障电弧的特征

在本书中前文所提到的电弧是开关电器在开断电流过程中，在灭弧室内产生的电弧，在灭弧室内人为的设置磁场、栅片和气体成分，使其达到熄灭的目的，因此灭弧室内的是一种受约束的、受控制的电弧。而在本小节中，故障电弧并不是主观上想要产生的放电现象，其产生部位也不固定，并且该电弧所处环境往往是可见的，因此故障电弧是一种开放式的、不受约束的放电现象。

1. 直流故障电弧

2011 年，美国保险商实验室颁布了针对光伏系统的《光伏直流电弧故障保护电器》标准 UL-1699B，而与之对应的《电弧故障保护器（或断路器）》标准 UL-1699 颁布于 1999 年。与交流故障电弧相比，由于直流供电电源没有过零点，发生电弧时难以熄灭，危害更大。美国于 2012 年颁布了航空工业标准 AS6019，在该标准中规定了航空直流系统下的串联故障电弧和并联故障电弧模拟试验方法。我国自 21 世纪以来开展电弧故障检测的研究，2014 年我国相继发布了电弧故障检测与保护相关的两个产品标准。

典型的串联故障电弧电路图和模拟装置如图 10-48 和图 10-49 所示。串联故障电弧发生装置的基本原理是在振动台的作用下，松动的接线端子与螺栓之间会产生电弧。当接线端子

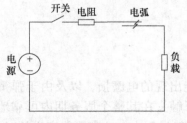

图 10-48　串联故障电弧电路图

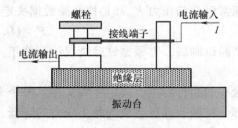

图 10-49　串联故障电弧发生装置示意图

和固定螺栓之间产生足够大的相对位移时就会产生电弧，振动频率会影响两者之间的相对位移。图 10-50 为在直流电源电压为 28V，负载阻抗为 20Ω 的电弧电流波形。

　　典型的并联故障电弧电路图和模拟装置如图 10-51 和图 10-52 所示，其基本原理是通过金属刀片切割两根导线，从而产生并联故障电弧，以模拟航空电缆由于振动摩擦或意外切割导致电缆导体裸露，从而出现电弧的情况。图 10-53 为在直流电源电压为 28V，线路电阻为 5Ω 时的电弧电流波形。

　　对于 270V 直流并联故障电弧电流，幅值较大且上升速度较快，极易发展为短路故障，危害极大。尤其在高空低气压下，难以熄灭。

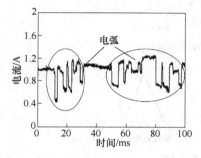

图 10-50　串联故障电弧电流

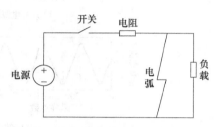

图 10-51　并联故障电弧电路图

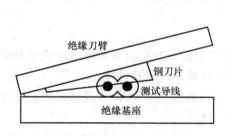

图 10-52　并联故障电弧发生装置示意图

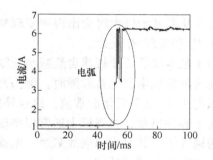

图 10-53　并联故障电弧电流

2. 交流故障电弧

　　由电弧的伏安特性可知，电弧可以等效为线路中的某个电阻，但在交流电路中，由于电流存在过零点，当电流很小时，电弧将存在"零休"现象，电弧将在熄灭和重燃两种状态下不停地进行转换。对于不同类型的负载，电弧的熄灭时刻和重燃时刻不尽相同。电弧持续燃烧时，不同负载对线路电流也有不同的影响。下面将对阻性负载、容性负载及感性负载下的串联故障电弧进行分析，如图 10-54 所示。

　　由图 10-54 可知，每种负载下的电弧故障电流波形与其正常电流波形相比都发生了明显变化，并且发生电弧故障时均存在如下特征：在过零点前后存在"零休现象"、高次谐波、部分区间电流斜率增大、电流有效值减小和随机性等特征。

　　对于阻性负载，发生串联电弧故障时，电路具有如下特性：

　　1）i 与 u 同相。

　　2）"零休"现象明显。

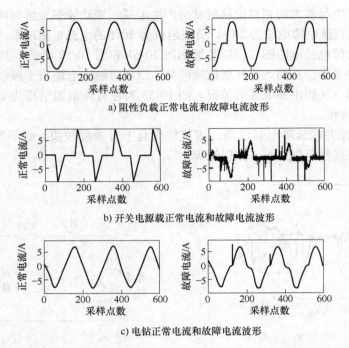

a) 阻性负载正常电流和故障电流波形

b) 开关电源载正常电流和故障电流波形

c) 电钻正常电流和故障电流波形

图 10-54　阻性负载、容性负载及感性负载下的串联故障电弧波形

3）i 从零开始增大时会出现突变现象，即 i 从零突然增大到某一数值，该数值主要由起弧电压 U_z 和负载 R_L 决定。

4）i 基本按照正弦规律自然减小到零。

在实际发生串联电弧故障时，触头开距是不确定的，并且极有可能处于变动状态，这导致起弧电压 U_z 也是变化的数值，这也导致电流波形具有一定随机性。

对于容性负载，在飞机上通常以整流电路+电容滤波电路的形式出现，并通常作为开关电源的输入级，其发生串联故障时，电路具有如下特性：

1）"零休" 现象明显。

2）在半周期内将可能发生多次脉冲电流，脉冲电流的次数不固定。

3）电流波形畸变严重，具有随机性特点。

4）电流波形受负载前段是否加装 EMI 滤波器影响。

对于感性负载，纯感性负载和阻感负载下的串联电弧故障具有不同的电路特性。

当负载阻抗为纯感性负载且发生串联电弧故障时，电路具有如下特性：

1）u 超前 i 约 90°。

2）"零休" 现象不明显。

3）不存在电流突变现象，i 基本按照正弦规律变化。

这是当负载阻抗为阻感负载且发生串联电弧故障时，电路具有如下特性：①u 超前 i 一定角度；②存在明显的 "零休" 现象；③"零休" 时间内可能出现几次脉冲电流。

10.6.2　故障电弧的检测分析方法

目前对故障电弧的检测主要利用电弧的物理特性和电弧电压电流波形的改变等特征。物理特性主要是电弧的发光、发热、电磁辐射及噪声等；而电弧造成的电流波形的畸变、电弧的不稳定燃烧对电路电流的影响也是目前的研究重点。

对于交流故障电弧，不同负载类型下的线路电流波形有所不同，发生电弧故障时的线路电流一般具有以下特点：在线路电流的自然过零点处会出现"平肩"形状；线路电流的周期性会被破坏；线路电流的谐波比例会发生变化。因此，可以根据线路电流波形识别负载类型，并根据负载类型选择相应的检测方法。

对于直流故障电弧，由于电弧电流不存在自然过零点，上述情况不再存在，因此无法用分析交流故障电弧的方法去分析直流故障电弧。目前对直流故障电弧的检测方法主要包括以下几个方面：电弧的物理特性、电弧电阻及其动态变化对线路电流的影响。

在对交直流故障电弧检测分析方法中，主要包括了小波分析、人工神经网络、支持向量机及机器学习等方法。具体采用何种方法，还需要结合故障电弧所在场景的特点及可利用信息量的特征情况而定，例如基于小波变换能量与神经网络结合的串联型故障电弧检测方法、基于电流信号及支持向量机的负载识别和故障电弧检测方法、基于供电电压波形分析的故障电弧检测方法、基于信息位数和"零休"时间的故障电弧检测方法、基于时域和频域特性分析及人工神经网络的故障电弧检测方法等。

小　结

1）中性粒子在接收到外界一定能量之后，分解成为电子与离子，这种现象叫作游离。游离所必需的能量叫作游离能。中性粒子的电子在接收到外界一定能量之后，跳到更高能级的轨道上去，从而使中性粒子能量增加，这种现象叫作激励。激励所必需的能量叫作激励能。

游离方式分为表面发射和空间游离。其中表面发射包括热电子发射、场致发射、光发射及二次电子发射；空间游离包括光游离、电场游离及热游离。游离气体中带电粒子的自身消失或失去电荷变成中性粒子，这种现象称之为去游离。去游离的方式主要有两种：复合——带异号电荷的两个粒子相遇；扩散——带电粒子因热运动跑到四周空间中散失。游离与去游离是矛盾对立的双方。不断地游离和不断地去游离，保持放电电路中有一定电流通过。均匀电场间隙的击穿电压取决于气压和间隙距离的乘积，并且随气体性质不同而略有差异，该关系曲线叫作巴申曲线。

2）电弧的伏安特性体现为：①U_h 随电流增加而下降；②因电弧拉长或冷却条件加强而上升；③随触头材料、介质性质不同而不同；④与 di/dt 有关，$di/dt=0$ 时为静态伏安特性，$di/dt \neq 0$ 为动态伏安特性，$di/dt>0$ 时，动态高于静态；$di/dt<0$ 时，动态低于静态。

3）直流电弧的熄灭条件是：$U_h>E-iR(0<i<\infty)$。物理意义是：电网供给电弧的功率小于电弧消耗的功率，使电弧不可能维持稳定燃烧。触头开断直流感性负载时，原来储存于电感中的全部能量 $LI^2/2$，都要通过电弧放电把它消耗掉。直流电弧的熄弧措施从原理上可以分成两大类：①提高电弧的伏安特性，使电弧不能稳定燃烧；②将产生电弧或火花的根源——电感中的能量，通过熄火花电路消耗掉。

4）交流电弧是一个不断熄灭，又不断重燃的动态电弧。其伏安特性是一对动态回环。回环的形状取决于电弧长度、冷却方式、电极材料、电源频率、电弧惯性等因素。交流电弧的熄灭有两种情况：一种是快速强迫熄弧，就是采用强有力的熄弧措施，迫使电弧在电流自然过零之前熄灭，这种情况极少，一般是人们不希望的；另一种是在电弧电流自然过零熄灭后，不使其重燃，这是一般常见的情况。交流电弧远比直流电弧容易熄灭，其原因在于：电流自然过零，且电感能量返回电源，而不是送给电弧。影响交流熄弧过程的主要参数有：电源电压（工频、中频恢复电压）E、稳定工作电流 I、功率因数 $\cos\varphi$、振幅系数 γ 和电路的固有振荡频率 f_0。

5）触头的磨损有机械磨损、化学磨损、电磨损几种。在一般情况下，主要是电磨损。造成电磨损的主要原因是触头间的放电现象和液桥现象。触头在每一个工作循环中，都有几种类型的电磨损发生。随着触头上的电压以及通过触头的电流值不同，出现的电磨损的类型亦不同。

6）故障电弧包括串联型故障电弧和并联型故障电弧。其中串联型是由电缆电气连接部位出现松动、接触不良或断裂等引起电路时通时断而产生的电弧放电现象，并联型是由于导线的绝缘出现刺穿、磨损、受潮、受污和老化等缺陷引起短路而产生的电弧放电现象。目前对故障电弧的检测主要利用电弧的物理特性和电弧电压电流波形的改变等特征。

习题与思考题

10.1 有两个 LR 电路，接在同样的直流电源上，第一个 $L_1 = 50\text{mH}$，$I_1 = 10\text{A}$；第二个 $L_2 = 25\text{mH}$，$I_2 = 20\text{A}$。试问哪一个电路的开断更困难些，为什么？

10.2 若欲用一手动开关开断一个强感性直流电路，开断速度可快些也可慢些，试问快、慢两种情况各有何利弊？

10.3 图 10-30 中所示的两种材料的交流伏安特性，其形状有显著差异。试分析解释。

10.4 交流电弧熄灭的特点是什么？请按照这特点考虑一下，对交流触头系统的熄弧装置应提出哪些要求？

10.5 在现在的航空电源系统中，交流电源的额定电压定为 115V 或 220V，而直流额定电压却仅为 28V，你能从触头工作的角度理解这一差别吗？目前在研究航空 270V 的直流高压系统以及工业 400~600kV 以上的直流输电系统，你是否可以想象出它在触头方面会遇到什么困难吗？

10.6 有一直流接触器，触头额定电压为 28A，额定电流为 100A。试问将它用来控制 100A、110V 的交流电路是否可以？如果电流超过 100A，你估计会出现哪些问题？

10.7 有一交流接触器，触头额定电压为 220V，额定电流为 100A。试问如用此接触器去控制 50V/50A 的直流负载，是否可以确保安全可靠，为什么？

10.8 试分析用银触头频繁切换下述直流电路时，会产生何种形式的电磨损？哪个电极的磨损是主要的？

（1）电源电压 $E = 28\text{V}$，负载电阻 $R = 28\Omega$，纯阻性。

（2）$E = 10\text{V}$，$R = 4\Omega$，纯阻性。

（3）$E = 220\text{V}$，$R = 1100\Omega$，纯阻性。

（4）$E = 110\text{V}$，$R = 1100\Omega$，强感性。

参 考 文 献

[1] 王宝龄. 电磁电器设计基础 [M]. 北京：国防工业出版社，1989.

[2] 航空电器编写组. 航空电器 [M]. 北京：国防工业出版社，1981.

[3] 张冠生. 电器理论基础 [M]. 北京：机械工业出版社，1989.

[4] 王季梅. 真空开关技术与应用 [M]. 北京：机械工业出版社，2008.

[5] 王建华，耿英三，刘志远. 输电等级单断口真空断路器理论及其技术 [M]. 北京：机械工业出版社，2017.

[6] 邹积岩. 智能电器 [M]. 北京：机械工业出版社，2008.

[7] 荣命哲，吴翊. 开关电器计算学 [M]. 北京：科学出版社，2018.

[8] 武建文. 真空电弧动态图像及其电子扩散过程的研究 [D]. 西安：西安交通大学，1995.

[9] 李兴文，吴坚，贾申利. 放电等离子体基础及应用 [M]. 北京：科学出版社，2022.

[10] 许志红. 电器理论基础 [M]. 北京：机械工业出版社，2019.

[11] 祝瑞琪. 电子电器 [M]. 北京：机械工业出版社，1983.

[12] 刘志远，纽春萍. 开关电器现代设计方法 [M]. 北京：机械工业出版社，2017.

[13] 巴拉古诺夫. 航空电器设计 [M]. 北京：国防工业出版社，1966.

[14] 林莘. 永磁机构与真空断路器 [M]. 北京：机械工业出版社，2003.

[15] 卢其威. 故障电弧检测技术与应用 [M]. 北京：电子工业出版社，2020.

[16] 徐国政，张节容，钱家骊，等. 高压断路器原理和应用 [M]. 北京：清华大学出版社，2000.

[17] 曹云东. 电器学原理 [M]. 北京：机械工业出版社，2016.

[18] 郭凤仪. 电器学 [M]. 北京：科学出版社，2017.

[19] 孙鹏，马少华. 电器学 [M]. 北京：科学出版社，2012.

[20] 王其平. 电器电弧理论 [M]. 北京：机械工业出版社，1982.

[21] 佟子昂. 曲面触头下中频和强迫分断真空电弧特性研究 [D]. 北京：北京航空航天大学，2021.

[22] 刘铭光. 飞机电器 [M]. 北京：中央广播电视大学出版社，2014.

[23] 塔耶夫. 电器学 [M]. 任耀先，贾继钧，译. 北京：机械工业出版社，1980.

[24] 夏天伟，丁道明. 电器学 [M]. 北京：机械工业出版社，2000.

[25] 贺湘琰. 电器学 [M]. 北京：机械工业出版社，2000.

[26] 王汝文，宋政湘，杨伟. 电器智能化原理及应用 [M]. 北京：机械工业出版社，2003.

[27] 金立军. 电器测试与故障诊断技术 [M]. 北京：机械工业出版社，2008.

[28] 康瑛石，吴冬俊，侯冠华. 电器产品设计 [M]. 北京：机械工业出版社，2016.

[29] 程礼椿. 电接触理论及应用 [M]. 北京：机械工业出版社，1988.

[30] 李靖. 高低压电器及设计 [M]. 北京：机械工业出版社，2019.

[31] 朱普安. 飞机电气元件 [M]. 北京：中国民航出版社，1995.

[32] 刘绍峻. 高压电器 [M]. 北京：机械工业出版社，1982.

[33] 张冠生. 电器学 [M]. 北京：机械工业出版社，1980.

[34] 尚振球. 高压电器 [M]. 西安：西安交通大学出版社，1992.

[35] 谢础，贾玉红. 航空航天技术概论 [M]. 北京：北京航空航天大学出版社，2008.

[36] Р Холъм."Электрические Контакты" Изд [M]. МоскВа：Иностранная，1961.

[37] Р Пик и Г. Уэйгар "Расчет Коммутационных Реле" [M]. МоскВа：Госэнергоиздат，1961.

[38] 布依洛夫. 电器制造原理 [M]. 路浩如，等译，北京：机械工业出版社，1956.

［39］维金别尔格. 自动装置与通信设备用电磁式继电器［M］. 符致中译. 北京：人民邮电出版社，1964.

［40］上海电器科学研究所. 电机工程手册：第30篇　低压电器［M］. 北京：机械工业出版社，1978.

［41］S P Sharma. Adhesion of Electrical Contacts［C］. 22th Relay Conference，1974.

［42］N C Таев.“Электрическая Дуга в Аппаратах Напряжения”Издат［M］. Энергия，1965.

［43］DÜNING G，LINDMAYER M. Energy and density of ions in vacuum arcs between axial and radial magnetic field contacts［J］. IEEE Transactions on Plasma Science，2001，29（5）：726-733.